高等学校电子信息类系列教材

高频电路原理与分析

（第七版）

曾兴雯　刘乃安　陈　健　付卫红　编

西安电子科技大学出版社

内 容 简 介

本书是《高频电路原理与分析(第六版)》的修订版,主要是在《高频电路原理与分析(第六版)》的基础上更新了部分电路,强化了系统概念和系统设计。本书内容包括绪论,高频电路基础与系统问题,高频谐振放大器,正弦波振荡器,频谱的线性搬移电路,振幅调制、解调及混频,频率调制与解调,反馈控制电路和高频电路系统设计等。

本书可作为通信工程、电子信息工程等专业的本科生教材,也可作为高职高专院校相关专业的教材和有关工程技术人员的参考书。

图书在版编目(CIP)数据

高频电路原理与分析/曾兴雯等编. —7 版. —西安:西安电子科技大学出版社,
2021.10(2023.11 重印)
ISBN 978 - 7 - 5606 - 6222 - 0

Ⅰ. ①高… Ⅱ. ①曾… Ⅲ. ①高频—电子电路 Ⅳ. ①TN710.2

中国版本图书馆 CIP 数据核字(2021)第 211537 号

策　　划　马乐惠
责任编辑　张紫薇　马乐惠
出版发行　西安电子科技大学出版社(西安市太白南路2号)
电　　话　(029)88202421　88201467　　　　邮　　编　710071
网　　址　www.xduph.com　　　　　　　　电子邮箱　xdupfxb001@163.com
经　　销　新华书店
印刷单位　陕西天意印务有限责任公司
版　　次　2021 年 10 月第 7 版　2023 年 11 月第 4 次印刷
开　　本　787 毫米×1092 毫米　1/16　印张　22.25
字　　数　526 千字
印　　数　11 001~13 000 册
定　　价　54.00 元

ISBN 978 - 7 - 5606 - 6222 - 0/TN

XDUP 6524007 - 4

＊＊＊如有印装问题可调换＊＊＊

前　　言

本书是在《高频电路原理与分析(第六版)》的基础上，结合近年来的技术发展和国家一流课程教学经验以及科研实践修订而成的。

作为通信工程、电子信息工程等电子信息类相关专业的核心基础课程，"高频电子线路"在保证课程基础性的前提下，体现技术和系统最新的发展成果，是这门课程的发展方向。通过多年的教学实践和工程应用，以及国家精品课程、国家精品资源共享课程和国家一流课程的建设，我们认为，为课程配套的本书的内容、结构等方面知识体系已经形成，与其他相关课程的知识与能力结构的衔接也比较完善，因此，此次修订保持全书的内容和结构基本不变，只增加了新的元器件与芯片，更重要的是优化了系统概念与系统设计。

本次修订仍然坚持前几版"控制篇幅，精选内容，突出重点，便于教学"的指导思想和"基础性、实践性、先进性"的编写原则，根据近年来专业发展和技术进步的实际情况，结合工程教育专业认证的思想和要求，在强调基础性的前提下，进一步强化工程性、系统性和综合性。针对课程特点，从系统原理入手，以分立元件讲述单元电路原理与设计以及在系统中的地位与作用，最后回到系统，强化系统设计，以集成电路为例单设一章讨论系统设计，贯彻了"系统—电路—系统"的课程建设的指导思想。本次修订主要在以下几方面做了改动：

(1) 精简内容，删除高频电路集成化技术的一般性论述，将高频电子线路发展趋势简化后放到第1章绪论中讨论。

(2) 强化系统设计，在第9章单独讨论"高频电路系统设计"，并以无线局域网(WLAN)为例介绍高频电路系统设计。

(3) 更新部分高频电路，特别是发展较快的高频集成电路。

本书可作为通信工程、电子信息工程等专业的本科生教材，也可作为高职院校的教材和有关工程技术人员的参考书。在使用本书时可根据各学校、各专业的具体要求选择本书的内容实施教学。

在本书修订过程中，得到了西安电子科技大学通信工程学院有关同事的支持和帮助，在此表示真挚的谢意。感谢西安电子科技大学出版社马乐惠等编辑和其他工作人员对本书修订再版的支持和帮助，感谢所有关心和使用本书的老师和读者对本书的厚爱和支持。

由于作者水平有限，本书中难免有不妥和错误之处，恳请读者批评指正。

编　　者
西安电子科技大学
2021 年 4 月

第 一 版 前 言

　　本书是西北电讯工程学院信息工程系通信专业的"高频电子线路"课程的教材。在确定教材的内容和深度时，也考虑了无线电技术类专业的需要，因此本书也可作为有关专业的"高频电子线路""通信电子线路""非线性电路"等课程的教材。在舍去某些章节后，本书也可作为无线电技术专业的大专班、夜大学的教材。

　　本书主要研究各种无线设备和系统中高频电路的原理、线路和分析方法。随着教学改革的进行和科学技术的迅速发展，"高频电子线路"课程的地位和作用也在不断变化，要求内容不断更新。为此，在编写本书时，力求达到控制教材篇幅、精选内容、突出重点、便于教学的目的。

　　在精选内容方面，根据 1976 年我们编写《无线电通信设备》教材的经验和长期教学实践的体会，本书以典型高频电路为主，着重阐述它们的基本工作原理和基本分析方法，达到掌握和巩固基本概念和提高自行研究分析类似电路的能力。对于一些常用的电路、纯理论性的推导过程，以及一些具体设计步骤之类的内容作了较多的删减。为了在一个学期内以 80 学时实施完本课程，本书根据高频电路的内在联系，合并了有关章节，控制了教材的篇幅。根据振幅调制和频率调制两种基本调制方式，将调制和解调合并为两章；考虑到电子噪声和高频小信号放大器的有机联系，也合并为一章。作为本书主要内容的非线性电路分析方法，在振幅调制与解调一章中加以讨论。考虑到现代无线电设备中，锁相环作为一个多功能部件用得越来越多，已经成为一个基本的高频单元电路，将锁相环原理及其应用单独成一章。由于振荡回路和传输线变压器在高频电路中用得很多，作为补充知识在第二章附录中介绍。在编写过程中，力求反映集成电路在高频电路中的应用，特别是在低电平电路中的应用。研究各单元电路时，既考虑了以分立元件为主，也适当结合它们在集成电路中的应用。而对于集成模拟相乘器、集成调频解调器和集成锁相环等内容都作了较充分的介绍。对于一些技术较新、有发展前途的非基本电路，如传输线变压器、高效功放、功率合成、集中选频放大器等作了必要的介绍。在着重讲述单元电路的同时，也尽可能地介绍一些有关整机的知识。

　　"高频电子线路"是一门工程性和实践性很强的课程，教材仅为学好课程提供必要的基础，有许多理论知识和实际技能，如实际线路的组成、测量方法和仪器、实际动手能力等，还必须在实践中学习和提高。为此，在实施本课程时，应配有 20 学时左右的实验课。

　　采用本书作本科班教材时，建议各章的学时数为：绪论 2 学时（复习有关振荡回路的知识并介绍传输线变压器知识，可在绪论课结束后进行，约需 4 学时），高频功率 10 学时，振荡器 12 学时，噪声和小信号放大 8 学时，调幅和解调 12 学时，调频与解调 14 学时，锁相环 10 学时。

　　本书由杜武林、魏柃、张厥盛三人共同编写。第一至四章由杜武林执笔；第五至七章由魏柃执笔；第八章由张厥盛执笔。由杜武林负责全书的组织和定稿工作。李纪澄主审了本书。高频教研组的全体同志参加了教材编写计划的讨论和传阅了初稿，并提出了许多宝贵意见。早洪勤、黄书川同志对部分修改稿提出了许多有益意见，在此一并表示谢意。

　　限于作者水平，本书定会有许多不妥甚至错误之处，恳请本书读者给我们以这方面的反馈信息。

编　者

1986 年 1 月

目　　录

第1章 绪 论

　　本书主要讨论用于各种电子系统和电子设备中的高频电子线路。通信系统，特别是无线通信系统，已广泛应用于国民经济、国防建设和人们日常生活的各个领域。通信的目的与任务是传递消息。无线通信系统的一个重要特点就是利用高频(无线电)信号来传递消息。

　　通信中传递的消息的类型很多，传输消息的方法也很多。现代通信大多以电(或光)信号的形式出现，因此，通常被称作电信。传输电信号的媒质(或介质)可以是有线的，也可以是无线的，而无线的形式最能体现高频电路的应用。尽管各种无线通信系统在所传递消息的形式、工作方式以及设备体制组成等方面有很大差异，但设备中产生、接收和检测高频信号的基本电路大都是相同的。本书将主要结合无线通信来讨论高频电路的线路组成、工作原理和分析、设计、仿真方法。这不仅有利于明确学习基本电路的目的和加强对有关设备及系统的概念，而且对于其它通信系统也有典型意义。

1.1 无线通信系统概述

　　高频电路是通信系统，特别是无线通信系统的基础，是无线通信设备的重要组成部分。

1.1.1 无线通信系统的组成与收发信机结构

　　无线通信(或称无线电通信)的类型很多，可以根据传输方法、频率范围、用途等分类。不同的无线通信系统，其设备组成和复杂度虽然有较大差异，但它们的基本组成不变，图1-1是典型的无线通信系统基本组成方框图。

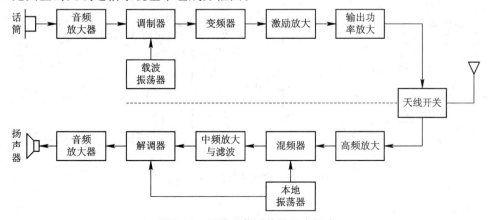

图 1-1 无线通信系统的基本组成

图中虚线以上部分为发送设备(发射机),虚线以下部分为接收设备(接收机),天线及天线开关为收发共用设备。信道为自由空间。话筒和扬声器属于通信的终端设备,分别为信源和信宿。上下两个音频放大器分别是为放大话筒输出信号和推动扬声器工作而设置的,属低频部件,本书不讨论。上面的音频放大器输出的信号控制高频载波振荡器的某个(些)参数,从而实现调制;下面的解调器就是针对上面发射端的调制而进行的检波(调制的逆过程)。已调制信号的频率若不够高,可根据需要进行倍频或上混(变)频;若幅度不够,可根据需要进行若干级(通常有预放、激励和输出三级)放大,经天线辐射出去。接收机一般都采用超外差的形式,在通过高频选频放大(初步的选择放大并抑制其它无用信号)后进行下混(变)频,取出中频后再进行中频放大(主选择放大,具有较大的放大增益和较强的滤波能力)和其它处理,然后进行解调。超外差接收机的主要特点就是由频率固定的中频放大器来完成对接收信号的选择和放大。当信号频率改变时,只要相应地改变本地振荡信号频率即可。

　　发送设备主要完成调制、上变频、功率放大和滤波等功能,其结构大同小异。根据调制和上变频是否合二为一,发送设备结构分为直接变换结构和两次变换结构两种方式,在每种方式中也都可以采用单通道调制和双通道正交调制方式,图 1 - 1 中的发射机为典型的一次变频结构。在发送设备中,一般存在两种变换:第一种变换是将信源产生的原始信息变换成电信号,而这一信号的频谱通常靠近零频附近,属于低频信号,称为基带(Baseband)信号;第二种变换称为调制(Modulating),是将基带信号变换成适合在信道中传输的信号形式(一般为射频或高频的带通信号)。调制后的信号称为已调信号(Modulated Signal),相应的没有进行调制之前的基带信号也可称为调制信号(Modulating Signal)。调制时还需要一个高频振荡信号,称为载波(Carrier),它可由高频振荡器(Oscillator)或频率合成器(Frequency Synthesizer)产生。载波通常为单一频率的正弦信号或脉冲信号。

　　接收设备的任务主要是有选择地放大空中微弱电磁信号(同时要尽可能保证信息的质量),并恢复有用信息。接收设备的结构通常采用超外差(Super Heterodyne)形式,图 1 - 1 中的接收机即为一次变频超外差结构。随着设备小型化和系统化,接收设备的结构出现了许多新的形式,如图 1 - 2 和图 1 - 3 分别为镜频抑制式和直接变换式(Direct Conversion)或零中频(Zero IF)式接收机结构。不同的接收设备结构有不同的特点。

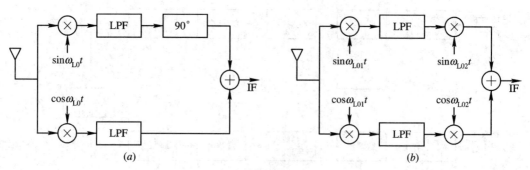

图 1 - 2　镜像抑制接收机结构

(a) Hartley 结构;(b) Weaver 结构

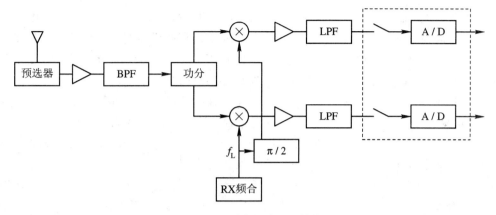

图 1 - 3 零中频接收机结构

超外差结构的接收设备在接收过程中，将射频输入信号与本地振荡器产生的信号混频或差拍(Heterodyne)，由混频器后的中频滤波器选出射频信号与本振信号频率两者的和频或差频。超外差接收机可以采用一次变频、两次变频，甚至多次变频，以降低滤波器实现的难度，提高镜像频率抑制能力。传统的超外差接收机采用向下变频(Down Conversion)方式，接收信号首先通过混频前的选频网络(镜像抑制滤波器)选出所需频率并削弱干扰特别是镜像干扰后，经低噪声放大器放大并送到混频器进行混频，得到中频信号。随着无线通信工作频率的不断提高，高品质因数 Q 的镜像抑制滤波器越来越难以实现，因此，高性能的超外差接收机通常采用多级频率变换结构，使每级变频前后的工作频率之比在 10 左右。中频信号经中频滤波器滤波后再进入自动增益控制(AGC)放大器或限幅放大器放大到合适电平，经解调器恢复出基带信号。由于无线信道存在衰落，输入接收机信号电平变化范围很大，需要接收机具有大的动态范围，同时，要求输出信号幅度在尽可能小的范围内波动，这可以通过 AGC 电路实现。这种方式的优点是结构简单、成本低，但对于宽带应用，其前端选频网络不易设计，且当用于较高频段时，前端选频网络的可调谐性也会成为较难克服的问题。

在现代高性能宽带超外差接收机中，通常采用向上变频(Up Conversion)方式，并至少需要两次频率变换。其中的多个本振信号的频率稳定度要求较高(如 0.5～1 ppm)，这就需要采用复杂的锁相环或高性能的频率合成电路，也可以采用本振频率漂移抵消设计，但这增加了系统的成本和复杂性。

在超外差接收机中，中频频率是固定的，当信号频率改变时，只要相应地改变本地振荡信号频率即可。通常中频频率相对较低，中频放大器可以获得很高的稳定增益，降低了射频级实现高增益的难度，相应地，AGC 范围也就较大。由于使用高性能的中频滤波器(通常是晶体滤波器或声表面波滤波器)，接收机的选择性好，抗干扰能力强。超外差结构的最大缺点就是组合干扰频率点多，特别是对于镜像频率干扰的抑制颇为麻烦，因此出现了多种镜频抑制接收方案。其中，Hartley 与 Weaver 变换结构理论上完全消除了镜像响应和镜像噪声，结构也比较简单，然而，这两种方法在实践中都有明显的缺点。Hartley 结构两路信道功率增益失配与相位失配虽然相对较低，但是无法实现宽带中频(IF)下变换，要实现宽带固定移相器是相当困难的，且频率越高，难度越大。Weaver 结构是宽带 IF 下变换的基础。第一下变频后的第一中频是固定的，第二中频可以调谐到要求的 IF 频率，但结构相对复杂,两路信道的失配度相对较大。值得注意的是,这两种结构方案的效用取决于最终实现所得到的镜像抑制度。在实际中,由于两路信道的增益与相位失配,完全抑制镜像信号响应是不可能的。而且随着失配增大,镜像抑制度会降低。实际上,在给定镜像抑制要求情况下,可以在前端预选器和接收机结构之间进行折中设计。

直接变换结构也是按照超外差原理设计的,只是让本地振荡频率等于载频,使中频为零(因此也称为零中频结构),也就不存在镜像频率,从而也就避免了镜频干扰的抑制问题。接收的信号通过直接变换处理成为零中频的低频基带信号,但不一定经过解调,可能需要在基带上进行同步与解调。另外,直接变换结构中射频部分只有高放和混频器,具有增益低,易满足线性动态范围的要求;由于下变频后为低频基带信号,只需用低通滤波器来选择信道即可,省去了价格昂贵的中频滤波器,体积小、功耗低、便于集成,多用于便携式的低功耗设备中。但是,直接变换结构也存在着本振泄漏与辐射、直流偏移(DC Offset)、闪烁噪声、两支路平衡与匹配问题等缺点。

直接变换结构是软件无线电(Software Radio)的基础前端电路结构,而且往往采用正交方式。

在接收设备中有相应的两种反变换。将接收到的已调信号变换(恢复)为基带信号的过程称为解调(Demodulating),把实现解调的部件称为解调器(Demodulator)。解调时一般也需要一个本地的高频振荡信号,称为恢复载波(或插入载波)。有时将收发设备中的调制器和解调器合称为调制解调器(Modem)。

由上面的例子可以总结出无线通信系统的基本组成,从中也可看出高频电路的基本内容(高频前端)应该包括:

(1) 高频振荡器(信号源、载波信号或本地振荡信号);

(2) 放大器(高频小信号放大器及高频功率放大器);

(3) 混频或变频(高频信号变换或处理);

(4) 调制与解调(高频信号变换或处理)。

在无线通信系统中通常需要某些反馈控制电路,这些反馈控制电路主要是自动增益控制(AGC)或自动电平控制(ALC)电路,自动频率控制(AFC)电路和自动相位控制(APC)电路(也称锁相环 PLL)。此外,还要考虑高频电路中所用的元件、器件和组件,以及信道或接收机中的干扰与噪声问题。需要说明的是,虽然许多通信设备可以用集成电路(IC)来实现,但是上述的单元电路通常都是由有源的和无源的元器件构成的,既有线性电路,也有非线性电路。这些基本单元电路的组成、原理及有关技术问题,就是本书的研究对象。

应当指出,实际的通信设备比上面所举例子要复杂得多。比如发射机的振荡器和接收机的本地振荡器就可以用更复杂的组件——频率合成器(FS)来代替,它可以产生大量所需频率的信号。

1.1.2 无线通信系统的类型

无线通信系统的类型,可以根据不同的方法来划分。按照无线通信系统中关键部分的不同特性,有以下一些类型:

(1) 按照工作频段或传输手段分类,有中波通信、短波通信、超短波通信、微波通信和卫星通信等。所谓工作频率,主要指发射与接收的射频(RF)频率。射频实际上就是"高频"

的广义语，它是指适合无线电发射和传播的频率。无线通信的一个发展方向就是开辟更高的频段。

（2）按照通信方式来分类，主要有（全）双工、半双工和单工方式。所谓单工通信，指的是只能发或只能收的方式；半双工通信是一种既可以发也可以收但不能同时收发的通信方式；而双工通信是一种可以同时收发的通信方式。图 1-1 的例子是半双工方式，将天线开关换成双工器就成了双工方式。

（3）按照调制方式的不同来划分，有调幅、调频、调相以及混合调制等。

（4）按照传送的消息的类型分类，有模拟通信和数字通信，也可以分为话音通信、图像通信、数据通信和多媒体通信等。

各种不同类型的通信系统，其系统组成和设备的复杂程度都有很大不同。但是组成设备的基本电路及其原理都是相同的，遵从同样的规律。本书将以模拟通信为重点来研究这些基本电路，认识其规律。这些电路和规律完全可以推广应用到其它类型的通信系统。

1.1.3　无线通信系统的要求与指标

无线通信系统的基本特性主要体现在有效性和可靠性两方面。有效性就是指空间、时间、频率的利用率，主要用传输距离和通信容量（信道容量）指标来衡量；而可靠性主要用信号失真度、误码率、抗干扰能力等指标衡量。

传输距离是指信号从发送端到达接收端并能被可靠接收的最大距离，它与采用的通信体制和是否中继有关。在无中继的情况下，传输距离决定于发送端的信号功率、信号通过信道的损耗、信号通过信道混入的各种形式的干扰和噪声以及接收机的接收灵敏度。通信容量是指一个信道能够同时传送独立信号的路数或信道速率。影响信道容量的因素包括已调信号所占有的频带宽度、系统采用的调制方式、信道条件（信噪比和信干比）和信道的复用（多址）方式以及网络结构等。

信号失真度指的是接收设备输出信号不同（失真）于发送端基带信号的程度。产生信号失真的原因主要包括信道特性不理想和对信号进行处理的电路（发送与接收设备）特性不理想。信号通过信道时，总要混入各种形式的干扰和噪声，使接收机输出信号的质量下降，通信系统抵抗这种干扰的能力称为通信系统的抗干扰能力。提高通信系统抗干扰能力的技术主要包括技术体制中采用的抗干扰措施、系统设计中提高的抗干扰能力和选用高质量的调制和解调电路等几方面。

1.2　信号、频谱与调制

在高频电路中，我们要处理的无线电信号主要有三种：基带（消息）信号、高频载波信号和已调信号。这些无线电信号有多方面的特性，主要有时间（域）特性、频率特性、频谱特性、调制特性、传播特性等。

1. 时间特性

一个无线电信号，可以将它表示为电压或电流的时间函数，通常用时域波形或数学表达式来描述。对于较简单的信号（如正弦波、周期性方波等），用这种方法表示很方便。

无线电信号的时间特性就是信号随时间变化快慢的特性。信号的时间特性要求传输该信号的电路的时间特性（如时间常数）与之相适应。

2. 频谱特性

对于较复杂的信号（如话音信号、图像信号等），用频谱分析法表示较为方便。这是因为任何形式的信号都可以分解为许多不同频率、不同幅度的正弦信号之和，如图 1-4 所示。图中实线为一重复频率为 F 的方波脉冲信号，点划线为该脉冲信号的直流分量，短虚线为其基波分量，长虚线为其直流分量、基波分量和三次谐波分量之和。谐波次数越高，幅度越小，影响就越小。

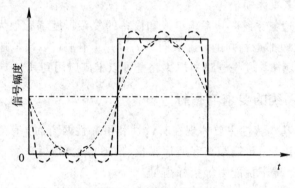

图 1-4　信号分解

对于周期性信号，可以表示为许多离散的频率分量（各分量间成谐频关系），例如图 1-5 即为图 1-4 所示信号的频谱图；对于非周期性信号，可以用傅里叶变换的方法分解为连续谱，信号为连续谱的积分。

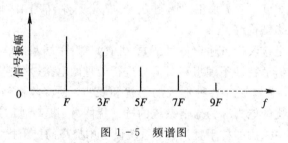

图 1-5　频谱图

频谱特性包含幅频特性和相频特性两部分，它们分别反映信号中各个频率分量的振幅和相位的分布情况。

任何信号都会占据一定的带宽。从频谱特性上看，带宽就是信号能量主要部分（一般为 90% 以上）所占据的频率范围或频带宽度。不同的信号，其带宽不同，比如，话音的频率范围大致为 100 Hz～6 kHz，其主要能量集中在 300 Hz～3.4 kHz。射频频率越高，可利用的频带宽度就越宽，不仅可以容纳许多互不干扰的信道，从而实现频分复用或频分多址，而且也可以传播某些宽频带的消息信号（如图像信号），这是无线通信采用高频的原因之一。

3. 频率特性

任何信号都具有一定的频率或波长。我们这里所讲的频率特性就是无线电信号的频率或波长。电磁波辐射的波谱很宽，如图 1-6 所示。

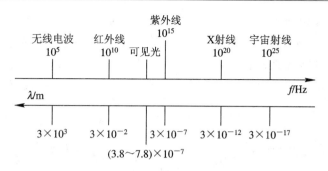

图 1 - 6 电磁波波谱

无线电波只是一种波长比较长的电磁波,占据的频率范围很广。在自由空间中,波长与频率存在以下关系:

$$c = f\lambda \tag{1-1}$$

式中:c 为光速,f 和 λ 分别为无线电波的频率和波长,因此,无线电波也可以认为是一种频率相对较低的电磁波。对频率或波长进行分段,分别称为频段或波段。不同频段信号的产生、放大和接收的方法不同,传播的能力和方式也不同,因而它们的分析方法和应用范围也不同。

表 1 - 1 列出了无线电波的频(波)段划分、主要传播方式和用途等。表中关于传播方式和用途的划分是相对而言的,相邻频段间无绝对的分界线。

表 1 - 1 无线电波的频(波)段划分表

波段名称		波长范围	频率范围	频段名称	主要传播方式和用途
长波(LW)		$10^3 \sim 10^4$ m	30～300 kHz	低频(LF)	地波;远距离通信
中波(MW)		$10^2 \sim 10^3$ m	300 kHz～3 MHz	中频(MF)	地波、天波;广播、通信、导航
短波(SW)		10～100 m	3～30 MHz	高频(HF)	天波、地波;广播、通信
超短波(VSW)		1～10 m	30～300 MHz	甚高频(VHF)	直线传播、对流层散射;通信、电视广播、调频广播、雷达
微波	分米波(USW)	10～100 cm	300 MHz～3 GHz	特高频(UHF)	直线传播、散射传播;通信、中继与卫星通信、雷达、电视广播
	厘米波(SSW)	1～10 cm	3～30 GHz	超高频(SHF)	直线传播;中继和卫星通信、雷达
	毫米波(ESW)	1～10 mm	30～300 GHz	极高频(EHF)	直线传播;微波通信、雷达

应当指出,不同频段的信号具有不同的分析与实现方法,对于米波以上(含米波,$\lambda \geqslant 1$ m)的信号通常用集总(中)参数的方法来分析与实现,而对于米波以下($\lambda < 1$ m)的信号一般应用分布参数的方法来分析与实现,当然,这也是相对的。

另外,从表中可以看出,频段划分中有一个"高频"段,其频率范围为 3～30 MHz,这是"高频"的狭义解释,它指的就是短波频段。本课程涉及的波段可从中波到微波波段。

4. 传播特性

无线通信的传输媒质主要是自由空间。频率或波长不同,电磁波在自由空间的传播方式也不同。传播特性指的是无线电信号的传播方式、传播距离、传播特点等。无线电信号的传播特性主要根据其所处的频段或波段来区分。

电磁波从发射天线辐射出去后,不仅电波的能量会扩散,接收机只能收到其中极小的一部分，而且在传播过程中，电波的能量会被地面、建筑物或高空的电离层吸收或反射，或者在大气层中产生折射或散射等现象，从而造成到达接收机时的强度大大衰减。根据无线电波在传播过程所发生的现象，电波的传播方式主要有直射（视距）传播、绕射（地波）传播、折射和反射（天波）传播及散射传播等，如图 1-7 所示。决定传播方式和传播特点的关键因素是无线电信号的频率。

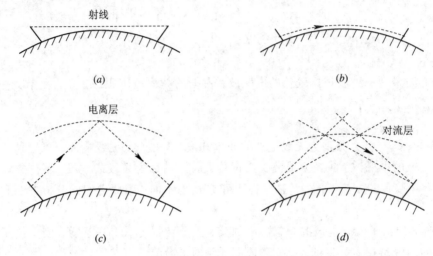

图 1-7　无线电波的主要传播方式

(a) 直射传播；(b) 地面绕射传播；(c) 电离层反射传播；(d) 对流层散射传播

一般来讲，无线电信号的辐射是多方向的。由于地球是一个巨大的导体，电波沿地面传播（绕射）时能量会被吸收（趋肤效应引起），通常是波长越长（或频率越低），被吸收的能量越少，损耗就越小，因此，中、低频（或中、长波）信号可以以地波的方式绕射传播很远，并且比较稳定，多用作远距离通信与导航。实际上，绕射依赖于电波的波长、物体的体积与形状、绕射点入射波的振幅、相位和极化情况等，当电波的波长大于物体的体积时容易发生绕射。

短波波段的无线电波沿地面传播的距离很近，远距离传播主要靠电离层。地球外部包裹着厚厚的大气层，在大气层中离地面 60~600 km 的区域称为电离层，它是由于太阳和星际空间的辐射引起大气电离而产生的。电离层从里往外可以分为 D、E、F_1、F_2 四层，D 层和 F_1 层在夜晚几乎完全消失，因此经常存在的是 E 层和 F_2 层。电离层对通过的电波也有吸收作用，频率越高的信号，电离层吸收能力越弱，或者说电波的穿透能力越强。因此，频率太高的信号会穿过电离层而达到外层空间。另一方面，电离层也是一层介质，对射向它的无线电波会产生反射与折射作用。入射角越大，越易反射；入射角太小，容易折射。在通常情况下，对于短波信号，F_2 层是反射层，D、E 层是吸收层（因为它们的电子密度小，不满足反射条件）。F_2 层的高度约 250~300 km，所以，一次反射的最大跳距约 4000 km。应当指出，由于电离层的状态随着时间（年、季、月、天、小时甚至更小单位）而变化，因此，利用电离层进行的短波通信并不稳定。但由于电离层离地面较高，因此，短波通信还是一种价格低廉的远距离通信方式。需要指出，电波的反射传播不只是存在于电离层中。由于电波在不同性质的介质的交界处都会发生反射，因此，当电波遇到比波长大得多的物体时将产生反射，这就是说，反射也会发生于地球表面、建筑物表面等许多地方。

在离地面大约 10～12 km 范围内的大气层称为对流层，该层的空气密度较高，所有的大气现象(如风、雨、雷、电等)都发生在这一层。散射现象也主要发生在对流层。在这个层中由于大气湍流运动等原因形成的不均匀性就是电波的散射源。散射具有很强的方向性和随机性。接收到的能量与入射线和散射线的夹角有关。散射信号随时间的变化分为慢衰落和快衰落两种，前者决定于气象条件，后者由多径传播引起。散射传播还有一定的散射损耗。散射传播距离约为 100～500 km，适合的频率在 400～6 000 MHz 之间。需要指出，散射是在电波通过的介质中存在小于波长的物体并且单位体积内阻挡体的个数非常大时产生的，因此，散射发生于粗糙表面、小物体或不规则物体等许多地方。

频率较高的超短波及更高频率的无线电波，主要沿空间直线传播。由于地球曲率的原因，直射传播的距离有限，通常只能为视距，因此也称为视距传播。当然，直线传播方式可以通过架高天线、中继或卫星等方式来扩大传输距离。

总之，长波信号以地波绕射为主；中波和短波信号可以以地波和天波两种方式传播，不过，前者以地波传播为主，后者以天波(反射与折射)为主；超短波以上频段的信号大多以直射方式传播，也可以采用对流层散射的方式传播。

5. 调制特性

调制在无线通信中的作用至关重要。无线电传播一般都要采用高频(射频)的另一个原因就是高频适于天线辐射和无线传播。只有当天线的尺寸大到可以与信号波长相比拟时，天线的辐射效率才会较高，从而以较小的信号功率传播较远的距离，接收天线也才能有效地接收信号。若把低频的调制信号直接馈送至天线上，要想将它有效地变换成电磁波辐射，则所需天线的长度几乎无法实现。如果通过调制，把调制信号的频谱搬至高频载波频率，则收发天线的尺寸就可大为缩小。此外，调制还有一个重要作用就是可以实现信道的复用，提高信道利用率。

所谓调制，就是用调制信号去控制高频载波的参数，使载波信号的某一个或几个参数(振幅、频率或相位)按照调制信号的规律变化。

根据载波受调制参数的不同，调制分为三种基本方式，它们是振幅调制(调幅)、频率调制(调频)、相位调制(调相)，分别用 AM、FM、PM 表示，还可以有组合调制方式。当调制信号为数字信号调制时，通常称为键控，三种基本的键控方式为振幅键控(ASK)、频率键控(FSK)和相位键控(PSK)。

一般情况下，高频载波为单一频率的正弦波，对应的调制为正弦调制。若载波为一脉冲信号，则称这种调制为脉冲调制。本课程中主要讨论模拟消息(调制)信号和正弦载波的模拟调制，但这些原理甚至电路完全可以推广到数字调制中去。

不同的调制信号和不同的调制方式，其调制特性不同。调制的逆过程称为解调或检波，其作用是将已调信号中的原调制信号恢复出来。

1.3　高频电子线路发展趋势

随着 5G 移动通信、物联网(IoT)、移动互联网等技术的普及，无线通信所需的带宽已经从几千赫兹扩展到几兆赫兹乃至几百兆赫兹，工作频率也已经从数十数百 MHz 提高到数 GHz 甚至更高；设备的便携性和绿色通信的需要使得设备的重量已经从数千克减少到数百克，功耗从瓦级减小到毫瓦级水平；物理层的新技术不断涌现，如以正交频分复用技术(OFDM)为代表的高效抗衰落调制技术，以多天线发送和接收技术(MIMO)为代表的分集与协作技术，以低密度奇偶校验码(LDPC)、Turbo 码等接近香农限的信道编码技术；收发信机结构也发生了重大变化，以正交调制解调方式为通用模块，以直接变换取代超外差成为频率变换的常用方式，以软件无线电作为实现认知无线电的基础等。电子设备的实现技术也广泛采用集成电路实现，如数模一体化设计与实现，多种工艺共存并可实现免调试的密集装配，电子设计自动化(EDA)设计工具与手段不断完善，以频谱分析仪为核心的智能化综合测试方法等。

无线通信技术正朝着宽带化、网络化、软件化乃至智能化方向发展，实现无线传输的高频电路也正朝着高频化、宽带化、集成化和软件化的方向发展，而高频化、宽带化和软件化都体现在集成化之中。

广义的高频集成电路按照频率可分为高频集成电路(HFIC)和微波集成电路(MIC)，按照功能或用途可分为通用集成电路和专用集成电路(ASIC)，也可分为单元集成电路和系统集成电路(SoC)。

迄今为止，在竞争激烈的射频行业影响工艺选择的主要因素是性能、成本、上市时间和越来越重要的功耗。高频集成电路的实现方法和集成工艺主要有硅(Si)技术(主要是 CMOS)、砷化镓(GaAs)技术、硅锗(SiGe)技术(还包含 BiCMOS)以及微机电系统(MEMS)技术。硅技术是一种传统的集成电路生产工艺，制作简单而且工艺成熟，功耗小，成本低，但工作频率受限(一般认为不超过 2 GHz)。新技术的开发与运用扩展了传统硅技术的频率范围，最高可达 35 GHz。以 GaAs 单晶材料替代硅材料制作的砷化镓集成电路具有高频(可达 30 GHz 以上)、高速、低噪声、低功耗、宽温区、抗辐射等特性，但由于其制作成本高、工艺复杂，在频率要求不是非常高时它的使用受到限制。硅锗技术则结合了硅和锗材料的优点，综合了硅技术和砷化镓技术的特点，使其在性价比、功耗、噪声和集成度等方面均具有明显优势。

集成电路发展的核心是集成度的提高，而集成度的提高又依赖于工艺技术的提高和新的制造方法，主要概括为如下几方面：

1. 更高集成度(更细工艺或更高精度)

从电路集成开始，IC 的发展基本上是按照摩尔(Moore)定律(每三年芯片集成度增加四倍，特征尺寸减小 30%)进行的，芯片的集成度由十几万个晶体管到几十万、几百万个晶体管甚至达到上千万个晶体管；封装的引线脚多达几百个，集成在一块芯片上的功能也越来越多，甚至于集成电路的设计与制造模式也发生了很大的变化，出现了设计、制造、封装、测试等相对独立的"行业"，各"行业"各司其职，各自发展，相得益彰。如今包括高频 IC 在内的集成电路的发展仍然符合摩尔定律，而且在相当长的一段时间内，这种发展态势不会改变。

2. 更大规模和单片化

集成工艺的改进和集成度的提高促进了集成电路规模的扩大。实际上，改进集成工艺和提高集成度也正是为了制作更大规模的集成电路。从九十年代的硅工艺技术发展到现在的深亚微米工艺，芯片的集成度已远远超过 1000 万，已经足以将各种功能电路(A/D、

D/A 和 RF 电路等)甚至整个电子系统集成到单一芯片上,成为单片集成的片上系统(System on Chip,SoC)。当前,单片化的大规模集成电路的热点之一就是高频电路或射频电路的单片集成化。而这些集成电路在过去大多是用双极工艺或砷化钾工艺制作且以薄/厚膜技术实现的,现在基本上可以用 CMOS 工艺来实现,如用 $0.5~\mu m$ 的标准 CMOS 工艺可以为 GPS 接收机和 GSM 手机提供性价比优于 GaAs 的 RF 器件,工作频率可达 1.8GHz。由此可见,CMOS 射频集成电路仍然是未来的发展趋势之一。当然,集成电路向单片化发展并不妨碍独立的高频集成电路的发展。

3. 更高频率

随着无线通信频段向高端的扩展,势必也会开发出频率更高的高频集成电路。

4. 更数字化与智能化

随着数字技术和数字信号处理(DSP)技术的发展,越来越多的高频信号处理电路可以用数字和数字信号处理技术来实现,如数字上/下变频器、数字调制/解调器等。这种趋势也表现在高频集成电路中。从无线通信的角度来讲,高频集成电路数字化的趋势将越来越向天线端靠近,这与软件无线电的发展趋势是一致的。所谓软件无线电(Software Radio),就是用软件来控制无线电通信系统各个模块(放大器、调制/解调器、数控振荡器、滤波器等)的不同参数(频率、增益、功率、带宽、调制/解调方式、阻抗等)来实现不同的功能。

5. 更低功耗和更小封装

随着系统功能的增加和设备小型化的发展,芯片规模和复杂度也越来越大,因此,降低芯片功耗(通常需要降低供电电压)和缩小芯片的封装尺寸成为高频 IC 发展的必然选择。

应当指出,片上系统或大规模的单片集成电路中通常不仅有高频集成电路的成分,而且包含大量的其它数字型和模拟型电路,使整个集成电路的"硬件"很难区分出高频集成电路和其它集成电路。在此片上系统或大规模的单片集成电路中还经常嵌入系统运行涉及的算法、指令、驱动模式等"软件",配合"硬件"中的数字信号处理器、微处理器(MPU)、各种存储器(如 ROM、RAM、E^2PROM、Flash ROM)等单元或模块,从而实现智能化。

高频电路集成化存在的主要问题除了一般集成电路都存在的工艺、成本、功耗和体积问题之外,还有电感、大电容、选择性滤波器等难以集成。对于无线通信来说,理想的集成化收发信机,应该是除天线、收发和频道开关/音量电位器、终端设备及选择性滤波器之外的其它电路都由集成电路或单片集成电路来完成。当然,目前要做到这一点还是有一定困难的。但是随着技术的发展,收发信机的完全集成化也不是不能实现。随着各种无线应用的普及,多模、多频、多系统的 SoC 芯片越来越多,其中射频部分还会集成无源与有源组件,甚至集成声表面波(SAW)滤波器。

1.4 本课程的特点

高频电子线路广泛应用于通信与电子系统中,高频电子线路的技术指标和设计要求也通常具有系统性。

应用于电子系统和电子设备中的高频电子线路几乎都是由线性的元件和非线性的器件

组成的。严格来讲，所有包含非线性器件的电子线路都是非线性电路，只是在不同的使用条件下，非线性器件所表现的非线性程度不同而已。比如对于高频小信号放大器，由于输入的信号足够小，而又要求不失真放大，因此，其中的非线性器件可以用线性等效电路来表示，分析方法也可以用线性电路的分析方法。但是，本书的绝大部分电路都属于非线性电路，一般都用非线性电路的分析方法来分析。

与线性器件不同，对非线性器件的描述通常用多个参数，如直流跨导、时变跨导和平均跨导，而且大都与控制变量有关。在分析非线性器件对输入信号的响应时，不能采用线性电路中行之有效的叠加原理，而必须求解非线性方程（包括代数方程和微分方程）。在实际中，要想精确求解十分困难，一般都采用计算机辅助设计（CAD）的方法进行近似分析。在工程上也往往根据实际情况对器件的数学模型和电路的工作条件进行合理的近似，以便用简单的分析方法获得具有实际意义的结果，而不必过分追求其严格性。精确的求解非常困难，也不必要。

高频电子线路能够实现的功能和单元电路很多，实现每一种功能的电路形式更是千差万别，但它们都是基于非线性器件实现的，也都是在为数不多的基本电路的基础上发展而来的。因此，在学习本课程时，要抓住各种电路之间的共性，洞悉各种功能之间的内在联系，而不要局限于掌握一个个具体的电路及其工作原理。当然，熟悉典型的单元电路对识图能力的提高和电路的系统设计都是非常有意义的。近年来，集成电路和数字信号处理（DSP）技术迅速发展，各种通信电路甚至系统都可以做在一个芯片内，称为片上系统（SoC）。但要注意，所有这些电路都是以分立器件为基础的，因此，在学习时要注意"分立为基础，集成为重点，分立为集成服务"的原则。在学习具体电路时，要掌握"管为路用，以路为主"方法，做到以点带面，举一反三，触类旁通。

高频电子线路是在科学技术和生产实践中发展起来的，也只有通过实践才能得到深入的了解。因此，在学习本课程时必须要高度重视实验环节，坚持理论联系实际，在实践中积累丰富的经验。随着计算机技术和电子设计自动化（EDA）技术的发展，越来越多的高频电子线路可以采用 EDA 软件进行设计、仿真分析和电路板制作，甚至可以做电磁兼容的分析和实际环境下的仿真。因此，掌握先进的高频电路 EDA 技术，也是学习高频电子线路的一个重要内容。

思考题与习题

1-1　画出无线通信收发信机的原理框图，并说出各部分的功用。

1-2　无线通信为什么要用高频信号？"高频"信号指的是什么？

1-3　无线通信为什么要进行调制？如何进行调制？

1-4　无线电信号的频段或波段是如何划分的？各个频段的传播特性和应用情况如何？

1-5　高频电子线路有哪些发展趋势？

1-6　高频电子线路的主要特点有哪些？

第 2 章　高频电路基础与系统问题

　　由上一章的介绍可知，各种无线电设备都包含有处理高频信号的功能电路，如高频放大器、振荡器、调制与解调器等。虽然这些电路的工作原理和实际电路都有各自的特点，但是它们之间也有一些共同之处。这些共同之处就是高频电路的基础，主要包括高频电路的基本元器件和基本组件等。各种高频电路基本上是由无源元件、有源器件和高频基本组件等组成的，而这些元器件和基本组件绝大部分是相同的，它们与用于低频电路的基本元器件没有本质上的差异，主要需要注意这些元器件在高频运用时的特殊性，当然也有一些高频电路所特有的器件。在高频多个单元电路中常用的两个重要功能是选频滤波与阻抗变换，振荡回路、石英谐振器与集中选频滤波器等组件都具有这两个功能，高频变压器、传输线变压器及阻抗匹配器则具有较好的阻抗变换能力。

　　高频电路的主要任务是功率的传输与处理，而功率的传输与处理又与阻抗匹配直接相关，或者说，优化功率的传输与处理的充要条件是高频电路模块间的输入与输出阻抗的共轭匹配。因此，阻抗变换与阻抗匹配是高频系统的关键问题。

　　高频系统的两个重要指标是在小信号状态时的噪声系数和在大信号工作时的非线性失真。电子噪声存在于各种电子电路和系统中，噪声系数与电子噪声密切相关，了解电子噪声的概念对理解某些高频电路和系统的性能非常有用，因此，电子噪声与接收灵敏度、非线性失真与动态范围，以及高频电路系统的电磁兼容问题都是高频电路的重要问题。

2.1　高频电路中的元器件

　　高频信号会产生许多低频信号所没有的效应，主要是分布参数效应、趋肤效应和辐射效应。电子元器件的高频特性主要就是由这些效应引起的。集总参数元件是指一个独立的局域性元件，能够在一定的频率范围内提供特定的电路性能。而随着频率提高到射频，任何元器件甚至导线都要考虑分布参数效应和由此产生的寄生参数，如导体间、导体或元件与地之间、元件之间的杂散电容，连接元件的导线的电感和元件自身的寄生电感等。由于分布参数元件的电磁场分布在附近空间，其特性也会受到周围环境的影响，分析和设计都相当复杂。趋肤效应是指当频率升高时，电流只集中在导体的表面，导致有效导电面积减小，交流电阻可能远大于直流电阻，从而使导体损耗增加，电路性能恶化。辐射效应是指信号泄漏到空间中，这就使得信号源或要传输的信号能量不能全部输送到负载上，产生能量损失和电磁干扰。辐射效应还会引起一些耦合效应，使得高频电路的设计、制作、调试和测量等都非常困难。

2.1.1 高频电路中的元件

各种高频电路基本上是由有源器件、无源元件和无源网络组成的。高频电路中使用的元器件与在低频电路中使用的元器件基本相同，但要注意它们在高频使用时的高频特性。高频电路中的元件主要是电阻(器)、电容(器)和电感(器)，它们都属于无源的线性元件。高频电缆、高频接插件和高频开关等由于比较简单，这里不加讨论。高频电路中完成信号的放大、非线性变换等功能的有源器件主要是二极管、晶体管和集成电路。

1. 电阻器

一个实际的电阻器，在低频时主要表现为电阻特性，但在高频使用时不仅表现有电阻特性的一面，而且还表现有电抗特性的一面。电阻器的电抗特性反映的就是其高频特性。

一个电阻 R 的高频等效电路如图 2-1 所示，其中，C_R 为分布电容，L_R 为引线电感，R 为电阻。分布电容和引线电感越小，表明电阻的高频特性越好。电阻器的高频特性与制作电阻的材料、电阻的封装形式和尺寸大小

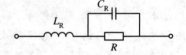

图 2-1 电阻的高频等效电路

有密切关系。一般说来，金属膜电阻比碳膜电阻的高频特性要好，而碳膜电阻比线绕电阻的高频特性要好；表面贴装(SMD)电阻比引线电阻的高频特性要好，小尺寸的电阻比大尺寸的电阻的高频特性要好。

频率越高，电阻器的高频特性表现越明显。在实际使用时，要尽量减小电阻器高频特性的影响，使之表现为纯电阻。

2. 电容器

由介质隔开的两导体即构成电容。作为电路元件的电容器一般只考虑其电容量值(标称值)，在理论上也只按电容量来处理。但实际上一个电容器的等效电路却如图 2-2(a)所示。其中，电阻 R_C 为极间绝缘电阻，它是由于两导体间的介质的非理想(非完全绝缘)所致，通常用损耗角 δ 或品质因数 Q_C 来表示；电感 L_C 为分布电感或(和)极间电感，小容量电容器的引线电感也是其重要组成部分。

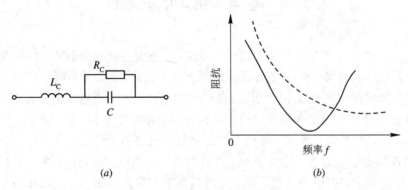

图 2-2 电容器的高频等效电路

(a) 电容器的等效电路；(b) 电容器的阻抗特性

理想电容器的阻抗为 $\dfrac{1}{j\omega C}$，其特性如图 2-2(b)虚线所示，其中，f 为工作频率，

$\omega = 2\pi f$。实际的电容器在高频运用时的阻抗频率特性如图 2-2(b)实线所示，呈 V 形特性，而且其具体形状与电容器的种类和电容量的不同有关。由此可知，每个电容器都有一个自身谐振频率 SRF(Self Resonant Frequency)。当工作频率小于自身谐振频率时，电容器呈正常的电容特性，但当工作频率大于自身谐振频率时，电容器将等效为一个电感。

3. 电感器

高频电感器与普通电感器一样，电感量是其主要参数。电感量 L 产生的感抗为 $j\omega L$，其中，ω 为工作角频率。高频电感器一般由导线绕制(空心或有磁芯、单层或多层)而成(也称电感线圈)，由于导线都有一定的直流电阻，所以高频电感器具有直流电阻 R。把两个或多个电感线圈靠近放置就可组成一个高频变压器。

工作频率越高，趋肤效应越强，再加上涡流损失、磁芯电感在磁介质内的磁滞损失以及由电磁辐射引起的能量损失等，都会使高频电感的等效电阻(交流电阻)大大增加。一般地，交流电阻远大于直流电阻，因此，高频电感器的电阻主要指交流电阻。但在实际中，并不直接用交流电阻来表示高频电感器的损耗性能，而是引入一个易于测量、使用方便的参数——品质因数 Q 来表征。品质因数 Q 定义为高频电感器的感抗与其串联损耗电阻之比。Q 值越高，表明该电感器的储能作用越强，损耗越小。因此，在中短波段和米波波段，高频电感可等效为电感和电阻的串联或并联。

若工作频率更高，电感内线圈匝与匝之间及各匝与地之间的分布电容的作用就十分明显，等效电路应考虑电感两端总的分布电容，它应与电感并联。

与电容器类似，高频电感器也具有自身谐振频率 SRF。在 SRF 上，高频电感的阻抗的幅值最大，而相角为零，如图 2-3 所示。

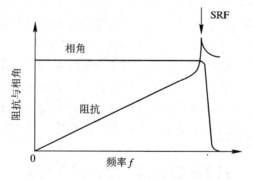

图 2-3　高频电感器的自身谐振频率 SRF

2.1.2　高频电路中的有源器件

从原理上看，用于高频电路的各种有源器件，与用于低频或其它电子线路的器件没有什么根本不同。它们是各种半导体二极管、晶体管以及半导体集成电路，这些器件的物理机制和工作原理，在有关课程中已详细讨论过，只是由于工作在高频范围，对器件的某些性能要求更高。随着半导体和集成电路技术的高速发展，能满足高频应用要求的器件越来越多，也出现了一些专门用途的高频半导体器件。

1. 二极管

半导体二极管在高频中主要用于检波、调制、解调及混频等非线性变换电路中，工作在低电平。因此主要用点接触式二极管和表面势垒二极管(又称肖特基二极管)。两者都利用多数载流子导电机理,它们的极间电容小、工作频率高。常用的点接触式二极管(如 2AP 系列),工作频率可到 100~200 MHz,而表面势垒二极管,工作频率可高至微波范围。

另一种在高频中应用很广的二极管是变容二极管,其特点是电容随偏置电压变化。我们知道,半导体二极管具有 PN 结,而 PN 结具有电容效应,它包括扩散电容和势垒电容。当 PN 结正偏时,扩散效应起主要作用;而当 PN 结反偏时,势垒电容将起主要作用。利用 PN 结反偏时势垒电容随外加反偏电压变化的机理,在制作时用专门工艺和技术经特殊处理而制成的具有较大电容变化范围的二极管就是变容二极管。变容二极管的结电容 C_j 与外加反偏电压 u 之间呈非线性关系(见第 7 章)。变容二极管在工作时处于反偏截止状态,基本上不消耗能量,噪声小,效率高。将它用于振荡回路中,可以作成电调谐器,也可以构成自动调谐电路等。变容管若用于振荡器中,可以通过改变电压来改变振荡信号的频率。这种振荡器称为压控振荡器(VCO)。压控振荡器是锁相环路的一个重要部件。电调谐器和压控振荡器也广泛用于电视接收机的高频头中。具有变容效应的某些微波二极管(微波变容管)还可以进行非线性电容混频、倍频。

还有一种以 P 型、N 型和本征(I)型三种半导体构成的 PIN 二极管,它具有较强的正向电荷储存能力。它的高频等效电阻受正向直流电流的控制,是一电可调电阻。它在高频及微波电路中可以用作电可控开关、限幅器、电调衰减器或电调移相器。

2. 晶体管与场效应管(FET)

在高频中应用的晶体管仍然是双极晶体管和各种场效应管,这些管子比用于低频的管子性能更好,在外形结构方面也有所不同。

高频晶体管有两大类型:一类是作小信号放大的高频小功率管,对它们的主要要求是高增益和低噪声;另一类为高频功率放大管,除了增益外,要求其在高频有较大的输出功率。目前双极型小信号放大管,工作频率可达几千兆赫兹,噪声系数为几分贝。小信号的场效应管也能工作在同样高的频率,且噪声更低。一种称为砷化镓的场效应管,其工作频率可达十几千兆赫兹以上。在高频大功率晶体管方面,在几百兆赫兹以下频率,双极型晶体管的输出功率可达十几瓦至上百瓦。而金属氧化物场效应管(MOSFET),甚至在几千兆赫兹的频率上还能输出几瓦功率。

有关晶体管和场效应管的高频等效电路、性能参数及分析方法将在第 3 章中进行较为详细的描述。

3. 集成电路

用于高频的集成电路的类型和品种要比用于低频的集成电路少得多,主要分为通用型和专用型两种。目前通用型的宽带集成放大器,工作频率可达一二百兆赫兹,增益可达五六十分贝,甚至更高。用于高频的晶体管模拟相乘器,工作频率也可达一百兆赫兹以上。随着集成技术的发展,也生产出了一些高频的专用集成电路(ASIC)。其中包括集成锁相环、集成调频信号解调器、单片集成接收机以及电视机中的专用集成电路等。

由于各种有源器件的基本原理在有关前修课程中已经讨论过,而它们的具体应用在本书各章中又将详细讨论,这里只对高频电路中有源器件的应用作一概括性的综述,下面将着重介绍和讨论用于高频中的无源网络。

2.2　高频电路中的组件

高频电路中的无源组件或无源网络主要有高频振荡(谐振)回路、高频变压器、谐振器与各种滤波器等,它们完成信号的传输、频率选择及阻抗变换等功能。高频电路中的其它组件,如平衡调制(混频)器、正交调制(混频)器、移相器、匹配器与衰减器、分配器与合路器、定向耦合器、隔离器与缓冲器、高频开关与双工器等,其功能和实现方式各异。

2.2.1　高频振荡回路

高频振荡回路是高频电路中应用最广的无源网络,也是构成高频放大器、振荡器以及各种滤波器的主要部件,在电路中完成阻抗变换、信号选择等任务,并可直接作为负载使用。下面分简单振荡回路、抽头并联振荡回路和耦合振荡回路三部分来讨论。

1. 简单振荡回路

振荡回路就是由电感和电容串联或并联形成的回路。只有一个回路的振荡电路称为简单振荡回路或单振荡回路。简单振荡回路的阻抗在某一特定频率上具有最大或最小值的特性称为谐振特性,这个特定频率称为谐振频率。简单振荡回路具有谐振特性和频率选择作用,这是它在高频电子线路中得到广泛应用的重要原因。

1) 串联谐振回路

图 2-4(a)是最简单的串联振荡回路。图中,r 是电感线圈 L 中的损耗电阻,r 通常很小,可以忽略,C 为电容。振荡回路的谐振特性可以从它们的阻抗频率特性看出来。对于

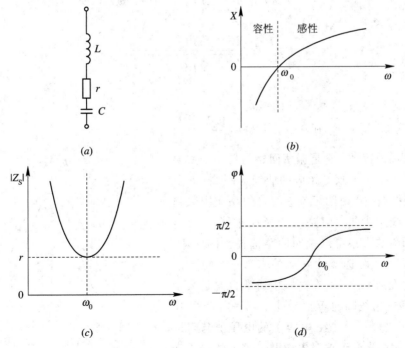

图 2-4　串联振荡回路及其特性

图 2 - 4(a) 的串联振荡回路，当信号角频率为 ω 时，其串联阻抗为

$$Z_{\rm S} = r + {\rm j}\omega L + \frac{1}{{\rm j}\omega C} = r + {\rm j}\left(\omega L - \frac{1}{\omega C}\right) \qquad (2-1)$$

回路电抗 $X = \omega L - \frac{1}{\omega C}$、回路阻抗的模 $|Z_{\rm S}|$ 和辐角 φ 随 ω 变化的曲线分别如图 2 - 4(b)、(c) 和(d) 所示。由图可知，当 $\omega < \omega_0$ 时，回路呈容性，$|Z_{\rm S}| > r$；当 $\omega > \omega_0$ 时，回路呈感性，$|Z_{\rm S}| > r$；当 $\omega = \omega_0$ 时，感抗与容抗相等，$|Z_{\rm S}|$ 最小，并为一纯电阻 r，我们称此时发生了串联谐振，且串联谐振角频率 ω_0 为

$$\omega_0 = \frac{1}{\sqrt{LC}} \qquad (2-2)$$

串联谐振频率是串联振荡回路的一个重要参数。

若在串联振荡回路两端加一恒压信号 $\dot{U}$，则发生串联谐振时因阻抗最小，流过电路的电流最大，称为谐振电流，其值为

$$\dot{I}_0 = \frac{\dot{U}}{r} \qquad (2-3)$$

在任意频率下的回路电流 $\dot{I}$ 与谐振电流之比为

$$\frac{\dot{I}}{\dot{I}_0} = \frac{\dfrac{\dot{U}}{Z_{\rm S}}}{\dfrac{\dot{U}}{r}} = \frac{r}{Z_{\rm S}} = \frac{1}{1 + {\rm j}\dfrac{\omega L - \dfrac{1}{\omega C}}{r}}$$

$$= \frac{1}{1 + {\rm j}\dfrac{\omega_0 L}{r}\left(\dfrac{\omega}{\omega_0} - \dfrac{\omega_0}{\omega}\right)} = \frac{1}{1 + {\rm j}Q\left(\dfrac{\omega}{\omega_0} - \dfrac{\omega_0}{\omega}\right)} \qquad (2-4)$$

其模为

$$\frac{I}{I_0} = \frac{1}{\sqrt{1 + Q^2\left(\dfrac{\omega}{\omega_0} - \dfrac{\omega_0}{\omega}\right)^2}} \qquad (2-5)$$

其中

$$Q = \frac{\omega_0 L}{r} = \frac{1}{\omega_0 C r} \qquad (2-6)$$

称为回路的品质因数，它是振荡回路的另一个重要参数。根据式(2 - 5)画出相应的曲线如图 2 - 5 所示，称为谐振曲线。由图可知，回路的品质因数越高，谐振曲线越尖锐，回路的选择性越好。因此，回路品质因数的大小可以说明回路选择性的好坏。另外一个反映回路选择性好坏的参数——矩形系数的概念将在后面给出。在高频中通常 Q 是远大于 1 的值(一般电感线圈的 Q 值为几十到一二百)。在串联回路中，电阻、电感、电容上的电压值与阻抗值成正比，因此串联谐振时电感及电容上的电压为

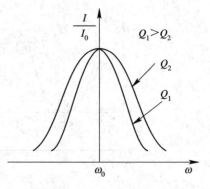

图 2 - 5 串联谐振回路的谐振曲线

最大，其值为电阻上电压值的 Q 倍，也就是恒压源的电压值的 Q 倍。发生谐振的物理意义是，此时，电容中储存的电能和电感中储存的磁能周期性地转换，并且储存的最大能量相等。

在实际应用中，外加信号的频率 ω 与回路谐振频率 ω_0 之差 $\Delta\omega = \omega - \omega_0$ 表示频率偏离谐振的程度，称为失谐。当 ω 与 ω_0 很接近时，

$$\frac{\omega}{\omega_0} - \frac{\omega_0}{\omega} = \frac{\omega^2 - \omega_0^2}{\omega\omega_0} = \left(\frac{\omega + \omega_0}{\omega}\right)\left(\frac{\omega - \omega_0}{\omega_0}\right)$$

$$\approx \frac{2\omega}{\omega}\left(\frac{\Delta\omega}{\omega_0}\right) = 2\frac{\Delta\omega}{\omega_0} \tag{2-7}$$

令

$$\xi = 2Q\frac{\Delta\omega}{\omega_0} = 2Q\frac{\Delta f}{f_0} \tag{2-8}$$

为广义失谐，则式(2-5)可写成

$$\frac{I}{I_0} \approx \frac{1}{\sqrt{1+\xi^2}} \tag{2-9}$$

当保持外加信号的幅值不变而改变其频率时，将回路电流值下降为谐振值的 $1/\sqrt{2}$ 时对应的频率范围称为回路的通频带，也称回路带宽，通常用 B 来表示。令式(2-9)等于 $1/\sqrt{2} \approx 0.707$，则可推得 $\xi = \pm 1$，从而可得带宽 $B_{0.707}$ 或 $B_{0.7}$ 为

$$B_{0.7} = 2\Delta f = \frac{f_0}{Q} \tag{2-10}$$

应当指出，以上所用到的品质因数都是指回路没有外加负载时的值，称为空载 Q 值或 Q_0。当回路有外加负载时，品质因数要用有载 Q 值或 Q_L 来表示，其中的电阻 r 应为考虑负载后的总的损耗电阻。

串联振荡回路的相位特性与其辐角特性相反。在谐振时回路中的电流、电压关系如图 2-6 所示，图中 $\dot{U}$ 与 $\dot{I}_0$ 同相，$\dot{U}_L$ 和 $\dot{U}_C$ 分别为电感和电容上的电压。由图可知，$\dot{U}_L$ 和 $\dot{U}_C$ 反相。

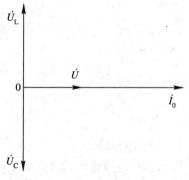

图 2-6　串联回路在谐振时的电流、电压关系

2）并联谐振回路

串联谐振回路适用于电源内阻为低内阻(如恒压源)的情况或低阻抗的电路(如微波电路)。当频率不是非常高时，并联谐振回路应用最广。

并联谐振回路是与串联谐振回路对偶的电路，其等效电路、阻抗特性和辐角特性分别如图 2-7(b)、(c)和(d)所示。

并联谐振回路的并联阻抗为

$$Z_p = \frac{(r + j\omega L)\dfrac{1}{j\omega C}}{r + j\omega L + \dfrac{1}{j\omega C}} \tag{2-11}$$

我们也定义使感抗与容抗相等的频率为并联谐振频率 ω_0，令 Z_p 的虚部为零，求解方程的根就是 ω_0，可得

$$\omega_0 = \frac{1}{\sqrt{LC}}\sqrt{1 - \frac{1}{Q^2}}$$

式中，Q 为回路的品质因数，有

$$Q = \frac{\omega_0 L}{r} = \frac{1}{\omega_0 Cr}$$

当 $Q \gg 1$ 时，$\omega_0 = \frac{1}{\sqrt{LC}}$。回路在谐振时的阻抗最大，为一电阻 R_0

$$R_0 = \frac{L}{Cr} = Q\omega_0 L = \frac{Q}{\omega_0 C} \qquad (2-12)$$

我们还关心并联回路在谐振频率附近的阻抗特性，同样考虑高 Q 条件下，可将式 (2-11) 表示为

$$Z_p = \frac{\dfrac{L}{Cr}}{1 + jQ\left(\dfrac{\omega}{\omega_0} - \dfrac{\omega_0}{\omega}\right)} \qquad (2-13)$$

并联回路通常用于窄带系统，此时 ω 与 ω_0 相差不大，式 (2-13) 可进一步简化为

$$Z_p = \frac{R_0}{1 + jQ\dfrac{2\Delta\omega}{\omega_0}} = \frac{R_0}{1 + j\xi} \qquad (2-14)$$

式中，$\Delta\omega = \omega - \omega_0$。

对应的阻抗模值与幅角分别为

$$|Z_p| = \frac{R_0}{\sqrt{1 + \left(Q\dfrac{2\Delta\omega}{\omega_0}\right)^2}} = \frac{R_0}{\sqrt{1 + \xi^2}} \qquad (2-15)$$

$$\varphi_Z = -\arctan\left(2Q\frac{\Delta\omega}{\omega_0}\right) = -\arctan\xi \qquad (2-16)$$

上述特性可以在图 2-7 中反映出来。在图 2-7(b) 的等效电路中，并联电阻 R_0 是等效到回路两端的并联谐振电阻，电感和电容中没有损耗电阻。从图 2-7(c)、(d) 可以看出，Q 值越高，阻抗和幅角在谐振频率附近变化就越快。对于并联谐振回路，若将阻抗值下降为 $R_0/\sqrt{2}$ 的频率范围称为通频带 B，则它与式 (2-10) 相同。

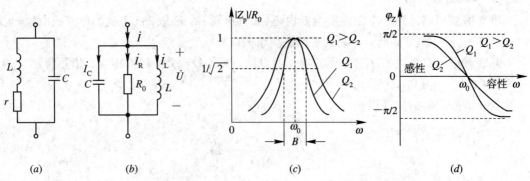

图 2-7 并联谐振回路及其等效电路、阻抗特性和辐角特性

(a) 并联谐振回路；(b) 等效电路；(c) 阻抗特性；(d) 辐角特性

在图 2 - 7(b)的等效电路中，流过 L 的电流 $\dot{I}_L$ 是感性电流，它落后于回路两端电压 $90°$。$\dot{I}_C$ 是容性电流，超前于回路两端电压 $90°$。$\dot{I}_R$ 则与回路电压同相。谐振时 $\dot{I}_L$ 与 $\dot{I}_C$ 相位相反，大小相等。此时流过回路的电流 $\dot{I}$ 正好就是流过 R_0 的电流 $\dot{I}_R$。由式(2 - 12)还可看出，由于回路并联谐振电阻 R_0 为 $\omega_0 L$(或 $1/\omega_0 C$)的 Q 倍，并联电路各支路电流大小与阻抗成反比，因此电感和电容中的电流为外部电流的 Q 倍，即有

$$I_L = I_C = QI \qquad (2 - 17)$$

图 2 - 8 表示了并联振荡回路中谐振时的电流、电压关系。

当信号频率低于谐振频率，即 $\omega < \omega_0$ 时，感抗小于容抗，此时整个回路呈感性阻抗；当 $\omega > \omega_0$ 时，整个回路呈容性阻抗。图 2 - 7(d)也表示出了此关系。

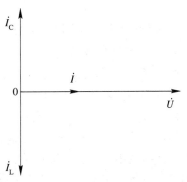

图 2 - 8　并联回路中谐振时的
电流、电压关系

应当指出，以上讨论的是高 Q 的情况。如果 Q 值较低时，并联振荡回路谐振频率将低于高 Q 情况的频率，并使谐振曲线和相位特性随着 Q 值而偏离。

下面举一例说明简单并联振荡回路的计算。

例 2 - 1　设一放大器以简单并联振荡回路为负载，信号中心频率 $f_s = 10$ MHz，回路电容 $C = 50$ pF，(1) 试计算所需的线圈电感值。(2) 若线圈品质因数为 $Q = 100$，试计算回路谐振电阻及回路带宽。(3) 若放大器所需的带宽 $B_{0.7} = 0.5$ MHz，则应在回路上并联多大电阻才能满足放大器所需带宽要求？

解　(1) 计算 L 值。由式(2 - 2)，可得

$$L = \frac{1}{\omega_0^2 C} = \frac{1}{(2\pi)^2 f_0^2 C}$$

将 f_0 以兆赫兹(MHz)为单位，C 以皮法(pF)为单位，L 以微亨(μH)为单位，上式可变为一实用计算公式：

$$L = \left(\frac{1}{2\pi}\right)^2 \frac{1}{f_0^2 C} \times 10^6 = \frac{25330}{f_0^2 C}$$

将 $f_0 = f_s = 10$ MHz 代入，得

$$L = 5.07 \ \mu\text{H}$$

(2) 回路谐振电阻和带宽。由式(2 - 12)

$$R_0 = Q\omega_0 L = 100 \times 2\pi \times 10^7 \times 5.07 \times 10^{-6} = 3.18 \times 10^4 = 31.8 \ \text{k}\Omega$$

回路带宽为

$$B = \frac{f_0}{Q} = 100 \ \text{kHz}$$

(3) 求满足 0.5 MHz 带宽的并联电阻。设回路上并联电阻为 R_1，并联后的总电阻为 $R_1 /\!/ R_0$，总的回路有载品质因数为 Q_L。由带宽公式，有

$$Q_L = \frac{f_0}{B_{0.7}}$$

此时要求的带宽 $B_{0.7} = 0.5$ MHz，故

$$Q_L = 20$$

回路总电阻为

$$\frac{R_0 R_1}{R_0 + R_1} = Q_L \omega_0 L = 20 \times 2\pi \times 10^7 \times 5.07 \times 10^{-6} = 6.37 \text{ k}\Omega$$

$$R_1 = \frac{6.37 \times R_0}{R_0 - 6.37} = 7.97 \text{ k}\Omega$$

需要在回路上并联 7.97 kΩ 的电阻。

2. 抽头并联振荡回路

在实际应用中，常常用到激励源或负载与回路电感或电容部分连接的并联振荡回路，即抽头并联振荡回路。图 2-9 是几种常用的抽头振荡回路。采用抽头回路，可以通过改变抽头位置或电容分压比来实现回路与信号源的阻抗匹配（如图 2-9(a)、(b)），或者进行阻抗变换（如图 2-9(d)、(e)）。也就是说，除了回路的基本参数 ω_0、Q 和 R_0 外，还增加了一个可以调节的因子。这个调节因子就是接入系数（抽头系数）p。它被定义为：与外电路相连的那部分电抗与本回路参与分压的同性质总电抗之比。p 也可以用电压比来表示，即

$$p = \frac{U}{U_T} \tag{2-18}$$

因此，又把抽头系数称为电压比或变比。下面简单分析图 2-9(a)和(b)两种电路。

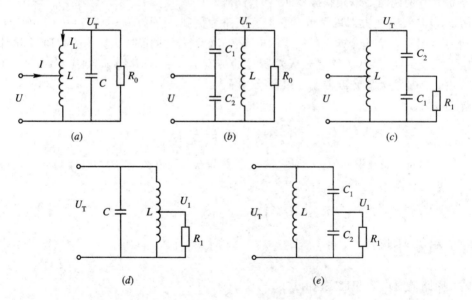

图 2-9 几种常见抽头振荡回路

仍然考虑窄带高 Q 的实际情况。对于图 2-9(a)，设回路处于谐振或失谐不大时，流过电感的电流 I_L 仍然比外部电流大得多，即 $I_L \gg I$，因而 U_T 比 U 大。当谐振时，输入端呈现的电阻设为 R，从功率相等的关系看，有

$$\frac{U_T^2}{2R_0} = \frac{U^2}{2R}$$

$$R = \left(\frac{U}{U_T}\right)^2 R_0 = p^2 R_0 \tag{2-19}$$

其中，接入系数 p 用元件参数表示时则要复杂些。仍假设满足 $I_L \gg I$，并设抽头部分的电感为 L_1，若忽略两部分间的互感，则接入系数为 $p = L_1/L$。实际上，一般是有互感的。设上下两段线圈间的互感值为 M，则接入系数 $p = (L_1 + M)/L$。对于紧耦合的线圈电感（即后面将介绍的带抽头的高频变压器），设抽头的线圈匝数为 N_1，总匝数为 N，因线圈上的电压与匝数成比例，其接入系数为 $p = N_1/N$。

事实上，接入系数的概念不只是对谐振回路适用，在非谐振回路中通常用电压比来定义接入系数。根据分析，在回路失谐不大，p 又不是很小的情况下，输入端的阻抗也有类似关系

$$Z = p^2 Z_T = \frac{p^2 R_0}{1 + j2Q\dfrac{\Delta\omega}{\omega_0}} \tag{2-20}$$

对于图 2-9(b) 的电路，其接入系数 p 可以直接用电容比值表示为

$$p = \frac{U}{U_T} = \frac{\dfrac{1}{\omega C_2}}{\dfrac{1}{\omega \dfrac{C_1 C_2}{C_1 + C_2}}} = \frac{C_1}{C_1 + C_2} \tag{2-21}$$

在实际中，除了阻抗需要折合外，有时信号源也需要折合。对于电压源，由式(2-18)可得

$$U = pU_T$$

对于如图 2-10 所示的电流源，其折合关系为

$$I_T = pI \tag{2-22}$$

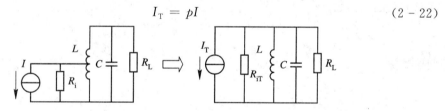

图 2-10　电流源的折合

需要注意，对信号源进行折合时的变比是 p，而不是 p^2。

在抽头回路中，由于激励端的电压 U 小于回路两端电压 U_T，从功率等效的概念来考虑，回路要得到同样功率，抽头端的电流要更大些（与不抽头回路相比）。这也意味着谐振时的回路电流 I_L 和 I_C 与 I 的比值要小些，而不再是 Q 倍。由

$$I_L = \frac{U_T}{\omega L} = \frac{U_T Q}{R_0}$$

及

$$I = \frac{U}{R}$$

$$\frac{I_L}{I} = \frac{U_T}{U} \cdot \frac{R}{R_0} Q$$

可得

$$I_L = pQI \tag{2-23}$$

接入系数 p 越小，I_L 与 I 的比值也越小。在上面的分析中，曾假设 $I_L \gg I$，当 p 较小时将不能满足，因此阻抗(2-20)的近似公式的适用条件为 $I_L/I = pQ \gg 1$。

例 2 - 2 如图 2 - 11，抽头回路由电流源激励，忽略回路本身的固有损耗，试求回路两端电压 $u(t)$ 的表示式及回路带宽。

解 由于忽略了回路本身的固有损耗，因此可以认为 $Q \to \infty$。由图可知，回路电容为

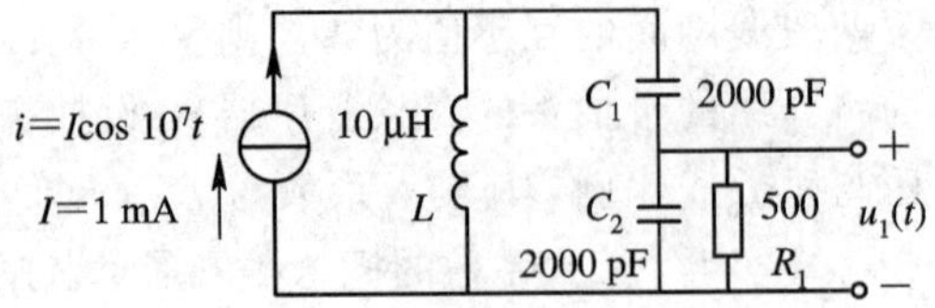

图 2 - 11 例 2 的抽头回路

$$C = \frac{C_1 C_2}{C_1 + C_2} = 1000 \text{ pF}$$

谐振角频率为

$$\omega_0 = \frac{1}{\sqrt{LC}} = 10^7 \text{ rad/s}$$

电阻 R_1 的接入系数

$$p = \frac{C_1}{C_1 + C_2} = 0.5$$

等效到回路两端的电阻为

$$R = \frac{1}{p^2} R_1 = 2000 \ \Omega$$

回路两端电压 $u(t)$ 与 $i(t)$ 同相，电压振幅 $U = IR = 2$ V，故

$$u(t) = 2 \cos 10^7 \, t \ \text{V}$$

输出电压为

$$u_1(t) = p u(t) = \cos 10^7 \, t \ \text{V}$$

回路有载品质因数

$$Q_{\text{L}} = \frac{R}{\omega_0 L} = \frac{2000}{100} = 20$$

回路带宽

$$B = \frac{f_0}{Q_{\text{L}}} \approx 80 \text{ kHz}$$

在上述近似计算中，$u_1(t)$ 与 $u(t)$ 同相。考虑到 R_1 对实际分压比的影响，$u_1(t)$ 与 $u(t)$ 之间还有一小的相移。

3. 耦合振荡回路

在高频电路中，有时用到两个互相耦合的振荡回路，也称为双调谐回路。把接有激励信号源的回路称为初级回路，把与负载相接的回路称为次级回路或负载回路。图 2 - 12 是两种常见的耦合回路。图 2 - 12(a) 是互感耦合电路，图 2 - 12(b) 是电容耦合回路。

耦合振荡回路在高频电路中的主要功用，一是用来进行阻抗转换以完成高频信号的传输；一是形成比简单振荡回路更好的频率特性。通常应用时都满足下述两个条件：一是两个回路都对信号频率调谐；另一个是都为高 Q 电路。下面以图 2 - 12(a) 的互感耦合回路为主来分析说明它的原理和特性。反映两回路耦合大小的是两线圈间的互感 M，以及互感与初次级电感 L_1、L_2 的大小关系。耦合阻抗为 $Z_{\text{m}} = \text{j} X_{\text{m}} = \text{j} \omega M$。为了反映两回路的相对耦合程度，可以引入一耦合系数 k，它定义为 X_{m} 与初次级中与 X_{m} 同性质两电抗的几何平均值之比，即

$$k = \frac{\omega M}{\sqrt{\omega^2 L_1 L_2}} = \frac{M}{\sqrt{L_1 L_2}} \tag{2 - 24}$$

对于图 2 - 12(b)电路，耦合系数为

$$k = \frac{C_C}{\sqrt{(C_1 + C_C)(C_2 + C_C)}} \tag{2-25}$$

根据电路理论，当初级有信号源激励时，初级回路电流 $\dot{I}_1$ 通过耦合阻抗将在次级回路中产生一感应电势 $j\omega M \dot{I}_1$，从而在次级回路中产生电流 $\dot{I}_2$。次级回路必然要对初级回路产生反作用（即 $\dot{I}_2$ 要在初级产生反电势），此反作用可以通过在初级回路中引入一反映（射）阻抗 Z_f 来等效。反映阻抗为

$$Z_f = -\frac{Z_{\mathrm{m}}^2}{Z_2} = \frac{\omega^2 M^2}{Z_2} \tag{2-26}$$

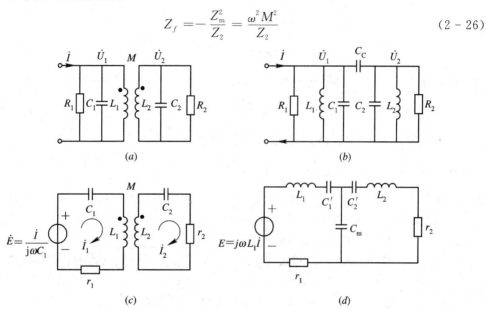

图 2 - 12 两种常见的耦合回路及其等效电路

Z_2 是次级回路的串联阻抗，它具有串联谐振的特性。当次级回路谐振时，Z_f 为一电阻 r_f，会使初级并联谐振电阻下降。在次级失谐时，Z_f 为一随频率变化的感性阻抗（$\omega < \omega_0$）或容性阻抗（$\omega > \omega_0$）。显然，Z_f 的影响会使初级的并联阻抗 Z_1 和初次级的转移阻抗 Z_{21} 的频率特性发生变化。

耦合回路常作为四端网络（两端口网络）应用，我们更关心的是它的转移阻抗的频率特性。假设两回路的电感、电容和品质因数相同（这是常见的情况），在此条件下来分析转移阻抗。此时有

$$L_1 = L_2 = L, \quad C_1 = C_2 = C, \quad Q_1 = Q_2 = Q$$

再引入两个参数，广义失谐

$$\xi = \frac{\omega_0 L}{r}\left(\frac{\omega}{\omega_0} - \frac{\omega_0}{\omega}\right) \approx 2Q\frac{\Delta\omega}{\omega_0} \tag{2-27}$$

耦合因子

$$A = kQ \tag{2-28}$$

初次级串联阻抗可分别表示为

$$Z_1 = r_1(1 + j\xi), \quad Z_2 = r_2(1 + j\xi)$$

耦合阻抗为

$$Z_m = j\omega M$$

由图 2 - 12(c)等效电路，转移阻抗为

$$Z_{21} = \frac{\dot{U}_2}{I} = \frac{\frac{1}{j\omega C_2}\dot{I}_2}{j\omega C_1 \dot{E}} = -\frac{1}{\omega^2 C_1 C_2} \cdot \frac{\dot{I}_2}{\dot{E}} \qquad (2-29)$$

$\dot{I}_2$ 由次级感应电势 $\dot{I}_1 Z_m$ 产生，有

$$\dot{I}_2 = \frac{\dot{I}_1 Z_m}{Z_2}$$

考虑次级的反映阻抗，则

$$\dot{E} = \dot{I}_1(Z_1 + Z_f) = \dot{I}_1\left(Z_1 - \frac{Z_m^2}{Z_2}\right)$$

将上两式代入式(2 - 29)，再考虑其它关系，经简化得

$$Z_{21} = -j\frac{Q}{\omega_0 C}\frac{A}{1-\xi^2+A^2+2j\xi} \qquad (2-30)$$

根据同样的方法可以得到电容耦合回路的转移阻抗特性为

$$Z_{21} = jQ\omega_0 L\frac{A}{1-\xi^2+A^2+2j\xi} \qquad (2-31)$$

若不计常数因子，式(2 - 30)与式(2 - 31)具有相同的频率特性。A 出现在分子和分母中，这表示两回路的耦合程度要影响曲线的高度和形状。以 ξ 为变量，对式(2 - 30)求极值可知，当耦合因子 A 小于1时，在 $\xi=0$ 处有极大值。当 A 大于1，则有两个极大值，在 $\xi=0$ 处有凹点。此时 $|Z_{21}|$ 曲线为双峰。求出 $|Z_{21}|$ 的极大值 $|Z_{21}|_{max}$，可以求出不同 A 时的归一化转移阻抗

$$\frac{|Z_{21}|}{|Z_{21}|_{max}} = \frac{2A}{\sqrt{(1-\xi^2+A^2)^2+4\xi^2}} \qquad (2-32)$$

通常将 $A=1$ 的情况称为临界耦合，而将此时耦合系数称为临界耦合系数

$$k_0 = \frac{1}{Q} \qquad (2-33)$$

而将 $A>1$，或 $k>k_0$ 称为过耦合；$A<1$，或 $k<k_0$ 称为欠耦合。

图 2 - 13 为归一化的转移阻抗的频率特性。由图可见，当 $k<k_0$ 的欠耦合时，曲线较尖，带宽窄，且其最大值也较小(比 $k \geqslant k_0$ 时)。通常不工作在这种状态。当 k 增加至 k_0 的临界耦合时，曲线由单峰向双峰变化，曲线顶部较平缓。临界耦合时的特性可将 $A=1$ 代入式(2 - 32)得到

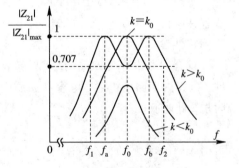

图 2 - 13 耦合回路的频率特性

$$\frac{|Z_{21}|}{|Z_{21}|_{max}} = \frac{1}{\sqrt{1+\frac{1}{4}\xi^4}} \qquad (2-34)$$

与前面单回路的阻抗特性(式(2 - 15))相比，耦合回路特性顶部平缓，带宽要大，而且在频带之外，曲线下降也更陡峭。从回路对邻近无用信号频率的抑制来看，性能也更好。

我们已知单振荡回路的带宽为 $B_{0.7}=f_0/Q$。对临界耦合回路，令 $|Z_{21}|/|Z_{21}|_{max}=$

$1/\sqrt{2}$，得回路带宽为

$$B_{0.7} = \sqrt{2}\,\frac{f_0}{Q} \qquad\qquad (2-35)$$

为表示曲线边沿的陡峭程度，通常可以用曲线接近理想矩形的程度来度量，并可以简单地用一矩形系数 $K_{r0.1}$ 来衡量。矩形系数的定义为

$$K_{r0.1} = \frac{B_{0.1}}{B_{0.7}} \qquad\qquad (2-36)$$

式中，$B_{0.7}$ 就是前面定义的下降为 $1/\sqrt{2}\approx0.7$ 的带宽，$B_{0.1}$ 是曲线下降为 0.1 时的带宽。理想矩形时，$B_{0.7} = B_{0.1}$，矩形系数 $K_{r0.1} = 1$。因此，矩形系数越接近于 1 越好，由式 (2-34)，令 $|Z_{21}|/|Z_{21}|_{\max} = 0.1$ 可得

$$B_{0.1} = 4.5\,\frac{f_0}{Q}$$

因此临界耦合时的矩形系数为

$$K_{r0.1} = \frac{B_{0.1}}{B_{0.7}} = 3.15$$

而单回路的矩形系数 $K_{r0.1} = 10$。

当允许频带内有凹陷起伏特性时，可以采用 $k > k_0$ 的过耦合状态，它可以得到更大的带宽。但凹陷点的值小于 0.707 的过耦合情况没有什么应用价值。根据式(2-32)的频率特性可以分析出最大凹陷点也为 0.707 时的耦合因子及带宽，它们分别为

$$A = 2.41, \qquad B_{0.7} = 3.1\,\frac{f_0}{Q}$$

必须再一次指出，以上分析只限于高 Q 值的窄带耦合回路。

顺便指出，多个单回路级联的情况和参差调谐(不同回路调谐于不同频率)的情况请参见本书第 3 章和其它参考书。

2.2.2　高频变压器和传输线变压器

在几十兆赫兹以下的高频范围中，与低频变压器原理相同的高频变压器常有应用。在高频电路中变压器的功用仍然是进行信号传输和阻抗变换，但也可用来隔绝直流。另一种用传输线绕制的变压器称为传输线变压器，它是高频专用的，可以工作在更高工作频率(如几百兆赫兹)，而且它的工作频带宽，还可以完成一些其它功能。

1. 高频变压器

变压器是靠磁通交链，或者说是靠互感进行耦合的。两个耦合的线圈，通常只有当两者紧耦合时，方称它为变压器。如果用前面定义的互感耦合系数 k 表示，只有当 k 接近 1 时，性能才接近理想变压器。因此，高频变压器同样以某种磁性材料作为公共的磁路，以增加线圈间的耦合。但高频变压器在磁芯材料和变压器结构上都与低频变压器有较大不同，主要表现在：

(1) 为了减少损耗，高频变压器常用导磁率 μ 高、高频损耗小的软磁材料作磁芯。最常用的高频磁芯是铁氧体材料(铁氧体材料也可用于低频中)，一般有锰锌铁氧体 MXO 和镍锌铁氧体 NXO 两种。前者导磁率(通常以相对导磁率表示)高，但高频损耗大，多用于几

百千赫兹至几兆赫兹范围，或者允许有较大损耗的高频范围。后者导磁率较低，但高频损耗小，可用于几十兆赫兹甚至更高的频率范围。

(2) 高频变压器一般用于小信号场合，尺寸小，线圈的匝数较少。因此，其磁芯的结构形状与低频时不同，主要采用图 2 - 14(a)、(b)的环形结构和罐形结构。初次级线圈直接穿绕在环形结构的磁环上，或绕制在骨架上，放于两罐之间。罐形结构中磁路允许有气隙，可以用调节气隙大小的方法来微调变压器的电感。图 2 - 14(c)是双孔磁芯，它是环形磁芯的一种变形，可以在两个孔中分别绕制线圈。

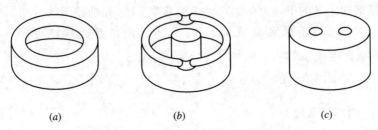

(a)　　　　　　　　　(b)　　　　　　　　　(c)

图 2 - 14　高频变压器的磁芯结构

(a) 环形磁芯；(b) 罐形磁芯；(c) 双孔磁芯

高频变压器的近似等效电路如图 2 - 15(b)所示。它忽略了实际变压器中存在的各种损耗(磁芯中的涡流损耗、磁滞损耗和导线电阻损耗)和漏感。除了元件数值范围不同外，它与低频变压器的等效电路没有什么不同。图中，虚线内为理想变压器，L 为初级励磁电感，L_S 为漏感，C_S 为变压器的分布电容。

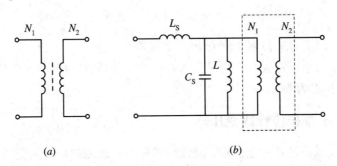

(a)　　　　　　　　　　　(b)

图 2 - 15　高频变压器及其等效电路

(a) 电路符号；(b) 等效电路

当高频变压器用于窄带电路时，只要知道此频率时等效电路中的参数 L、L_S 和 C_S，就不难构成实际电路并进行计算。当用在宽带电路，比如用作宽带阻抗变换器时，希望在宽频带内有比较均匀的阻抗和传输特性。由图 2 - 15(b)的等效电路可以看出，影响宽带特性的因素就是 L、L_S 和 C_S。在低频端，由于励磁电感 L 的阻抗小，对负载起分流作用，影响低频响应。在高频端，C_S 阻抗起旁路作用，而漏感 L_S 的阻抗大，起分压作用。C_S 与 L_S 是引起高频传输系数下降的主要因素。L、L_S 和 C_S 对变压器频率特性的影响，还与端接的负载阻抗大小有关。高频变压器在宽带应用时，在不同频率范围，可忽略某些参数的影响，进一步简化电路和分析。在低频端，L_S 和 C_S 的影响可忽略；在高频端，L 的旁路作用可忽略。要展宽高频范围，应尽量减小 L_S 和 C_S。减少变压器的初次级线圈匝数，可以减小漏感 L_S 和分布电容 C_S；但励磁电感 L 将随匝数减小而迅速减小，这会导致低频响应变差。比较好的方法是采用高导磁率的高频磁芯，可以在减小匝数时保持所需的励磁电感值。

目前，在低阻抗负载电路中(几十欧姆至上百欧姆)，在变压比(N_1/N_2 或 N_2/N_1)不很大的情况下，高频变压器的频带宽度可以做到 3～4 个倍频程(即最高频率与最低频率比为 8～16)甚至还可更高些。

在某些高频电路中经常会用到一种具有中心抽头的三绕组高频变压器，称之为中心抽头变压器，它可以实现多个输入信号的相加或相减，在某些端口间有隔离，另一些端口间有最大的功率传输。

图 2-16(a)是一中心抽头变压器的示意图。初级为两个等匝数的线圈串联，极性相同，设初次级匝比 $n=N_1/N_2$。作为理想变压器看待，线圈间的电压和电流关系分别为

$$U_1 = U_2 = nU_3 \tag{2-37}$$
$$-I_3 = n(I_1 + I_2) \tag{2-38}$$

中心抽头变压器的一种典型应用就是作为四端口器件，图 2-16(b)表示了这一情况。四端口上接有 Z_1、Z_2、Z_3、Z_4 阻抗，根据不同应用，可在某些端口加信号源。

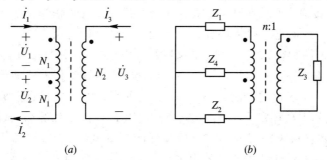

图 2-16　中心抽头变压器电路

(a) 中心抽头变压器电路；(b) 作四端口器件应用

中心抽头变压器的用途很多，可用作功率分配器、功率合成器、平衡桥电路，也可以与有源器件(二极管、晶体管)组合构成一些非线性变换电路。第 5 章中的平衡调制器、环形调制器中就要用到它。

2. 传输线变压器

传输线变压器就是利用绕制在磁环上的传输线而构成的高频变压器。图 2-17 为其典型的结构和电路图。

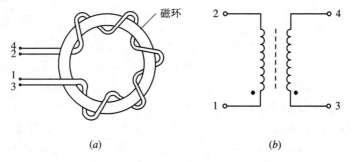

图 2-17　传输线变压器的典型结构和电路

(a) 结构示意图；(b) 电路

传输线变压器中的传输线主要是指用来传输高频信号的双导线、同轴线。图 2 - 17(a) 的互相绝缘的双导线(一般用漆包线)应扭绞在一起，也常用细同轴电缆绕制。传输线就是利用两导线间(或同轴线内外导体间)的分布电容和分布电感形成一电磁波的传输系统。它传输信号的频率范围很宽，可以从直流到几百、上千兆赫兹(同轴电缆)。传输线的主要参数是波速、波长及特性阻抗。波速与波长分别为

$$v = \frac{c}{\sqrt{\varepsilon_r}} \qquad\qquad (2 - 39)$$

$$\lambda = \frac{v}{f} = \frac{\lambda_0}{\sqrt{\varepsilon_r}} \qquad\qquad (2 - 40)$$

式中，ε_r 为传输线的相对介电常数。因 ε_r 总是大于 1(一般为 2～4)，传输线上的波速和波长比自由空间电磁波的波速 c 和波长 λ_0 都要小。传输线特性阻抗 Z_C 取决于传输线的横向尺寸(导线粗细、导线间距离、介质常数)的参数。当传输线端接的负载电阻值与特性阻抗 Z_C 相等时，传输线上传输行波，此时有最大的传输带宽。

从原理上讲，传输线变压器既可以看作是绕在磁环上的传输线，也可以看作是双线并绕的 1∶1 变压器，因此它兼有传输线和高频变压器两者的特点。传输线变压器有两种工作方式(也可以说是两种模式)。一种是传输线工作方式，一种是变压器工作方式，如图 2 - 18 所示。不同方式决定于信号对它的不同激励。传输线工作方式的特点是，在传输线的任一点上，两导线上流过的电流大小相等、方向相反。两导线上电流所产生的磁通只存在于两导线间，磁芯中没有磁通和损耗。当负载电阻 R_L 与 Z_C 相等而匹配时，两导线间的电压沿线均匀分布(指振幅)，这种方式传输特性的频率很宽。在变压器方式中，信号源加在一个绕组两端，在初级线圈中有励磁电流，此电流在磁环中产生磁通。由于有磁芯，励磁电感较大，在工作频率上其感抗值远大于特性阻抗 Z_C 和负载阻抗。此外，在两线圈端(1、2 和 3、4 端)有同相的电压。

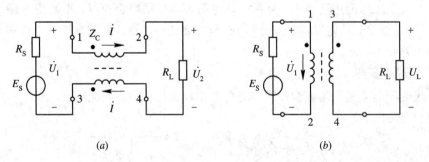

图 2 - 18 传输线变压器的工作方式
(a) 传输线方式；(b) 变压器方式

在传输线的实际应用中，通常两种方式同时存在，可以利用这两种方式完成不同的作用。正是因为有了传输线方式，传输线变压器才有更宽的频率特性。

传输线变压器的用法很多，但其基本形式是 1∶1 和 1∶4 阻抗变换器。用两个或多个传输线变压器进行组合，还可以得到其它阻抗变换器。也有用三线并绕构成传输线变压器的。

图 2 - 19(a)是由传输线变压器制成的高频反相器，它是一种 1∶1 的变压器，端点 2、3 相连并接地，在 1、3 端加高频电压 $\dot{U}_1$，因线圈 1、2 上加有电压，且 $\dot{I}_1$ 与 $\dot{I}_2$ 不完全相

等，因此有变压器工作方式。同时沿传输线上又有均匀的电压，因而也有传输线工作方式。因 $\dot{U}_1$ 与 $\dot{U}_2$ 相等，当 2 端接地后，输出电压 $\dot{U}_L = -\dot{U}_1$，与输入电压反相，这就是反相作用。在高频端这种反相器性能将会下降（U_L 与 U_1 偏离反相）。

　　图 2-19(c) 是一个 1∶4 阻抗变换器的电路，1、4 连接，信号源加在 1、3 端（实际上也加在 4、3 端），负载电阻 R_L 加在 2、3 端。显然，在 3、4 的线圈中有励磁电流，有变压器工作方式。由于线圈两端电压相等，即 $U_2 = U_1$，负载上的电压为两线圈电压串联，有 $U_L = 2U_1$，而负载电流为 I，因此有 $R_L = U_L/I$，输入端阻抗为（忽略励磁电流）为

$$R_i = \frac{U_1}{2I} = \frac{U_L/2}{2I} = \frac{1}{4}R_L \tag{2-41}$$

这就完成了 1∶4 的阻抗变换。这种变换器有很宽的工作频带。

　　传输线变压器还可以用作不平衡—平衡变换器、3 分贝耦合器等，如图 2-19(b)、(d) 所示。

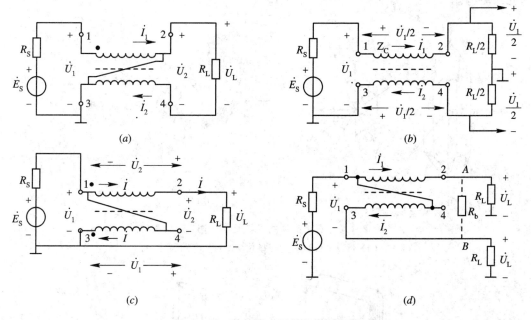

图 2-19　传输线变压器的应用举例

(a) 高频反相器；(b) 不平衡—平衡变换器；(c) 1∶4 阻抗变换器；(d) 3 分贝耦合器

　　传输线变压器通常都作宽带应用，其宽带性能的好坏与参数及结构尺寸的选择有很大关系。特性阻抗 Z_C 应和负载阻抗 Z_L 接近（以实现匹配）。用双绞线（用漆包线）作传输线时，其特性阻抗与所用导线的粗细、绕制的松紧和单位长度内扭绞的次数有关。单位长度内扭绞的次数多，特性阻抗就低。其特性阻抗一般可以小到 40～50 Ω；传输线变压器所用的磁芯尺寸应根据信号功率大小选择。传输的功率越大，线圈两端的电压就高，通过磁芯的磁通量就大，磁芯和线圈的损耗也大，磁芯的尺寸应能承受此损耗而不致升温过高。根据前面关于高频变压器中的说明，应选择有较高导磁率和高频损耗小的磁芯材料。线圈的匝数决定于所需励磁电感的大小，应使在工作频率低端，其阻抗值 ωL 比输入阻抗大得多（如 10 倍以上）；为了得到好的高频响应，传输线的长度 l 应尽可能小，通常 l 应短于 $(1/8 \sim 1/10)\lambda_{\min}$。

双绞线的传输线变压器的上限频率可达 100 MHz 左右，同轴线的传输线变压器的上限频率还可更高些。

2.2.3 石英晶体谐振器

在高频电路中，石英晶体谐振器（也称石英振子）是一个重要的高频部件，它广泛用于频率稳定性高的振荡器中，也用作高性能的窄带滤波器和鉴频器。

1. 物理特性

石英晶体谐振器是由天然或人工生成的石英晶体切片制成。石英晶体是 SiO_2 的结晶体，在自然界中以六角锥体出现。它有三个对称轴：Z 轴（光轴）、X 轴（电轴）、Y 轴（机械轴）。各种晶片就是按与各轴不同角度切割而成的。图 2-20 就是石英晶体形状和各种切型的位置图。在晶片的两面制作金属电极，并与底座的插脚相连，最后以金属壳封装或玻璃壳封装（真空封装），成为晶体谐振器，如图 2-21 所示。

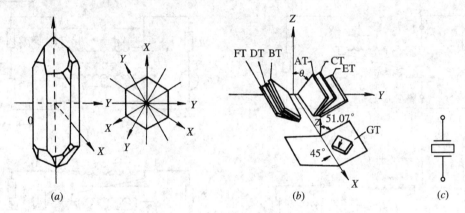

图 2-20　石英晶体的形状及各种切型的位置
（a）形状；（b）不同切型位置；（c）电路符号

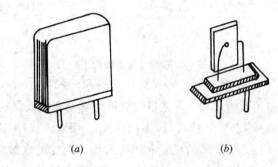

图 2-21　石英晶体谐振器
（a）外形；（b）内部结构

石英晶体之所以能成为电的谐振器，是由于它具有压电效应。所谓压电效应，就是当晶体受外力作用而变形（如伸缩、切变、扭曲等）时，就在它对应的表面上产生正、负电荷，呈现出电压。当在晶体两面加电压时，晶体又会发生机械形变，这称为反压电效应。因此若在晶体两端加交变电压时，晶体就会发生周期性的振动，同时由于电荷的周期变化，又会有交流电流流过晶体。由于晶体是有弹性的固体，对于某一种振动方式，有一个机械的谐振频率(固有谐振频率)。当外加电信号频率在此自然频率附近时，就会发生谐振现象。它既表现为晶片的机械共振，又在电路上表现出电谐振。这时有很大的电流流过晶体，产生电能和机械能的转换。晶片的谐振频率与晶片的材料、几何形状、尺寸及振动方式(取决于切片方式)有关，而且十分稳定，其温度系数(温度变化 1℃ 时引起的固有谐振频率相对变化量)均在 10^{-6} 或更高数量级上。实践表明，温度系数与振动方式有关，某些切型的石英片(如 GT 和 AT 型)，其温度系数在很宽范围内都趋近于零。而其它切型的石英片，只在某一特定温度附近的小范围内才趋近于零，通常将这个特定的温度称为拐点温度。若将晶体置于恒温槽内，槽内温度就应控制在此拐点温度上。

　　用于高频的晶体切片，其谐振时的电波长 λ_0 常与晶片厚度成正比，谐振频率与厚度成反比。正如我们平常观察到的某些机械振动那样(比如琴弦的振动)，对于一定形状和尺寸的某一晶体，它既可以在某一基频上谐振(此时沿某一方向分布 1/2 个机械波长)，也可以在高次谐波(谐频或泛音)上谐振(此时沿同一方向分布 3/2、5/2、7/2 个机械波长)。通常把利用晶片基频(音)共振的谐振器称为基频(音)谐振器，频率通常用 ××× kHz 表示。把利用晶片谐频共振的谐振器称为泛音谐振器，频率通常用 ××× MHz 表示。由于机械强度和加工的限制，目前，基音谐振频率最高只能达到 25 MHz 左右，泛音谐振频率可达 250 MHz 以上。通常能利用的是 3、5、7 之类的奇次泛音。同一尺寸晶片，泛音工作时的频率比基频工作时要高 3、5、7 倍。应该指出，由于是机械谐振时的谐频，它们的电谐振频率之间并不是准确的 3、5、7 次的整数关系。

2. 等效电路及阻抗特性

　　图 2-22 是石英晶体谐振器的等效电路。图 2-22(a) 是考虑基频及各次泛音的等效电路，由于各谐波频率相隔较远，互相影响很小，对于某一具体应用(如工作于基频或工作于泛音)，只需考虑此频率附近的电路特性，因此可以用图 2-22(b) 来等效。图中，C_0 是晶体作为电介质的静电容，其数值一般为几个皮法至几十皮法。L_q、C_q、r_q 是对应于机械共振经压电转换而呈现的电参数。r_q 是机械摩擦和空气阻尼引起的损耗。

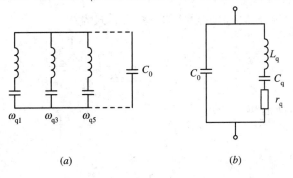

图 2-22　晶体谐振器的等效电路

(a) 包括泛音在内的等效电路；(b) 谐振频率附近的等效电路

　　由图 2-22(b) 可看出，晶体谐振器是一串并联的振荡回路，其串联谐振频率 f_q 和并联谐振频率 f_0 分别为

$$f_q = \frac{1}{2\pi\sqrt{L_q C_q}} \tag{2-42}$$

$$f_0 = \frac{1}{2\pi \sqrt{L_q \dfrac{C_0 C_q}{C_0 + C_q}}} = \frac{1}{2\pi \sqrt{L_q C_q}} \sqrt{1 + \frac{C_q}{C_0}} = f_q \sqrt{1 + \frac{C_q}{C_0}} \qquad (2-43)$$

与通常的谐振回路比较，晶体的参数 L_q 和 C_q 与一般线圈电感 L、电容元件 C 有很大不同。现举一例，国产 B45 型 1 MHz 中等精度晶体的等效参数如下：

$$L_q = 4.00 \ \text{H} \qquad\qquad C_q = 0.0063 \ \text{pF}$$
$$r_q = 100 \sim 200 \ \Omega \qquad\qquad C_0 = 2 \sim 3 \ \text{pF}$$

由此可见，L_q 很大，C_q 很小。与同样频率的 LC 元件构成的回路相比，L_q、C_q 与 L、C 元件数值要相差 4～5 个数量级。同时，晶体谐振器的品质因数也非常大，一般为几万甚至几百万，这是普通 LC 电路无法比拟的。在上例中

$$Q_q = \frac{\omega_q L_q}{r_q} \geqslant (125\ 000 \sim 250\ 000)$$

由于 $C_0 \gg C_q$，晶体谐振器的并联谐振频率 f_0 与串联谐振频率 f_q 相差很小。由式(2-43)，考虑 $C_q/C_0 \ll 1$，可得

$$f_0 = f_q \left(1 + \frac{1}{2} \frac{C_q}{C_0}\right) \qquad (2-44)$$

上例中，$C_q/C_0 = (0.002 \sim 0.003)$，相对频率间隔

$$\frac{f_0 - f_q}{f_q} = \frac{1}{2} \frac{C_q}{C_0}$$

仅千分之一二。

此外，$C_q/C_0 \ll 1$，也意味着图 2-22(b)所示的等效电路的接入系数 $p \approx C_q/C_0$ 非常小。因此，晶体谐振器与外电路的耦合必然很弱。在实际电路中，晶体两端并接有电容 C_L，在这种情况下，接入系数将变为 $p \approx C_q/(C_0 + C_L)$，相应的并联谐振频率 f_0 将减小。显然，C_L 越大，f_0 越靠近 f_q。通常将 C_L 称为晶体的负载电容(一般基频晶体规定 C_L 为 30 pF 或 50 pF)，标在晶体外壳的振荡频率或标称频率就是并接 C_L 后测得的 f_0 的值。

图 2-22(b)所示的等效电路的阻抗的一般表示式为

$$Z_e = \frac{-j \dfrac{1}{\omega C_0} \left[r_q + j\left(\omega L_q - \dfrac{1}{\omega C_q}\right) \right]}{r_q + j\left(\omega L_q - \dfrac{1}{\omega C_q}\right) - j \dfrac{1}{\omega C_0}}$$

在忽略 r_q 后，上式可化简为

$$Z_e = jX_e \approx -j \frac{1}{\omega C_0} \frac{1 - \dfrac{\omega_q^2}{\omega^2}}{1 - \dfrac{\omega_0^2}{\omega^2}} \qquad (2-45)$$

由此式可得晶体谐振器的电抗特性如图 2-23 所示，要注意它是在忽略晶体电阻 r_q 后得出的。由于晶体的 Q 值非常高，除了并联谐振频率附近外，此曲线与实际电抗曲线(即不忽略 r_q)很接近。

由图可知，当 $\omega < \omega_q$ 或 $\omega > \omega_0$ 时，晶体谐振器呈容

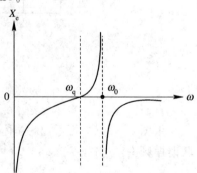

图 2-23 晶体谐振器的电抗曲线

性；当 ω 在 ω_q 和 ω_0 之间，晶体谐振器等效为一电感，而且为一数值巨大的非线性电感。由于 L_q 很大，即使在 ω_q 处其电抗变化率也很大。这可由下面近似式得到

$$\left.\frac{\mathrm{d}X_e}{\mathrm{d}\omega}\right|_{\omega=\omega_q} \approx \frac{\mathrm{d}}{\mathrm{d}\omega}\left(\omega L_q - \frac{1}{\omega C_q}\right) = 2L_q \qquad (2-46)$$

比普通回路要大几个数量级。

必须指出，当 ω 在 ω_q 和 ω_0 之间时，谐振器所呈现的等效电感并不等于石英晶体片本身的等效电感 L_q。

晶体谐振器与一般振荡回路比较，有几个明显的特点：

（1）晶体的谐振频率 f_q 和 f_0 非常稳定。这是因为 L_q、C_q、C_0 由晶体尺寸决定，由于晶体的物理特性，它们受外界因素（如温度、震动等）影响小。

（2）晶体谐振器有非常高的品质因数。一般很容易得到数值上万的 Q 值，而普通的线圈和回路 Q 值只能到一二百。

（3）晶体谐振器的接入系数非常小，一般为 10^{-3} 数量级，甚至更小。

（4）晶体在工作频率附近阻抗变化率大，有很高的并联谐振阻抗。所有这些特点决定了晶体谐振器的频率稳定度比一般振荡回路要高。

3. 晶体谐振器的应用

晶体谐振器主要应用于晶体振荡器中。振荡器的振荡频率决定于其中振荡回路的频率。在许多应用中，要求振荡频率很稳定。将晶体谐振器用作振荡器的振荡回路，就可以得到稳定的工作频率。这些在第 4 章正弦波振荡器中将详细研究。

晶体谐振器的另一种应用是用它作成高频窄带滤波器。图 2-24（a）是一种差接桥式晶体带通滤波器的电路。图 2-24（b）是滤波器的衰减特性。在图 2-24（a）中，负载电阻 R_L 与信号源处于桥路的两对角线上。对于这种电路，根据四端网络理论，当晶体阻抗 Z_1 与 Z_2 异号时，滤波器处于通带；Z_1 与 Z_2 同号时处于阻带。由图 2-23 的晶体电抗特性可知，滤波器的通带只是在 f_q 和 f_0 之间，其余范围为阻带。衰减最大处对应于电桥完全平衡，即 $Z_1 = Z_2$。由于晶体和电路中都有损耗，负载也不可能与滤波器完全匹配，实际晶体滤波器的通带衰减并不为零。

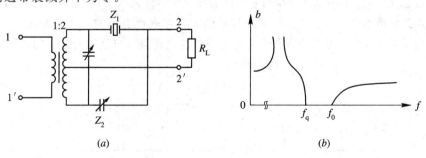

图 2-24 晶体滤波器的电路与衰减特性
（a）滤波器电路；（b）衰减特性

晶体滤波器的特点是中心频率很稳定，带宽很窄，阻带内有陡峭的衰减特性。晶体滤波器的通带宽度只有千分之几，在许多情况下限制了它的应用。为了加宽滤波器的通带宽度，就必须加宽石英晶体两谐振频率之间的宽度。这通常可以用外加电感与石英晶体串联

或并联的方法实现（这也是扩大晶体振荡器调频频偏的一种有效方法）。此外，若在图 2-24(a)电路中，Z_2 也用一晶体（即 Z_1、Z_2 都用晶体），并使两者的 f_q 错开，使一晶体的 f_0 与另一晶体的 f_q 相等，可以将滤波器的通带展宽一倍。

2.2.4　集中滤波器

随着电子技术的发展，高增益、宽频带的高频集成放大器和其它高频处理模块（如高频乘法器、混频器、调制解调器等）越来越多，应用也越来越广泛。与这些高频集成放大器和高频处理模块配合使用的滤波器虽然可以用前面所讨论的高频调谐回路来实现，但用集中滤波器作选频电路已成为大势所趋。采用集中选频滤波器，不仅有利于电路和设备的微型化，便于大量生产，而且可以提高电路和系统的稳定性，改善系统性能。同时，也可以使电路和系统的设计更加简化。高频电路中常用的集中选频滤波器主要有 LC 式集中选频滤波器、晶体滤波器、陶瓷滤波器和声表面波滤波器。早些年使用的机械滤波器现在已很少使用。LC 式集中选择滤波器实际上就是由多节调谐回路构成的 LC 滤波器，在高性能电路中用得越来越少，晶体滤波器在上面已讨论过。下面主要讨论陶瓷滤波器和声表面波滤波器。

1. 陶瓷滤波器

某些陶瓷材料（如常用的锆钛酸铅 Pb(ZrTi)O$_3$）经直流高压电场给以极化后，可以得到类似于石英晶体中的压电效应，这些陶瓷材料称为压电陶瓷材料。陶瓷谐振器的等效电路也和晶体谐振器相同，其品质因数较晶体小得多（约为数百），但比 LC 滤波器的要高，串并联频率间隔也较大。因此，陶瓷滤波器的通带较晶体滤波器要宽，但选择性稍差。由于陶瓷材料在自然界中比较丰富，因此，陶瓷滤波器相对较为便宜。

简单的陶瓷滤波器是由单片压电陶瓷形成双电极或三电极，它们相当于单振荡回路或耦合回路。性能较好的陶瓷滤波器通常是将多个陶瓷谐振器接入梯形网络而构成的。它是一种多极点的带通（或带阻）滤波器。单片陶瓷滤波器通常用在放大器射极电路中，取代旁路电容。图 2-25 是一种两端口的陶瓷滤波器的原理电路，图(a)、(b)分别为两个和五个谐振子连接成的四端陶瓷谐振器。谐振子数目越多，滤波器性能越好。由于陶瓷谐振器的 Q 值通常比电感元件高，所以，滤波器的通带内衰减小而带外衰减大，矩形系数也较小。这类滤波器通常都封装成组件供应。高频陶瓷滤波器的工作频率范围约为几兆赫兹至一百兆赫兹，相对带宽为千分之几至百分之十。图中陶瓷滤波器的电路符号与晶体谐振器的相同。

陶瓷谐振片

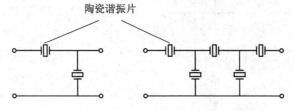

图 2-25　陶瓷滤波器电路

2. 声表面波滤波器

近 20 年来，一种称为声表面波（Surface Acoustic Wave 缩写为 SAW）的器件得到了广泛的应用，它是沿表面传播机械振动波的弹性固体器件。所谓 SAW，是在压电固体材料表面产生并传播弹性波，其振幅随深入固体材料的深度而迅速减小。与沿固体介质内部传播的体声波（BAW）比较，SAW 有两个显著特点：一是能量密度高，其中约 90% 的能量集中于厚度等于一个波长的表面薄层中；二是传播速度慢，约为纵波速度的 45%，是横波速度的 90%。在多数情况下，SAW 的传播速度为 3000～5000 m/s。根据这两个特性，人们不仅可以研制出功能不同的 SAW 器件，例如，通过机电耦合，可以作成电的滤波器和延迟线，也可以做成各种信号处理器，如匹配滤波器（对某种高频已调信号的匹配）、信号相关器和卷积器等。如果与有源器件结合，还可以作成声表面波振荡器和声表面波放大器等。这些 SAW 器件体积小、重量轻，性能稳定可靠。

图 2-26(a) 是声表面波滤波器的结构示意图。在某些具有压电效应材料（常用有石英晶体、锆钛酸铅 PZT 陶瓷、铌酸锂 LiNbO$_3$ 等）的基片上，制作一些对（叉）指形电极作换能器，称为叉指换能器（IDT）。当对指形两端加有高频信号时，通过压电效应，在基片表面激起同频率的声表面波，并沿轴线方向传播。除一端被吸收材料吸收外，另一端的换能器将它变为电信号输出。

SAW 滤波器的原理可以说明如下：声波在固体介质中传播的速度大约为光速的十万分之一，因此，同样频率的信号以声波传播时，其波长为自由空间电波长的十万分之一。比如 $f=30$ MHz、$\lambda_0=10$ m 的信号，其声波波长仅约 0.1 mm。当对指形电极的间距（图上 d）为声波长的二分之一时，相邻对指激起的声波将在另一端同相相加，这是因为相邻指间的电场方向相反（相位差 180°），而传播延迟了半个波长，又会产生 180° 相移。在偏离中心频率的另一频率上，则由于传播引起的相移差（指两个对指产生的波），多个对指在输出端的合成信号互相抵消，这样就产生了频率选择作用。这种滤波器属于多抽头延迟线构成的滤波器，又称横向滤波器。这种结构的优点是设计自由度大，但当要求通频带宽与中心频率之比较小和通频带宽与衰减带宽之比较大时，则需要较多的电极条数，难以实现小型化。同时，由于 SAW 是双向传播的，在输入/输出 IDT 电极上分别产生 1/2 的损耗，对降低损耗是不利的。

图 2-26(a) 中的声表面波滤波器的传输函数为

$$H(\mathrm{j}\omega) = \exp\left(-\mathrm{j}\,\frac{\omega}{v}x_0\right)\frac{\sin\dfrac{N\pi}{2}\dfrac{\Delta\omega}{\omega_0}}{\sin\dfrac{\pi}{2}\dfrac{\Delta\omega}{\omega_0}} \tag{2-47}$$

式中，x_0 为两换能器的中心距离，v 为声波传播速度，$N+1$ 为换能器叉指的个数（N 为奇数），ω_0 为中心（角）频率，幅频特性为

$$|H(\mathrm{j}\omega)|^2 = \left|\frac{\sin\dfrac{N\pi}{2}\dfrac{\Delta\omega}{\omega_0}}{\sin\dfrac{\pi}{2}\dfrac{\Delta\omega}{\omega_0}}\right|^2 \tag{2-48}$$

对应的幅频特性曲线如图 2-26(b) 所示。

由式(2-48)和图 2-26(b)可以看出，N 越大，频带就越窄。在声表面波器件中，由于结构和其它方面限制，N 不能做得太大，因而滤波器的带宽不能做得很窄。

在声表面波滤波器中，如果不采用上述均匀对指换能器，而采用指长、宽度或者间隔变化的非均匀换能器，也就是对图 2-26(a) 中的 a、b 进行加权，则可以得到幅频特性更好（如更接近矩形），或者满足特殊幅频特性要求的滤波器，后者如电视接收机的中频滤波

器。从式(2-47)中的相位因子可以看出,声表面波滤波器还具有线性的相位频率特性,即各频率分量的延时相同,这在某些要求信号波形失真小的场合(如传输电视信号)是很有用的。

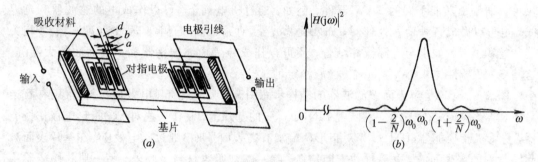

图 2-26　声表面波滤波器的结构和幅频特性

(a) 结构示意图;(b) 均匀对指的幅频特性

声表面波器件有如下主要特性:

(1) 工作频率范围宽,可以从几兆赫兹到几千兆赫兹。对于 SAW 器件,当压电基材选定之后,其工作频率则由 IDT 指条宽度决定,IDT 指条愈窄,频率则愈高。利用目前较普通的 0.5 μm 级的半导体工艺,可以制作出约 1500 MHz 的 SAW 滤波器;利用 0.35 μm 级的光刻工艺,能制作出 2 GHz 的器件,借助于 0.18 μm 级的精细加工技术,可以制作出 3 GHz 的 SAW 器件。

(2) 相对带宽也比较宽,一般的横向滤波器其带宽可以从百分之几到百分之几十(大的可以到百分之四五十)。若采用梯型结构的谐振式滤波器 IDT 或纵向型滤波器结构,其带宽还可以更宽。

(3) 便于器件微型化和片式化。SAW 器件的 IDT 电极条宽通常是按照 SAW 波长的 1/4 来进行设计的。对于工作在 1 GHz 下的器件,若设 SAW 的传播速度是 4000 m/s,波长则仅为 4 μm(1/4 波长是 1 μm),在 0.4 mm 的距离中能够容纳 100 条 1 μm 宽的电极。故 SAW 器件芯片可以做得非常小,便于实现微型化。为了实现片式化,其封装形式已由传统的圆形金属壳封装改为方形或长方形扁平金属或 LCC 表面贴装款式,并且尺寸不断缩小。

(4) 带内插入衰减较大。这是 SAW 器件的最突出问题,一般不低于 15 dB。但是通过开发高性能的压电材料和改进 IDT 设计(如单方向性的 IDT 或方向性变换器),可以使器件的插入损耗降低到 4 dB 以下甚至更低(如 1 dB 左右)。

(5) 矩形系数可做到 1.1～2。与其它滤波器比较,它的主要特点是:频率特性好,性能稳定,体积小,设计灵活,可靠性高,制造简单且重复性好,适合于大批生产。目前已广泛用于通信接收机、电视接收机和其它无线电设备中,图 2-27 就是一用于通信机的声表面波滤波器的传输特性,可见其特性几乎接近矩形。其矩形系数(图上 −40 dB 与 −3 dB 带宽之比)可小到 1.1。

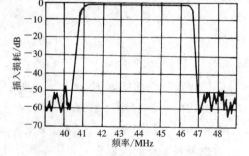

图 2-27　一种用于通信机中的声表面波滤波器特性

3. 薄膜体声(FBAR)滤波器

随着通信频率的提高，表面声波滤波器中叉指换能器的间距受到制造工艺线宽的限制，在高频上会遇到瓶颈，而低温共烧陶瓷又无法与半导体制造工艺兼容，因此，Agilent公司于 2000 年开发出一项新型电声谐振技术——薄膜体声谐振器 FBAR(Film Bulk Acoustic Resonator)。它具有声波滤波器的优点，而且完全采用半导体制造工艺制作，且因其滤波的原理取决于薄膜厚度(并非线宽)，所以更易达到高频的应用。同时，体声波滤波组件具有插入损失低、体积小(Agilent 公司做出的 FBAR 滤波器比 SAW 滤波器体积缩小了 20%)、承受功率高、整合兼容性高等优点，因此，被广泛用来做为现代无线通信系统中的主要频率整形器件(如滤波器、双工器和振荡器或 VCO 中的谐振器)等。

薄膜体声波组件是利用压电薄膜电磁能与机械能互相转换的机制来达到谐振器功能的，薄膜的耦合系数、声速、膜厚等参数决定着 Q 值、带宽、中心频率等参数。目前 FBAR 的结构以 SMR(Solidly Mounted Resonator)结构最为简单，且与目前半导体制造工艺兼容性好，因此极具发展潜力。

FBAR 分为四部分：

(1)"薄膜"。使用薄膜半导体工艺建立空气中的金属-氮化铝-金属夹层，从而构成 FBAR 谐振器。

(2)谐振发生在材料的"体"内。当交变电势作用在夹层上时，整个氮化铝层膨胀、收缩，产生振动。

(3)由振动膜("声"部分)产生高 Q 值的机械(声)共振。

(4)把压电耦合用于声谐振的获得，以形成电谐振器。

2.2.5　高频衰减器

普通的电阻器对电信号都有一定的衰减作用，利用电阻网络可以制成衰减器(Attenuator)和具有一定衰减的匹配器组件。在高频电路中，器件的终端阻抗和线路的匹配阻抗通常有 50 Ω 和 75 Ω 两种。

利用高频衰减器可以调整信号传输通路上的信号电平。高频衰减器分为高频固定衰减器和高频可变(调)衰减器两种。除了微波衰减器可以用其它形式构成外，高频衰减器通常都用电阻性网络、开关电路或 PIN 二极管等实现。

构成高频固定衰减器的电阻性网络的形式很多，如 T 型、Ⅱ 型、O 型、L 型、U 型、桥 T 型等，其中，选定的固定电阻的数值可由专门公式计算得到。由 T 型和 Ⅱ 型网络(图 2 - 28)实现的固定衰减器的衰减量与固定电阻值见表 2 - 1，表中列出了 50 Ω 和 75 Ω 两种线路阻抗时的情况。

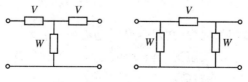

图 2 - 28　T 型和 Ⅱ 型网络

表 2 - 1 T 型和 Π 型固定衰减器的衰减量与电阻值

衰减量 (dB)	50 Ω				75 Ω			
	T 型		Π 型		T 型		Π 型	
	$V(\Omega)$	$W(\Omega)$	$V(\Omega)$	$W(\Omega)$	$V(\Omega)$	$W(\Omega)$	$V(\Omega)$	$W(\Omega)$
0.1	0.289	4340	0.576	8690	0.432	6510	0.864	13 000
0.2	0.576	2170	1.15	4340	0.863	3260	1.73	6520
0.3	0.863	1450	1.73	2900	1.30	2170	2.59	4340
0.4	1.15	1090	2.30	2170	1.73	1630	3.46	3260
0.5	1.44	868	2.88	1740	2.16	1300	4.32	2610
0.6	1.73	723	3.46	1450	2.59	1090	5.19	2170
0.7	2.01	620	4.03	1240	3.02	930	6.05	1860
0.8	2.30	542	4.61	1090	3.45	813	6.92	1630
0.9	2.59	482	5.19	966	3.88	723	7.79	1450
1	2.86	433	5.77	870	4.31	650	8.65	1300
2	5.73	215	11.6	436	8.60	323	17.4	654
3	8.55	142	17.6	292	12.8	213	26.4	439
4	11.3	105	23.9	221	17.0	157	35.8	332
5	14.0	82.2	30.4	179	21.0	123	45.6	268
6	16.6	66.9	37.4	151	24.9	100	56.0	226
7	19.1	55.5	44.8	131	28.7	83.7	67.2	196
8	21.5	47.3	52.8	116	32.3	71.0	79.3	174
9	23.8	40.6	61.6	105	35.7	60.9	92.4	158
10	26.0	35.1	71.2	96.3	38.7	52.7	107	144
20	40.9	10.1	248	61.1	61.4	15.2	371	91.7
30	46.9	3.17	790	53.3	70.4	4.75	1190	79.9
40	49.0	1.00	2500	51.0	73.5	1.50	3750	76.5

将固定衰减器中的固定电阻换成可变电阻，或者用开关网络就可以构成可变衰减器。也可以用 PIN 二极管电路来实现可变衰减。这种用外部电信号来控制衰减量大小的可变衰减器又称为电调衰减器。电调衰减器被广泛应用在功率控制、自动电平控制（ALC）或自动增益控制电路中。

2.3 阻抗变换与阻抗匹配

在高频电子线路中，经常要在信号源或单元电路的输出与负载之间、相级联的两个组件或单元电路之间进行阻抗变换。阻抗变换的目标是实现阻抗匹配，阻抗匹配时负载可以得到最大传输功率，滤波器达到最佳性能，接收机的灵敏度得以改善，发射机的效率得以提高。

阻抗匹配实际上是复阻抗匹配（共轭匹配），包括电阻匹配和电抗匹配。通过串联或并联电感或电容可将复阻抗变为实阻抗（电阻或电导），实阻抗之间的匹配可通过集中参数阻抗变换和分布参数阻抗变换方法实现。本书只讨论集中参数的阻抗变换。集中参数阻抗变换有电抗元件组成的阻抗变换网络和变压器或电阻网络组成的阻抗变换网络。

对阻抗变换网络的要求主要是阻抗变换，同时希望无损耗或者损耗尽可能低，因此，阻抗变换网络一般采用电抗元件实现。对于采用电抗元件实现的窄带阻抗变换网络，在完成阻抗变换的同时还有一定的滤波能力。对电阻性网络(有损耗)或变压器组成的宽带阻抗变换网络，需要在完成阻抗变换后另加滤波网络。

2.3.1　振荡回路的阻抗变换

可以利用抽头并联振荡回路或耦合振荡回路实现阻抗变换，也可以实现信号源的折合。用抽头并联振荡回路实现阻抗变换实际上就是利用抽头并联振荡回路的接入系数或电压比来对阻抗进行折合，变换的比例是接入系数的平方。对信号源的折合则与接入系数成比例。

利用抽头并联振荡回路实现阻抗变换的具体方法在 2.2.1 节中已有描述，这里需要指出的是：

(1) 这种阻抗变换电路不仅可以实现窄带阻抗变换，而且可以减小信号源内阻或负载对谐振回路的影响。

(2) 若信号源内阻或负载包含电抗(非纯电阻)时此法仍然适用。

(3) 若并联支路不满足 $Q \gg 1$ 时，此法失效，可用精确的串—并联阻抗变换公式计算。

在耦合振荡回路中，互感 M 是重要的调节参数。改变 M，可改变耦合阻抗 Z_m 和耦合系数 k。由式(2 - 26)可知，初级回路的反映(射)阻抗 Z_f 会改变初级并联谐振回路的阻抗。因此，通过调节互感 M 就可实现阻抗变换。其具体应用参见第 3 章的有关内容。

2.3.2　LC 网络阻抗变换

LC 网络的形式很多，常见的有 L(Γ)型、T 型和 Π 型。用 LC 网络实现阻抗变换的共同基础是串—并联阻抗变换公式。

1. 串—并联阻抗变换公式

如图 2 - 29 所示，将串联的电阻 R_s 和电抗 X_s 等效地变为并联的电阻 R_p 和电抗 X_p(或者相反)，根据阻抗相等的原则，有

$$\frac{1}{R_p} + \frac{1}{jX_p} = \frac{1}{R_s + jX_s}$$

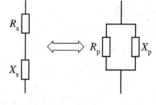

图 2 - 29　串—并联阻抗变换

由此可得

$$R_p = \frac{R_s^2 + X_s^2}{R_s} = R_s(1 + Q^2) \qquad (2 - 49a)$$

$$X_p = \frac{R_s^2 + X_s^2}{X_s} = X_s(1 + Q^2) \qquad (2 - 49b)$$

由上式可以很容易导出 R_s 和 X_s 与 R_p 和 X_p 的关系。式中，品质因数 Q 为

$$Q = \frac{|X_s|}{R_s} = \frac{R_p}{|X_p|} \qquad (2 - 50)$$

在 $Q \gg 1$ 时，R_p 远远大于 R_s，而电抗的性质不变，X_s 和 X_p 的数值也几乎相等。

2. L 型网络阻抗变换

L 型网络是一种异性质阻抗变换网络，按负载电阻与网络电抗的并联或串联关系，可

以分为 L-Ⅰ型网络(负载电阻 R_L 与 X_p 并联)与 L-Ⅱ型网络(负载电阻 R_L 与 X_s 串联)两种，如图 2-30 所示。图中，R_e 为匹配后要求的负载电阻或信号源的内阻，X_s 和 X_p 分别表示串联支路和并联支路的电抗，两者性质相异。

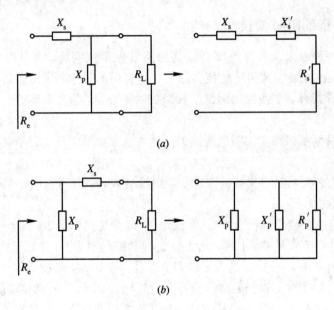

图 2-30　L 型匹配网络

(a) L-Ⅰ型网络；(b) L-Ⅱ型网络

对于 L-Ⅰ型网络，根据串—并联阻抗变换公式和工作频率，可得匹配网络的各元件值。

$$Q = \sqrt{\frac{R_L}{R_s'} - 1} = \sqrt{\frac{R_L}{R_e} - 1} \tag{2-51a}$$

$$|X_s| = |X_s'| = QR_e = \sqrt{R_e(R_L - R_e)} \tag{2-51b}$$

$$|X_p| = \frac{R_L}{Q} = R_L\sqrt{\frac{R_e}{R_L - R_e}} \tag{2-51c}$$

同样，对于 L-Ⅱ型网络有

$$Q = \sqrt{\frac{R_p'}{R_L} - 1} = \sqrt{\frac{R_e}{R_L} - 1} \tag{2-52a}$$

$$|X_s| = QR_L = \sqrt{R_L(R_e - R_L)} \tag{2-52b}$$

$$|X_p| = |X_p'| = \frac{R_e}{Q} = R_e\sqrt{\frac{R_L}{R_e - R_L}} \tag{2-52c}$$

由此可见，L 型网络的元件值由 Q 值(不要求远远大于 1)唯一确定，而 Q 又取决于匹配前后的负载电阻值，这样，L 型阻抗变换网络就很难兼顾滤波功能了。L-Ⅰ型网络适合于 $R_L > R_e$ 的情况，而 L-Ⅱ型网络适合于 $R_L < R_e$ 的情况。

对于整个 L 型网络，由于同时接有信号源内阻和负载电阻，串臂和并臂两条支路具有相同的 Q 值，因此，总的有载 Q 值变为 $Q/2$，对应的通频带为 $2f_0/Q$，谐振频率 f_0 为

$$f_0 = \frac{\sqrt{1 - 1/Q^2}}{2\pi \sqrt{LC}} \tag{2-53}$$

需要指出，如果源阻抗和负载阻抗不为纯电阻时，可先将其电抗分量归并到 L 网络中，待到阻抗匹配完成后，再从 L 网络中扣除相应的电抗即可。

3. T 型和 Π 型网络阻抗变换

T 型和 Π 型网络是三电抗元件阻抗变换网络，它们均可以看成两个 L 型网络的级联，如图 2-31 所示，每个 L 型网络都由异性电抗构成，阻抗变换的作用也由两个 L 型网络得到。两个 L 型网络的品质因数分别为 Q_1 和 Q_2，两者大小可任意选取（通常会根据滤器要求选取一个较大的值，大于 $\sqrt{\max(R_L, R_e)/\min(R_L, R_e) - 1}$，但整个网络的 $Q = Q_1 + Q_2$。因此，T 型和 Π 型网络在实现阻抗变换的同时，还可以兼顾滤波要求。信号源内阻和负载电阻的大小关系也不影响变换网络的结构。

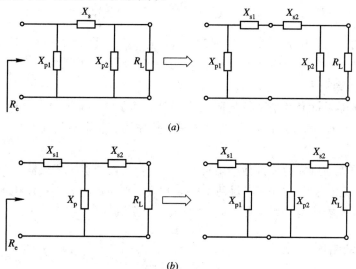

图 2-31　T 型和 Π 型匹配网络

(a) Π 型网络；(b) T 型网络

对于 T 型网络可以有以下计算公式：

$$Q = \frac{|X_{s2}|}{R_L} \tag{2-54a}$$

$$|X_{s1}| = R_e \sqrt{\frac{R_L(1+Q^2)}{R_e} - 1} \tag{2-54b}$$

$$|X_p| = \frac{X_{p1} X_{p2}}{X_{p1} + X_{p2}} \tag{2-54c}$$

其中，$|X_{p1}| = \dfrac{R_L(1+Q^2)}{\sqrt{R_L(1+Q^2)/R_e - 1}}$，$|X_{p2}| = \dfrac{R_L(1+Q^2)}{Q}$。

对于 Π 型网络可以有以下计算公式：

$$Q = \frac{R_e}{|X_{p1}|} \tag{2-55a}$$

$$|X_{p2}| = \frac{R_L}{\sqrt{R_L(1+Q^2)/R_e - 1}} \qquad (2-55b)$$

$$|X_s| = \frac{R_e[Q + \sqrt{R_L(1+Q^2)/R_e - 1}]}{1+Q^2} \qquad (2-55c)$$

式(2-54)和式(2-55)的使用条件是 $R_L(1+Q^2) > R_e$。如果使用其他计算公式,其使用条件需要变化。

2.3.3　变压器阻抗变换

高频变压器及其等效电路如图 2-15 所示。高频变压器的阻抗变换可通过紧耦合的电感线圈部分接入回路的阻抗变换方法得到。对于理想变压器,若初、次级线圈的匝数分别为 N_1 和 N_2,则接在次级线圈上的负载电阻 R_L,折合到初级回路后为

$$R_L' = \left(\frac{N_1}{N_2}\right)^2 R_L \qquad (2-56)$$

对于中心抽头的变压器,如图 2-16 所示,也可用与上面相同的方法进行阻抗变换。若接在次级线圈上的负载电阻为 R_L,则折合到初级回路的阻抗为 $R_L' = (2N_1/N_2)^2 R_L$,平均分配在两个初级线圈上,均为 $2(N_1/N_2)^2 R_L$。

传输线变压器阻抗变换是宽带的阻抗变换器,其基本形式是 1∶1 和 1∶4 阻抗变换器,如图 2-19 中(a)和(c)所示。用两个或多个传输线变压器进行组合,还可以得到其他阻抗变压器。

利用上述原理还可以构成其他的阻抗变换器。若将这些阻抗变换器中的输入输出端互换(信号源和负载互换),则可相应得到 4∶1、9∶1、…、$(n+1)^2∶1$ 的阻抗变换器,例如,将 2、3 端相连,4 端接地,就构成了 4∶1 的阻抗变换器。

2.3.4　电阻网络阻抗变换

电阻网络阻抗变换器是一种有损耗的宽带阻抗变换器,称为高频电阻匹配器。利用高频电阻匹配器,可以直接把需要相连接的两部分高频电路匹配连接起来。

在高频电路中,器件的终端阻抗和线路的匹配阻抗通常有 50 Ω 和 75 Ω 两种。因此,最常用的电阻匹配器是 50/75 Ω 的阻抗变换器,通常有电阻衰减型和变压器变换型两种方式。

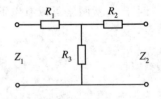

图 2-32　T 型电阻网络匹配器

对于一般情况,通过如图 2-32 所示的 T 型电阻衰减网络,就可以制成电阻网络阻抗变换器。图中,Z_1、Z_2 分别为两端的匹配阻抗,匹配器的最小衰减量为

$$L_{min} = \frac{2Z_1}{Z_2} + 2\sqrt{\frac{Z_1}{Z_2}\left(\frac{Z_1}{Z_2} - 1\right)} - 1 \qquad (2-57)$$

根据两端的匹配阻抗和匹配器的最小衰减量,可用下面公式分别计算匹配器中的电阻值。

$$R_1 = \frac{Z_1(L_{min}+1) - 2\sqrt{Z_1 Z_2 L_{min}}}{L_{min} - 1} \qquad (2-58a)$$

$$R_2 = \frac{Z_2(L_{\min}+1) - 2\sqrt{Z_1 Z_2 L_{\min}}}{L_{\min}-1} \qquad (2-58b)$$

$$R_3 = \frac{2\sqrt{Z_1 Z_2 L_{\min}}}{L_{\min}-1} \qquad (2-58c)$$

2.4　电子噪声与接收灵敏度

2.4.1　概述

　　电子设备的性能在很大程度上与干扰和噪声有关。在通信系统中，接收机的灵敏度与噪声有关，提高接收机的灵敏度有时比增加发射机的功率可能更为有效。此外，各种外部干扰的存在也会大大影响接收机的工作，因此，研究各种干扰和噪声的特性以及抑制干扰和噪声的方法非常必要。

　　所谓干扰（或噪声），就是除有用信号以外的一切不需要的信号及各种电磁骚动的总称。干扰（或噪声）按其发生的地点分为由设备外部进来的外部干扰和由设备内部产生的内部干扰；按产生的根源来分有自然干扰和人为干扰；按电特性分有脉冲型、正弦型和起伏型干扰等。

　　干扰和噪声是两个同义的术语，没有本质的区别。习惯上，将外部来的称为干扰，内部产生的称为噪声。本节主要讨论具有起伏性质的内部噪声。外部也有一部分具有起伏性质的干扰与内部噪声一并讨论。即使内部干扰，也有人为的（或故障性的）和固有的两种。故障性的人为噪声，原则上可以通过合理设计和正确调整予以消除，而设备固有的内部噪声才是我们要讨论的内容。

　　抑制外部干扰的措施主要是消除干扰源、切断干扰传播途径和躲避干扰。电台的干扰实际上主要是外部干扰，有关这一部分内容放在第 6 章的"混频器干扰"一节中讨论。

　　信号通过电路后与输入信号不完全相同的现象（产生了畸变）称之为失真，失真分为线性失真和非线性失真两类。信号通过线性系统后，由于线性系统的幅频特性或相频特性（统称为频率特性）的不理想（对输入信号中不同频率成分的增益不同或延时不同）而产生的幅度失真或相位失真（统称为频率失真）称为线性失真。线性失真的特点是不产生新的频率分量。通常用补偿或均衡的办法来减小或消除线性失真。

　　高频电子电路中的器件特性，总不可避免地存在着非线性，或者由于器件静态工作点位置设置不合适，或者输入信号过大，使得器件工作于特性曲线的非线性区，信号通过电路后，输出信号和输入信号不再保持线性关系，输出信号频谱中产生了与输入信号频谱中频率不同的新的频谱分量，这样的失真称为非线性失真。在"低频电子线路"课程中已学过的放大器的非线性失真有饱和失真、截止失真、交越失真和不对称失真四种。在高频电路中，非线性效应主要表现在增益压缩（Gain Compression）、谐波（Harmonics）、阻塞（Blocking）、交叉调制（Cross Modulation）和互相调制（Inter Modulation）等方面。对放大器来讲，通常称之为失真；对于混频器来讲，通常称之为干扰。抑制非线性失真的措施有负反馈、选择合适工作点和中频频率、减小输入信号的电平或干扰的数量与电平、选择非线性小的器件、采用平衡电路等。

应该指出，干扰和噪声问题涉及的范围很广，理论和计算都很复杂，详细分析已超出本书范围，本节将主要介绍有关电子噪声的一些基本概念和性能指标。

2.4.2 电子噪声的来源与特性

原理上说，任何电子线路中都有电子噪声，但是因为通常电子噪声的强度很弱，因此它的影响主要出现在有用信号比较弱的场合，比如，在接收机的前级电路(高放、混频)中，或者多级高增益的音频放大、视频放大器中就要考虑电子噪声对它们的影响。在设计某些设备或电子系统中，也要考虑电子噪声对设备或系统性能的影响。

在电子线路中，噪声来源主要有两方面：电阻热噪声和半导体管噪声，两者有许多相同的特性。

1. 电阻热噪声

一个导体和电阻中有着大量的自由电子，由于温度的原因，这些自由电子要作不规则的运动，要发生碰撞、复合和产生二次电子等现象，温度越高，自由电子的运动越剧烈。就一个电子来看，电子的一次运动过程，就会在电阻两端感应出很小的电压，大量的热运动电子就会在电阻两端产生起伏电压(实际上是电势)。就一段时间看，电阻两端出现正负电压的概率相同，因而两端的平均电压为零。但就某一瞬间看，电阻两端电势 e_n 的大小和方向是随机变化的。这种因热运动而产生的起伏电压就称为电阻的热噪声，图 2-33 就是电阻热噪声的一段取样波形。

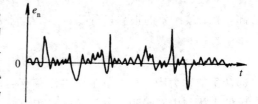

图 2-33 电阻热噪声电压波形

1) 热噪声电压和功率谱密度

理论和实践证明，当电阻的温度为 $T(K)$(绝对温度)时，电阻 R 两端噪声电压的均方值为

$$E_n^2 = \lim_{T \to \infty} \frac{1}{T} \int_0^T e_n^2 \, \mathrm{d}t = 4kTBR \qquad (2-59)$$

式中，k 为波尔茨曼常数，$k = 1.37 \times 10^{-23}$ J/K；B 为测量此电压时的带宽；T 为绝对温度(K)，这就是奈奎斯特公式。均方根 $E_n = \sqrt{4kTBR}$ 表示的是起伏电压交流分量的有效值。

根据概率论的理论，由于热噪声电压是由大量电子运动产生的感应电势之和，总的噪声电压 e_n 服从正态分布(高斯分布)，即其概率密度 $p(e_n)$ 为

$$p(e_n) = \frac{1}{\sqrt{2\pi E_n^2}} \exp\left(-\frac{1}{2} \frac{e_n^2}{E_n^2}\right) \qquad (2-60)$$

具有这种分布的噪声称为高斯噪声。根据上述分布，噪声电压 e_n 有可能出现远大于 E_n 的值，但 e_n 出现大值的概率是很小的。分析可得到，$|e_n| > 4E_n$ 的概率小于 0.01%，也就是说，$|e_n|$ 大于此值的概率实际上可以忽略。

根据式(2-59)表示的噪声电势，电阻的热噪声可以用图 2-34(a)的等效电路表示，即由一个噪声电压源和一个无噪声的电阻串联。根据戴维南定理，也可以化为图 2-34(b)的电流源电路，图中 $G = 1/R$。

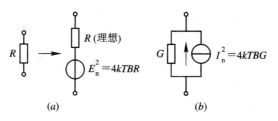

$$(a) \qquad\qquad\qquad (b)$$

图 2 - 34　电阻热噪声等效电路

因功率与电压或电流的均方值成正比，电阻热噪声也可以看成是一噪声功率源。由图可以算出，此功率源输出的最大噪声功率为 kTB，其中，B 为测量此噪声时的带宽。这说明，电阻的输出热噪声功率与带宽成正比。若观察的带宽为 Δf，对应的噪声功率为 $kT\Delta f$。因而单位频带（1 Hz 带宽）内的最大噪声功率为 kT，它与观察的频带范围无关。根据傅里叶分析的概念，此 kT 值就是噪声源的噪声功率谱密度，因为它是任意电阻的最大输出，因此也与电阻值 R 无关。这种功率谱不随频率变化的噪声，我们称之为白噪声。这是因为它和光学中的"白光"相类似，具有均匀的功率谱。电阻热噪声是白噪声，可以从它产生的原因来解释，热噪声是大量运动电子产生的电压脉冲之和。对于一个电子来说，它的持续时间很短（自由电子两次碰撞间的时间间隔为 $10^{-12}\sim10^{-14}$ s），在电阻两端感应的电压脉冲就很窄。根据傅立叶分析，窄脉冲具有很宽的频谱，并有平坦的频谱分布，电阻热噪声的功率谱是所有电子产生的功率谱相加，同样具有平坦的频谱。事实上电阻热噪声其均匀频谱大致可以保持到 $10^{12}\sim10^{14}$ Hz，即相当于红外线的频率范围，对无线电频率范围来说，完全可以当作白噪声。

为了方便计算电路中的噪声，也可以引入噪声电压谱密度或噪声电流谱密度。考虑到噪声的随机性，只有均方电压、均方电流才有意义，因此，定义均方电压谱密度和均方电流谱密度分别对应于单位频带内的噪声电压均方值和噪声电流均方值，在图 2 - 34 中，它们分别为

$$S_{\mathrm{U}} = 4kTR \quad (\mathrm{V^2/Hz}) \qquad\qquad (2-61)$$

$$S_{\mathrm{I}} = 4kTG \quad (\mathrm{A^2/Hz}) \qquad\qquad (2-62)$$

2）线性电路中的热噪声

要计算线性电路中的热噪声，会遇到下列情况：多个电阻的热噪声，热噪声通过线性网络。

（1）多个电阻的热噪声。设有多个电阻，它们串联、并联或者串并联连接，现要计算总的电阻热噪声与每个电阻热噪声的关系。这里以两个电阻（R_1、R_2）串联电路为例，求串联后的电阻热噪声。我们有理由假设，两个电阻上的噪声电势 e_{n1}、e_{n2} 是统计独立的，因而，从概率论观点来说，也是互不相关的。设串联后的电势瞬时值为

$$e_{\mathrm{n}} = e_{\mathrm{n1}} + e_{\mathrm{n2}}$$

根据式（2 - 59），其均方值为

$$E_{\mathrm{n}}^2 = \lim_{T\to\infty} \frac{1}{T} \int_0^T (e_{\mathrm{n1}} + e_{\mathrm{n2}})^2 \, \mathrm{d}t$$
$$= \lim_{T\to\infty} \frac{1}{T} \int_0^T e_{\mathrm{n1}}^2 \, \mathrm{d}t + \lim_{T\to\infty} \frac{1}{T} \int_0^T e_{\mathrm{n2}}^2 \, \mathrm{d}t + \lim_{T\to\infty} \frac{1}{T} \int_0^T 2e_{\mathrm{n1}} e_{\mathrm{n2}} \, \mathrm{d}t$$

因 e_{n1}、e_{n2} 互不相关，上式第三项为零。因此有

$$E_n^2 = E_{n1}^2 + E_{n2}^2 = 4kTB(R_1 + R_2) \qquad (2-63)$$

这里假设两电阻的温度相同,这一关系可以推广至多个电阻的串并联。这里得出一个重要结论,即只要各噪声源是相互独立的,则总的噪声服从均方叠加原则。由式(2-63)可看出,只要求出串联电阻值,就可以求得总的噪声均方值。

(2)热噪声通过线性网络。对于热噪声通过各种线性电路的普遍情况,可以研究图2-35 的电路模型。

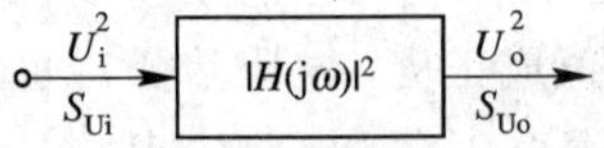

$$\xrightarrow{\begin{array}{c} U_i^2 \\ S_{Ui} \end{array}} \boxed{|H(j\omega)|^2} \xrightarrow{\begin{array}{c} U_o^2 \\ S_{Uo} \end{array}}$$

图 2-35 热噪声通过线性电路的模型

图中,$H(j\omega)$ 为电路的传输函数,它是输出的电压、电流(复频域)与输入电压、电流间的比值,它可以是无量纲或以阻抗、导纳为量纲。对于单一频率的信号来说,输出电压、电流的均方值与输入电压、电流的均方值之间的比值,是与 $|H(j\omega)|^2$ 成正比的。因此,对于反映狭带(近似单一频率信号)噪声的噪声谱密度 S_U、S_I 之间也有同样关系。比如,传输函数表示电压之比,则有

$$S_{Uo} = |H(j\omega)|^2 S_{Ui} \qquad (2-64)$$

的关系,S_{Uo}、S_{Ui} 分别表示输出、输入端的噪声电压谱密度。输出噪声电压均方值为

$$E_n^2 = \int_0^\infty S_{Uo} \, df$$

式(2-64)也可推广为转移阻抗、转移导纳表示的传输函数。

需要特别说明的是,纯电抗不产生热噪声。

利用式(2-64)就可以分析热噪声通过线性电路后的输出噪声。现以热噪声通过振荡回路为例,说明它的应用。图 2-36(a)是一并联振荡回路,其参数为 L、C、r。其中,只有电阻 r 产生热噪声,已知其噪声电压谱密度为 $S_{Ui} = 4kTr$。现求输出端的噪声密度。

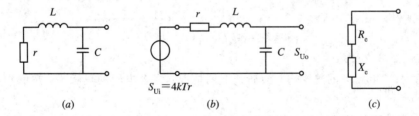

(a)   (b)   (c)

图 2-36 并联回路的热噪声

图2-36(b)是作为四端网络的等效电路。由电路,传输函数为

$$H(j\omega) = \frac{-j\dfrac{1}{\omega C}}{r + j\omega L - j\dfrac{1}{\omega C}}$$

$$|H(j\omega)|^2 = \frac{\left(\dfrac{1}{\omega C}\right)^2}{r^2 + \left(\omega L - \dfrac{1}{\omega C}\right)^2}$$

由式(2-64)可得

$$S_{Uo} = \frac{\left(\dfrac{1}{\omega C}\right)^2}{r^2 + \left(\omega L - \dfrac{1}{\omega C}\right)^2} \cdot 4kTr \tag{2-65}$$

我们知道，并联回路可以等效为 $R_e + jX_e$（图 2-36(c)），现在看上述输出噪声谱密度与 R_e、X_e 的关系。

$$R_e + jX_e = \frac{-j\dfrac{1}{\omega C}(r + j\omega L)}{(r + j\omega L) - j\dfrac{1}{\omega C}}$$

展开化简后得

$$R_e = \frac{\left(\dfrac{1}{\omega C}\right)^2 r}{r^2 + \left(\omega L - \dfrac{1}{\omega C}\right)^2}$$

与式(2-65)对比，可得

$$S_{Uo} = 4kTR_e \tag{2-66}$$

由式(2-65)与式(2-66)可以得出两个重要的结果。一是对于二端线性电路，其噪声电压或噪声电流谱密度 S_U、S_I 可以用等效电阻 R_e（或 G_e）来代替式(2-61)、式(2-62)中的 R 或 G。此结论虽然是从上述具体电路分析中得出，但却是普遍成立的(可以证明)。第二就是电阻热噪声通过线性电路后，一般就不再是白噪声了。这从 R_e 是频率的函数的关系就可以看出，这也是一普遍性的结论。

根据式(2-65)与式(2-66)可以求出输出端的均方噪声电压为

$$E_n^2 = \int_0^\infty S_{Uo}\,df = \int_{-\infty}^\infty S_{Uo}\,d\Delta f = \int_{-\infty}^\infty \frac{\dfrac{1}{(\omega Cr)^2}}{1 + \left(2Q\dfrac{\Delta f}{f_0}\right)^2} \cdot 4kTr\,d\Delta f$$

$$= 4kT \int_{-\infty}^\infty \frac{R_0}{1 + \left(2Q\dfrac{\Delta f}{f_0}\right)^2}\,d\Delta f = 4kTR_0\frac{\pi f_0}{2Q}$$

式中，R_0 为回路的并联谐振电阻。

3) 噪声带宽

在电阻热噪声公式(2-59)中，有一带宽因子 B，曾说明它是测量此噪声电压均方值的带宽。因为电阻热噪声是均匀频谱的白噪声，因此这一带宽应该理解为一理想滤波器的带宽。实际的测量系统，包括噪声通过的后面的线性系统(如接收机的频带放大系统)都不具有理想的滤波特性。此时输出端的噪声功率或者噪声电压均方值应该按谱密度进行积分计算。计算后可以引入一"噪声带宽"，知道系统的噪声带宽对计算和测量噪声都是很方便的。

图 2-35 是一线性系统，其电压传输函数为 $H(j\omega)$。设输入一电阻热噪声，均方电压谱为 $S_{Ui} = 4kTR$，输出均方电压谱为 S_{Uo}，则输出均方电压 E_{n2}^2 为

$$E_{n2}^2 = \int_0^\infty S_{Uo}\,df = \int_0^\infty S_{Ui}\,|H(j\omega)|^2\,df = 4kTR\int_0^\infty |H(j\omega)|^2\,df$$

设 $|H(j\omega)|$ 的最大值为 H_0，则可定义一等效噪声带宽 B_n，令

$$E_{n2}^2 = 4kTRB_n H_0^2 \qquad (2-67)$$

则等效噪声带宽 B_n 为

$$B_n = \frac{\int_0^\infty |H(j\omega)|^2 \, df}{H_0^2} \qquad (2-68)$$

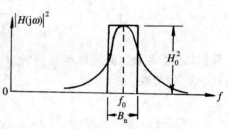

图 2-37 线性系统的等效噪声带宽

其关系如图 2-37 所示。在上式中，分子为曲线 $|H(j\omega)|^2$ 下的面积，因此噪声带宽的意义是，使 H_0^2 和 B_n 为两边的矩形面积与曲线下的面积相等。B_n 的大小由实际特性 $|H(j\omega)|^2$ 决定，而与输入噪声无关，一般情况下它不等于实际特性的 3 dB 带宽 $B_{0.7}$，只有实际特性接近理想矩形时，两者数值上才接近相等。

现以图 2-36 的单振荡回路为例，计算其等效噪声带宽。设回路为高 Q 电路，设谐振频率为 f_0，由前面分析，再考虑到高 Q 条件，此回路的 $|H(j\omega)|^2$ 可近似为

$$|H(j\omega)|^2 \approx \frac{\left(\dfrac{1}{\omega_0 Cr}\right)^2}{1 + \left(2Q \dfrac{\Delta f}{f_0}\right)^2}$$

式中，Δf 为相对于 f_0 的频偏，由此可得等效噪声带宽为

$$B_n = \int_{-\infty}^\infty \frac{1}{1 + \left(2Q \dfrac{\Delta f}{f_0}\right)^2} \, d\Delta f = \frac{\pi f_0}{2Q}$$

已知并联回路的 3 dB 带宽为 $B_{0.7} = f_0/Q$，故

$$B_n = \frac{\pi}{2} B_{0.7} = 1.57 B_{0.7}$$

对于多级单调谐回路，级数越多，传输特性越接近矩形，B_n 越接近于 $B_{0.7}$。对于临界耦合的双调谐回路，$B_n = 1.11 B_{0.7}$。

对于其它线性系统，如低通滤波器、多级回路或集中滤波器，均可以用同样方法计算等效噪声带宽。

2. 晶体三极管的噪声

晶体三极管的噪声是设备内部固有噪声的另一个重要来源。一般说来，在一个放大电路中，晶体三极管的噪声往往比电阻热噪声强得多。在晶体三极管中，除了其中某些分布电阻，如基极电阻 $r_{bb'}$ 会产生热噪声以外，还有以下几种噪声来源。

1) 散弹(粒)噪声

在晶体管的 PN 结中(包括二极管的 PN 结)，每个载流子都是随机地通过 PN 结的(包括随机注入、随机复合)。大量载流子流过结时的平均值(单位时间内平均)决定了它的直流电流 I_0。因此真实的结电流是围绕 I_0 起伏的。这种由于载流子随机起伏流动产生的噪声称为散弹噪声，或散粒噪声。这种噪声也存在于电子管、光电管之类的器件中，是一种普遍的物理现象。由于散弹噪声是由大量载流子引起的，每个载流子通过 PN 结的时间很短，因此它的噪声谱和电阻热噪声相似，具有平坦的噪声功率谱。也就是说散弹噪声也是白噪声。根据理论分析和实验表明，散弹噪声引起的电流起伏均方值与 PN 结的直流电流成正

比。如果用噪声均方电流谱密度表示，有

$$S_I(f) = 2qI_0 \tag{2-69}$$

式中，q 为每个载流子的电荷量，$q = 1.6 \times 10^{-19}$ C；I_0 为结的平均电流。此式称为肖特基公式，它也适用于其它器件的散弹噪声，它们的区别只是白噪声扩展的范围不同。

与热噪声不同，散弹噪声的噪声功率与结的平均电流成正比，而且在数量上也有差别。一般情况下，散弹噪声大于电阻热噪声。

因为散弹噪声和电阻热噪声都是白噪声，前面关于热噪声通过线性系统时的分析对散弹噪声也完全适用。这包括均方相加的原则，通过四端网络的计算以及等效噪声带宽等。

晶体管中有发射结和集电结，因为发射结工作于正偏，结电流大。而集电结工作于反偏，除了基区来的传输电流外，只有较小的反向饱和电流（它也产生散弹噪声）。因此发射结的散弹噪声起主要作用，而集电结的散弹噪声可以忽略。

2）分配噪声

晶体管中通过发射结的少数载流子，大部分由集电极收集，形成集电极电流，少部分载流子被基极流入的多数载流子复合，产生基极电流。由于基区中载流子的复合也具有随机性，即单位时间内复合的载流子数目是起伏变化的，因此，集电极电流和基极电流的分配比例也是变化的。晶体管的电流放大系数 α、β 只是反映平均意义上的分配比。这种因分配比起伏变化而产生的集电极电流、基极电流起伏噪声，称为晶体管的分配噪声。

分配噪声本质上也是白噪声，但由于渡越时间的影响，当三极管的工作频率高到一定值后，这类噪声的功率谱密度将随频率的增加而迅速增大。

3）闪烁噪声

由于半导体材料及制造工艺水平造成表面清洁处理不好而引起的噪声称为闪烁噪声。它与半导体表面少数载流子的复合有关，表现为发射极电流的起伏，其电流噪声谱密度与频率近似成反比，又称 $1/f$ 噪声。因此，它主要在低频（如几千赫兹以下）范围起主要作用。这种噪声也存在于其它电子器件中，某些实际电阻器就有这种噪声。晶体管在高频应用时，除非考虑它的调幅、调相作用，这种噪声的影响可以忽略。

3. 场效应管噪声

在场效应管中，由于其工作原理不是靠少数载流子的运动，因而散弹噪声的影响很小。场效应管的噪声有以下几方面的来源：沟道电阻产生的热噪声；沟道热噪声通过沟道和栅极电容的耦合作用在栅极上的感应噪声；闪烁噪声。

必须指出，前面讨论的晶体管中的噪声，在实际放大器中将同时起作用并参与放大。有关晶体管的噪声模型和晶体管放大器的噪声比较复杂，这里就不讨论了。

2.4.3　噪声系数和噪声温度

为了衡量某一线性电路（如放大器）或一系统（如接收机）的噪声特性，通常需要引入一个衡量电路或系统内部噪声大小的量度。有了这种量度就可以比较不同电路噪声性能的好坏，也可以据此进行测量。目前广泛使用的一个噪声量度称作噪声系数（Noise Factor），或噪声指数（Noise Figure）。有时人们还使用一个与噪声系数有关的，称为"噪声温度"的指标。

1. 噪声系数的定义

在一些部件和系统中，噪声对它们性能的影响主要表现在信号与噪声的相对大小，即信号噪声功率比上。以收音机和电视机来说，若输出端的信噪比越大，声音就越清楚，图像就越清晰。因此，我们希望有这样的电路和系统，当有用信号和输入端的噪声通过它们时，此系统不引入附加的噪声，这意味着输出端与输入端具有相同的信噪比。实际上，由于电路或系统内部总有附加噪声，信噪比不可能不变，我们希望输出端信噪比的下降应尽可能小。噪声系数的定义就是从上述想法中引出的。

图 2 - 38 为一线性四端网络，它的噪声系数定义为输入端的信号噪声功率比 $(S/N)_i$ 与输出端的信号噪声功率比 $(S/N)_o$ 的比值，即

$$N_F = \frac{\left(\dfrac{S}{N}\right)_i}{\left(\dfrac{S}{N}\right)_o} = \frac{\dfrac{S_i}{N_i}}{\dfrac{S_o}{N_o}} \qquad (2 - 70)$$

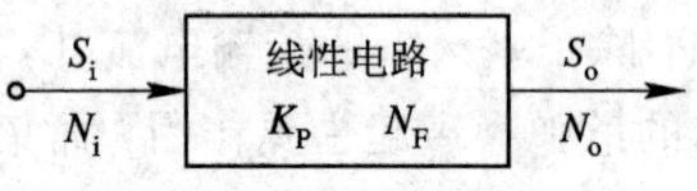

线性电路 K_P N_F

$$S_i/N_i \qquad S_o/N_o$$

图 2 - 38　噪声系数的定义

图中，K_P 为电路的功率传输系数（或功率放大倍数）。用 N_a 表示线性电路内部附加噪声功率在输出端的输出，考虑到 $K_P = S_o/S_i$，式(2 - 70)可以表示为

$$N_F = \frac{N_o}{N_i K_P} = \frac{\dfrac{N_o}{K_P}}{N_i} \qquad (2 - 71)$$

$$N_F = \frac{\dfrac{N_i K_P + N_a}{K_P}}{N_i} = 1 + \frac{\dfrac{N_a}{K_P}}{N_i} \qquad (2 - 72)$$

式(2 - 71)、式(2 - 72)也可以看作是噪声系数的另一种定义。式(2 - 71)表示噪声系数等于归于输入端的总输出噪声与输入噪声之比。式(2 - 72)是用归于输入端的附加噪声表示的噪声系数。

噪声系数通常用 dB 表示，用 dB 表示的噪声系数为

$$N_F(\mathrm{dB}) = 10\lg N_F = 10\lg \frac{\left(\dfrac{S}{N}\right)_i}{\left(\dfrac{S}{N}\right)_o} \qquad (2 - 73)$$

由于 $(S/N)_i$ 总是大于 $(S/N)_o$，故噪声系数的数值总是大于 1，其 dB 数为正。理想无噪声系统的噪声系数为 0 dB。

噪声系数是一个很容易含混不清的参数指标，为了使它能进行计算和测量，有必要在定义的基础上加以说明和澄清。

(1) 我们知道，噪声功率是与带宽 B 相联系的。对于白噪声，噪声功率与带宽 B 成正比，但是线性系统一般是有频响的系统，K_P 随频率变化，而电路内部的附加噪声 N_a 一般情况下并不是白噪声，其输出噪声功率并不与带宽 B 成正比。为了不使噪声系数依赖于指定的带宽，最好用一规定的窄频带内的噪声功率进行定义。在国际上(如按 IEEE 的标准)，式(2 - 71)定义的噪声功率是按每单位频带内的噪声功率定义的，也就是按输出、输入功率谱密度定义的。此时噪声系数只是随指定的工作频率不同而不同，即表示为点频的噪声系数。在实际应用中，我们关心的是实际系统的输出噪声或信噪比，原理上应从上述定义的点频噪声系数计算总的噪声或信噪比。但是若引入等效噪声带宽，则式(2 - 70)、

(2-71)也可以用于整个频带内的噪声功率,即此定义中的噪声功率为系统内的实际功率,这时的噪声系数具有平均意义。

(2) 由式(2-70)可以看出,信号功率 S_o、S_i 是成比例变化的,因而噪声系数与输入信号大小无关,但是由式(2-70)、(2-71)、(2-72)可看出,噪声系数与输入噪声功率 N_i 有关,如果不给 N_i 以明确的规定,则噪声系数就没有意义。为此,在噪声系数的定义中,规定 N_i 为信号源内阻 R_S 的最大输出功率。表示为电压源的噪声电压均方值为 $4kTBR_S$,输出的最大功率为 kTB,与 R_S 大小无关,并规定 R_S 的温度为 290 K,此温度称为标准噪声温度。需要说明的是,N_i 并不一定是实际输入线性系统的噪声功率,只是在输入端匹配时才相等。

(3) 在噪声系数的定义中,并没有对线性网络两端的匹配情况提出要求,而实际电路也不一定是阻抗匹配的。因此,噪声系数的定义具有普遍适用性,但是可以看一下两端匹配情况对噪声系数的影响。由式(2-70)可知,输出端的阻抗匹配与否并不影响噪声系数的大小,即噪声系数与输出端所接负载的大小(包括开路或短路)无关。因此,噪声系数也可表示成输出端开路时的两均方电压之比或输出端短路时的两均方电流之比,即

$$N_F = \frac{U_{no}^2}{U_{nio}^2} \qquad (2-74)$$

或

$$N_F = \frac{I_{no}^2}{I_{nio}^2} \qquad (2-75)$$

式中,U_{no}^2 和 I_{no}^2 分别是网络输出端开路和短路时总的输出均方噪声电压和电流;U_{nio}^2 和 I_{nio}^2 分别是网络输出端开路和短路时理想网络的输入均方噪声电压和电流。这两种计算噪声系数的方法分别称为开路电压法和短路电流法。

噪声系数的大小与四端网络输入端的匹配情况有关。输入端的阻抗匹配情况决定于信号源内阻与四端网络输入阻抗之间的关系。在不同的匹配情况下,网络内部产生的附加噪声及功率放大倍数是不同的,这当然要影响噪声系数。至于如何影响将取决于电路中噪声源的具体情况,比如,设计低噪声放大器时,就应考虑最佳的阻抗关系(噪声匹配)。

(4) 噪声系数的定义只适用于线性或准线性电路。对于非线性电路,由于信号与噪声、噪声与噪声之间的相互作用,将会使输出端的信噪比更加恶化,因此,噪声系数的概念就不能适用。所以,我们通常讲的接收机的噪声系数,实际上指的是检波器之前的线性电路,包括高频放大、变频和中放。变频虽然是非线性变换,但它对信号而言,只产生频率的搬移,可以认为是准线性电路。

2. 噪声温度

在许多情况下,特别是低噪声系统(如卫星地面站接收机)中,往往用"噪声温度"来衡量系统的噪声性能。将线性电路的内部附加噪声折算到输入端,此附加噪声可以用提高信号源内阻上的温度来等效,这就是"噪声温度"。由式(2-72),等效到输入端的附加噪声为 N_a/K_P,令增加的温度为 T_e,即噪声温度,可得

$$\frac{N_a}{K_P} = kT_e B \qquad (2-76)$$

这样,式(2-72)可重写为

$$N_F = 1 + \frac{kT_eB}{N_i} = 1 + \frac{kT_eB}{kTB} = 1 + \frac{T_e}{T} \qquad (2-77)$$

$$T_e = (N_F - 1)T \qquad (2-78)$$

噪声温度 T_e 是电路或系统内部噪声的另一种量度。噪声温度这一概念可以推广到系统内有多个独立噪声源的场合，或者推广到多级放大器中。利用噪声均方相加的原则，可以用电路中某一点(一般为源内阻上)的各噪声温度相加，来表示总的噪声温度和噪声系数。采用噪声温度还有一个优点，在某些低噪声器件中，内部噪声很小，噪声系数只比 1 稍大，这时用噪声温度要比用噪声系数方便。比如，某低噪声放大器的噪声系数为 1.05 (0.21 dB)，经采取某种措施，噪声系数下降到 1.025(0.11 dB)，噪声系数只降低了 2.5%。若用噪声温度，则可知此放大器的噪声温度由 $T_e = 0.05 \times 290$ K $= 14.5$ K 降至 7.25 K，下降了一半，取得了很大改进，在这种情况下，采用噪声温度的量度方法，其数量变化概念比较明显。

2.4.4 噪声系数的计算

从根本上讲，噪声系数的计算都是根据其定义而进行的，如开路电压法、短路电流法等，噪声系数的定义是针对四端网络的。对于四端网络，用额定功率法计算噪声系数更为简单。对于由晶体管构成的放大器的噪声系数，由于涉及到晶体管和放大器的噪声模型等较为复杂的内容，简单的叙述无法讲清楚，因此，这里不加讨论，但可以把放大器作为一级来计算多级级联放大器或网络的噪声系数。

1. 额定功率法

为了计算和测量的方便，四端网络的噪声系数也可以用额定功率增益来定义，为此，我们引入"额定功率"和"额定功率增益"的概念。

额定功率，又称资用功率或可用功率，是指信号源所能输出的最大功率，它是一个度量信号源容量大小的参数，是信号源的一个属性，它只取决于信号源本身的参数——内阻和电动势，与输入电阻和负载无关，如图 2-39 所示。

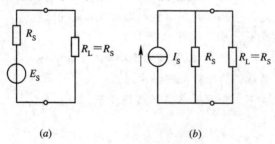

图 2-39 信号源的额定功率
(a) 电压源；(b) 电流源

为了使信号源输出最大功率，要求信号源内阻 R_S 与负载电阻 R_L 相匹配，即 $R_S = R_L$。也就是说，只有在匹配时负载才能得到额定功率值。对于图 2-39(a)和(b)，其额定功率分别为

$$P_{sm} = \frac{E_S^2}{4R_S} \qquad (2-79)$$

和
$$P_{sm} = \frac{1}{4} I_S^2 R_S \qquad (2-80)$$

式中，E_S 和 I_S 分别是电压源和电流源的电压有效值和电流有效值，任何电阻 R 的额定噪声功率均为 kTB。

额定功率增益 K_{Pm} 是指四端网络的输出额定功率 P_{smo} 和输入额定功率 P_{smi} 之比，即

$$K_{Pm} = \frac{P_{smo}}{P_{smi}} \qquad (2-81)$$

显然，额定功率增益 K_{Pm} 不一定是网络的实际功率增益，只有在输出和输入都匹配时，这两个功率才相等。

根据噪声系数的定义，分子和分母都是同一端点上的功率比，因此将实际功率改为额定功率，并不改变噪声系数的定义，则

$$N_F = \frac{\dfrac{P_{smi}}{N_{mi}}}{\dfrac{P_{smo}}{N_{mo}}} = \frac{N_{mo}}{K_{Pm} N_{mi}} \qquad (2-82)$$

因为 $N_{mi} = kTB$，$N_{mo} = K_{Pm} N_{mi} + N_{mn}$，所以

$$N_F = \frac{N_{mo}}{K_{Pm} kTB} = 1 + \frac{N_{mn}}{K_{Pm} kTB} \qquad (2-83)$$

式中，P_{smi} 和 P_{smo} 分别为输入和输出的信号额定功率；N_{mi} 和 N_{mo} 分别为输入和输出的噪声额定功率；N_{mn} 为网络内部的最大输出噪声功率。也可以等效到输入端，有

$$N_F = \frac{N_{moi}}{kTB} \qquad (2-84)$$

式中，$N_{moi} = N_{mo} / K_{Pm}$ 是网络额定输出噪声功率等效到输入端的数值。

如图 2-40 所示的无源四端网络（它可以是振荡回路，也可以是电抗、电阻元件构成的滤波器、衰减器等），由于在输出端匹配时（噪声系数与输出端的阻抗匹配与否无关，考虑匹配时较为简单），输出的额定噪声功率 N_{mo} 也为 kTB，因此，由式（2-82）得无源四端网络的噪声系数

$$N_F = \frac{1}{K_{Pm}} = L \qquad (2-85)$$

式中，L 为网络的衰减倍数。上式表明，无源网络的噪声系数正好等于网络的衰减倍数，这也可以从式（2-70）的定义来理解。对于无源网络，输出的是电阻热噪声，在输出匹配时，输出噪声功率与定义中规定的输入噪声相同。而输入信号功率 S_i 为输出信号功率 S_o 的 L 倍，也就是说输出信噪比也按同样比例下降，因而噪声系数为 L。

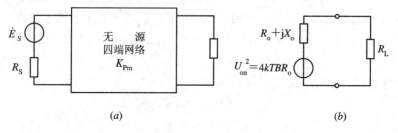

(a)　　　　　　　　　　　　　　　　　　(b)

图 2-40　无源四端网络的噪声系数

现以图 2 - 41 的抽头电路为例，计算其噪声系数。这种电路常用作接收机的天线输入电路，图上信号源以电流源表示，G_S 为信号源电导，G 为回路的损耗电导，p 为接入系数，现求输出端匹配时的功率传输系数。将信号源电导等效到回路两端，为 $p^2 G_S$，等效到回路两端的信号源电流为 $p I_S$，输出端匹配时的最大输出功率为

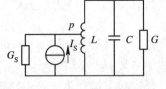

图 2 - 41 抽头回路的噪声系数

$$P_{mo} = \frac{p^2 I_S^2}{4(G + p^2 G_S)}$$

输入端信号源的最大输出功率为

$$P_{sm} = \frac{I_S^2}{4 G_S}$$

因此，网络的噪声系数为

$$N_F = \frac{1}{K_{Pm}} = \frac{P_{sm}}{P_{mo}} = \frac{G + p^2 G_S}{p^2 G_S} = 1 + \frac{G}{p^2 G_S}$$

无源四端网络的噪声系数等于它的衰减值，这是一个有用的结论。比如，接收机输入端加一衰减器（或者因馈线引入衰减），就使系统（包括衰减器和接收机）的噪声系数增加。

2. 级联四端网络的噪声系数

无线电设备都是由许多单元级联而成的，研究总噪声系数与各级网络的噪声系数之间的关系有非常重要的实际意义，它可以为我们指明降低噪声系数的方向。在多级四端网络级联后，若已知各级网络的噪声系数和额定功率增益，就能十分方便地求得级联四端网络的总噪声系数，这是采用噪声系数带来的一个突出优点。

级联的四端网络，可以是无源网络，也可以是放大器、混频器等。现假设有两个四端网络级联，如图 2 - 42 所示，它们的噪声系数和额定功率增益分别为 N_{F1}、N_{F2} 和 K_{Pm1}、K_{Pm2}，各级内部的附加噪声功率为 N_{a1}、N_{a2}，等效噪声带宽均为 B。

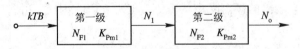

图 2 - 42 级联网络噪声系数

级联后总的额定功率增益为 $K_{Pm} = K_{Pm1} \cdot K_{Pm2}$，等效噪声带宽仍为 B。根据定义，级联后总的噪声系数为

$$N_F = \frac{N_o}{K_{Pm} kTB} \tag{2 - 86}$$

式中，N_o 为总输出额定噪声功率，它由三部分组成：经两级放大的输入信号源内阻的热噪声；经第二级放大的第一级网络内部的附加噪声；第二级网络内部的附加噪声，即

$$N_o = K_{Pm} kTB + K_{Pm2} N_{a1} + N_{a2}$$

按噪声系数的表达式，N_{a1} 和 N_{a2} 可分别表示为

$$N_{a1} = (N_{F1} - 1) K_{Pm1} kTB$$

$$N_{a2} = (N_{F2} - 1) K_{Pm2} kTB$$

则

$$N_o = K_{Pm}kTB + K_{Pm1}K_{Pm2}(N_{F1}-1)kTB + K_{Pm2}(N_{F2}-1)kTB$$
$$= [K_{Pm}N_{F1} + (N_{F2}-1)K_{Pm2}]kTB$$

将上式代入式(2-86)，得

$$N_F = N_{F1} + \frac{N_{F2}-1}{K_{Pm1}} \tag{2-87}$$

用同样的方法不难推出多级级联网络的噪声系数的公式为

$$N_F = N_{F1} + \frac{N_{F2}-1}{K_{Pm1}} + \frac{N_{F3}-1}{K_{Pm1}K_{Pm2}} + \cdots \tag{2-88}$$

从式(2-88)可以看出，当网络的额定功率增益远大于 1 时，系统的总噪声系数主要取决于第一级的噪声系数。越是后面的网络，对噪声系数的影响就越小，这是因为越到后级信号的功率越大，后面网络内部噪声对信噪比的影响就不大了。因此，对第一级来说，不但希望噪声系数小，也希望增益大，以便减小后级噪声的影响。

　　例 2-3　图 2-43 是一接收机的前端电路，高频放大器和场效应管混频器的噪声系数和功率增益如图所示。试求前端电路的噪声系数(设本振产生的噪声忽略不计)。

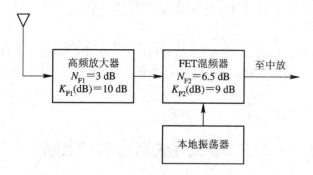

图 2-43　接收机前端电路的噪声系数

　　解　将图中的噪声系数和增益化为倍数，有

$$K_{P1} = 10^1 = 10, \quad N_{F1} = 10^{0.3} = 2$$
$$K_{P2} = 10^{0.9} = 7.94, \quad N_{F2} = 10^{0.65} = 4.47$$

因此，前端电路的噪声系数为

$$N_F = N_{F1} + \frac{N_{F2}-1}{K_{P1}} = 2 + 0.35 = 2.35(3.7 \text{ dB})$$

2.4.5　噪声系数与接收灵敏度的关系

　　噪声系数是用来衡量部件(如放大器)和系统(如接收机)噪声性能的。而噪声性能的好坏又决定了输出端的信号噪声功率比(当信号一定时)。同时，当要求一定的输出信噪比时，它又决定了输入端必需的信号功率，也就是说决定放大或接收微弱信号的能力。对于接收机来说，接收微弱信号的能力，可以用一重要指标——灵敏度来衡量。所谓灵敏度就是保持接收机输出端信噪比一定时，接收机输入的最小信号电压或功率(设接收机有足够的增益)。现举例说明，设某一电视接收机，正常接收时所需最小信号噪声功率比为 20 dB，电视接收机的带宽为 6 MHz，接收机前端电路的噪声系数为 10 dB，问接收机前端电路输入端的信号电平(灵敏度)至少应多大？

因一般前端电路(高放、混频)的增益有 10～20 dB,因此它的噪声系数也就是接收机的噪声系数。已知要求的输出信噪比$(S/N)_o$为 20 dB,则根据噪声系数定义,输入信噪比应为

$$\left(\frac{S}{N}\right)_i = N_F\left(\frac{S}{N}\right)_o = 10 \times 10^2 = 1000$$

在多级网络级联的情况下,信号的通频带近似等于系统的等效噪声带宽,因此,输入噪声功率为 $N_i = kTB$,要求的输入信号功率为

$$S_i = 1000kTB = 1000 \times 1.37 \times 10^{-23} \times 290 \times 6 \times 10^6 = 23.8 \quad pW$$

设信号源的内阻为 $R_S = 75 \ \Omega$,则所需的最小信号电势为

$$E_S = \sqrt{4R_S S_i} = \sqrt{4 \times 75 \times 23.8 \times 10^{-12}} = 84.5 \quad \mu V$$

由上面分析可知,为了提高接收机的灵敏度(即降低 S_i 的值),有两条途径:一是尽量降低接收机的噪声系数 N_F,另一个是降低接收机前端设备的温度 T。

与噪声系数和接收机灵敏度都有关的一个参数是接收机的线性动态范围 DR,它是指接收机任何部件在都不饱和情况下的最大输入信号功率 S_{imax} 与接收机灵敏度(用功率表示)之比,有

$$DR(dB) = S_{imax}(dBm) + 114(dBm) - B(dBMHz) - N_F(dB)$$

式中,N_F 为接收机总噪声系数,B 为接收机带宽,S_{imax} 为接收机在 1 dB 压缩点时的最大输入信号功率。

2.5　非线性失真与动态范围

在高频电子线路中,有源器件因其固有的非线性特性,即使线性电路(如放大器)也可能产生截止、饱和和谐波等多种非线性失真。在混频、调制和解调等频谱搬移电路中还会带来更多的非线性失真。在发射机中,非线性的调制器和功率放大器会产生带外功率辐射和互调分量,这将对发射机载频的邻近信道产生干扰,影响其他用户正常传输信号。在接收机中,放大器、混频器和解调器的非线性会限制接收机动态范围,产生增益压缩甚至阻塞、谐波失真、交(叉)调(制)和互(相)调(制)干扰,以及倒易混频和干扰哨声等现象,导致系统性能的下降,扰乱信息的正常传输。本节主要分析收发信机电路中共有的非线性失真问题及其抑制措施,关于混频器中的干扰留待相关章节讨论。

表征非线性失真的参数很多,如谐波失真系数、交(互)调抑制度、压缩电平、三阶截点和动态范围等。

非线性失真与有源器件固有的非线性特性有关,也与电路的静态工作点、输入信号、干扰的大小、数量和频率有关。有源器件固有的非线性特性通常可用幂级数来描述。

2.5.1　非线性失真产生的机理

器件或部件产生的非线性失真主要表现在增益压缩、谐波失真、阻塞干扰、交(叉)调(制)和互(相)调(制)干扰等方面,它们产生的机理不尽相同。

1. 增益压缩

包含有源器件的高频电路的非线性特性可用幂级数展开为

$$u_o = a_0 + a_1 u_i + a_2 u_i^2 + a_3 u_i^3 + \cdots \tag{2-89}$$

式中，u_o 为输出信号，u_i 为输入信号，$a_i (i=0,1,2,3,\cdots)$ 为与非线性特性和静态工作点有关的系数。一般情况下，i 越大，a_i 越小。若输入信号 $u_i = U \cos\omega t$，则

$$u_o = a_0 + a_1 U \cos\omega t + a_2 U^2 \cos^2\omega t + a_3 U^3 \cos^3\omega t + \cdots \tag{2-90}$$

展开后忽略三次方以上项，有

$$u_o = \left(a_0 + \frac{a_2}{2}U^2\right) + \left(a_1 U + \frac{3}{4}a_3 U^3\right)\cos\omega t + \frac{a_2}{2}U^2 \cos^2\omega t + \frac{a_3}{4}U^3 \cos^3\omega t \tag{2-91}$$

式中，第一项为直流项，影响静态工作点；第二项为对输入信号（基波信号）产生的输出，其幅度为

$$U_1 = a_1 U + \frac{3}{4}a_3 U^3 \tag{2-92}$$

基波增益出现了与输入信号幅度有关的失真项。其中系数 a_1 表示小信号增益，系数 a_3（通常为负值或与 a_1 的符号相反）使增益产生了压缩。增益压缩用线性增益的分数表示为

$$\alpha = \frac{U_1}{a_1 U} = 1 + \frac{3a_3}{4a_1}U^2 \tag{2-93}$$

通常用 -1 dB（功率）压缩点（$\alpha = 0.891$）来度量，它是指实际输出响应与其线性响应的延长线在输出功率差 1 dB 时的输入功率电平 $P_{\text{in}-1\,\text{dB}}$，如图 2-44 所示。对应的实际输出响应为输出 1 dB 压缩点 $P_{\text{out}-1\,\text{dB}}$，且有

$$P_{\text{out}-1\,\text{dB}} = P_{\text{in}-1\,\text{dB}} + K_P(\text{dB}) - 1\,\text{dB} \tag{2-94}$$

-1 dB 压缩点是定量描述电路在大信号输入时的失真特性，我们总是希望电路工作在线性范围内的，所以输入一般以 -1 dB 压缩点为上限。-1 dB 压缩点通常在以下情况下发生：

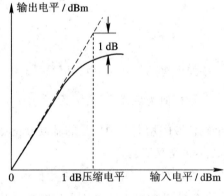

图 2-44　-1 dB 压缩点

$$U = 0.381\sqrt{\left|\frac{a_1}{a_3}\right|} \tag{2-95}$$

由此可见，-1 dB 压缩点与器件的类型、特性和静态工作点有关。改善增益压缩特性的方法就是选择 a_1 大而 a_3 小的有源器件，并设置合适的静态工作点。

2. 谐波失真

在式（2-91）中，第三项和第四项分别是输入基带信号的二次谐波和三次谐波，它们的幅度相对于基波幅度的比值分别称为二次谐波失真系数和三次谐波失真系数。实际上还有更高次的谐波失真，这取决于器件非线性特性的高次方项。全部谐波的有效值与基波幅度之比称为全谐波失真系数，记为 THD（Total Harmonic Distortion）。

一般地，基波分量由各奇次方项产生，二次谐波由二次及二次以上的偶次方项产生，三次谐波由三次及三次以上的奇次方项产生。i 次谐波的幅度正比于 a_i 和 U^i，当输入信号

幅度 U 较小时，可以忽略高次谐波。

对于高频放大器，由于谐波频率通常离基波频率较远，较易滤除，因此影响不大。但对于混频器，由于输入信号多，谐波的组合频率更多，经常会产生多种干扰。

3. 阻塞干扰

对于式(2-88)的非线性特性，若输入信号 $u_i = U_1\cos\omega_1 t + U_2\cos\omega_2 t$，则输出为

$$u_o = a_0 + a_1(U_1\cos\omega_1 t + U_2\cos\omega_2 t)$$
$$+ a_2(U_1\cos\omega_1 t + U_2\cos\omega_2 t)^2$$
$$+ a_3(U_1\cos\omega_1 t + U_2\cos\omega_2 t)^3 + \cdots$$

忽略三次方以上项，将上式展开并整理后有

$$u_o = a_0 + \frac{a_2}{2}(U_1^2 + U_2^2)$$
$$+ \left(a_1 U_1 + \frac{3}{4}a_3 U_1^3 + \frac{3}{2}a_3 U_1 U_2^2\right)\cos\omega_1 t$$
$$+ \left(a_1 U_2 + \frac{3}{4}a_3 U_2^3 + \frac{3}{2}a_3 U_1^2 U_2\right)\cos\omega_2 t$$
$$+ a_2 U_1 U_2[\cos(\omega_1+\omega_2)t + \cos(\omega_1-\omega_2)t]$$
$$+ \frac{3}{4}a_3 U_1^2 U_2[\cos(2\omega_1+\omega_2)t + \cos(2\omega_1-\omega_2)t]$$
$$+ \frac{3}{4}a_3 U_1 U_2^2[\cos(2\omega_2+\omega_1)t + \cos(2\omega_2-\omega_1)t] \tag{2-96}$$

如果有用信号 ω_1 为弱信号，干扰信号 ω_2 为强信号，即 $U_1 \ll U_2$，则输出有用信号的基波分量近似为 $\left(a_1 U_1 + \frac{3}{2}a_3 U_1 U_2^2\right)\cos\omega_1 t$。由于 a_3 为负值或与 a_1 的符号相反，因此，随着干扰信号的增大有用信号的基波分量逐渐变小，甚至为零，这就称为阻塞。

4. 交叉调制

在式(2-96)中，如果有用信号 ω_1 为弱信号，干扰信号 ω_2 为具有振幅调制的强干扰信号，则输出有用信号的基波分量包含有干扰信号的幅度变化，或者说，干扰信号的幅度调制信息转移到了有用信号的幅度上，这就是交叉调制，它主要由非线性器件的三次方项产生。

5. 互相调制

在式(2-96)中，最后两行各项是由两个输入信号的相互调制引起的，称为互相调制失真。由于它们由三次方项产生，因此称为三阶互调。三阶互调是难以消除和控制的干扰。实际上也存在二阶、五阶和更高阶(奇数)的互相调制失真，只不过它们幅度较小或容易消除而已。

用来衡量互调失真程度的参数主要是互调失真比 IMR(其倒数为互调抑制度)和三阶互调截点 IP_3(Third-order Intercept Point)。分析三阶互调时通常用等幅双频法，即两个干扰信号 ω_1 和 ω_2 的幅度相等。设 $U_1 = U_2 = U$，则互调失真比 IMR 为

$$IMR = \frac{U_{o3}}{U_{o1}} = \frac{3a_3}{4a_1}U^2 \tag{2-97}$$

三阶互调截点 IP_3 定义为三阶互调功率达到和基波功率相等的点，此点对应的输入功率表示为 IIP_3，此点对应的输出功率表示为 OIP_3，如图 2-45 所示。三阶互调截点 IP_3 对应的输入信号幅度为

$$U_{IP_3} \approx \sqrt{\frac{4}{3}\left|\frac{a_1}{a_3}\right|} \qquad (2-98)$$

与 -1 dB 压缩点相比，有

$$\frac{U_{IP_3}}{U} = \sqrt{\frac{4/3}{0.145}} \approx 9.6(\mathrm{dB})$$

即三阶互调截点电平比 -1 dB 压缩点电平高约 10 dB。

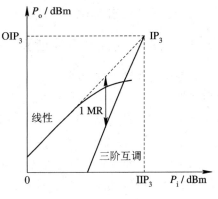

图 2-45　三阶互调截点

多级非线性级联后三阶互调失真可用下式描述：

$$\frac{1}{IIP_3} \approx \frac{1}{(IIP_3)_1} + \frac{K_{U1}^2}{(IIP_3)_2} + \frac{(K_{U1}K_{U2})^2}{(IIP_3)_3} + \cdots \qquad (2-99)$$

式中，$(IIP_3)_i$ 和 K_{Ui} 分别是各级的三阶互调截点输入功率和电压增益。

三阶互调截点越高（值越大），则带内强信号互调产生的杂散响应对系统的影响就越小。然而，高三阶互调截点与低噪声系数是一对矛盾，因此，在对接收机线性度和噪声系数均有要求时，接收机设计必须在这两个指标间作折中考虑。

2.5.2　非线性失真与动态范围

由于信号的衰落或设备的移动，接收机所接收到的信号强度是变化的。接收机能正常工作（能够检测到并解调）所承受的信号变化范围称为动态范围 DR(Dynamic Range)。动态范围决定通信系统的有效性，其下限是接收机的灵敏度或 MDS，而上限由最大可接受的非线性失真决定。通常用三阶互调截点和 -1 dB 压缩点来表征系统的线性度和动态范围。

把 -1 dB 压缩点的输入信号电平与灵敏度（或 MDS）之比定义为线性动态范围，用 dB 表示为

$$DR(\mathrm{dB}) = P_{in-1\ dB} - MDS \qquad (2-100)$$

线性动态范围常用于功率放大器中。

无杂散(Spurious Free)响应动态范围 SFDR 的定义是：在系统输入端外加等幅双音信号的情况下，接收机输入信号从超过基底噪声 3 dB 处到没有产生三阶互调杂散响应点处之间的功率动态范围。其下限是 MDS，而上限是指当接收机输入端所加的等幅双音信号在输出端产生的三阶互调分量折合到输入端恰好等于最小可检测信号功率值时所对应的输入端的等幅双音信号的功率值。用 dB 表示为

$$\mathrm{SFDR(dB)} = \frac{2}{3}(IIP_3 - MDS) = \frac{2}{3}(IIP_3 + 171\ \mathrm{dBm} - 10\lg B - N_F) \qquad (2-101)$$

可见 SFDR 直接正比于三阶互调截点电平 IIP_3，反比于噪声系数和中频带宽，也就是说，噪声系数越低，中频带宽越窄，三阶互调截点电平越高，则接收机无杂散动态范围就越大。

无杂散响应动态范围常用于低噪声放大器(LNA)、混频器或整个接收机中。

2.5.3 改善非线性失真的措施

高频电子线路中的非线性失真很多,抑制或改善非线性失真的措施各不相同,具体内容可参见本书第6章中有关混频器干扰的内容,这里仅就放大器的线性化技术和改善接收机中三阶互调失真的原理作一简单介绍。

1. 放大器的线性化技术

除了传统的负反馈法外,现在常用的改善放大器非线性的方法大体上分为两类:一类是增大放大器的线性区,如功率回退;另一类是抵消法,如前馈法和预失真法等。这里只对这些方法作一简单的介绍。

(1)功率回退法。简单地说,功率回退法就是把功率较大的管子用作小功率管,通常是将功率放大器的输入功率从 -1 dB 压缩点向后回退 $5\sim10$ dB,使之工作在远小于 -1 dB 压缩点的电平上,远离饱和区,进入线性区,从而改善功放的三阶交调或互调失真。一般情况下,当基波功率降低 1 dB,三阶交调改善 2 dB。

功率回退法简单易行,不需任何附加设备,但效率较低。常用的方法是 2 倍和 4 倍功率倍增技术。

(2)前馈法。前馈法如图 2-46 所示,它有两套完全相同的放大器和延时线,其误差信号不是在同一个环路中抵消掉,而是在一个辅助环路中将失真信号抵消掉。因此,整个系统结构复杂,增益、相位调整困难,硬件实现成本高。对于线性度要求较高的系统,必须加自适应电路才能满足要求。

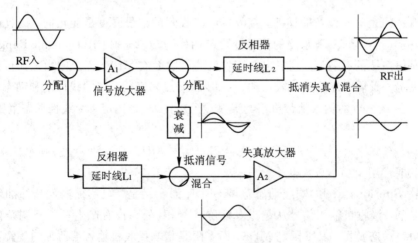

图 2-46 前馈法原理图

传统的负反馈法会造成放大器固有的群时延,前馈法有许多潜在的优点,如:它可以大大改善功放的线性度;在工作频带的带宽内,它不损失器件的增益带宽;第二个辅助放大器仅处理误差信号,因此它是低功率和低噪声的放大器,使系统的总噪声性能得到改善;它是无条件稳定的电路。

(3)预失真法。在放大器之前加了一个预失真器,需要放大的信号通过一个非线性系统(其特性是放大器特性的逆特性),如果这两个非线性互为逆,那么整个系统将是线性的。

　　预失真是补偿放大器非线性失真最好的方法之一，使用这种技术，在功率放大器输入端采用反失真来抵消功率放大器的非线性失真。如果设计这种反失真特性随放大器的输出功率变化而变化，那么调节这种失真就可以补偿由温度、电源电压、管子老化等引起工作点变化造成系统性能的下降。

　　预失真技术包括射频预失真、中频预失真和基带预失真三种基本方法。射频预失真方法是采用模拟信号处理方式进行预失真，它很难做到自适应；由于高频电路的温度漂移、电路实现复杂且制造成本高等因素，因此，预失真一般放在基带或中频电路中进行。

2. 提高接收机线性度的措施

　　接收系统是由放大器、滤波器及混频器等多级模块构成的，每一级模块都在一定程度上存在着非线性失真。接收系统的非线性失真一般用三阶互调截点来描述，因此，提高接收系统的线性度主要就是提高接收系统的三阶截点。

　　接收系统的三阶截点与各级模块的三阶截点、增益以及选择性等指标间存在一定的制约关系。

　　可以证明，级联的两级模块所产生的三阶互调分量是同相的。由此可以推出接收系统三阶互调截点与各级模块的三阶截点、增益以及选择性等指标间的关系为

$$\frac{1}{\mathrm{IIP_3}} \approx \frac{1}{(\mathrm{IIP_3})_1} + \frac{K_{P1}/L_1}{(\mathrm{IIP_3})_2 S_1^{3/2}} + \frac{K_{P1}K_{P2}/(L_1L_2)}{(\mathrm{IIP_3})_3 (S_1S_2)^{3/2}} + \cdots \qquad (2-102)$$

式中，$\mathrm{IIP_3}$ 和 $(\mathrm{IIP_3})_i$ 为接收机和各级模块的三阶互调截点，K_{pi}、L_i 和 S_i 分别为各级模块的功率增益、滤波器的插入损耗和带外衰减。

　　由此可知，接收系统的带外三阶互调截点除了受各级三阶互调截点以及各级增益的影响外，还受接收机各级选择性的影响。这样，就可以通过提高接收机的选择性来提高整个接收系统的带外三阶互调截点。在接收机选择性好的前提下，整个系统的带外三阶互调截点主要由第一级来决定。因此，要尽量提高接收机前级尤其是第一级的选择性。

　　对于带内情况，上式可退化为式（2-97）。由此可知，带内三阶互调截点不受接收机选择性的影响，并且越往后级，对整个系统三阶互调截点的影响越大。因此，要改善接收机的带内三阶互调截点，必须提高后面各级模块的三阶互调截点。在各级模块三阶互调截点及选择性一定的情况下，还可以通过适当地安排各级的增益来提高接收系统的三阶互调截点。

2.6　高频电路的电磁兼容

　　随着电子电气设备的广泛应用，电磁污染日趋严重，电磁干扰无处不在，电磁环境日益恶化。在这种复杂的电磁环境中，电磁干扰 EMI(Electromagnetic Interference) 和射频干扰 RFI(Radio-Frequency Interference) 成为影响高频系统性能的重要因素，减小这些干扰也就成为高频系统和高频电子线路设计的主要目标。

　　高频系统的抗干扰主要从技术体制、设备和电子线路的电磁兼容 EMC(Electromagnetic Compatibility) 等方面来考虑。抗干扰的通信机制如纠错编码技术、扩展频谱技术等

不是本书讨论的内容，本节着重讨论高频电子线路的电磁兼容技术。

2.6.1 合理接地

电子电路的一个主要干扰途径是不合理的接地，因此，合理接地是解决 EMC 问题最有效和最廉价的方法，良好的接地既可以提高抗干扰度，又可以降低电磁辐射。

接地就是为电路或系统提供一个参考的等电位点或等电位面。如果接真正的大地，则这个参考点（或面）就是大地电位。接地的另一个含义是为电流提供一个低阻抗回路，这在高频时更为重要。

从电路参考点的角度考虑，接地分为悬浮接地、单点接地、多点接地和混合接地等几种方法。悬浮接地是指电子设备的地线在电气上与参考地及其他导体相绝缘，以防止机壳上的串扰电源直接耦合到信号电路。单点接地是为许多接在一起的电路提供共同参考点的方法，它要求电路每一部分只接地一次，并且都接在同一点上（只有一个参考点），这样，就不存在地回路，也就没有串扰问题。

在高频电路和数字电路中一般使用多点接地，模块和电路通过许多短线（小于 0.1λ）连接起来。多点接地设备中的内部电路都以机壳为参考点，而所有机壳又以地为参考点。这种结构为许多并联路径提供了到地的低阻抗通路，在系统内部接地也很简单。只要连接共同参考点的任何导体的长度小于干扰信号波长的几分之一，多点接地的效果都很好。多点接地通常接到一个低阻抗平面或屏蔽体上，但要注意尽量缩短接地环路的长度（即地环路面积越小越好）。大面积接地是多点接地的一种特殊形式，被广泛地应用于高频电路、微波电路和高速数字电路中。

混合接地包含了单点接地和多点接地，它把设备地线分为电源地和信号地两类。电路中的各部分的电源地线接到电源总地线上，所有信号地线都接到信号总地线上，两种总地线最后汇总到公共参考地。在使用中，一般在低于 1 MHz 时用单点接地，高于 10 MHz 时用多点接地。

需要指出，屏蔽接地也很重要，屏蔽层只有在接地后才能起到屏蔽作用。

2.6.2 屏蔽与吸收

屏蔽技术用来抑制电磁干扰沿空间传播，即切断辐射干扰的传播途径，包括电屏蔽、磁屏蔽和电磁屏蔽三种。静电屏蔽是用低电阻率的金属外壳将电路罩起来，并将金属外壳接好地。磁场屏蔽是用高导磁率的材料做成屏蔽（低磁阻），将要屏蔽的电路罩起来，通常也需要接地。

屏蔽方法主要有盒体屏蔽、空缝屏蔽和电缆屏蔽等。盒体屏蔽的屏蔽效能包括吸收损耗和反射损耗两部分，吸收损耗为

$$A = 0.131t \sqrt{f \mu_r \sigma_r} \quad (\text{dB}) \tag{2-103}$$

式中，t 为屏蔽金属板的厚度（mm），f 为频率（Hz），μ_r 和 σ_r 分别为金属板的相对磁导率和电导率。屏蔽常用的金属材料有铜、银、铝和黄铜等，不同的屏蔽材料有不同的 μ_r 和 σ_r。反射损耗根据辐射源到机壳壁的距离 r(m) 的不同有不同的计算方法。对于近区电场（高阻抗场）、近区磁场（低阻抗场）和远场，反射损耗分别为

$$R_{ne} = 141.7 - 10\lg\left(\frac{\mu_r f^3 r^3}{\sigma_r}\right) \ (\text{dB}) \tag{2-104}$$

$$R_{nm} = 76.6 - 10\lg\left(\frac{\mu_r}{f\sigma_r r^2}\right) \ (\text{dB}) \tag{2-105}$$

$$R_f = 108.1 - 10\lg\left(\frac{\mu_r f}{\sigma_r}\right) \ (\text{dB}) \tag{2-106}$$

实际的机箱和盒体都有各种必要的穿孔和缝隙，空缝屏蔽对机箱和盒体屏蔽十分重要。实践证明，当空、缝尺寸等于半波长的整数倍时，电磁泄漏最大。因此，空缝屏蔽一般要求孔径或缝长小于 $\lambda/10 \sim \lambda/100$。减小空缝的方法通常是将盒盖设计成凹凸型而不是平板型，并尽量用导电衬垫或密封条较小缝隙的泄漏。

电缆可等效为电偶极子天线，电缆屏蔽层上流过的干扰电流能在电缆内导体上感应出干扰电压。电缆内导体的干扰电流的变化也会在电缆外部产生辐射场，其辐射强度是干扰电流、电缆长度和距离的函数。电缆之间也存在电磁耦合现象（串扰）。当耦合长度不大于 $\lambda/16$ 时属于低频耦合，当耦合长度大于 $\lambda/4$ 时属于高频耦合。抑制电缆辐射的主要手段是屏蔽和滤波。电缆屏蔽层取决于其结构，一般要求接地良好。需要注意的是，在使用电缆屏蔽时，切忌将网状金属层（屏蔽层）当成导线使用，即不能将金属网两端都接地，只能一端接地。

屏蔽的效果取决于屏蔽体良好接地和屏蔽罩的材料、形状及密封程度。为了得到更好的屏蔽效果，防止外部干扰由导线传入屏蔽体，通常将馈通滤波器与屏蔽罩配合使用。

应当指出，各晶体管和放大器、电感器、混频器和射频集成电路，甚至元器件本身的引线都能进行辐射，因此，在需要的时候都应使用自屏蔽。

也可以在大于 400 MHz 的电路上使用吸收 RF 的泡沫材料或橡胶以减轻 EMI 辐射。

2.6.3　去耦与滤波

EMC 的滤波包括信号滤波、电源滤波和传输线滤波三个方面，对于电源滤波，还包括去耦电路。

信号滤波的作用就是抑制噪声和干扰，并滤出所需信号。信号滤波器的种类很多，在前面已做介绍，这里不再赘述。

电源滤波主要是指直流电源的滤波，其作用是滤除电源中产生的干扰和噪声。电源滤波器多为低通形式，通常由简单的电感和电容组合而成（π 型滤波器）。使用时把电容靠近高阻抗端，把电感靠近低阻抗端。由于滤波元件的非理想特性，所以在电源滤波中，往往用一个大电容与一个小电容并联来扩展滤波器的滤波频率范围。去耦电路通常用 RC 或 LC 电路。

传输线滤波对传输电缆而言，主要是屏蔽层要良好接地。另外，还要求连接器要设计成滤波器型，如 C 型、T 型、L 型和 π 型等。

2.6.4　电路设计

针对 EMC 的电路设计，主要是指优化电路板（PCB）的布局、布线，减小杂散电容和杂散电感的耦合。

高频器件和模拟器件的电磁敏感度主要取决于器件的灵敏度和带宽。一般来说，灵敏度越高，带宽越宽，抗扰度越差。高频和微波电路中的电路匹配对抑制电磁干扰也很重要。

考虑 EMC，设计 PCB 的原则就是使 PCB 上各部分电路之间不产生干扰，对外辐射或传导尽可能低，外来干扰对 PCB 上电路不产生影响。具体设计时要注意以下几点：

(1) 根据频率、带宽等因素选择合适的 PCB 板材；

(2) 电路中的电流环路应保持最小；

(3) 信号线和返回线应尽可能接近；

(4) 使用较大的地平面以减小地线阻抗；

(5) 电源线和地线应相当接近，在多层电路板中，应把电源层和地层分开；

(6) 所有元器件的引线必须最短；

(7) 传输线路阻抗恒定，并尽量短；

(8) 传输线中的弯曲应斜接或呈圆弧形；

(9) 去耦电路尽量靠近器件的电源端；

(10) 从顶端接地板到底端真正的接地板，应以 1/4 波长或者更小长度的固定间隔，有规律性地设置过孔，接地的过孔尽可能短；

(11) 使 PCB 引线远离 PCB 边沿；

(12) 使 PCB 引线与下一层中的 PCB 引线尽量保持 90°角；

(13) 将模拟地和数字地分开、高频单元和低频单元分开、大功率和小功率单元分开；

(14) PCB 必须在不大于 1/8 波长点处与系统接地板连接；

(15) 各单元模块和整个 PCB 尺寸尽量小。

思考题与习题

2-1　对于收音机的中频放大器，其中心频率 $f_0 = 465$ kHz，$B_{0.707} = 8$ kHz，回路电容 $C = 200$ pF，试计算回路电感和 Q_L 值。若电感线圈的 $Q_0 = 100$，问在回路上应并联多大的电阻才能满足要求。

2-2　图示为波段内调谐用的并联振荡回路，可变电容 C 的变化范围为 12~260 pF，C_t 为微调电容，要求此回路的调谐范围为 535~1605 kHz，求回路电感 L 和 C_t 的值，并要求 C 的最大和最小值与波段的最低和最高频率对应。

2-3　图示为一电容抽头的并联振荡回路，谐振频率 $f_0 = 1$ MHz，$C_1 = 400$ pF，$C_2 = 100$ pF，求回路电感 L。若 $Q_0 = 100$，$R_L = 2$ kΩ，求回路有载 Q_L 值。

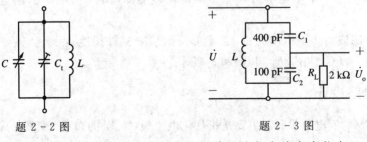

题 2-2 图　　　　　　　　　题 2-3 图

2-4　石英晶体有何特点？为什么用它制作的振荡器的频率稳定度较高？

2 - 5　一个 5 MHz 的基频石英晶体谐振器，$C_o = 6 \text{ pF}$，$C_q = 2.4 \times 10^{-2} \text{ pF}$，$r_q = 15 \text{ } \Omega$。求此谐振器的 Q 值和串、并联谐振频率。

2 - 6　电阻热噪声有何特性？如何描述？

2 - 7　求如图所示并联电路的等效噪声带宽和输出均方噪声电压值。设电阻 $R = 10 \text{ k}\Omega$，$C = 200 \text{ pF}$，$T = 290 \text{ K}$。

2 - 8　如图所示噪声产生电路，已知直流电压 $E = 10 \text{ V}$，$R = 20 \text{ k}\Omega$，$C = 100 \text{ pF}$，求等效噪声带宽 B 和输出噪声电压均方值（图中二极管 V 为硅管）。

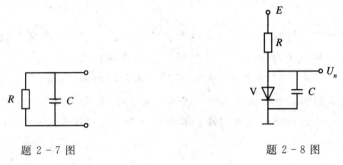

题 2 - 7 图　　　　　　　　　　　　题 2 - 8 图

2 - 9　求图示的 T 型和 Π 型电阻网络的噪声系数。

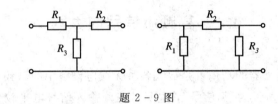

题 2 - 9 图

2 - 10　接收机等效噪声带宽近似为信号带宽，约 10 kHz，输出信噪比为 12 dB，要求接收机的灵敏度为 1 pW，问接收机的噪声系数应为多大？

2 - 11　高频电路中主要存在哪些非线性失真？如何衡量？

第3章 高频谐振放大器

高频谐振放大器广泛应用于通信系统和其它电子系统中。如在发射设备中，为了有效地使信号通过信道传送到接收端，需要根据传送距离等因素来确定发射设备的发射功率，这就要用高频谐振功率放大器将信号放大到所需的发射功率。在接收设备中，从天线上感应的信号是非常微弱的，一般在微伏级，要将传输的信号恢复出来，需要将信号放大，这就需要用高频小信号谐振放大器来完成。本章主要介绍高频小信号谐振放大器和高频谐振功率放大器。

3.1 高频小信号放大器

高频小信号谐振放大器的功用就是放大各种无线电设备中的高频小信号，以便作进一步的变换和处理。这里所说的"小信号"，主要是强调输入信号电平较低，放大器工作在它的线性范围。

高频小信号放大器按频带宽度可以分为窄带放大器和宽带放大器。通常被放大的信号是窄带信号，比如说信号带宽只有中心频率的百分之几，甚至千分之几，因此，高频小信号的基本类型是频带放大器。频带放大器是以各种选频电路作负载，兼具阻抗变换和选频滤波的功能。第2章讨论的并联谐振回路、耦合回路等电路就是频带放大器采用的选频电路。在某些无线电设备中，需要放大多个高频信号，或者信号中心频率要随时改变，这时要用到高频宽带放大器，这种放大器一般采用无选频作用的负载电路，应用最广的是高频变压器或传输线变压器。

按有源器件可以分为以分立元件为主的高频放大器和以集成电路为主的集中选频放大器。以分立元件为主的高频放大器，由于单个晶体管的最高工作频率可以很高，线路也较简单，目前应用仍很广泛。集成高频放大器由高频或宽带集成放大器和选频电路(特别是集中滤波器)组成，它具有增益高、性能稳定、调整简单等优点，在高频电路中的应用也越来越多。

对高频小信号放大器的主要要求是：

(1) 增益要高，也就是放大量要大。例如，用于各种接收机中的中频放大器，其电压放大倍数可达 $10^4 \sim 10^5$，即电压增益为 $80 \sim 100$ dB，通常要靠多级放大器才能实现。

(2) 频率选择性要好。选择性就是描述选择所需信号和抑制无用信号的能力，这是靠选频电路完成的，放大器的频带宽度和矩形系数是衡量选择性的两个重要参数。

（3）工作稳定可靠。这要求放大器的性能应尽可能地不受温度、电源电压等外界因素变化的影响，不产生任何自激。

此外，在放大微弱信号的接收机前级放大器中，还要求放大器内部噪声要小，因为放大器本身的噪声越低，接收微弱信号的能力就越强。

3.1.1 高频小信号谐振放大器的工作原理

图 3－1(a)是一典型的高频小信号谐振放大器的实际线路。由图可知，直流偏置电路与低频放大器的电路完全相同，只是电容 C_b、C_e 对高频旁路，它们的电容值比低频中小得多。图 3－1(b)是它的交流等效电路，图中采用抽头谐振回路作为放大器负载，对信号频率谐振，即 $\omega = \omega_0$，完成阻抗匹配和选频滤波功能。由于输入的是高频小信号，放大器工作在A(甲)类状态。

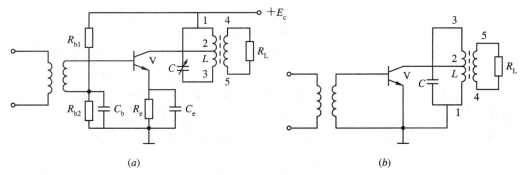

图 3 - 1 高频小信号谐振放大器
(a) 实际线路；(b) 交流等效电路

3.1.2 放大器性能分析

1. 晶体管的高频等效电路

要分析和说明高频调谐放大器的性能，首先要考虑晶体管在高频时的等效电路。图 3－2(a)是晶体管在高频运用时的混Ⅱ等效电路，它反映了晶体管中的物理过程，也是分析晶体管高频时的基本等效电路。图中 $C_\pi = C_{b'e}$，$C_\mu = C_{b'c}$。直接用混Ⅱ等效电路分析放大器性能时很不方便，常采用 Y 参数等效电路，如图 3－2(b)所示。Y_{ie} 是输出端交流短路时的输入导纳；Y_{oe} 是输入端交流短路时的输出导纳；而 Y_{fe} 和 Y_{re} 分别为输出端交流短路时的正向传输导纳和输入端交流短路时的反向传输导纳。晶体管的 Y 参数通常可以用仪器测出，有些晶体管的手册或数据单上也会给出这些参数量（一般是在指定的频率及电流条件下的值）。在忽略 $r_{b'e}$ 及满足 $C_\pi \gg C_\mu$ 的条件下，Y 参数与混Ⅱ参数之间的关系为

$$Y_{ie} \approx \frac{j\omega C_\pi}{1 + j\omega C_\pi r_{bb'}} \tag{3-1}$$

$$Y_{oe} \approx j\omega C_\mu + \frac{j\omega C_\pi r_{bb'} g_m}{1 + j\omega C_\pi r_{bb'}} \tag{3-2}$$

$$Y_{fe} \approx \frac{g_m}{1 + j\omega C_\pi r_{bb'}} \tag{3-3}$$

$$Y_{re} \approx \frac{-j\omega C_\mu}{1 + j\omega C_\pi r_{bb'}} \tag{3-4}$$

由此可见，Y 参数不仅与静态工作点的电压、电流值有关，而且与工作频率有关，是频率的复函数。当放大器工作在窄带时，Y 参数变化不大，可以将 Y 参数看作常数。我们讨论的高频小信号谐振放大器没有特别说明时，都是工作在窄带，晶体管可以用 Y 参数等效。由图 3 - 2 可以得到晶体管 Y 参数等效电路的 Y 参数方程

$$\dot{I}_b = Y_{ie}\dot{U}_b + Y_{re}\dot{U}_c \qquad (3-5a)$$

$$\dot{I}_c = Y_{fe}\dot{U}_b + Y_{oe}\dot{U}_c \qquad (3-5b)$$

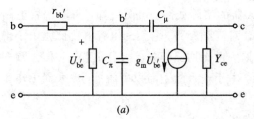 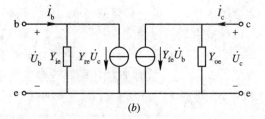

图 3 - 2　晶体三极管等效电路

(a) 混 Ⅱ 等效电路；(b) Y 参数等效电路

2. 放大器的性能参数

图 3 - 3 是图 3 - 1 所示高频小信号放大器的高频等效电路，图中将晶体管用 Y 参数等效电路进行了等效，信号源用电流源 $\dot{I}_S$ 表示，Y_S 是电流源的内导纳，负载导纳为 Y_L'，它包括谐振回路的导纳和负载电阻 R_L 的等效导纳。忽略管子内部的反馈，即令 $Y_{re}=0$，由图 3 - 3 可得

$$\dot{I}_b = \dot{I}_S - Y_S\dot{U}_b \qquad (3-6a)$$

$$\dot{I}_c = -Y_L'\dot{U}_c \qquad (3-6b)$$

根据式(3 - 5)、(3 - 6)可以得出高频小信号放大器的主要性能指标。

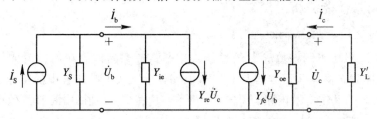

图 3 - 3　图 3 - 1 高频小信号放大器的高频等效电路

(1) 电压放大倍数 K：

$$K = \frac{\dot{U}_c}{\dot{U}_b} = -\frac{Y_{fe}}{Y_{oe}+Y_L'} \qquad (3-7)$$

(2) 输入导纳 Y_i：

$$Y_i = \frac{\dot{I}_b}{\dot{U}_b} = Y_{ie} - \frac{Y_{re}Y_{fe}}{Y_{oe}+Y_L'} \qquad (3-8)$$

式中，第一项为晶体管的输入导纳，第二项是反向传输导纳 Y_{re} 引入的输入导纳。

(3) 输出导纳 Y_o：

$$Y_o = \frac{\dot{I}_c}{\dot{U}_c}\bigg|_{\dot{I}_S=0} = Y_{oe} - \frac{Y_{re}Y_{fe}}{Y_S+Y_{ie}} \qquad (3-9)$$

式中，第一项为晶体管的输出导纳，第二项也与 Y_{re} 有关。

（4）通频带 $B_{0.707}$ 与矩形系数 $K_{r0.1}$。通频带 $B_{0.707}$ 为

$$B_{0.707} = \frac{f_0}{Q_L} \qquad (3-10)$$

式中，f_0 为谐振回路的谐振频率，$f_0 = 1/(2\pi\sqrt{LC_\Sigma})$，$L$ 为回路电感，C_Σ 为回路的总电容，包括回路本身的电容以及 Y_{oe} 等效到回路中呈现的电容；Q_L 为有载品质因数，$Q_L = 1/(\omega_0 L g_\Sigma)$，$g_\Sigma$ 为回路的总电导，包括回路本身的损耗以及 Y_{oe}、R_L 等效到回路中的损耗。

由于图 3-1 是一单调谐回路放大器，故其矩形系数 $K_{r0.1}$ 仍为 9.95。

3.1.3　高频谐振放大器的稳定性

1. 放大器的稳定性

应当指出，上面分析的放大器的各种性能参数，是在放大器能正常工作前提下得到的，但是在谐振放大器中存在着不稳定性问题，这是因为由于晶体管集基间电容 $C_{b'c}$（混 Ⅱ 网络中）的反馈，也就是通过 Y 参数等效电路中反向传输导纳 Y_{re} 的反馈，使放大器存在着工作不稳定的问题。Y_{re} 的存在，使输出信号反馈到输入端，引起输入电流的变化，如果这个反馈在某个频率相位上满足正反馈条件，且足够大，则会在满足条件的频率上产生自激振荡。现在来考察输入导纳 Y_i 中第二项，即反向传输导纳 Y_{re} 引入的输入导纳，记为 Y_{ir}。忽略 $r_{bb'}$ 的影响，则由式（3-3）、（3-4）有

$$Y_{fe} \approx g_m, \quad Y_{re} \approx -j\omega C_\mu$$

将 Y_{oe} 归入负载中，并考虑谐振频率 ω_0 附近情况，有

$$Y_{oe} + Y_L' = G_L'\left(1 + j2Q_L\frac{\Delta\omega}{\omega_0}\right)$$

则

$$Y_{ir} \approx -\frac{-j\omega_0 C_\mu g_m}{G_L'\left(1 + j2Q_L\frac{\Delta\omega}{\omega_0}\right)} = j\frac{\omega_0 C_\mu g_m}{G_L'\left(1 + j2Q_L\frac{\Delta\omega}{\omega_0}\right)} \qquad (3-11)$$

由上式可以看出，当回路谐振时 $\Delta\omega=0$，Y_{ir} 为一电容；当 $\omega>\omega_0$ 时，Y_{ir} 的电导为正，是负反馈；当 $\omega<\omega_0$ 时，Y_{ir} 的电导为负，是正反馈，这将引起放大器的不稳定。图 3-4 是考虑反馈时的放大器的频率特性，由图可见，在 $\omega<\omega_0$ 时，由于存在正反馈，使放大器的放大倍数增加。当正反馈严重时，即 Y_{ir} 中的负电导使放大器输入端的总电导为零或负值，即使没有外加信号，放大器输出端也会有输出信号，产生自激。

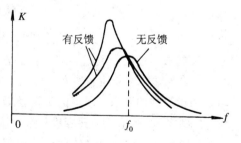

图 3-4　放大器的频率特性

2. 提高放大器稳定性的方法

为了提高放大器的稳定性，通常从两个方面入手，一是从晶体管本身想办法，减小其反向传输导纳 Y_{re}，Y_{re} 的大小主要取决于 $C_{b'c}$，选择管子时尽可能选择 $C_{b'c}$ 小的管子，使其容抗增大，反馈作用减弱。二是从电路上设法消除晶体管的反向作用，使它单向化，具体

方法有中和法和失配法。

中和法通过在晶体管的输出端与输入端之间引入一个附加的外部反馈电路(中和电路)来抵消晶体管内部参数 Y_{re} 的反馈作用。由于 Y_{re} 的实部(反馈电导)很小,可以忽略,所以常常只用一个中和电容 C_n 来抵消 Y_{re} 的虚部(即反馈电容 $C_{b'c}$)的影响,就可达到中和的目的,图 $3-5(a)$ 就是利用中和电容 C_n 的中和电路。为了抵消 Y_{re} 的反馈,从集电极回路取一与 $\dot{U}_c$ 反相的电压 $\dot{U}_n$,通过 C_n 反馈到输入端。根据电桥平衡有

$$\frac{1}{j\omega_0 C_n}j\omega_0 L_1 = \frac{1}{j\omega_0 C_{b'c}}j\omega_0 L_2$$

则中和条件为

$$C_n = \frac{L_1}{L_2}C_{b'c} = \frac{N_1}{N_2}C_{b'c} \tag{3-12}$$

由于用 $C_{b'c}$ 来表示晶体管的反馈只是一个近似,而 $\dot{U}_c$ 与 $\dot{U}_n$ 又只是在回路完全谐振的频率上才准确反相,中和电路中固定的中和电容 C_n 只能在某一个频率点起到完全中和的作用,对其它频率只能有部分中和作用。另外,如果再考虑到分布参数的作用和温度变化等因素的影响,则中和电路的效果是很有限的。中和法应用较少,一般用在某些收音机电路中,图 $3-5(b)$ 所示的是某收音机中常用的中和电路。

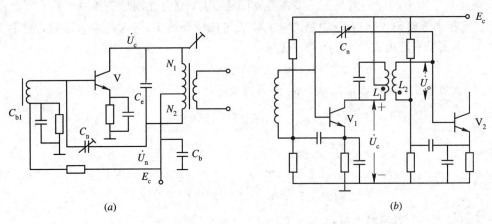

图 3-5 中和电路

(a) 原理电路;(b) 某收音机实际电路

失配法通过增大负载导纳,进而增大总回路导纳,使输出电路失配,输出电压相应减小,对输入端的影响也就减小,可见,失配法是用牺牲增益来换取电路的稳定。为了满足增益和稳定性的要求,常用的失配法是用两只晶体管按共发-共基方式连接成一个复合管,如图 3-6 所示。由于共基电路的输入导纳较大,当它和输出导纳较小的共发电路连接时,相当于增大共发电路的负载导纳而使之失配,从而使共发晶体管内部反馈减弱,稳定性大大提高。共发电路在负载导纳很大的情况下,虽然电压增益减小,但电流增益仍很大,而共基电路虽然电流增益接近于 1,但电压增益较大,所以二者级联后,互相补偿,电压增益和电流增益均较大。

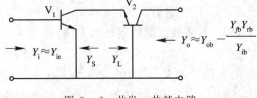

图 3-6 共发-共基电路

在场效应管放大器中也存在着同样的稳定性问题，这是由于漏栅的电容构成了输出和输入之间的反馈。如果采用双栅场效应管作高频小信号放大器，则可以获得较高的稳定增益，噪声也比较低。图 3-7 示出了双栅场效应管调谐放大器电路。它的第二栅(G₂)对高频是接地的。它相当于两个场效应管作共源—共栅级联，与共发—共基放大器类似，也提高了放大器的稳定性。

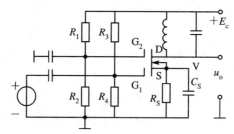

图 3-7 双栅场效应管调谐放大器

3.1.4 多级谐振放大器

在应用时，通常将几级调谐放大器级联构成多级放大器以满足增益及频率选择性等方面的要求。多级谐振放大器的总增益是单级增益的乘积(若用分贝表示时，总增益为单级增益之和)，频率特性也是由单级放大器传输函数决定的。

1. 多级单调谐放大器

多级单调谐放大器的谐振频率相同，均为信号的中心频率。设各级谐振时的电压放大倍数为 K_{01}、K_{02}、$\cdots$、K_{0n}，则放大器总的电压放大倍数 $K_{0\Sigma}$ 为

$$K_{0\Sigma} = K_{01} K_{02} \cdots K_{0n} \tag{3-13}$$

由第 2 章分析可知，单振荡回路的归一化频率特性为

$$\alpha = \frac{1}{\sqrt{1+\xi^2}} \tag{3-14}$$

式中，ξ 为广义失谐，$\xi = 2Q\Delta\omega/\omega_0$。设多级放大器各回路的带宽及 Q 值相同，即 α 相同，则有 n 个回路的多级放大器的归一化频率特性为

$$\alpha^n = (1+\xi^2)^{-n/2} \tag{3-15}$$

由此可以计算出多级放大器的带宽和矩形系数，如表 3-1 所示。由表 3-1 可见，随着 n 的增加，总带宽将减小，矩形系数有所改善。

表 3-1 多级单调谐放大器的带宽和矩形系数

级数 n	1	2	3	4	5
B_Σ/B_1	1.0	0.64	0.51	0.43	0.35
$K_{0.1}$	9.95	4.66	3.74	3.18	3.07

2. 多级双调谐放大器

采用多级双调谐放大器可以改善放大器的频率选择性，设各级均采用同样的双回路，并选择临界耦合(耦合因子 $A=1$)，由第 2 章分析可知，有 n 个双回路的多级放大器的归一化频率特性为

$$\alpha^n = \left(1 + \frac{\xi^4}{4}\right)^{-n/2} \tag{3-16}$$

由此可以计算出多级放大器的带宽和矩形系数，如表 3 - 2 所示。

表 3 - 2　多级双调谐放大器的带宽和矩形系数

级数 n	1	2	3	4
B_Σ/B_1	1.0	0.8	0.71	0.66
$K_{0.1}$	3.15	2.16	1.9	1.8

3. 参差调谐放大器

多级参差调谐放大器，就是各级的调谐回路和调谐频率都彼此不同。采用参差调谐放大器的目的是增加放大器总的带宽，同时又得到边沿较陡峭的频率特性。图 3 - 8 是采用单调谐回路和双调谐回路组成的参差调谐放大器的频率特性。双调谐回路采用 $A>1$（如 $A=2.41$）的过临界耦合，由图可见，当两种回路采用不同的品质因数时，总的频率特性可有较宽的频带宽度，带内特性很平坦，而带外又有较陡峭的特性，这种多级参差调谐放大器常用于要求带宽较宽的场合，如电视机的高频头常用它。图 3 - 9 示出了一彩色电视机高频头的调谐放大器的简化电路，由图可见，晶体管输入电路采用单调谐回路，输出电路采用双调谐回路，图中 C_1、C_2、C_3 是变容管电容，是进行电调谐使用的。

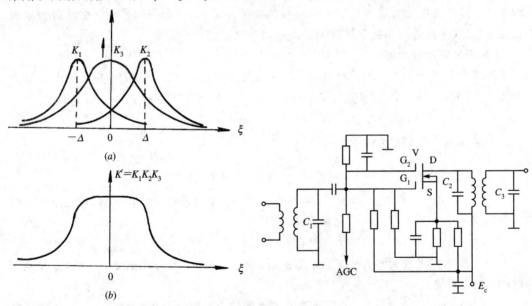

图 3 - 8　参差调谐放大器的频率特性　　　　图 3 - 9　电视机高频放大器的简化电路
（a）单、双回路特性；（b）总特性

3.1.5　高频集成放大器

随着电子技术的发展，出现了越来越多的高频集成放大器，由于具有线路简单、性能稳定可靠、调整方便等优点，应用也越来越广泛。

高频集成放大器有两类：一种是非选频的高频集成放大器，主要用于某些不需要选频功能的设备中，通常以电阻或宽带高频变压器作负载；另一种是选频放大器，用于需要有选频功能的场合，如接收机的中放就是它的典型应用。

为满足高增益放大器的选频要求，集成选频放大器一般采用集中滤波器作为选频电路，如第 2 章介绍的晶体滤波器、陶瓷滤波器或声表面波滤波器等。当然，它们只适用于固定频率的选频放大器，这种放大器也称为集中选频放大器，图 3 - 10 是集中选频放大器的组成示意图。图 3 - 10(a)中，集中选频滤波器接于宽带集成放大器的后面，这是一种常用的接法，这种接法要注意的问题是，使集成放大器与集中滤波器之间实现阻抗匹配。这有两重意义：从集成放大器输出端看，阻抗匹配表示放大器有较大的功率增益；从滤波器输入端看，要求信号源的阻抗与滤波器的输入阻抗相等而匹配(在滤波器的另一端也是一样)，这是因为滤波器的频率特性依赖于两端的源阻抗与负载阻抗，只有当两端端接阻抗等于要求的阻抗时，方能得到预期的频率特性。当集成放大器的输出阻抗与滤波器输入阻抗不相等时，应在两者间加阻抗转换电路，通常可用高频宽带变压器进行阻抗变换，也可以用低 Q 的振荡回路。采用振荡回路时，应使回路带宽大于滤波器带宽，使放大器的频率特性只由滤波器决定。通常集成放大器的输出阻抗较低，实现阻抗变换没有什么困难。

图 3 - 10　集中选频放大器组成框图

　　图 3 - 10(b)是另一种接法。集中滤波器放在宽带集成放大器的前面，这种接法的好处是，当所需放大信号的频带以外有强的干扰信号(在接收中放时常用这种情况)时，不会直接进入集成放大器，避免此干扰信号因放大器的非线性(放大器在大信号时总是有非线性)而产生新的不需要干扰。有些集中滤波器，如声表面波滤波器，本身有较大的衰减(可达十多分贝)，放在集成放大器之前，将有用信号减弱，从而使集成放大器中的噪声对信号的影响加大，使整个放大器的噪声性能变差。为此，如图 3 - 10(b)，常在滤波器之前加一前置放大器，以补偿滤波器的衰减。

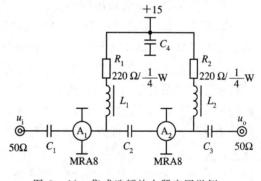

图 3 - 11　集成选频放大器应用举例

　　图 3 - 11 示出了 Mini Circuits 公司生产的一集成放大器 MRA8 的应用电路，MRA8 是硅单片放大器，其主要指标见表 3 - 3。

表 3 - 3　MRA8 主要性能指标

参　数	指　标
工作频率 f	DC～2 GHz
增益 G/dB	32.5(f=100 MHz)，28(f=500 MHz)，22.5(f=1 GHz)
噪声系数 N_F/dB	3.3
输入、输出阻抗/Ω	50
输出功率/dBm	12.5

表 3 - 4 列出了 AD 公司生产的宽带集成运算放大器一些产品。

表 3 - 4 AD 公司生产的宽带集成运算放大器简介

型　　号	电源电压/V	−3 dB 带宽/MHz	转换率(V/μs)	建立时间(0.10%)/ns
AD8031	+2.7～+5，±5	80	30	125
AD8032	+2.7～+5，±5	80	30	125
AD818	+5，±5～±15	100	500	45
AD810	±5，±12	55	1000	50
AD8011	+5，+12，±5	340	2000	25
AD8055	+12，±5	300	1400	20
AD8056	+12，±5	300	1400	20

在需要进行 AGC 控制的场合下，可以使用宽带可变增益的放大器，如 AD 公司的 AD603，增益范围为 −11 dB～+31 dB，带宽为 90 MHz。

3.2　高频功率放大器的原理和特性

高频功率放大器的主要功用是放大高频信号，并且以高效输出大功率为目的，它主要应用于各种无线电发射机中。发射机中的振荡器产生的信号功率很小，需要经多级高频功率放大器才能获得足够的功率，送到天线辐射出去。

高频功率放大器的输出功率范围，可以小到便携式发射机的毫瓦级，大到无线电广播电台的几十千瓦，甚至兆瓦级。目前，功率为几百瓦以上的高频功率放大器，其有源器件大多为电子管，几百瓦以下的高频功率放大器则主要采用双极晶体管和大功率场效应管。

我们知道能量(功率)是不能放大的，高频信号的功率放大，其实质是在输入高频信号的控制下将电源直流功率转换成高频功率，因此除要求高频功率放大器产生符合要求的高频功率外，还应要求具有尽可能高的转换效率。

由先修课程可知，低频功率放大器可以工作在 A(甲)类状态，也可以工作在 B(乙)类状态，或 AB(甲乙)类状态，B 类状态要比 A 类状态效率高(A 类 η_{max}＝50%；B 类 η_{max}＝78.5%)，为了提高效率，高频功率放大器多工作在 C 类状态。为了进一步提高高频功率放大器的效率，近年来又出现了 D 类、E 类和 S 类等开关型高频功率放大器；还有利用特殊电路技术来提高放大器效率的 F 类、G 类和 H 类高频功率放大器。本节主要讨论 C 类功率放大器的工作原理。

应当指出，尽管高频功放和低频功放的共同点都要求输出功率大和效率高，但二者的工作频率和相对频带宽度相差很大，因此存在着本质的区别。低频功放的工作频率低，但相对频带很宽，工作频率一般在 20～20 000 Hz，高频端与低频端之差达 1000 倍。所以，低频功放的负载不能采用调谐负载，而要用电阻、变压器等非调谐负载。而高频功放的工作频率很高，可由几百千赫兹到几百兆赫兹，甚至几万兆赫兹，但相对频带一般很窄，例如调幅广播电台的频带宽度为 9 kHz，若中心频率取 900 kHz，则相对频带宽度仅为 1%。因此高频功放一般都采用选频网络作为负载，故也称为谐振功率放大器。近年来，为了简化调谐，设计了宽带高频功放，如同宽带小信号放大器一样，其负载采用传输线变压器或其它宽带匹配电路，宽带功放常用在中心频率多变化的通信电台中，本节只讨论窄带高频功放的工作原理。

由于高频功放要求高频工作，信号电平高和高效率，因而工作在高频状态和大信号非线性状态是高频功率放大器的主要特点。要准确地分析有源器件（晶体管、场效应管和电子管）在高频状态和非线性状态下的工作情况是十分困难和繁琐的，从工程应用角度来看也无此必要。因此，在下面的讨论中，将在一些近似条件下进行分析，着重定性地说明高频功率放大器的工作原理和特性。

3.2.1 工作原理

图 3 - 12 是一个采用晶体管的高频功率放大器的原理线路，除电源和偏置电路外，它是由晶体管、谐振回路和输入回路三部分组成的。高频功放中常采用平面工艺制造的 NPN 高频大功率晶体管，它能承受高电压和大电流，并有较高的特征频率 f_T。晶体管作为一个电流控制器件，它在较小的激励信号电压作用下，形成基极电流 i_b，i_b 控制了较大

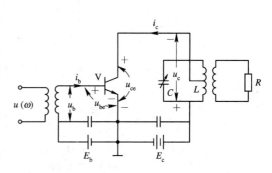

图 3 - 12 晶体管高频功率放大器的原理线路

的集电极电流 i_c，i_c 流过谐振回路产生高频功率输出，从而完成了把电源的直流功率转换为高频功率的任务。为了使高频功放高效输出大功率，常选在 C 类状态下工作，为了保证在 C 类工作，基极偏置电压 E_b 应使晶体管工作在截止区，一般为负值，即静态时发射结为反偏。此时输入激励信号应为大信号，一般在 0.5 V 以上，可达 1～2 V，甚至更大。也就是说，晶体管工作在截止和导通（线性放大）两种状态下，基极电流和集电极电流均为高频脉冲信号。与低频功放不同的是，高频功放选用谐振回路作负载，既保证输出电压相对于输入电压不失真，还具有阻抗变换的作用，这是因为集电极电流是周期性的高频脉冲，其频率分量除了有用分量（基波分量）外，还有谐波分量和其它频率成份，用谐振回路选出有用分量，将其它无用分量滤除；通过谐振回路阻抗的调节，从而使谐振回路呈现高频功放所要求的最佳负载阻抗值，即匹配，使高频功放高效输出大功率。

1. 电流、电压波形

设输入信号为 $u_b = U_b \cos\omega t$，则由图 3 - 12 得基极回路电压为

$$u_{be} = E_b + U_b \cos\omega t \qquad (3-17)$$

由式（3 - 17）可以画出 u_{be} 的波形，再由晶体三极管的转移特性曲线可得到集电极电流 i_c 的波形，如图 3 - 13 所示。由于输入为大信号，当管子导通时主要工作在线性放大区，故转移特性进行了折线化近似。C 类工作时，E_b 通常为负值（也可为零或小的正压），图中 E_b 取了某一负值。

由图可见，只有 u_{be} 大于晶体管发射结门限电压 E_b' 时，晶体管才导通，其余时间都截止，集电极电流为周期性脉冲电流，其电流导通角为 2θ，它小于 π，通常将 θ 称为通角。这样的周期性脉冲可以分解成直流、基波（信号频率分量）和各次谐波分量，即

$$i_c = I_{c0} + I_{c1} \cos\omega t + I_{c2} \cos2\omega t + \cdots + I_{cn} \cos n\omega t + \cdots \qquad (3-18)$$

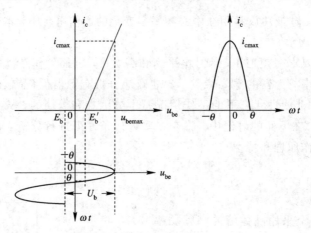

图 3 – 13 集电极电流的波形

式中

$$I_{c0} = i_{cmax} \frac{\sin\theta - \theta \cos\theta}{\pi(1 - \cos\theta)} = i_{cmax}\alpha_0(\theta) \qquad (3-19a)$$

$$I_{c1} = i_{cmax} \frac{\theta - \sin\theta \cos\theta}{\pi(1 - \cos\theta)} = i_{cmax}\alpha_1(\theta) \qquad (3-19b)$$

$$\vdots$$

$$I_{cn} = i_{cmax} \frac{2\sin n\theta \cos\theta - 2n \sin\theta \cos n\theta}{n\pi(n^2 - 1)(1 - \cos\theta \cos\theta)} = i_{cmax}\alpha_n(\theta) \quad (n > 1) \qquad (3-19c)$$

$\alpha_0(\theta)$、$\alpha_1(\theta)$、$\alpha_n(\theta)$ 分别称为余弦脉冲的直流、基波、n 次谐波的分解系数，数值见附录。

由图 3 – 12 可以看出，放大器的负载为并联谐振回路，其谐振频率 ω_0 等于激励信号频率 ω 时，回路对 ω 频率呈现一大的谐振阻抗 R_L，因此式(3-18)中基波分量在回路上产生电压；对远离 ω 的直流和谐波分量 2ω、3ω 等呈现很小的阻抗，因而输出很小，几乎为零。这样回路输出的电压为

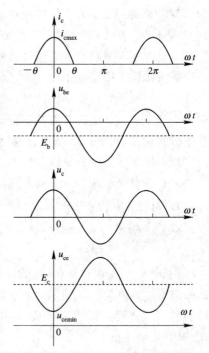

$$u_o = u_c = I_{c1}R_L\cos\omega t = U_c\cos\omega t \qquad (3-20)$$

按图 3 – 12 规定的电压方向，集电极电压为

$$u_{ce} = E_c - u_o = E_c - U_c\cos\omega t \qquad (3-21)$$

图 3 – 14 给出了 u_{be}、u_{ce}、i_c 和 u_c 的波形图。由图可以看出，当集电极回路调谐时，u_{bemax}、i_{cmax}、u_{cemin} 是同一时刻出现的，θ 越小，i_c 越集中在 u_{cemin} 附近，故损耗将减小，效率得到提高。

可以根据集电极电流导通角 θ 的大小划分功放的工作类别。当 $\theta = 180°$ 时，放大器工作于 A(甲)类；当 $90° < \theta < 180°$ 时，为 AB(甲乙)类；当 $\theta = 90°$ 时，为 B(乙)类；$\theta < 90°$ 时，则为 C(丙)类。对于高频功放，通常 $\theta < 90°$。由前述分析可知，集电极电流导通角 θ 是由输入回路决定的，方法为：当输入电

图 3 – 14 C 类高频功放的电流、电压波形

压 $u_{be} = E_b + U_b \cos\omega t = E'_b$ 时所对应的角度即为集电极电流导通角 θ。

2. 高频功放的能量关系

在集电极电路中,谐振回路得到的高频功率(高频一周的平均功率)即输出功率 P_1 为

$$P_1 = \frac{1}{2}I_{c1}U_c = \frac{1}{2}I_{c1}^2 R_L = \frac{1}{2}\frac{U_c^2}{R_L} \qquad (3-22)$$

集电极电源供给的直流输入功率 P_0 为

$$P_0 = I_{c0}E_c \qquad (3-23)$$

直流输入功率与集电极输出高频功率之差就是集电极损耗功率 P_c,即

$$P_c = P_0 - P_1 \qquad (3-24)$$

P_c 变为耗散在晶体管集电结中的热能。定义集电极效率 η 为

$$\eta = \frac{P_1}{P_0} = \frac{1}{2}\frac{I_{c1}}{I_{c0}}\frac{U_c}{E_c} = \frac{1}{2}\gamma\xi \qquad (3-25)$$

式中 $\gamma = \dfrac{I_{c1}}{I_{c0}} = \dfrac{\alpha_1(\theta)}{\alpha_0(\theta)}$,称为波形系数,其值见附录;$\xi = \dfrac{U_c}{E_c}$,称为集电极电压利用系数。$\eta$ 是表示能量转换的一个重要参数。由于 $\xi \leqslant 1$,因此,对 A 类放大器,$\gamma(180°)=1$,则 $\eta \leqslant 50\%$;B 类放大器,$\gamma(90°)=1.75$,$\eta \leqslant 78.5\%$;C 类放大器,$\gamma > 1.75$,故 η 可以更高。在高频功放中,提高集电极效率 η 的主要目的在于提高晶体管的输出功率。当直流输入功率一定时,若集电极损耗功率 P_c 越小,则效率 η 越高,输出功率 P_1 就越大。另外,由式(3-24)、(3-25)可以得到输出功率 P_1 和集电极损耗功率 P_c 之间的关系为

$$P_1 = \frac{P_c}{\dfrac{1}{\eta}-1} \qquad (3-26)$$

这说明当晶体管的允许损耗功率 P_c 一定时,效率 η 越高,输出功率 P_1 越大。比如,若集电极效率 η 由 70% 提高到 80%,输出功率 P_1 将由 $2.33P_c$ 提高到 $4P_c$,输出功率 P_1 增加 70%。

由式(3-25)可知,要提高效率 η,有两种途径,一是提高电压利用系数 ξ,即提高 U_c,这通常靠提高回路谐振阻抗 R_L 来实现的,如何选择 R_L 是下面要研究的一个重要问题;另一个是提高波形系数 γ,γ 与 θ 有关,图 3-15 示出了 γ、$\alpha_0(\theta)$、$\alpha_1(\theta)$ 与 θ 的关系曲线。由图可知,θ 越小,γ 越大,效率 η 越高,但 θ 太小时,$\alpha_1(\theta)$ 将降低,输出功率将下降,如 $\theta=0°$ 时,$\gamma=\gamma_{max}=2$,$\alpha_1(\theta)=$

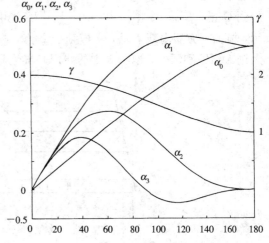

图 3-15 γ、$\alpha_0(\theta)$、$\alpha_1(\theta)$、$\alpha_2(\theta)$、$\alpha_3(\theta)$
与 θ 的关系

0,输出功率 P_1 也为零,为了兼顾输出功率 P_1 和效率 η,通常选 θ 在 $65° \sim 75°$ 范围。

基极电路中,信号源供给的功率称为高频功放的激励功率。由于信号电压为正弦波,因此激励功率大小取决于基极电流中基波分量的大小。设其基波电流振幅为 I_{b1},且与 u_b 同相(忽略实际存在的容性电流),则激励功率为

$$P_d = \frac{1}{2} I_{b1} U_b \tag{3-27}$$

此激励功率最后变为发射结和基区的热损耗。

高频功放的功率放大倍数为

$$K_p = \frac{P_1}{P_d} \tag{3-28}$$

用 dB 表示为

$$K_p = 10 \lg \frac{P_1}{P_d} \quad (\text{dB}) \tag{3-29}$$

也称为功率增益。在高频功放中，由于高频大信号的电流放大倍数 I_{c1}/I_{b1} 和电压放大倍数 U_c/U_b 都比小信号及低频时小，故功率放大倍数也小，通常功率增益(与晶体管以及工作频率有关)为十几至二十几分贝。

3.2.2 高频谐振功率放大器的工作状态

1. 高频功放的动特性

动特性是指当加上激励信号及接上负载阻抗时，晶体管集电极电流 i_c 与电极电压(u_{be} 或 u_{ce})的关系曲线，它在 $i_c \sim u_{ce}$ 或 $i_c \sim u_{be}$ 坐标系中是一条曲线。它的作法与小信号放大器不同，小信号放大器中，若已知负载电阻，过静态工作点作一斜率为负的交流负载电阻值的倒数的直线，即得负载线，动特性是负载线的一部分；而在高频功放中是已知 $u_{be} = E_b + u_b$ 和 $u_{ce} = E_c - u_c$，逐点(以 ωt 为变量，如由 0 至 π 变化)由 u_{be}、u_{ce} 从晶体管输出特性曲线上找出 i_c，并连成线，一般不是直线。当晶体管的特性用折线近似时即为直线，此时的作法是取 $\omega t = 0$，则 $u_{be} = E_b + U_b$，$u_{ce} = E_c - U_c$，得到 A 点；取 $\omega t = \pi/2$，$u_{be} = E_b$，$u_{ce} = E_c$，得到 Q 点；取 $\omega t = \pi$，$i_c = 0$，$u_{ce} = E_c + U_c$，得到 C 点；连接 A、Q 两点，横轴上方用实线表示，横轴下方用虚线表示，交横轴于 B 点，则 A、B、C 三点连线即为动特性曲线。如果 A 点进入到饱和区时，饱和区中的线用临界饱和线代替，如图 3-16 所示。

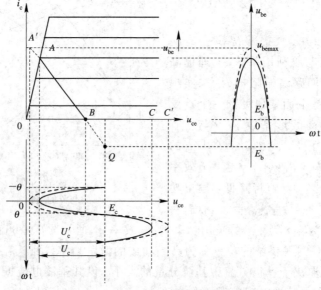

图 3-16　高频功放的动特性

在 A 点没有进入饱和区时，动特性曲线的斜率为 $-\dfrac{i_{cmax}}{U_c(1-\cos\theta)}=-\dfrac{2\pi}{R_L(2\theta-\sin2\theta)}$。动特性曲线不仅与 R_L 有关，而且与 θ 有关。

2. 高频功放的工作状态

前面提到，要提高高频功放的功率、效率，除了工作于 B 类、C 类状态外，还应该提高电压利用系数 $\xi=U_c/E_c$，也就是加大 U_c，这是靠增加 R_L 实现的。现在讨论 U_c 由小到大变化时，动特性曲线的变化，由图 3-16 可以看出，在 U_c 不是很大时，晶体管只是在截止和放大区变化，集电极电流 i_c 为余弦脉冲，而且在此区域内 U_c 增加时，集电极电流 i_c 基本不变，即 I_{c0}、I_{c1} 基本不变，所以输出功率 $P_1=U_cI_{c1}/2$ 随 U_c 增加而增加，而 $P_0=E_cI_{c0}$ 基本不变，故 η 随 U_c 增加而增加，这表明此时集电极电压利用的不充分，这种工作状态称为欠压状态。

当 U_c 加大到接近 E_c 时，u_{cemin} 将小于 u_{bemax}，此瞬间不但发射结处于正向偏置，集电结也处于正向偏置，即工作在饱和状态，由于饱和区 u_{ce} 对 i_c 的强烈反作用，电流 i_c 随 u_{ce} 的下降而迅速下降，动特性与饱和区的电流下降段重合，这就是为什么上述 A 点进入到饱和区时动特性曲线用临界饱和线代替的原因。过压状态时 i_c 为顶部出现凹陷的余弦脉冲，如图 3-17 所示。通常将高频功放的这种状态称为过压状态，这是高频功放中所特有的一种状态和特有的电流波形。出现这种状态的原因是，振荡回路上的电压并不取决于 i_c 的瞬时电流，使得在脉冲顶部期间，集电极电流迅速下降，只是采用电抗元件作负载时才有的情况。由于 i_c 出现了凹陷，它相当于一个余弦脉冲减去两个小的余弦脉冲，因而可以预料，其基波分量 I_{c1} 和直流分量 I_{c0} 都小于欠压状态的值，这意味着输出功率 P_1 将下降，直流输入功率 P_0 也将下降。

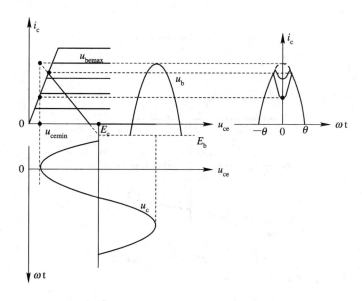

图 3-17　过压状态的 i_c 波形

当 U_c 介于欠压和过压状态之间的某一值时，动特性曲线的上端正好位于电流下降线上，此状态称为临界状态。临界状态的集电极电流仍为余弦脉冲，与欠压和过压状态比较，它既有较大的基波电流 I_{c1}，也有较大的回路电压 U_c，所以晶体管的输出功率 P_1 最大，高频功放一般工作在此状态。保证这一状态所需的集电极负载电阻 R_L 称为临界电阻或最佳负载电阻，一般用 R_{Lcr} 表示。

由上述分析可知，高频谐振功率放大器根据集电极电流是否进入饱和区可以分为欠压、临界和过压三种状态，即如果满足 $u_{cemin} > u_{ces}$ 时，功放工作在欠压状态；如果 $u_{cemin} = u_{ces}$，功放工作在临界状态；如果 $u_{cemin} < u_{ces}$，功放工作在过压状态。临界状态下，晶体管的输出功率 P_1 最大，功放一般工作在此状态。

例 3-1　某高频功放工作在临界状态，通角 $\theta = 70°$，输出功率为 3 W，$E_c = 24$ V，$E_b = -0.5$ V，所用高频功率管的临界饱和线斜率 $S_c = 0.33$ A/V，转移特性曲线斜率 $S = 0.8$ A/V，$E_b' = 0.65$ V，管子能安全工作。试计算：P_0、η、U_b 以及负载阻抗的大小。

解　临界状态的标志就是 i_{cmax} 值正好处于放大区向饱和区过渡的临界线上。临界饱和线的斜率为 S_c，则临界线可表示为

$$i_c = \begin{cases} S_c u_{ce} & u_{ce} \geqslant 0 \\ 0 & u_{ce} < 0 \end{cases}$$

图 3-18 所示是工作在临界状态时的理想动特性。根据此图可以求出临界时电压利用系数 ξ、最大电流 i_{cmax} 以及与输出功率 P_1 的关系。此时有

$$i_{cmax} = S_c u_{cemin} = S_c (E_c - U_c) = S_c (1 - \xi) E_c$$

所以

$$\xi = 1 - \frac{i_{cmax}}{S_c E_c}$$

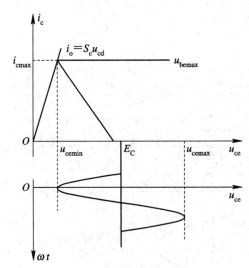

图 3-18　临界状态参数计算

另外，输出功率 P_1 可以表示为

$$P_1 = \frac{1}{2} I_{c1} U_c = \frac{1}{2} i_{cmax} \alpha_1 (\theta) E_c \xi$$

上面两式联立起来，可得

$$\xi^2 - \xi + \frac{2P_1}{S_c \alpha_1 (\theta) E_c^2} = 0$$

因此

$$\xi = \frac{1}{2} + \sqrt{\frac{1}{4} - \frac{2P_1}{S_c\alpha_1(\theta)E_c^2}} = 0.5 + \sqrt{\frac{1}{4} - \frac{2\times 3}{0.33\times 0.436\times 24^2}} = 0.921$$

$$i_{c\,max} = S_c(1-\xi)E_c = 0.33\times(1-0.921)\times 24\ \text{A} = 0.626\ \text{A}$$

$$I_{c0} = i_{c\,max}\alpha_0(\theta) = 0.63\times 0.253 = 0.158\ \text{A}$$

$$I_{c1} = i_{c\,max}\alpha_1(\theta) = 0.6336\times 0.436 = 0.273\ \text{A}$$

$$P_0 = I_{c0}E_c = 0.158\times 24 = 3.79\ \text{W}$$

$$P_c = P_0 - P_1 = 3.79 - 3 = 0.79\ \text{W}$$

$$\eta = \frac{P_1}{P_0} = \frac{3}{3.79} = 79\%$$

或者

$$\eta = \frac{1}{2}\xi\gamma = 0.5\times 0.921\times 1.73 = 80\%$$

$$R_{Lcr} = \frac{U_c}{I_{c1}} = \frac{\xi E_c}{I_{c1}} = \frac{0.921\times 24}{0.273} = 81\ \Omega$$

　　至于此时所需激励电压 U_b、基极偏置电压 U_{BB} 可以从晶体管的转移特性曲线进行求解。转移特性曲线如图 3 - 19 所示，计算如下：

$$u_{be\,max} - E_b' = \frac{i_{cmax}}{S} = U_b(1-\cos\theta)$$

$$U_b = \frac{i_{cmax}}{(1-\cos\theta)S} = \frac{0.626}{(1-0.342)\times 0.8} = 1.19\ \text{V}$$

$$E_b = E_b' - U_b\cos\theta = 0.5 - 1.19\times 0.342 = 0.24\ \text{V}$$

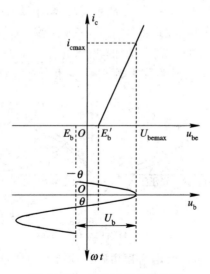

图 3 - 19　基极回路参数计算

3.2.3 高频功放的外部特性

高频功放是工作于非线性状态的放大器，同时也可以看成是一高频功率发生器（在外部激励下的发生器）。前面已经指出，高频功率放大器只能在一定的条件下对其性能进行估算，要达到设计要求还需通过对高频功放的调整来实现。为了正确地使用和调整，需要了解高频功放的外部特性。高频功放的外部特性是指放大器的性能随放大器的外部参数变化的规律，外部参数主要包括放大器的负载 R_L、激励电压 U_b、偏置电压 E_b 和 E_c。外部特性也包括负载在调谐过程中的调谐特性，下面将在前面所述工作原理的基础上定性地说明这些特性和它们的应用。

1. 高频功放的负载特性

负载特性是指只改变负载电阻 R_L，高频功放电流、电压、功率及效率 η 变化的特性。在 R_L 较小时，U_c 也较小，高频功放工作在欠压状态。在欠压状态下，R_L 增加，功率放大器的集电极电流 i_c 的大小和形状基本不变，电流 I_{c0}、I_{c1} 也基本不变，所以 U_c 随 R_L 的增加而增加，近似为正比关系。当 R_L 增加到 $R_L = R_{Lcr}$ 时，即 $u_{cemin} = E_c - U_c$ 等于晶体管的饱和压降 u_{ces}，放大器工作在临界状态，此时的集电极电流 i_c 仍为一完整的余弦脉冲，与欠压状态时的 i_c 基本相同，I_{c0}、I_{c1} 也就与欠压状态时的基本相同，但此时的 U_c 大于欠压状态的 U_c。在临界状态下再增加 R_L，势必会使 U_c 进一步地增加，这样会使晶体管在导通期间进入到饱和区，从而使放大器工作在过压状态，集电极电流 i_c 出现凹顶，进入饱和区越深，凹顶现象越严重，因此从 i_c 中分解出的 I_{c0}、I_{c1} 就越小。I_{c1} 的迅速下降，从 $R_L = U_c / I_{c1}$ 可见，这意味着 R_L 应有较大的增加。换句话说，R_L 增加时，U_c 只是缓慢地增加，因此负载特性曲线如图 3-20(a) 所示。

图 3-20(b) 是根据图 3-20(a) 而得到的功率、效率曲线。直流输入功率 $P_0(I_{c0}E_c)$ 与 I_{c0} 的变化规律相同。在欠压状态，输出功率 $P_1(I_{c1}^2 R_L / 2)$ 随 R_L 增加而增加，至临界 R_{Lcr} 时达到最大值。在过压状态，由于 $P_1 = U_c^2 / (2R_L)$，输出功率随 R_L 增加而减小。集电极效率 η 变化可用 $\eta = \gamma \xi / 2$ 分析，在欠压状态，$\gamma = I_{c1} / I_{c0}$ 基本不变，η 与 $\xi = U_c / E_c$ 及 R_L 近似线性关系。在过压状态，因 ξ 随 R_L 增加稍有增加，所以 η 也稍有增加，但 R_L 很大，到达强过压状态，此时 i_c 波形强烈畸变，波形系数 γ 要下降，η 也会有所减小。

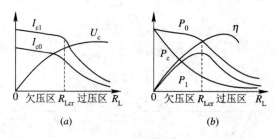

图 3-20 高频功放的负载特性

由图 3-20 的负载特性可以看出高频功放各种状态的特点：临界状态输出功率最大，效率也较高，通常应选择在此状态工作。过压状态的特点是效率高、损耗小，并且输出电压受负载电阻 R_L 的影响小，近似为交流恒压源特性。欠压状态时电流受负载电阻 R_L 的影响小，近似为交流恒流源特性，但由于效率低、集电极损耗大，一般不选择在此状态工作。在实际调整中，高频功放可能会经历上述各种状态，利用负载特性就可以正确判断各种状态，以进行正确的调整。

2. 高频功放的振幅特性

高频功放的振幅特性是指只改变激励信号振幅 U_b 时，放大器电流、电压、功率及效率的变化特性。在放大某些振幅变化的高频信号时，必须了解它的振幅特性。

由于基极回路的电压 $u_{be} = E_b + U_b \cos\omega t$，因此当 E_b（设 $E_b < E_b'$）不变时，u_{bemax} 随 U_b 的增加而增加，从而导致 i_{cmax} 和 θ 的增加。在欠压状态下由于 u_{bemax} 较小，因而集电极电流 i_c 的最大值 i_{cmax} 与通角 θ 都较小，i_c 的面积较小，从中分解出来的 I_{c0} 和 I_{c1} 都较小。增大 U_b，i_{cmax} 和 θ 及 i_c 的面积增加，I_{c0} 和 I_{c1} 随之增加。当 U_b 增加到一定程度后，电路的工作状态由欠压状态进入过压状态。在过压状态，随 U_b 的增加，u_{bemax} 增加，虽然此时 i_c 的波形产生凹顶现象，但 i_{cmax} 与 θ 还会增加，从 i_c 中分解出来的 I_{c0}、I_{c1} 随 U_b 的增加略有增加。图 3 - 21 给出了 U_b 变化时 i_c 波形和 I_{c0}、I_{c1}、U_c 随 U_b 变化的特性曲线。由于 R_L 不变，因此 U_c 的变化规律与 I_{c1} 相同。

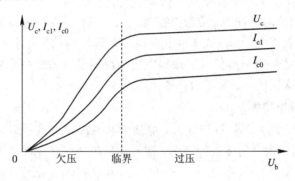

图 3 - 21　高频功放的振幅特性

由图 3 - 21 可以看出，在欠压区，I_{c0}、I_{c1}、U_c 随 U_b 增加而增加，但并不一定是线性关系。而在放大振幅变化的高频信号时，应使输出的高频信号的振幅 U_c 与输入的高频激励信号的振幅 U_b 成线性关系。为达到此目的，就必须使 U_c 与 U_b 特性曲线为线性关系，这只有在 $\theta = 90°$ 的乙类状态下才能得到。因为在乙类状态工作时，$E_b' = E_b$，$\theta = 90°$，U_b 变化时，θ 不变，而只有 i_{cmax} 随 U_b 线性变化时，才能使 I_{c1} 随 U_b 线性变化。在过压区，U_c 基本不随 U_b 变化，可以认为是恒压区，所以，放大等幅信号时，应选择在此状态工作。

3. 高频功放的调制特性

在高频功放中，有时希望用改变它的某一电极直流电压来改变高频信号的振幅，从而实现振幅调制的目的。高频功放的调制特性分为基极调制特性和集电极调制特性。

1）基极调制特性

基极调制特性是指仅改变 E_b 时，放大器电流、电压、功率及效率的变化特性。由于基极回路的电压 $u_{be} = E_b + U_b \cos\omega t$，$E_b$ 和 U_b 决定了放大器的 u_{bemax}，因此，改变 E_b 的情况与改变 U_b 的情况类似，不同的是 E_b 可能为负。图 3 - 22 给出了高频功放的基极调制特性。

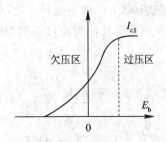

图 3 - 22 高频功放的基极调制特性

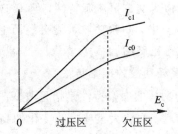

图 3 - 23 高频功放的集电极调制特性

2）集电极调制特性

集电极调制特性是指仅改变 E_c，放大器电流、电压、功率及效率的变化特性。在 E_b、U_b 及 R_L 不变时，动特性曲线将随 E_c 的变化左右平移，当 E_c 由大到小变化时，功放的工作状态由欠压工作状态到临界，再进入到过压状态，集电极电流 i_c 从一完整的余弦脉冲变化到凹顶脉冲。因此，放大器的集电极调制特性曲线可如图 3 - 23 所示。

要实现振幅调制，就必须使高频信号振幅 U_c 与直流电压（E_b 或 E_c）成线性关系（或近似线性），因此在基极调制特性中，应选择在欠压状态工作；在集电极调制特性中，应选择在过压状态工作。在直流电压 E_b（或 E_c）上叠加一个较小的信号（调制信号），并使放大器工作在选定的工作状态，则输出信号的振幅将会随调制信号的规律变化，从而完成振幅调制，使功放和调制一次完成，通常称为高电平调制。

4. 高频功放的调谐特性

在前面所说的高频功放的各种特性时，都认为其负载回路处于谐振状态，因而呈现为一电阻 R_L，但在实际使用时需要进行调谐，这是通过改变回路元件（一般是回路电容）来实现的。功放的外部电流 I_{c0}、I_{c1} 和电压 U_c 等随回路电容 C 的变化特性称为调谐特性，利用这种特性可以指示放大器是否调谐。

当回路失谐时，不论是容性失谐还是感性失谐，阻抗 Z_L 的模值要减小，而且会出现一幅角 φ，工作状态将发生变化。设谐振时功放工作在弱过压状态，当回路失谐后，由于阻抗 Z_L 的模值减小，根据负载特性可知，功放的工作状态将向临界及欠压状态变化，此时 I_{c0} 和 I_{c1} 要增大，而 U_c 将下降，如图 3 - 24 所示。由图可知，可以利用 I_{c0} 或 I_{c1} 最小，或者利用 U_c 最大来指示放大器的调谐。通常因 I_{c0} 变化明显，又只用直流电流表，故采用 I_{c0} 指示调谐的较多。

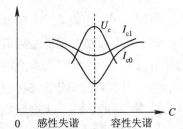

图 3 - 24 高频功放的调谐特性

应该指出，回路失谐时直流输入功率 $P_0 = I_{c0} E_c$ 随 I_{c0} 的增加而增加，而输出功率 $P_1 = U_c I_{c1} \cos\varphi / 2$ 将主要因 $\cos\varphi$ 因子而下降，因此失谐后集电极功耗 P_c 将迅速增加。这表明高频功放必须经常保持在谐振状态。调谐过程中失谐状态的时间要尽可能短，调谐动作要迅速，以防止晶体管因过热而损坏，为防止调谐时损坏晶体管，在调谐时可降低 E_c 或减小激励电压。

3.3　高频功率放大器的高频效应

前面分析是以静特性为基础的分析，虽能说明高频功放的原理，但却不能反映高频工作时的其它现象。分析和实践都说明，当晶体管工作于"中频区"（$0.5f_\beta < f < 0.2f_T$）甚至更高频率时，通常会出现输出功率下降，效率降低，功率增益降低以及输入、输出阻抗为复阻抗等现象。所有这些现象的出现，主要是由于功放管性能随频率变化引起的，通常称它为功放管的高频效应。功放管的高频效应主要有以下几方面。

1. 少数载流子的渡越时间效应

晶体管本质上是电荷控制器件。少数载流子的注入和扩散是晶体管能够进行放大的基础。少数载流子在基区扩散而到达集电极需要一定的时间 τ，称 τ 为载流子渡越时间。晶体管在低频工作时，渡越时间远小于信号周期。基区载流子分布与外加瞬时电压是一一对应的，因而晶体管各极电流与外加电压也一一对应，静特性就反映了这一关系。

功放管在高频工作时，少数载流子的渡越时间可以与信号周期相比较，某一瞬间基区载流子分布决定于这以前的外加变化电压。因而各极电流并不取决于此刻的外加电压。

现在观察功放在低频和高频时的电流波形变化。设功放工作在欠压状态，为了便于说明问题，假设两种情况下等效发射结 $b'e$ 上加有相同的正弦电压 $u_{b'e}$。少数载流子的渡越效应可以用渡越角 $\omega\tau$ 的大小来衡量。图 3-25(a)、(b) 是两种情况下的电流波形，图 3-25 (b) 相当于 $\omega\tau$ 为 $10°\sim20°$ 范围的情况。当 $u_{b'e}$ 大于 E'_b 时发射结正向导通。近似地看，发射极的正向导通电流取决于 $u_{b'e}$。当基区中的部分少数载流子还未完全到达集电结时，$u_{b'e}$ 已改变方向，于是基区中靠近集电结的载流子将继续向集电结扩散，靠近发射结的载流子将受 $u_{b'e}$ 反向电压的作用返回发射结。这样就造成发射结电流 i_e 的反向流通，即出现 $i_e < 0$ 的部分。由于渡越效应，集电极电流 i_c 的最大值将滞后于 i_e 的最大值，且最大值比低频时要小。由于最后到达集电极的少数载流子比 $u_{b'e} = E'_b$ 时要晚，形成 i_c 脉冲的展宽。基极电流是 i_e 与 i_c 之差，与低频时比较，它有明显的负的部分，而且其最大值也比 u_{be} 的最大值提前。可以看出基极电流的基波分量要加大，而且其中有容性分量（超前 $u_{b'e}$ 90°的电流）。

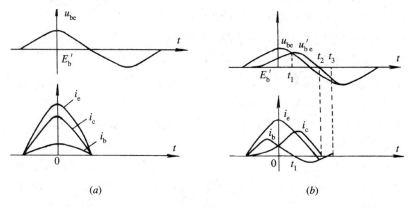

图 3-25　载流子渡越效应对电流波形的影响

(a) 低频时；(b) 高频时

从高频时 i_c、i_b 的波形可以看出，高频功放的性能要恶化。由于集电极基波电流的减小，输出功率要下降；通角的加大，使集电极效率降低。根据经验，在晶体管的"中频区"和"高频区"，功率增益大约按每倍频程 6 dB 的规律下降。此外，由于基极电流 I_{b1} 的超前，功率的输入阻抗 Z_i 呈现非线性容抗。非线性表现为 Z_i 随激励电压 U_b 的大小而变化；而电抗分量表示 Z_i 还随频率变化。在高频功放中 Z_i 随激励和频率的变化通常要靠实际测量来确定。

2. 非线性电抗效应

功放管中存在集电结电容，这个电容是随集电结电压 U_{bc} 变化的非线性势垒电容。在高频大功率晶体管中它的数值可达几十至一二百皮法拉。它对放大器的工作主要有两个影响：一个是构成放大器输出端与输入端之间的一条反馈支路，频率越高，反馈越大。这个反馈在某些情况下会引起放大器工作不稳定，甚至会产生自激振荡。另一个影响就是通过它的反馈会在输出端形成一输出电容 C_o。考虑到非线性变化，根据经验，输出电容为

$$C_o \approx 2C_c \qquad (3-30)$$

式中，C_c 为对应于 $u_{ce}=E_c$ 的集电结的静电容。

3. 发射极引线电感的影响

我们知道，一段长为 l，直径为 d 的导线，其引起的电感 L_e 可用下式表示

$$L_e = 0.1971\left(2.31 \lg \frac{4l}{d} - 0.75\right) \times 10^{-9} \text{ H} \qquad (3-31)$$

当晶体管工作在很高频率时，发射极的引线电感产生的阻抗 ωL_e 不能忽略。此引线既包括管子本身的引线，也包括外部电路的引线。在通常的共发组态功放中，ωL_e 构成输入、输出之间的射极反馈耦合。通过它的作用使一部分激励功率不经放大直接送到输出端，从而使功放的激励加大，增益降低；同时，又使输入阻抗增加了一附加的电感分量。

4. 饱和压降的影响

晶体管工作于高频时，实验发现其饱和压降随频率提高而加大。图 3-26 表示不同频率时的饱和特性。在同一电流处，高频饱和压降 u'_{ces} 大于低频时的饱和压降 u_{ces}。饱和压降增加的原因可以解释如下：晶体管的饱和压降是由结电压（发射结与集电结正向电压之差）和集电极区的体电阻上压降两部分组成。当工作频率增加时，由于基区的分布电阻和电容，发射结和集电结的电压在平面上的分布是不均匀的，中心部分压降小，边缘部分压降大。这就引起集电极电流的不均匀分布，

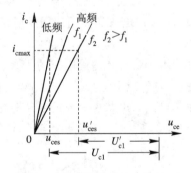

图 3-26 晶体管的饱和特性

边缘部分电流密度大。这就是集电极电流的"趋肤"效应。频率越高，趋肤效应越显著，电流流通的有效截面积也越小，体电阻和压降就大。由图 3-26 可看出，饱和压降增大的结果，使放大器在高频工作时的临界电压利用系数 ξ_{cr} 减小。由前面分析可知，这使功放的效率降低，最大输出功率减小。

由上述分析可知，利用静特性分析必然会带来相当大的误差，但分析出的各项数据为实际的调整测试提供了一系列可供参考的数据，也是有其实际意义的（一般高频功放输入电路估算的各项数据与实际调试的数据偏差更大些）。高频功放以高效率输出最大功率的最佳状态的获得，在很大程度上要依靠实际的调整和测试。

3.4 高频功率放大器的实际线路

高频功率放大器和其它放大器一样，其输入和输出端的管外电路均由直流馈电线路和匹配网络两部分组成。

3.4.1 直流馈电线路

直流馈电线路包括集电极和基极馈电线路。它应保证在集电极和基极回路能使放大器正常工作，即保证集电极回路电压 $u_{ce}=E_c-u_c$ 和基极回路电压 $u_{be}=E_b+u_b$，以及在回路中集电极电流的直流和基波分量有各自正常的通路。并且要求高频信号不要流过直流源，以减少不必要的高频功率的损耗。为了达到上述目的，需要设置一些旁路电容 C_b 和阻止高频电流的扼流圈（大电感）L_b。在短波范围，C_b 一般为 $0.01 \sim 0.1 \ \mu F$，L_b 一般为几十至几百微亨。下面结合集电极馈电线路和基极馈电线路说明 C_b、L_b 的应用方法。

1. 集电极馈电线路

图 3 - 27 是集电极馈电线路的两种形式：串联馈电线路和并联馈电线路。图 3 - 27(a) 中，晶体管、谐振回路和电源三者是串联连接的，故称为串联馈电线路。集电极电流中的直流电流从 E_c 出发经扼流圈 L_b 和回路电感 L 流入集电极，然后经发射极回到电源负端；从发射极出来的高频电流经过旁路电容 C_b 和谐振回路再回到集电极。L_b 的作用是阻止高频电流流过电源，因为电源总有内阻，高频电流流过电源会无谓地损耗功率，而且当多级放大器共用电源时，会产生不希望的寄生反馈。C_b 的作用是提供交流通路，C_b 的值应使它的阻抗远小于回路的高频阻抗。为有效地阻止高频电流流过电源，L_b 呈现的阻抗应远大于 C_b 的阻抗。

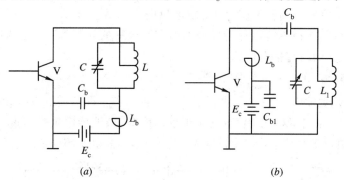

图 3 - 27 集电极馈电线路两种形式
(a) 串联馈电；(b) 并联馈电

图 3 - 27(b) 中晶体管、电源、谐振回路三者是并联连接的，故称为并联馈电线路。由于正确使用了扼流圈 L_b 和耦合电容 C_b，图 3 - 27(b) 中交流有交流通路，直流有直流通路，并且交流不流过直流电源。

串联馈电的优点是 E_c、L_b、C_b 处于高频地电位，分布电容不影响回路；并联馈电的优点是回路一端处于直流地电位，回路 L、C 元件一端可以接地，安装方便。需要指出的是，图 3 - 27 中无论何种馈电形式，均有 $u_{ce}=E_c-u_c$。

2. 基极馈电线路

基极馈电线路也有串联和并联两种形式。图 3 - 28 示出了几种基极馈电形式，基极的负偏压既可以是外加的，也可以由基极直流电流或发射极直流电流流过电阻产生。前者称为固定偏压，后者称为自给偏压。图 3 - 28(*a*) 是发射极自给偏压，C_b 为旁路电容；图 3 - 28(*b*) 为基极组合偏压；图 3 - 28(*c*) 为零偏压。自给偏压的优点是偏压能随激励大小变化，使晶体管的各极电流受激励变化的影响减小，电路工作较稳定。

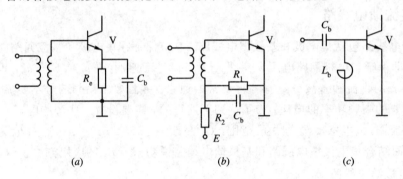

图 3 - 28　基极馈电线路的几种形式

3.4.2　输出匹配网络

高频功放的级与级之间或功放与负载之间是用输出匹配网络连接的，一般用双端口网络来实现。该双端口网络应具有这样的几个特点：

（1）以保证放大器传输到负载的功率最大，即起到阻抗匹配的作用；

（2）抑制工作频率范围以外的不需要频率，即有良好的滤波作用；

（3）大多数发射机为波段工作，因此双端口网络要适应波段工作的要求，改变工作频率时调谐要方便，并能在波段内保持较好的匹配和较高的效率等。常用的输出线路主要有两种类型：LC 匹配网络和耦合回路。

1. *LC* 匹配网络

图 3 - 29 是几种常用的 *LC* 匹配网络。它们是由两种不同性质的电抗元件构成的 L、T、Ⅱ 型的双端口网络。由于 *LC* 元件消耗功率很小，可以高效地传输功率。同时，由于它们对频率的选择作用，决定了这种电路的窄带性质。有关 *LC* 匹配电路的详细内容参见第 2 章。

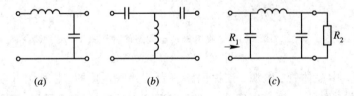

图 3 - 29　几种常见的 *LC* 匹配
(*a*) L 型；(*b*) T 型；(*c*) Ⅱ 型

L 型匹配网络按负载电阻与网络电抗的并联或串联关系，可以分为 L—Ⅰ 型网络（负载电阻 R_p 与 X_p 并联）与 L—Ⅱ 型网络（负载电阻 R_s 与 X_s 串联）两种，如图 2 - 30 所示。在谐振时，串联或并联电抗相抵消。

在负载电阻 R_p 大于高频功放要求的最佳负载阻抗 R_{Lcr} 时，采用 L - I 型网络，通过调整 Q 值，可以将大的 R_p 变换为小的 R_s' 以获得阻抗匹配（$R_s' = R_{Lcr}$）。

在负载电阻 R_s 小于高频功放要求的最佳负载阻抗 R_{Lcr} 时，采用 L - II 型网络，通过调整 Q 值，可以将小的 R_s 变换为大的 R_p' 以获得阻抗匹配（$R_p' = R_{Lcr}$）。

L 型网络虽然简单，但由于只有两个元件可选择，因此在满足阻抗匹配关系时，回路的 Q 值就确定了，当阻抗变换比不大时，回路 Q 值低，对滤波不利，可以采用 II 型、T 型网络。它们都可以看成两个 L 型网络的级联，其阻抗变换在此不再详述。由于 T 型网络输入端有近似串联谐振回路的特性，因此一般不用作功放的输出电路，而常用作各高频功放的级间耦合电路。

图 3 - 30 是一超短波输出放大器的实际电路，它工作于固定频率。图中 L_1、C_1、C_2 构成一 II 型匹配网络，L_2 是为了抵消天线输入阻抗中的容抗而设置的。改变 C_1 和 C_2 就可以实现调谐和阻抗匹配的目的。

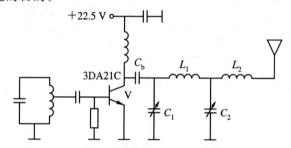

图 3 - 30　一超短波输出放大器的实际电路

2. 耦合回路

图 3 - 31 是一短波发射机的输出放大器，它采用互感耦合回路作输出电路，多波段工作。由第 2 章分析可知，改变互感 M，可以完成阻抗匹配功能。

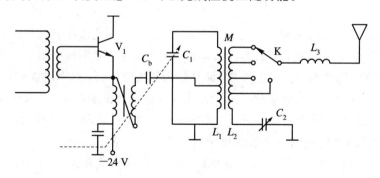

图 3 - 31　短波输出放大器的实际线路

3.4.3　高频功放的实际线路举例

采用不同的馈电电路和匹配网络，可以构成高频功放的各种实用电路。

图 3 - 32(a) 是工作频率为 50 MHz 的晶体管谐振功率放大电路，它向 50 Ω 外接负载提供 25 W 功率，功率增益达 7 dB。这个放大电路基极采用零偏，集电极采用串馈，并由 L_2、L_3、C_3、C_4 组成 II 型网络。

图 3－32(b) 是工作频率为 175 MHz 的 VMOS 场效应管谐振功放电路，可向 50 Ω 负载提供 10 W 功率，效率大于 60%，栅极采用了 C_1、C_2、C_3、L_1 组成的 T 型网络，漏极采用 L_2、L_3、C_5、C_7、C_8 组成的 Π 型网络；栅极采用并馈，漏极采用串馈。

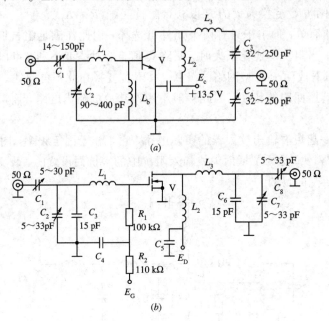

图 3－32　高频功放实际线路
(a) 50 MHz 谐振功放电路；(b) 175 MHz 谐振功放电路

3.5　高效功放与功率合成

对高频功率放大器的主要要求是高效率和大功率。在提高效率方面，除了通常的 C 类高频功放外，近年来又出现了两大类高效率（$\eta \geqslant 90\%$）高频功率放大器。一类是开关型高频功放，这里有源器件不是作为电流源，而是作为开关使用的，这类功放有 D 类、E 类和 S 类开关型功放。还有一类高效功放是采用特殊的电路设计技术设计功放的负载回路，以降低器件功耗，提高功放的集电极效率，这类功放有 F 类、G 类和 H 类功放。本节着重介绍电流开关型 D 类放大器和电压开关型 D 类放大器。

在提高晶体管的功率方面，除了研制和生产高频大功率晶体管（可承受更大的电流、电压和功耗）外，一个可行的方法就是采用多个晶体管高频功率放大器，把它们产生的高频功率在一个公共负载上相加，这种技术称为功率合成技术，本节也将介绍功率合成的基本原理。

3.5.1　D 类高频功率放大器

在 C 类高频功放中，提高集电极效率是靠减小集电极电流的通角（θ）来实现的。这使集电极电流只在集电极电压 u_{ce} 为最小值附近的一段时间内流通，从而减小了集电极损耗。若能使集电极电流导通期间，集电极电压为零或者是很小的值，则能进一步减小集电极损耗，提高集电极效率。D 类高频功放就是工作于这种开关状态的放大器。当晶体管处于开关状态时，晶体管两端的电压和脉冲电流当然是由外电路，也就是由晶体管的激励和集电极负载所决定。通常根据电压为理想方波波形或电流为理想方波波形，可以将 D 类放大器分为电流开关放大器和电压开关放大器。

1. 电流开关型 D 类放大器

图 3 - 33 是电流开关型 D 类放大器的原理线路和波形图，线路通过高频变压器 T_1，使晶体管 V_1、V_2 获得反向的方波激励电压。在理想状态下，两管的集电极电流 i_{c1} 和 i_{c2} 为方波开关电流波形，i_{c1} 和 i_{c2} 交替地流过 LC 谐振回路，由于 LC 回路对方波电流中的基频分量谐振，因而在回路两端产生基频分量的正弦电压。晶体管 V_1、V_2 的集电极电压 u_{ce1}、u_{ce2} 波形示于图 3 - 33(d)、(e)。由图可见，在 $V_1(V_2)$ 导通期间的 $u_{ce1}(u_{ce2})$ 等于晶体管导通时的饱和压降 u_{ces}；在 $V_1(V_2)$ 截止期间的，$u_{ce1}(u_{ce2})$ 为正弦波电压的一部分。回路线圈中点 A 对地的电压为 $(u_{ce1}+u_{ce2})/2$，为如图 3 - 33(f) 的脉动电压 u_A，可见 A 点不是地电位，它不能与电源 E_c 直接相连，而应串入高频扼流圈 L_b 后，再与电源 E_c 相连。在 A 点，脉动电压的平均值应等于电源电压 E_c，即

$$\frac{1}{\pi}\int_{-\frac{\pi}{2}}^{\frac{\pi}{2}}\left[(U_m - u_{ces})\cos\omega t + u_{ces}\right]d\omega t = \frac{2}{\pi}(U_m - u_{ces}) + u_{ces} = E_c$$

由此可得

$$U_m = \frac{\pi}{2}(E_c - u_{ces}) + u_{ces} \tag{3-32}$$

集电极回路两端的高频电压峰值为

$$U_{cm} = 2(U_m - u_{ces}) = \pi(E_c - u_{ces}) \tag{3-33}$$

集电极回路两端的高频电压有效值为

$$U_{ceff} = \frac{U_{cm}}{\sqrt{2}} = \frac{\pi}{\sqrt{2}}(E_c - u_{ces}) \tag{3-34}$$

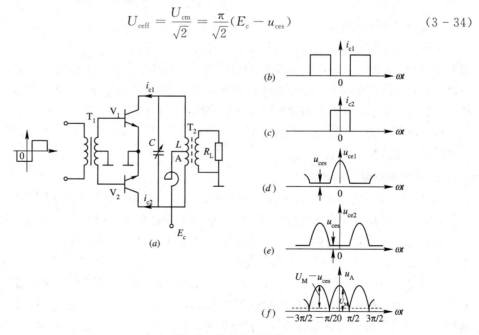

图 3 - 33 电流开关型 D 类放大器的线路和波形

$V_1(V_2)$ 的集电极电流为振幅等于 I_{c0} 的矩形，它的基频分量振幅等于 $(2/\pi)I_{c0}$。V_1、V_2 的 i_{c1}、i_{c2} 中的基频分量电流在集电极回路阻抗 R_L'（考虑了负载 R_L 的反射电阻）两端产生的基频电压振幅为

$$U_{cm} = \left(\frac{2}{\pi}I_{c0}\right)R_L' \tag{3-35}$$

将式(3-33)代入式(3-35)，得

$$I_{c0} = \frac{\pi U_{cm}}{2R_L'} = \frac{\pi^2}{2R_L'}(E_c - u_{ces}) \tag{3-36}$$

输出功率为

$$P_1 = \frac{1}{2}\frac{U_{cm}^2}{R_L'} = \frac{\pi^2}{2R_L'}(E_c - u_{ces})^2 \tag{3-37}$$

输入功率为

$$P_0 = E_c I_{c0} = \frac{\pi^2}{2R_L'}(E_c - u_{ces})E_c \tag{3-38}$$

集电极损耗功率为

$$P_c = P_0 - P_1 = \frac{\pi^2}{2R_L'}(E_c - u_{ces})u_{ces} \tag{3-39}$$

集电极效率为

$$\eta = \frac{P_1}{P_0} \times 100\% = \frac{E_c - u_{ces}}{E_c} \times 100\% \tag{3-40}$$

这种线路由于采用方波电压激励，集电极电流为方波开关波形，故称此线路为电流开关型 D 类放大器。由集电极效率公式(3-42)可见，当晶体管导通时，若饱和电压降 $u_{ces}=0$，此时，电流开关型 D 类放大器可获得理想集电极效率为 100%。

实际 D 类放大器的效率低于 100%。引起实际效率下降的主要原因有两个：一个是晶体管导通时的饱和压降 u_{ces} 不为零，导通时有损耗。另一个是激励电压大小总是有限的，且由于晶体管的电容效应，由截止变饱和，或者由饱和变截止，电压 u_{ce1} 和 u_{ce2} 实际上有上升边和下降边，在此过渡期间已有集电极电流流通，有功率损耗。工作频率越高，上升边和下降边越长，损耗也越大。这是限制 D 类放大器工作频率上限的一个重要因素。通常，考虑这些实际因素后，D 类高频功放的实际效率仍能达到 90%，甚至更高些。

D 类放大器的激励电压可以是正弦波，也可以是其它脉冲波形，但都必须足够大，使晶体管迅速进入饱和状态。

2. 电压开关型 D 类放大器

图 3-34 为一互补电压开关型 D 类功放的线路及电流电压波形。两个同型(NPN)管串联，集电极加有恒定的直流电压 E_c。两管输入端通过高频变压器 T_1 加有反相的大电压，当一管从导通至饱和状态时，另一管截止。负载电阻 R_L 与 L_0、C_0 构成一高 Q 串联谐振回路，这个回路对激励信号频率调谐。如果忽略晶体管导通时的饱和压降，两个晶体管就可等效于图 3-34(b) 的单刀双掷开关。晶体管输出端的电压在零和 E_c 间轮流变化，如图 3-34(c) 所示。在 u_{ce2} 方波电压的激励下，负载 R_L 上流过正弦波电流 i_L，这是因为高 Q 串联回路阻止了高次谐波电流流过 R_L（直流也被 C_0 阻隔）的缘故。这样在 R_L 上仍然可以得到信号频率的正弦波电压，实现了高频放大的目的。在理想情况下，两管的集电极损耗都

为零(因 $u_{ce2} i_{c2} = u_{ce1} i_{c1} = 0$),理想的集电极效率为 100%。这也可以从输入功率和输出功率计算中得出。

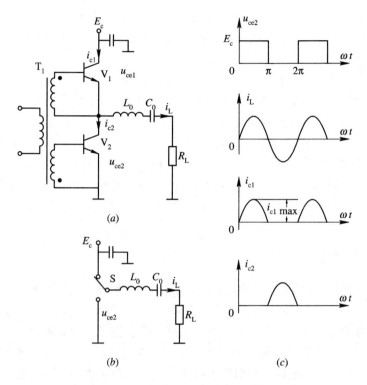

图 3 - 34　电压开关型 D 类功放的线路及波形

由图可见,因 i_{c1}、i_{c2} 都是半波余弦脉冲($\theta = 90°$),所以两管的直流电压和负载电流分别为

$$I_{c0} = \frac{1}{\pi} i_{cmax}$$

$$I_L = i_{cmax}$$

两管的直流输入功率为

$$P_0 = E_c I_{c0} = \frac{1}{\pi} E_c i_{cmax}$$

负载上的基波电压 U_L 等于 u_{ce2} 方波脉冲中的基波电压分量。对 u_{ce2} 分解可得

$$U_L = \frac{1}{\pi} \int_0^\pi E_c \sin\omega t \ \mathrm{d}\omega t = \frac{2}{\pi} E_c$$

负载上的功率为

$$P_L = \frac{1}{2} U_L I_L = \frac{1}{\pi} E_c i_{cmax} \qquad (3-41)$$

可见

$$P_L = P_0$$

此时匹配的负载电阻为

$$R_L = \frac{U_L}{I_L} = \frac{2}{\pi} \cdot \frac{E_c}{i_{cmax}} \qquad (3-42)$$

影响电压开关型 D 类放大器实际效率的因素与电压开关型基本相同，即主要由晶体管导通时的饱和压降 u_{ces} 不为零和开关转换期间（脉冲上升和下降边沿）的损耗功率所造成。

开关型 D 类放大器的主要优点是集电极效率高，输出功率大。但在工作频率很高时，随着工作频率的升高，开关转换瞬间的功耗增大，集电极效率下降，高效功放的优点就不明显了。由于 D 类放大器工作在开关状态，因而也不适于放大振幅变化的信号。

F 类、G 类和 H 类放大器是另一类高效功率放大器。在它们的集电极电路设置了专门的包括负载在内的无源网络，产生一定形状的电压波形，使晶体管在导通和截止的转换期间，电压 u_{ce} 和 i_c 同时具有较小的数值，从而减小过渡状态的集电极损耗。同时，还设法降低晶体管导通期间的集电极损耗。这几类放大器的原理、分析和计算可参看有关文献。

各种高效功放的原理与设计为进一步提高高频功率放大器的集电极效率提高提供了方法和思路。当然，实际器件的导通饱和电压降不为零，实际的开关转换时间也不为零，在采取各种措施后，高效功放的集电极效率可达 90% 以上，但仍不能达到理想放大器的效率。

3.5.2　功率合成器

目前，由于技术上的限制和考虑，单个高频晶体管的输出功率一般只限于几十瓦至几百瓦。当要求更大的输出功率时，除了采用电子管外，一个可行的方法就是采用功率合成器。

所谓功率合成器，就是采用多个高频晶体管，使它们产生的高频功率在一个公共负载上相加。图 3 - 35 是常用的一种功率合成器组成方框图。图上除了信号源和负载外，还采用了两种基本器件：一种是用三角形代表的晶体管功率放大器（有源器件），另一种是用菱形代表的功率分配和合并电路（无源器件）。在所举的例子中，输出级采用了 4 个晶体管。根据同样原理，也可扩展至 8 个、16 个，甚至更多的晶体管。

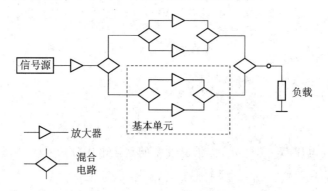

图 3 - 35　功率合成器组成

由图可见，在末级放大器之前是一个功率分配过程；末级放大器之后是一个功率合并过程。通常，功率合成器所用的晶体管数目较多。为了结构简单、性能可靠，晶体管放大器都不带调谐元件，也就是通常采用宽带工作方式。图中的分配和合并电路，就是在第 2 章中介绍的由传输线变压器构成的 3 dB 耦合器。它也保证了所需的宽带特性。

由图 3 - 35 可以看出，功率合成器是由图上虚线方框中所示的一些基本单元组成的，掌握它们的线路和原理也就掌握了合成器的基本原理。图 3 - 36 就是功率合成器基本单元的一种线路，称为同相功率合成器。T_1 是作为分配器用的传输线变压器，T_2 是作为合并

器用的。由 3 dB 耦合器原理可知，当两晶体管输入电阻相等时，则两管输入电压与耦合器输入电压相等

$$\dot{U}_A = \dot{U}_B = \dot{U}_1$$

在正常工作时平衡电阻 R_{T1} 两端无电压，不消耗功率。由第 2 章中讨论的耦合器原理可知，各端口匹配的条件为

$$R_{T1} = 2R_A = 2R_B = 4R_S$$

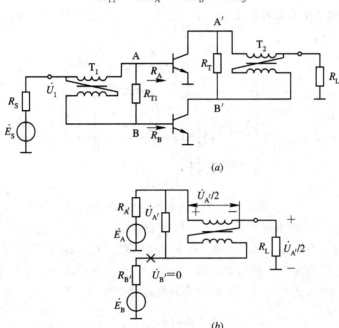

图 3 - 36 同相功率合成器

(a) 交流等效电路；(b) B' 信号源开路时的等效电路

当某一晶体管输入阻抗偏离上述值而与另一管输入阻抗不等时，将会产生反射。但因平衡电阻 R_{T1} 的存在，它会吸收反射功率，使另一管的输入电压不会变化。

在晶体管的输出端，当两管正常工作时，两管输出相同的电压，即 $\dot{U}_{A'} = \dot{U}_{B'}$，且 $\dot{U}_{A'} = \dot{U}_{B'} = \dot{U}_L$，但由于负载上的电流加倍，故负载上得到的功率是两管输出功率之和，即

$$P_L = \frac{1}{2}U_{A'}(2I_{c1}) = 2P_1$$

此时平衡电阻 R_T 上无功率损耗。

当两晶体管不完全平衡，比如因某种原因输出电压发生变化甚至因管子损坏完全没有输出时，相当于在图 3 - 36(b) 的等效电路上的电势 $\dot{E}_B$ 和等效电阻 $R_{B'}$ 发生变化。根据 3 dB 耦合器 A′ 与 B′ 端互相隔离的原理(在满足各端口阻抗的一定关系时)，$\dot{U}_{A'}$ 电压是由 $\dot{E}$ 产生；$\dot{U}_{B'}$ 电压是由 $\dot{E}_B$ 产生的，因此 $\dot{U}_{B'}$ 的变化并不引起 $\dot{U}_{A'}$ 的变化。当 $\dot{U}_{B'} = 0$ 时，由于流过负载的电流只有原来的一半，功率减小为原来的 1/4，而 A 管输出的另一半功率正好消耗在平衡电阻 R_T 上，即有

$$P_{R_T} = \frac{1}{2}P_1 = \frac{1}{4}P_L \qquad (3 - 43)$$

这样，当一管损坏时，虽然负载功率下降为原来功率的四分之一，但另一管的负载阻抗及输出电压不会变化而维持正常工作。这是在两晶体管简单并联工作时所不能实现的。

图 3 - 37 是反相功率合成器的原理线路。输入和输出端也各加有 - 3 dB 耦合器作分配和合并电路。只是信号源和负载分别接在两个耦合器的 Δ 端（差端），平衡电阻 R_{T1} 和 R_T 接在 Σ 端（和端）。这种放大器的工作原理和推挽功率放大器基本相同。但是由于有耦合器和平衡电阻的存在，AB 之间及 A′B′ 之间有互相隔离作用（同样应满足一定的阻抗关系），因而也具有上述同相功率合成器的特点，即不会因一个晶体管性能变化或损坏而影响另一晶体管的正常安全工作。

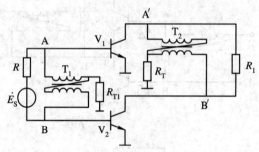

图 3 - 37　反相功率合成器的原理线路

图 3 - 38 是一反相功率合成器的实际线路。它工作于 $1.5 \sim 18$ MHz，输出功率 100 W。线路中用了不少传输线变压器。其中 T_2 和 T_7 作为输入端和输出端的分配器和合并器；T_1 和 T_8 作为不平衡—平衡的变换器；T_5 和 T_6 作为阻抗变换器；T_3 作为反相激励的阻抗变换器。由图可以看出，每个晶体管的最佳负载阻抗约为 9.25 Ω。

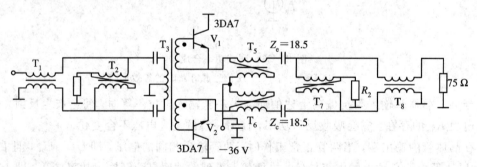

图 3 - 38　100 W 反相功率合成器的实际线路

目前，我国已生产、试制了千瓦量级的全固态化的单边带通信机和调谐通信发射机。它们已经全部晶体管化，这些设备的发射机末级放大器就是采用几个几百瓦的功率晶体管经功率合成以后，将千瓦量级的高频功率发送到天线上去的。

3.6　高频集成功率放大器简介

随着半导体技术的发展，出现了一些集成高频功率放大器件。这些功放器件体积小，可靠性高，外接元件少，输出功率一般在几瓦至十几瓦之间。如日本三菱公司的 M57704 系列、美国 Motorola 公司的 MHW 系列便是其中的代表产品。

表 3-5 列出了 Motorola 公司集成高频功率放大器 MHW 系列部分型号的电特性参数。

表 3-5　MHW 系列部分型号的电特性参数

型　号	电源电压典型值/V	输出功率/W	最小功率增益/dB	效率(%)	最大控制电压/V	频率范围/MHz	内部放大器级数	输入/输出阻抗/Ω
MHW105	7.5	5.0	37	40	7.0	68～88	3	50
MHW607-1	7.5	7.0	7.0	40	7.0	136～150	3	50
MHW704	6.0	3.0	3.0	38	6.0	440～470	4	50
MHW707-1	7.5	7.0	7.0	40	7.0	403～440	4	50
MHW803-1	7.5	2.0	2.0	37	4.0	820～850	4	50
MHW804-1	7.5	4.0	4.0	32	3.75	800～870	5	50
MHW903	7.2	3.5	3.5	40	3	890～915	4	50
MHW914	12.5	14	14	35	3	890～915	5	50

三菱公司的 M57704 系列高频功放是一种厚膜混合集成电路,可用于频率调制移动通信系统。包括多个型号:M57704UL,工作频率为 380～400 MHz;M57704L,工作频率为 400～420 MHz;M57704M,工作频率为 430～450 MHz;M57704H,工作频率为 450～470 MHz;M57704UH,工作频率为 470～490 MHz;M57704SH,工作频率为 490～512 MHz。电特性参数为:当 $U_{cc}=12.5$ V, $P_{in}=0.2$ W, $Z_o=Z_i=50$ Ω 时,输出功率 $P_o=13$ W,效率为 30%～40%。

图 3-39 是 M57704 系列功放的等效电路图。由图可见,它是由三级放大电路、匹配网络(微带线和 LC 元件)组成。

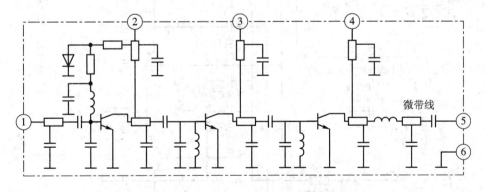

图 3-39　M57704 系列功放的等效电路图

图 3-40 是 TW-42 超短波电台中发信机高频功放部分电路图。TW-42 电台是采用频率调制,工作频率为 457.7～458 MHz,发射功率为 5W。由图 3-40 可见,输入等幅调频信号经 M57704H 功率放大后,一路经微带线匹配滤波后,再经过 V_{D115} 送多节 LC 型网络,然后由天线发射出去;另一路经 V_{D113}、V_{D114} 检波,V_{104}、V_{105} 直流放大后,送给 V_{103} 调整管,然后作为控制电压从 M57704H 的第②脚输入,调节第一级功放的集电极电源,这样可以稳定整个集成功放的输出功率。第二、三级功放的集电极电源是固定的 13.8 V。

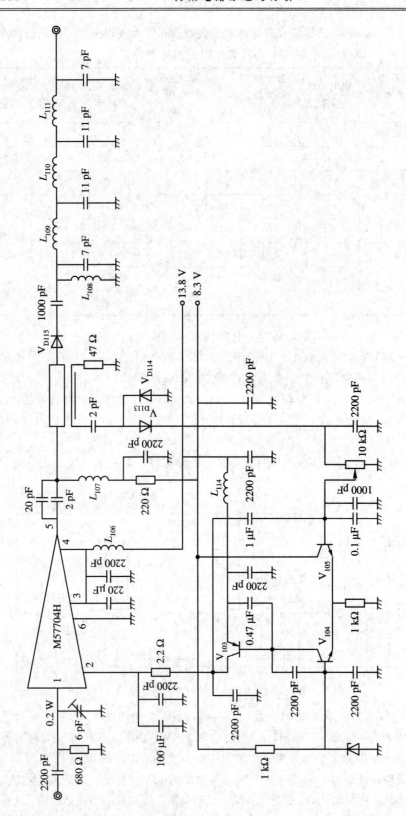

图 3 – 40　TW – 42 超短波电台合中发信机高频功放部分电路图

附表　余弦脉冲分解系数表

$\theta(°)$	$\cos\theta$	α_0	α_1	α_2	γ_1	$\theta(°)$	$\cos\theta$	α_0	α_1	α_2	γ_1
0	1.000	0.000	0.000	0.000	2.00	42	0.743	0.154	0.292	0.248	1.90
1	1.000	0.004	0.007	0.007	2.00	43	0.731	0.158	0.298	0.251	1.89
2	0.999	0.007	0.015	0.015	2.00	44	0.719	0.162	0.304	0.253	1.89
3	0.999	0.011	0.022	0.022	2.00	45	0.707	0.165	0.311	0.256	1.88
4	0.998	0.014	0.030	0.030	2.00	46	0.695	0.169	0.316	0.259	1.87
5	0.996	0.018	0.037	0.037	2.00	47	0.682	0.172	0.322	0.261	1.87
6	0.994	0.022	0.044	0.044	2.00	48	0.669	0.176	0.327	0.263	1.86
7	0.993	0.025	0.052	0.052	2.00	49	0.656	0.179	0.333	0.265	1.85
8	0.990	0.029	0.059	0.059	2.00	50	0.643	0.183	0.339	0.267	1.85
9	0.988	0.032	0.066	0.066	2.00	51	0.629	0.187	0.344	0.269	1.84
10	0.985	0.036	0.073	0.073	2.00	52	0.616	0.190	0.350	0.270	1.84
11	0.982	0.040	0.080	0.080	2.00	53	0.602	0.194	0.355	0.271	1.83
12	0.978	0.044	0.088	0.087	2.00	54	0.588	0.197	0.360	0.272	1.82
13	0.974	0.047	0.095	0.094	2.00	55	0.574	0.201	0.366	0.273	1.82
14	0.970	0.051	0.102	0.101	2.00	56	0.559	0.204	0.371	0.274	1.81
15	0.966	0.055	0.110	0.108	2.00	57	0.545	0.208	0.376	0.275	1.81
16	0.961	0.059	0.117	0.115	1.98	58	0.530	0.211	0.381	0.275	1.80
17	0.956	0.063	0.124	0.121	1.98	59	0.515	0.215	0.386	0.275	1.80
18	0.951	0.066	0.131	0.128	1.98	60	0.500	0.218	0.391	0.276	1.80
19	0.945	0.070	0.138	0.134	1.97	61	0.485	0.222	0.396	0.276	1.78
20	0.940	0.074	0.146	0.141	1.97	62	0.469	0.225	0.400	0.275	1.78
21	0.934	0.078	0.153	0.147	1.97	63	0.454	0.229	0.405	0.275	1.77
22	0.927	0.082	0.160	0.153	1.97	64	0.438	0.232	0.410	0.274	1.77
23	0.920	0.085	0.167	0.159	1.97	65	0.423	0.236	0.414	0.274	1.76
24	0.914	0.089	0.174	0.165	1.96	66	0.407	0.239	0.419	0.273	1.75
25	0.906	0.093	0.181	0.171	1.95	67	0.391	0.243	0.423	0.272	1.74
26	0.899	0.097	0.188	0.177	1.95	68	0.375	0.246	0.427	0.270	1.74
27	0.891	0.100	0.195	0.182	1.95	69	0.358	0.249	0.432	0.269	1.74
28	0.883	0.104	0.202	0.188	1.94	70	0.342	0.253	0.436	0.267	1.73
29	0.875	0.107	0.209	0.193	1.94	71	0.326	0.256	0.440	0.266	1.72
30	0.866	0.111	0.215	0.198	1.94	72	0.309	0.259	0.444	0.264	1.71
31	0.857	0.115	0.222	0.203	1.93	73	0.292	0.263	0.448	0.262	1.70
32	0.848	0.118	0.229	0.208	1.93	74	0.276	0.266	0.452	0.260	1.70
33	0.839	0.122	0.235	0.213	1.93	75	0.259	0.269	0.455	0.258	1.69
34	0.829	0.125	0.241	0.217	1.93	76	0.242	0.273	0.459	0.256	1.68
35	0.819	0.129	0.248	0.221	1.92	77	0.225	0.276	0.463	0.253	1.68
36	0.809	0.133	0.255	0.226	1.92	78	0.208	0.279	0.466	0.251	1.67
37	0.799	0.136	0.261	0.230	1.92	79	0.191	0.283	0.469	0.248	1.66
38	0.788	0.140	0.268	0.234	1.91	80	0.174	0.286	0.472	0.245	1.65
39	0.777	0.143	0.274	0.237	1.91	81	0.156	0.289	0.475	0.242	1.64
40	0.766	0.147	0.280	0.241	1.90	82	0.139	0.293	0.478	0.239	1.63
41	0.755	0.151	0.286	0.244	1.90	83	0.122	0.296	0.481	0.236	1.62

续表（一）

$\theta(°)$	$\cos\theta$	α_0	α_1	α_2	γ_1	$\theta(°)$	$\cos\theta$	α_0	α_1	α_2	γ_1
84	0.105	0.299	0.484	0.233	1.61	124	−0.559	0.416	0.536	0.078	1.29
85	0.087	0.302	0.487	0.230	1.61	125	−0.574	0.419	0.536	0.074	1.28
86	0.070	0.305	0.490	0.226	1.61	126	−0.588	0.422	0.536	0.071	1.27
87	0.052	0.308	0.493	0.223	1.60	127	−0.602	0.424	0.535	0.068	1.26
88	0.035	0.312	0.496	0.219	1.59	128	−0.616	0.426	0.535	0.064	1.25
89	0.017	0.315	0.498	0.216	1.58	129	−0.629	0.428	0.535	0.061	1.25
90	0.000	0.319	0.500	0.212	1.57	130	−0.643	0.431	0.534	0.058	1.24
91	−0.017	0.322	0.502	0.208	1.56	131	−0.656	0.433	0.534	0.055	1.23
92	−0.035	0.325	0.504	0.205	1.55	132	−0.669	0.436	0.533	0.052	1.22
93	−0.052	0.328	0.506	0.201	1.54	133	−0.682	0.438	0.533	0.049	1.22
94	−0.070	0.331	0.508	0.197	1.53	134	−0.695	0.440	0.532	0.047	1.21
95	−0.087	0.334	0.510	0.193	1.53	135	−0.707	0.443	0.532	0.044	1.20
96	−0.105	0.337	0.512	0.189	1.52	136	−0.719	0.445	0.531	0.041	1.19
97	−0.122	0.340	0.514	0.185	1.51	137	−0.731	0.447	0.530	0.039	1.19
98	−0.139	0.343	0.516	0.181	1.50	138	−0.743	0.449	0.530	0.037	1.18
99	−0.156	0.347	0.518	0.177	1.49	139	−0.755	0.451	0.529	0.034	1.17
100	−0.174	0.350	0.520	0.172	1.49	140	−0.766	0.453	0.528	0.032	1.17
101	−0.191	0.353	0.521	0.168	1.48	141	−0.777	0.455	0.527	0.030	1.16
102	−0.208	0.355	0.522	0.164	1.47	142	−0.788	0.457	0.527	0.028	1.15
103	−0.225	0.358	0.524	0.160	1.46	143	−0.799	0.459	0.526	0.026	1.15
104	−0.242	0.361	0.525	0.156	1.45	144	−0.809	0.461	0.526	0.024	1.14
105	−0.259	0.364	0.526	0.152	1.45	145	−0.819	0.463	0.525	0.022	1.13
106	−0.276	0.366	0.527	0.147	1.44	146	−0.829	0.465	0.524	0.020	1.13
107	−0.292	0.369	0.528	0.143	1.43	147	−0.839	0.467	0.523	0.019	1.12
108	−0.309	0.373	0.529	0.139	1.42	148	−0.848	0.468	0.522	0.017	1.12
109	−0.326	0.376	0.530	0.135	1.41	149	−0.857	0.470	0.521	0.015	1.11
110	−0.342	0.379	0.531	0.131	1.40	150	−0.866	0.472	0.520	0.014	1.10
111	−0.358	0.382	0.532	0.127	1.39	151	−0.875	0.474	0.519	0.013	1.09
112	−0.375	0.384	0.532	0.123	1.38	152	−0.883	0.475	0.517	0.012	1.09
113	−0.391	0.387	0.533	0.119	1.38	153	−0.891	0.477	0.517	0.010	1.08
114	−0.407	0.390	0.534	0.115	1.37	154	−0.899	0.479	0.516	0.009	1.08
115	−0.423	0.392	0.534	0.111	1.36	155	−0.906	0.480	0.515	0.008	1.07
116	−0.438	0.395	0.535	0.107	1.35	156	−0.914	0.481	0.514	0.007	1.07
117	−0.454	0.398	0.535	0.103	1.34	157	−0.920	0.483	0.513	0.007	1.07
118	−0.469	0.401	0.535	0.099	1.33	158	−0.927	0.485	0.512	0.006	1.06
119	−0.485	0.404	0.536	0.096	1.33	159	−0.934	0.486	0.511	0.005	1.05
120	−0.500	0.406	0.536	0.092	1.32	160	−0.940	0.487	0.510	0.004	1.05
121	−0.515	0.408	0.536	0.088	1.31	161	−0.946	0.488	0.509	0.004	1.04
122	−0.530	0.411	0.536	0.084	1.30	162	−0.951	0.489	0.509	0.003	1.04
123	−0.545	0.413	0.536	0.081	1.30	163	−0.956	0.490	0.508	0.003	1.04

续表(二)

$\theta(°)$	$\cos\theta$	α_0	α_1	α_2	γ_1	$\theta(°)$	$\cos\theta$	α_0	α_1	α_2	γ_1
164	-0.961	0.491	0.507	0.002	1.03	173	-0.993	0.498	0.501	0.000	1.01
165	-0.966	0.492	0.506	0.002	1.03	174	-0.994	0.499	0.501	0.000	1.00
166	-0.970	0.493	0.506	0.002	1.03	175	-0.996	0.499	0.500	0.000	1.00
167	-0.974	0.494	0.505	0.001	1.02	176	-0.998	0.499	0.500	0.000	1.00
168	-0.978	0.495	0.504	0.001	1.02	177	-0.999	0.500	0.500	0.000	1.00
169	-0.982	0.496	0.503	0.001	1.01	178	-0.999	0.500	0.500	0.000	1.00
170	-0.985	0.496	0.502	0.001	1.01	179	-1.000	0.500	0.500	0.000	1.00
171	-0.988	0.497	0.502	0.000	1.01	180	-1.000	0.500	0.500	0.000	1.00
172	-0.990	0.498	0.501	0.000	1.01						

思考题与习题

3-1　对高频小信号放大器的主要要求是什么？高频小信号放大器有哪些分类？

3-2　一晶体管组成的单回路中频放大器，如图所示。已知 $f_0=465$ kHz，晶体管经中和后的参数为：$g_{ie}=0.4$ mS，$C_{ie}=142$ pF，$g_{oe}=55$ μS，$C_{oe}=18$ pF，$Y_{fe}=36.8$ mS，$Y_{re}=0$，回路等效电容 $C=200$ pF，中频变压器的接入系数 $p_1=N_1/N=0.35$，$p_2=N_2/N=0.035$，回路无载品质因数 $Q_0=80$，设下级也为同一晶体管，参数相同。试计算：

(1) 回路有载品质因数 Q_L 和 3 dB 带宽 $B_{0.7}$；

(2) 放大器的电压增益；

(3) 中和电容值。(设 $C_{b'c}=3$ pF)

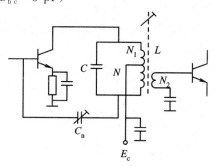

题 3-2 图

3-3　高频谐振放大器中，造成工作不稳定的主要因素是什么？它有哪些不良影响？为使放大器稳定工作，可以采取哪些措施？

3-4　三级单调谐中频放大器，中心频率 $f_0=465$ kHz，若要求总的带宽 $B_{0.7}=8$ kHz，求每一级回路的 3 dB 带宽和回路有载品质因数 Q_L 值。

3-5　若采用三级临界耦合双回路谐振放大器作中频放大器(三个双回路)，中心频率为 $f_0=465$ kHz，当要求 3 dB 带宽为 8 kHz 时，每级放大器的 3 dB 带宽有多大？当偏离中心频率 10 kHz 时,电压放大倍数与中心频率时相比,下降了多少分贝?

3-6 集中选频放大器和谐振式放大器相比,有什么优点? 设计集中选频放大器时,主要任务是什么?

3-7 什么叫做高频功率放大器? 它的功用是什么? 应对它提出哪些主要要求? 为什么高频功放一般在 B 类、C 类状态下工作? 为什么通常采用谐振回路作负载?

3-8 高频功放的欠压、临界、过压状态是如何区分的? 各有什么特点? 当 E_c、E_b、U_b 和 R_L 四个外界因素只变化其中的一个时,高频功放的工作状态如何变化?

3-9 已知高频功放工作在过压状态,现欲将它调整到临界状态,可以改变哪些外界因素来实现,变化方向如何? 在此过程中集电极输出功率 P_1 如何变化?

3-10 高频功率放大器中提高集电极效率的主要意义是什么?

3-11 设一理想化的晶体管静特性如图所示,已知 $E_c=24$ V,$U_c=21$ V,基极偏压为零偏,$U_b=2.5$ V,试作出它的动特性曲线。此功放工作在什么状态? 并计算此功放的 θ、P_1、P_0、η 及负载阻抗的大小。画出满足要求的基极回路。

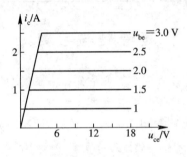

题 3-11 图

3-12 某高频功放工作在临界状态,通角 $\theta=75°$,输出功率为 30 W,$E_c=24$ V,所用高频功率管的 $S_c=1.67$ A/V,管子能安全工作。

(1) 计算此时的集电极效率和临界负载电阻;

(2) 若负载电阻、电源电压不变,要使输出功率不变,而提高工作效率,问应如何调整?

(3) 输入信号的频率提高一倍,而保持其它条件不变,问功放的工作状态如何变化,功放的输出功率大约是多少?

3-13 试回答下列问题:

(1) 利用功放进行振幅调制时,当调制的音频信号加在基极或集电极时,应如何选择功放的工作状态?

(2) 利用功放放大振幅调制信号时,应如何选择功放的工作状态?

(3) 利用功放放大等幅度的信号时,应如何选择功放的工作状态?

3-14 当工作频率提高后,高频功放通常出现增益下降,最大输出功率和集电极效率降低,这是由哪些因素引起的?

3-15 如图所示,设晶体管工作在小信号 A 类状态,晶体管的输入阻抗为 Z_i,交流电流放大倍数为 $h_{fe}/(1+jf/f_\beta)$,试求因 L_e 而引起的放大器输入阻抗 Z_i'。并以此解释晶体管发射极引线电感的影响。

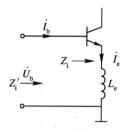

题 3 - 15 图

3 - 16 改正图示线路中的错误，不得改变馈电形式，重新画出正确的线路。

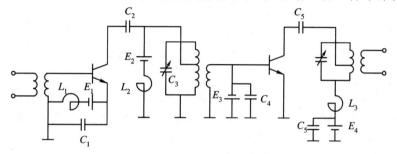

题 3 - 16 图

3 - 17 试画出一高频功率放大器的实际线路。要求：

(1) 采用 NPN 型晶体管，发射极直接接地；

(2) 集电极用并联馈电，与振荡回路抽头连接；

(3) 基极用串联馈电，自偏压，与前级互感耦合。

3 - 18 一高频功放以抽头并联回路作负载，振荡回路用可变电容调谐。工作频率 $f=$ 5 MHz，调谐时电容 $C=200$ pF，回路有载品质因数 $Q_L=20$，放大器要求的最佳负载阻抗 $R_{Lcr}=50$ Ω，试计算回路电感 L 和接入系数 p。

3 - 19 如图 (a) 所示的 Π 型网络，两端的匹配阻抗分别为 R_{p1}、R_{p2}。将它分为两个 L 型网络，根据 L 型网络的计算公式，当给定 $Q_2=R_{p2}/X_{p2}$ 时，证明下列公式：

$$X_{p1} = \frac{R_{p1}}{\sqrt{\dfrac{R_{p1}}{R_{p2}}(1+Q_2^2)-1}}$$

$$X_s = X_{s1} + X_{s2} = \frac{R_{p2}}{1+Q_2^2}\left[Q_2 + \sqrt{\frac{R_{p1}}{R_{p2}}(1+Q_2^2)-1}\right]$$

并证明回路总品质因数 $Q=Q_1+Q_2$。

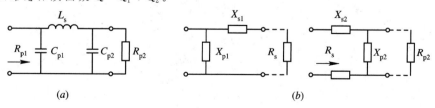

(a) (b)

题 3 - 19 图

3 - 20 上题中，设 $R_{p1}=20$ Ω，$R_{p2}=100$ Ω，$f=30$ MHz，指定 $Q_2=5$，试计算 L_s、C_{p1}、C_{p2} 和回路总品质因数 Q。

3-21 如图示互感耦合输出回路，两回路都谐振，由天线表 I_A 测得的天线功率 P_A= 10 W，已知天线回路效率 η_2=0.8。中介回路的无载品质因数 Q_0=100，要求有载品质因数 Q_L=10，工作于临界状态。问晶体管输出功率 P_1 为多少？设在工作频率 ωL_1=50 Ω，试计算初级的反映电阻 r_f 和互感抗 ωM。当天线开路时，放大器工作在什么状态？

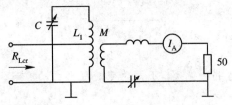

题 3-21 图

3-22 什么是 D 类功率放大器，为什么它的集电极效率高？什么是电流开关型和电压开关型 D 类大器？

3-23 图 3-34 的电压开关型 D 类放大器，负载电阻为 R_L，若考虑晶体管导通至饱和时，集电极有饱和电阻 $R_{cs}(R_{cs}=1/S_c)$，试从物理概念推导此时开关放大器的效率。

3-24 根据图 3-36 的反相功率合成器线路，说明各变压器和传输线变压器所完成的功用，标出从晶体管输出端至负载间各处的阻抗值。设两管正常工作时，负载电阻上的功率为 100 W，若某管因性能变化，输出功率下降一半，根据合成器原理，问负载上的功率下降多少瓦？

第 4 章　正弦波振荡器

在电子线路中，除了要有对各种电信号进行放大的电子线路外，还需要有能在没有激励信号的情况下产生周期性振荡信号的电子电路，这种电子电路就称为振荡器。在电子技术领域，广泛应用着各种各样的振荡器，在广播、电视、通信设备、各种信号源和各种测量仪器中，振荡器都是它们必不可少的核心组成部分之一。

与放大器一样，振荡器也是一种能量转换器，但不同的是振荡器无需外部激励就能自动地将直流电源供给的功率转换为指定频率和振幅的交流信号功率输出。振荡器一般由晶体管等有源器件和具有某种选频能力的无源网络组成。

振荡器的种类很多，根据工作原理可以分为反馈型振荡器和负阻型振荡器等；根据所产生的波形可以分为正弦波振荡器和非正弦波(矩形脉冲、三角波、锯齿波等)振荡器；根据选频网络所采用的器件可以分为 LC 振荡器、晶体振荡器、RC 振荡器等。

在通信技术等领域正弦波振荡器应用非常广泛，如发射机中正弦波振荡器提供指定频率的载波信号，在接收机中作为混频所需的本地振荡信号或作为解调所需的恢复载波信号等。另外，在自动控制及电子测量等其它领域，正弦波振荡器也有广泛的应用。因此，本章主要介绍输出为正弦波的高频振荡器。

4.1　反馈振荡器的原理

4.1.1　反馈振荡器的原理分析

反馈型振荡器的原理框图如图 4 - 1 所示。由图可见，反馈型振荡器是由放大器和反馈网络组成的一个闭合环路，放大器通常是以某种选频网络(如振荡回路)作负载，是一调谐放大器，反馈网络一般是由无源器件组成的线性网络。为了能产生自激振荡，必须有正反馈，即反馈到输入端的信号和放大器输入端的信号相位相同。

对于图 4 - 1，设放大器的电压放大倍数为 $K(s)$，反馈网络的电压反馈系数为 $F(s)$，闭环电压放大倍数为 $K_{\mathrm{u}}(s)$，则

$$K_{\mathrm{u}}(s) = \frac{U_{\mathrm{o}}(s)}{U_{\mathrm{s}}(s)} \qquad (4-1)$$

由

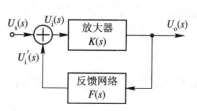

图 4 - 1　反馈型振荡器原理框图

$$K(s) = \frac{U_{\mathrm{o}}(s)}{U_{\mathrm{i}}(s)} \tag{4-2}$$

$$F(s) = \frac{U_{\mathrm{i}}'(s)}{U_{\mathrm{o}}(s)} \tag{4-3}$$

$$U_{\mathrm{i}}(s) = U_{\mathrm{s}}(s) + U_{\mathrm{i}}'(s) \tag{4-4}$$

得

$$K_{\mathrm{u}}(s) = \frac{K(s)}{1 - K(s)F(s)} = \frac{K(s)}{1 - T(s)} \tag{4-5}$$

其中

$$T(s) = K(s)F(s) = \frac{U_{\mathrm{i}}'(s)}{U_{\mathrm{i}}(s)} \tag{4-6}$$

称为反馈系统的环路增益。用 $s = \mathrm{j}\omega$ 代入，就得到稳态下的传输系数和环路增益。由式 (4-5) 可知，若在某一频率 $\omega = \omega_1$ 上 $T(\mathrm{j}\omega_1)$ 等于 1，$K_{\mathrm{u}}(\mathrm{j}\omega)$ 将趋于无穷大，这表明即使没有外加信号，也可以维持振荡输出。因此自激振荡的条件就是环路增益为 1，即

$$T(\mathrm{j}\omega) = K(\mathrm{j}\omega)F(\mathrm{j}\omega) = 1 \tag{4-7}$$

通常又称为振荡器的平衡条件。

由式 (4-6) 还可知

$$\begin{cases} |T(\mathrm{j}\omega)| > 1, & |U_{\mathrm{i}}'(\mathrm{j}\omega)| > |U_{\mathrm{i}}(\mathrm{j}\omega)|, & \text{形成增幅振荡} \\ |T(\mathrm{j}\omega)| < 1, & |U_{\mathrm{i}}'(\mathrm{j}\omega)| < |U_{\mathrm{i}}(\mathrm{j}\omega)|, & \text{形成减幅振荡} \end{cases} \tag{4-8}$$

4.1.2 平衡条件

振荡器的平衡条件即为

$$T(\mathrm{j}\omega) = K(\mathrm{j}\omega)F(\mathrm{j}\omega) = 1$$

也可以表示为

$$|T(\mathrm{j}\omega)| = KF = 1 \tag{4-9a}$$

$$\varphi_{\mathrm{T}} = \varphi_{\mathrm{K}} + \varphi_{\mathrm{F}} = 2n\pi \qquad n = 0, 1, 2, \cdots \tag{4-9b}$$

式 (4-9a) 和 (4-9b) 分别称为振幅平衡条件和相位平衡条件。

现以单调谐谐振放大器为例来看 $K(\mathrm{j}\omega)$ 与 $F(\mathrm{j}\omega)$ 的意义。若 $\dot{U}_{\mathrm{o}} = \dot{U}_{\mathrm{c}}$，$\dot{U}_{\mathrm{i}} = \dot{U}_{\mathrm{b}}$，则由式 (4-2) 可得

$$K(\mathrm{j}\omega) = \frac{\dot{U}_{\mathrm{o}}}{\dot{U}_{\mathrm{i}}} = \frac{\dot{U}_{\mathrm{c}}}{\dot{U}_{\mathrm{b}}} = \frac{\dot{I}_{\mathrm{c}}}{\dot{U}_{\mathrm{b}}} \frac{\dot{U}_{\mathrm{c}}}{\dot{I}_{\mathrm{c}}} = -Y_{\mathrm{f}}(\mathrm{j}\omega)Z_{\mathrm{L}} \tag{4-10}$$

式中，Z_{L} 为放大器的负载阻抗

$$Z_{\mathrm{L}} = -\frac{\dot{U}_{\mathrm{c}}}{\dot{I}_{\mathrm{c}}} = R_{\mathrm{L}} \mathrm{e}^{\mathrm{j}\varphi_{\mathrm{L}}} \tag{4-11}$$

$Y_{\mathrm{f}}(\mathrm{j}\omega)$ 为晶体管的正向转移导纳。

$$Y_{\mathrm{f}}(\mathrm{j}\omega) = \frac{\dot{I}_{\mathrm{c}}}{\dot{U}_{\mathrm{b}}} = Y_{\mathrm{f}} \mathrm{e}^{\mathrm{j}\varphi_{\mathrm{f}}} \tag{4-12}$$

Z_L 应该考虑反馈网络对回路的负载作用,它基本上是一线性元件。$\dot{I}_c$ 是电流的基波频率分量,当晶体管在大信号工作时,它可对 i_c 的谐波分析得到。$\dot{I}_c$ 与 $\dot{U}_b$ 成非线性关系。因而一般来说 Y_f 和 K 都是随信号大小而变化的。

由式(4 - 3)可知,$F(j\omega)$ 一般情况下是线性电路的电压比值,但若考虑晶体管的输入电阻影响,它也会随信号大小稍有变化(主要考虑对 φ_F 的影响)。为分析方便,引入一个与 $F(j\omega)$ 反号的反馈系数 $F'(j\omega)$

$$F'(j\omega) = F' e^{j\varphi_{F'}} = -F(j\omega) = -\frac{\dot{U}_i'}{\dot{U}_c} \qquad (4-13)$$

这样,振荡条件可写为

$$T(j\omega) = -Y_f(j\omega)Z_L F(j\omega) = Y_f(j\omega)Z_L F'(j\omega) = 1 \qquad (4-14)$$

即振幅平衡条件和相位平衡条件分别可写为

$$Y_f R_L F' = 1 \qquad (4-15a)$$

$$\varphi_f + \varphi_L + \varphi_F' = 2n\pi \qquad n = 0, 1, 2, \cdots \qquad (4-15b)$$

在平衡状态中,电源供给的能量正好抵消整个环路损耗的能量,平衡时输出幅度将不再变化,因此振幅平衡条件决定了振荡器输出振幅的大小。必须指出,环路只有在某一特定的频率上才能满足相位平衡条件,也就是说相位平衡条件决定了振荡器输出信号的频率大小,解 $\varphi_T = 0$ 得到的根即为振荡器的振荡频率,一般在回路的谐振频率附近。

4.1.3 起振条件

振荡器在实际应用时,不应有图 4 - 1 所示的外加信号 $U_s(s)$,应当是振荡器一加上电后即产生输出,那么初始的激励是从哪里来的呢?

振荡的最初来源是振荡器在接通电源时不可避免地存在的电冲击及各种热噪声等,例如:在加电时晶体管电流由零突然增加,突变的电流包含有很宽的频谱分量,在它们通过负载回路时,由谐振回路的性质即只有频率等于回路谐振频率的分量可以产生较大的输出电压,而其它频率成分不会产生压降,因此负载回路上只有频率为回路谐振频率的成分产生压降,该压降通过反馈网络产生出较大的正反馈电压,反馈电压又加到放大器的输入端,进行放大、反馈,不断地循环下去,谐振负载上将得到频率等于回路谐振频率的输出信号。

在振荡开始时由于激励信号较弱,输出电压的振幅 U_o 较小,经过不断放大、反馈循环,输出幅度 U_o 逐渐增大,否则输出信号幅度过小,没有任何价值。为了使振荡过程中输出幅度不断增加,应使反馈回来的信号比输入到放大器的信号大,即振荡开始时应为增幅振荡,因而由式(4 - 8)可知

$$T(j\omega) > 1$$

称为自激振荡的起振条件,也可写为

$$|T(j\omega)| = Y_f R_L F' > 1 \qquad (4-16a)$$

$$\varphi_T = \varphi_f + \varphi_L + \varphi_{F'} = 2n\pi \qquad n = 0, 1, 2, \cdots \qquad (4-16b)$$

式(4 - 16a)和(4 - 16b)分别称为起振的振幅条件和相位条件,其中起振的相位条件即为正反馈条件。

振荡器工作时怎样由 $|T(j\omega)| > 1$ 过渡到 $|T(j\omega)| = 1$ 的呢？我们知道放大器进行小信号放大时必须工作在晶体管的线性放大区，即起振时放大器工作在线性区，此时放大器的输出随输入信号的增加而线性增加；随着输入信号振幅的增加，放大器逐渐由放大区进入截止区或饱和区，进入非线性状态，此时的输出信号幅度增加有限，即增益将随输入信号的增加而下降，如图 4 - 2 所示。所以，振荡器工作到一定阶段，环路增益将下降。当 $|T(j\omega)| = 1$ 即工作到图 4 - 2(b) 中 A 点时，振幅的增长过程将停止，振荡器到达平衡状态，进行等幅振荡。因此，振荡器由增幅振荡过渡到稳幅振荡，是由放大器的非线性完成的。需要说明的是，电路的起振过程是非常短暂的，可以认为只要电路设计合理，满足起振条件，振荡器一通上电，输出端就有稳定幅度的输出信号。

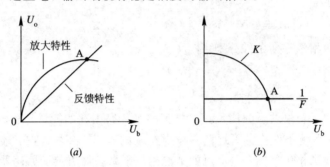

图 4 - 2　振幅条件的图解表示

4.1.4　稳定条件

处于平衡状态的振荡器应考虑其工作的稳定性，这是因为振荡器在工作的过程中不可避免地要受到外界各种因素的影响，如温度改变、电源电压的波动等等，这些变化将使放大器放大倍数和反馈系数改变，破坏了原来的平衡状态，对振荡器的正常工作将会产生影响。如果通过放大和反馈的不断循环，振荡器能在原平衡点附近建立起新的平衡状态，而且当外界因素消失后，振荡器能自动回到原平衡状态，则原平衡点是稳定的；否则，原平衡点为不稳定的。

振荡器的稳定条件分为振幅稳定条件和相位稳定条件。

要使振幅稳定，振荡器在其平衡点必须具有阻止振幅变化的能力。具体来说即是，在平衡点附近，当不稳定因素使振幅增大时，环路增益的模值 T 应减小，形成减幅振荡，从而阻止振幅的增大，达到新的平衡，并保证新平衡点在原平衡点附近，否则，若振幅增大，T 也增大，则振幅将持续增大，远离原平衡点，不能形成新的平衡，振荡器不稳定；而当不稳定因素使振幅减小时，T 应增大，形成增幅振荡，阻止振幅的减小，在原平衡点附近建立起新的平衡，否则振荡器将是不稳定的。因此，振幅稳定条件为

$$\left. \frac{\partial T}{\partial U_i} \right|_{U_i = U_{iA}} < 0 \qquad (4 - 17)$$

由于反馈网络为线性网络，即反馈系数大小 F 不随输入信号改变，故振幅稳定条件又可写为

$$\left. \frac{\partial K}{\partial U_i} \right|_{U_i = U_{iA}} < 0 \qquad (4 - 18)$$

式中 K 为放大器增益大小。由于放大器的非线性，只要电路设计合理，振幅稳定一般很容易满足。若振荡器采用自偏压电路，并工作到截止状态，其 $|\partial K/\partial U_i|$ 大，振幅稳定性就好。

　　在解释振荡器的相位稳定性前，我们必须清楚，一个正弦信号的相位 φ 和它的频率 ω 之间的关系

$$\omega = \frac{\mathrm{d}\varphi}{\mathrm{d}t} \tag{4-19a}$$

$$\varphi = \int \omega \, \mathrm{d}t \tag{4-19b}$$

可见，相位的变化必然要引起频率的变化，频率的变化也必然要引起相位的变化。

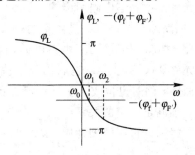

　　设振荡器原在 $\omega = \omega_1$ 时处于相位平衡状态，即有 $\varphi_L(\omega_1) + \varphi_f + \varphi_{F'} = 0$，现因外界原因使振荡器的反馈电压 $\dot{U}'_b$ 的相位超前原输入信号 $\dot{U}_b$。由于反馈相位提前(即每一周期中 $\dot{U}'_b$ 的相位均超前 $\dot{U}_b$)，振荡周期要缩短，振荡频率要提高，比如提高到 ω_2，$\omega_2 > \omega_1$。当外界因素消失后，显然 ω_2 处不满足相位平衡条件，这时，$\varphi_f + \varphi'_f$ 不变，但由于 $\omega_2 > \omega_1$(如图 4-3 所示)，φ_L 要下降，即这时 $\dot{U}'_b$ 相对于 $\dot{U}_b$ 的幅角

图 4-3　振荡器稳定工作时回路的相频特性

$$\varphi_L + \varphi_f + \varphi'_F < 0$$

这表示 $\dot{U}'_b$ 落后于 $\dot{U}_b$，导致振荡周期增长，振荡频率降低，即又恢复到原来的振荡频率 ω_1。上述相位稳定是靠 ω 增加、φ_L 降低来实现的，即并联振荡回路的相位特性保证了相位稳定。因此相位稳定条件为

$$\left.\frac{\partial \varphi_L}{\partial \omega}\right|_{\omega=\omega_1} < 0 \tag{4-20}$$

回路的 Q 值越高，$\left|\frac{\partial \varphi_L}{\partial \omega}\right|$ 值越大，其相位稳定性越好。

4.1.5　振荡线路举例——互感耦合振荡器

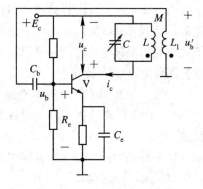

　　图 4-4 是一 LC 振荡器的实际电路，图中反馈网络由 L 和 L_1 间的互感 M 担任，因而称为互感耦合式的反馈振荡器，或称为变压器耦合振荡器。设振荡器的工作频率等于回路谐振频率，当基极加有信号 $\dot{U}_b$ 时，由三极管中的电流流向关系可知集电极输出电压 $\dot{U}_c$ 与输入电压 $\dot{U}_b$ 反相，根据图中两线圈上所标的同名端，可以判断出反馈线圈 L_1 两端的电压 $\dot{U}'_b$ 与 $\dot{U}_c$ 反相，故 $\dot{U}'_b$ 与 $\dot{U}_b$ 同相，该反馈为正反馈。因此只要电路设计合理，在工作时满足 $\dot{U}'_b = \dot{U}_b$ 条件，在输出端就会有正弦波输出。

图 4-4　互感耦合振荡器

互感耦合反馈振荡器的正反馈是由互感耦合回路中的同名端来保证的。

4.2 LC 振荡器

4.2.1 振荡器的组成原则

LC 振荡器除上节介绍的互感耦合反馈型振荡器外，还有很多其它类型的振荡器，它们大多是由基本电路引出的。基本电路就是通常所说的三端式（又称三点式）的振荡器，即 LC 回路的三个端点与晶体管的三个电极分别连接而成的电路，如图 4 - 5 所示。由图可见，除晶体管外还有三个电抗元件 X_1、X_2、X_3，它们构成了决定振荡频率的并联谐振回路，同时也构成了正反馈所需的反馈网络，为此，三者必须满足一定的关系。

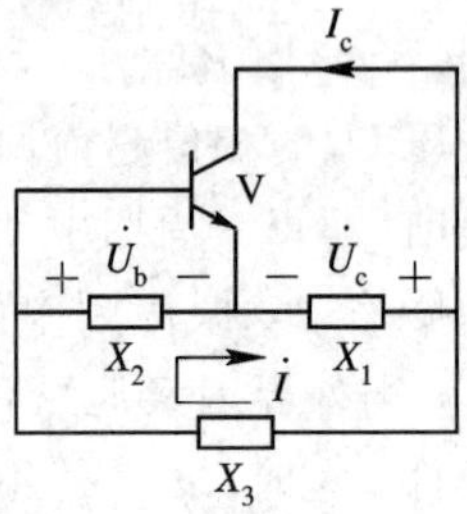

根据谐振回路的性质，谐振时回路应呈纯电阻性，因而有

$$X_1 + X_2 + X_3 = 0 \qquad (4 - 21)$$

图 4 - 5 三端式振荡器的组成

所以电路中三个电抗元件不能同时为感抗或容抗，必须由两种不同性质的电抗元件组成。

在不考虑晶体管参数（如输入电阻、极间电容等）的影响并假设回路谐振时，有 $\varphi_L = 0$，$\varphi_f = 0$。为了满足相位平衡条件，即正反馈条件，应要求 $\varphi_{F'} = 0$。根据式（4 - 11），$\dot{U}_b$ 应与 $-\dot{U}_c$ 同相，一般情况下，回路 Q 值很高，因此回路电流 $\dot{I}$ 远大于晶体管的基极电流 $\dot{I}_b$、集电极电流 $\dot{I}_c$ 以及发射极电流 $\dot{I}_e$，故由图 4 - 5 有

$$\dot{U}_b = jX_2\dot{I} \qquad (4 - 22a)$$
$$\dot{U}_c = -jX_1\dot{I} \qquad (4 - 22b)$$

因此 X_1、X_2 应为同性质的电抗元件。

综上所述，从相位平衡条件判断图 4 - 5 所示的三端式振荡器能否振荡的原则为

(1) X_1 和 X_2 的电抗性质相同；

(2) X_3 与 X_1、X_2 的电抗性质相反。

为便于记忆，可以将此原则具体化：与晶体管发射极相连的两个电抗元件必须是同性质的，而不与发射极相连的另一电抗与它们的性质相反，简单可记为"射同余异"。考虑到场效应管与晶体管电极对应关系，只要将上述原则中的发射极改为源极即可适用于场效应管振荡器，即"源同余异"。

三端式振荡器有两种基本电路，如图 4 - 6 所示。图 4 - 6 (a) 中 X_1 和 X_2 为容性，X_3 为感性，满足三端式振荡器的组成原则，反馈网络是由电容元件完成的，称为电容反馈振荡器，也称为考必兹（Colpitts）振荡器；图 4 - 6(b) 中 X_1 和 X_2 为感性，X_3 为容性，满足三端式振荡器的组成原则，反馈网络是由电感元件完成的，称为电感反馈振荡器，也称为哈特莱（Hartley）振荡器。

图 4 - 7 是一些常见振荡器的高频电路，读者不妨自行判断它们是由哪种基本线路演变而来的。

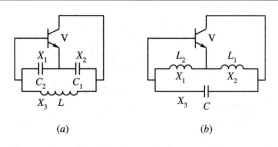

图 4 - 6　两种基本的三端式振荡器

(a) 电容反馈振荡器；(b) 电感反馈振荡器

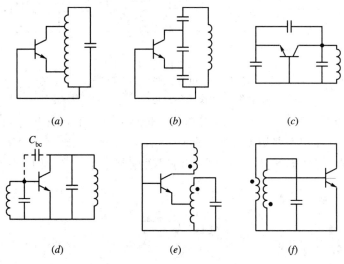

图 4 - 7　几种常见振荡器的高频电路

4.2.2　电容反馈振荡器

图 4 - 8(a)是一电容反馈振荡器的实际电路，图(b)是其交流等效电路。由图(b)可看出该电路满足振荡器的相位条件，且反馈是由电容产生的，因此称为电容反馈振荡器。图(a)中，电阻 R_1、R_2、R_e 起直流偏置作用，在开始振荡前这些电阻决定了静态工作点，当振荡产生以后，由于晶体管的非线性及工作在截止状态，基极、发射极电流将发生变化，这些电阻又起自偏压作用，从而限制和稳定了振荡的幅度大小；C_e 为旁路电容，C_b 为隔直电容，保证起振时具有合适的静态工作点及交流通路。图中的扼流圈 L_c 可以防止集电极交流电流从电源入地，L_c 的交流电阻很大，可以视为开路，但直流电阻很小，可为集电极提供直流通路。

下面分析一下该电路的振荡频率及起振条件。图 4 - 8(c)示出了图 4 - 8(a)的高频小信号等效电路，由于起振时晶体管工作在小信号线性放大区，因此可以用小信号 Y 参数等效电路。为分析方便起见，在等效时作了以下简化：

（1）忽略晶体管内部反馈 $Y_{re} = 0$ 的影响；

（2）晶体管的输入电容、输出电容很小，可以忽略它们的影响，也可以将它们包含在回路电容 C_1、C_2 中，所以不单独考虑；

（3）忽略晶体管集电极电流 i_c 对输入信号 u_b 的相移，将 Y_{fe} 用跨导 g_m 表示。

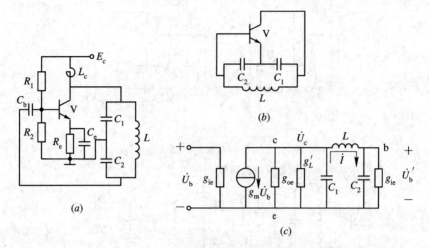

图 4-8 电容反馈振荡器电路

(a) 实际电路；(b) 交流等效电路；(c) 高频等效电路

另外在图 4-8(c)中，g'_L 表示除晶体管以外的电路中所有电导折算到 CE 两端后的总电导。由(c)图可以得出环路增益 $T(j\omega)$ 的表达式，并令 $T(j\omega)$ 虚部在频率为 ω_1 时等于零，则根据振荡器的相位平衡条件，ω_1 即为振荡器的振荡频率，因此图 4-8 电路的振荡频率为

$$\omega_1 = \sqrt{\frac{1}{LC} + \frac{g_{ie}(g_{oe} + g'_L)}{C_1 C_2}} \tag{4-23}$$

C 为回路的总电容

$$C = \frac{C_1 C_2}{C_1 + C_2} \tag{4-24}$$

通常式(4-23)中的第二项远小于第一项，也就是说振荡器的振荡频率 ω_1 可以近似用回路的谐振频率 $\omega_0 = \sqrt{1/LC}$ 表示，因此我们在分析计算振荡器的振荡频率时可以近似用回路的谐振频率来表示，即

$$\omega_1 \approx \omega_0 = \sqrt{\frac{1}{LC}} \tag{4-25}$$

由图 4-8(c)可知，当不考虑 g_{ie} 的影响时，反馈系数 $F(j\omega)$ 的大小为

$$K_F = |F(j\omega)| = \frac{U_b}{U_c} = \frac{\dfrac{I}{\omega C_2}}{\dfrac{I}{\omega C_1}} = \frac{C_1}{C_2} \tag{4-26}$$

工程上一般采用上式估算反馈系数的大小。

将 g_{ie} 折算到放大器输出端，有

$$g'_{ie} = \left(\frac{U_b}{U_c}\right)^2 g_{ie} = K_F^2 g_{ie} \tag{4-27}$$

因此，放大器总的负载电导 g_L 为

$$g_L = K_F^2 g_{ie} + g_{oe} + g'_L \tag{4-28}$$

则由振荡器的振幅起振条件 $Y_f R_L F' > 1$，可以得到

$$g_{\mathrm{m}} \geqslant (g_{\mathrm{oe}} + g_{\mathrm{L}}') \frac{1}{K_{\mathrm{F}}} + g_{\mathrm{ie}} K_{\mathrm{F}} \qquad (4-29)$$

只要在设计电路时使晶体管的跨导满足上式，振荡器就可以振荡。上式右边第一项表示输出电导和负载电导对振荡的影响，K_{F} 越大，越容易振荡；第二项表示输入电阻对振荡的影响，g_{ie}、K_{F} 越大，越不容易振荡。因此，考虑晶体管输入电阻对回路的加载作用，K_{F} 并非越大越好。在 g_{m}、g_{ie}、g_{oe} 一定时，可以通过调整 K_{F}、g_{L}' 来保证起振。K_{F} 的大小一般取 $0.1 \sim 0.5$。为了保证振荡器有一定的稳定振幅，起振时环路增益一般取 $3 \sim 5$。

4.2.3 电感反馈振荡器

图 4-9 是一电感反馈振荡器的实际电路和交流等效电路。由图可见它是依靠电感产生反馈电压的，因而称为电感反馈振荡器。通常电感是绕在同一带磁芯的骨架上，它们之间存在有互感，用 M 表示。同电容反馈振荡器的分析一样，振荡器的振荡频率可以用回路的谐振频率近似表示，即

$$\omega_1 \approx \omega_0 = \sqrt{\frac{1}{LC}} \qquad (4-30)$$

式中的 L 为回路的总电感，由图 4-9 有

$$L = L_1 + L_2 + 2M \qquad (4-31)$$

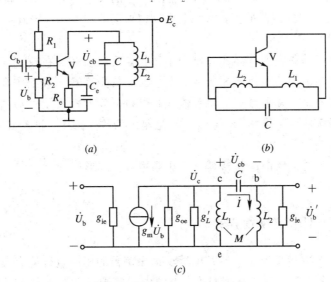

$$(a) \qquad\qquad (b)$$

$$(c)$$

图 4-9 电感反馈振荡器电路
(a) 实际电路；(b) 交流等效电路；(c) 高频等效电路

由相位平衡条件分析，振荡器的振荡频率表达式为

$$\omega_1 = \sqrt{\frac{1}{LC + g_{\mathrm{ie}}(g_{\mathrm{oe}} + g_{\mathrm{L}}')(L_1 L_2 - M^2)}} \qquad (4-32)$$

式中的 g_{L}' 与电容反馈振荡器相同，表示除晶体管以外的所有电导折算到 ce 两端后的总电导。由式 (4-30) 和式 (4-32) 可见，振荡频率近似用回路的谐振频率表示时其偏差较小，而且线圈耦合越紧，偏差越小。

工程上在计算反馈系数时不考虑 g_{ie} 的影响，反馈系数的大小为

$$K_F = | \ F(j\omega) \ | \approx \frac{L_2 + M}{L_1 + M} \qquad (4-33)$$

由起振条件分析，同样可得起振时的 g_m 应满足

$$g_m \geqslant (g_{oe} + g'_L) \frac{1}{K_F} + g_{ie} K_F \qquad (4-34)$$

在讨论了电容反馈的振荡器和电感反馈的振荡器后，对它们的特点比较如下：

（1）两种线路都简单，容易起振。电感反馈振荡器只要改变线圈抽头位置就可以改变反馈值 F，而电容反馈振荡器需要改变 C_1、C_2 的比值。

（2）由于晶体管存在极间电容，对于电感反馈振荡器，极间电容与回路电感并联，在频率高时极间电容影响大，有可能使电抗的性质改变，故电感反馈振荡器的工作频率不能过高；电容反馈振荡器，其极间电容与回路电容并联，不存在电抗性质改变的问题，故工作频率可以较高。

（3）振荡器在稳定振荡时，晶体管工作在非线性状态，在回路上除有基波电压外还存在少量谐波电压（谐波电压大小与回路的 Q 值有关）。对于电容反馈振荡器，由于反馈是由电容产生的，所以，高次谐波在电容上产生的反馈压降较小；而对于电感反馈的振荡器，反馈是由电感产生的，所以，高次谐波在电感上产生的反馈压降较大，即电感反馈振荡器输出的谐波较电容反馈振荡器的大，因此电容反馈振荡器的输出波形比电感反馈振荡器的输出波形要好。

（4）改变电容能够调整振荡器的工作频率。电容反馈振荡器在改变频率时，反馈系数也将改变，影响了振荡器的振幅起振条件，故电容反馈振荡器一般工作在固定频率；电感反馈振荡器改变频率时，并不影响反馈系数，工作频带较电容反馈振荡器的宽。需要指出的是，电感反馈振荡器的工作频带不会很宽，这是因为改变频率，将改变回路的谐振阻抗，可能使振荡器停振。

综上所述，由于电容反馈振荡器具有工作频率高、波形好等优点，在许多场合得到了应用。

4.2.4 两种改进型电容反馈振荡器

由于极间电容对电容反馈振荡器及电感反馈振荡器的回路电抗均有影响，所以对振荡频率也会有影响。而极间电容受环境温度、电源电压等因素的影响较大，所以上述两种电路的频率稳定度不高。为了提高稳定度，需要对电路作改进以减少晶体管极间电容对回路的影响，此时，可以采用减弱晶体管与回路之间耦合的方法，由此得到两种改进型电容反馈的振荡器——克拉泼（Clapp）振荡器和西勒（Siler）振荡器。

1. 克拉泼振荡器

图 4-10 是克拉泼振荡器的实际电路和交流等效电路，它是用电感 L 和可变电容 C_3 的串联电路代替原电容反馈振荡器中的电感构成的，且 $C_3 \ll C_1$、C_2。只要 L 和 C_3 串联电路等效为一电感（在振荡频率上），该电路即满足三端式振荡器的组成原则，而且属于电容反馈式振荡器。

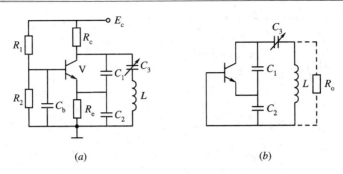

图 4 - 10　克拉泼振荡器电路

(a) 实际电路；(b) 交流等效电路

由图 4 - 10 可知，回路的总电容为

$$\frac{1}{C} = \frac{1}{C_1} + \frac{1}{C_2} + \frac{1}{C_3} \overset{C_3 \ll C_1 , C_2}{\approx} \frac{1}{C_3} \tag{4 - 35}$$

可见，回路的总电容 C 将主要由 C_3 决定，而极间电容与 C_1、C_2 并联，所以极间电容对总电容的影响就很小；并且 C_1、C_2 只是回路的一部分，晶体管以部分接入的形式与回路连接，减弱了晶体管与回路之间的耦合。接入系数 p 为

$$p = \frac{C}{C_1} \approx \frac{C_3}{C_1} \tag{4 - 36}$$

C_1、C_2 的取值越大，接入系数 p 越小，耦合越弱。因此，克拉泼振荡器的频率稳定度得到了提高。但 C_1、C_2 不能过大，假设电感两端的电阻为 R_o（即回路的谐振电阻），则由图 4 - 10 可知等效到晶体管 ce 两端的负载电阻 R_L 为

$$R_L = p^2 R_o \approx \left(\frac{C_3}{C_1}\right)^2 R_o \tag{4 - 37}$$

因此，C_1 过大，负载电阻 R_L 很小，放大器增益就较低，环路增益也就较小，有可能使振荡器停振。振荡器的振荡频率为

$$\omega_1 \approx \omega_0 = \sqrt{\frac{1}{LC}} \approx \sqrt{\frac{1}{LC_3}} \tag{4 - 38}$$

反馈系数的大小为

$$K_F = \frac{C_1}{C_2} \tag{4 - 39}$$

克拉泼振荡器主要用于固定频率或波段范围较窄的场合。这是因为克拉泼振荡器频率的改变是通过调整 C_3 来实现的，根据式 (4 - 37) 可知，C_3 的改变，负载电阻 R_L 将随之改变，放大器的增益也将变化，调频率时有可能因环路增益不足而停振；另外，由于负载电阻 R_L 的变化，振荡器输出幅度也将变化，导致波段范围内输出振幅变化较大。克拉泼振荡器的频率覆盖系数（最高工作频率与最低工作频率之比）一般只有 1.2～1.3。

2. 西勒振荡器

图 4 - 11 是西勒振荡器的实际电路和交流等效电路。它的主要特点，就是与电感 L 并联一可变电容 C_4。与克拉泼振荡器一样，图中 $C_3 \ll C_1$、C_2，因此晶体管与回路之间耦合较弱，频率稳定度高。与电感 L 并联的可变电容 C_4 是用来改变振荡器的工作波段，而电容 C_3 是起微调频率的作用。

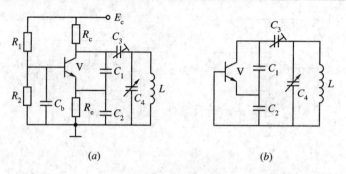

图 4 - 11　西勒振荡器电路

(a) 实际电路；(b) 交流等效电路

由图 4 - 11 可知，回路的总电容为

$$C = \frac{1}{\dfrac{1}{C_1} + \dfrac{1}{C_2} + \dfrac{1}{C_3}} + C_4 \approx C_3 + C_4 \tag{4 - 40}$$

振荡器的振荡频率为

$$\omega_1 \approx \omega_0 = \sqrt{\frac{1}{LC}} \approx \sqrt{\frac{1}{L(C_3 + C_4)}} \tag{4 - 41}$$

由于改变频率主要是通过调整 C_4 完成的，C_4 的改变并不影响接入系数 p（由图 4 - 10 和图 4 - 11 可知，西勒振荡器的接入系数与克拉泼振荡器的相同），所以波段内输出幅度较平稳。而且由式(4 - 41)可见，C_4 改变，频率变化较明显，故西勒振荡器的频率覆盖系数较大，可达 1.6～1.8。西勒振荡器适用于较宽波段工作，在实际中用得较多。

4.2.5　场效应管振荡器

原则上说，上述各种晶体三极管振荡器线路，都可以用场效应管构成，可以根据振荡原理导出用场效应管参数表示的振荡条件，分析方法与晶体三极管振荡器类似，在此不再详细分析，仅举几个电路说明场效应管振荡器，如图 4 - 12 所示。

图 4 - 12(a)是一栅极调谐型场效应管振荡器的线路，它是由结型场效应管构成的互感耦合振荡器，图上两线圈的极性关系保证了此振荡器的正反馈；图 4 - 12(b)是电感反馈场效应管振荡器线路；图 4 - 12(c)是电容反馈场效应管振荡器线路。

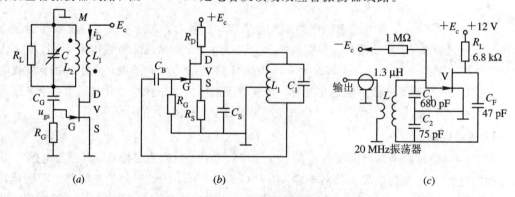

图 4 - 12　由场效应管构成的振荡器电路

(a) 互感耦合场效应管振荡器；(b) 电感反馈场效应管振荡器；(c) 电容反馈场效应管振荡器

4.2.6　压控振荡器

在 LC 振荡器决定振荡频率的 LC 回路中，使用电压控制电容器(变容管)，可以在一定的频率范围内构成电调谐振荡器。这种包含有压控元件作为频率控制器件的振荡器就称为压控振荡器。它广泛应用于频率调制器、锁相环路，以及无线电发射机和接收机中。

在压控振荡器中，振荡频率应只随加在变容管上的控制电压而变化，但在实际电路中，振荡电压也加在变容管两端，这使得振荡频率在一定程度上也随振荡幅度而变化，这是不希望的。为了减小振荡频率随振荡幅度的变化，应尽量减小振荡器的输出振荡电压幅度，并使变容管工作在较大的固定直流偏压(如大于 1 V)上。图 4 - 13 示出了一压控振荡器线路，它的基本电路是一个栅极电路调谐的互感耦合振荡器。决定频率的回路元件为 L_1、C_1、C_2 和压控变容管 V_2 呈现的电容 C_j。

压控振荡器的主要性能指标为压控灵敏度和线性度。压控灵敏度定义为单位控制电压引起的振荡频率的变化量，用 S 表示，即

$$S = \frac{\Delta f}{\Delta u} \tag{4-42}$$

图 4 - 14 示出了一压控振荡器的频率—控制电压特性，一般情况下，这一特性是非线性的，非线性程度与变容管变容指数及电路形式有关。

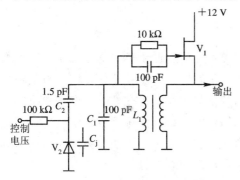

图 4 - 13　压控振荡器线路

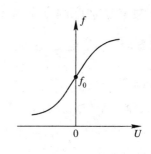

图 4 - 14　压控振荡器的频率与
控制电压关系

4.2.7　E1648 单片集成振荡器

单片集成振荡器 E1648 为 ECL 中规模集成电路，内部原理图如图 4 - 15 所示。E1648 可以产生正弦波输出，也可以产生方波输出。

E1648 输出正弦电压时的典型参数为：最高振荡频率 225 MHz，电源电压 5 V，功耗 150 mW，振荡回路输出峰峰值电压 500 mV。

E1648 单片集成振荡器的振荡频率是由 10 脚和 12 脚之间的外接振荡电路的 L、C 值决定，并与两脚之间的输入电容 C_i 有关，其表达式为

$$f = \frac{1}{2\pi \sqrt{L(C + C_i)}}$$

改变外接回路元件参数，可以改变 E1648 单片集成振荡器的工作频率。在 5 脚外加一正电压时，可以获得方波输出。

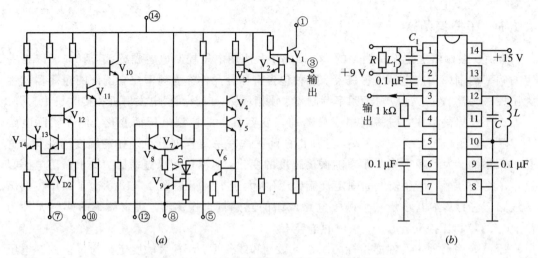

图 4 - 15　E1648 内部原理图及构成的振荡器

4.3　频率稳定度

4.3.1　频率稳定度的意义和表征

　　振荡器的频率稳定度是指由于外界条件的变化，引起振荡器的实际工作频率偏离标称频率的程度，它是振荡器的一个很重要的指标。我们知道，振荡器一般是作为某种信号源使用的(作为高频加热之类应用的除外)，振荡频率的不稳定将有可能使设备和系统的性能恶化，如在通信中所用的振荡器，若频率的不稳定将有可能使所接收的信号部分甚至完全收不到，另外还有可能干扰原来正常工作的邻近频道的信号。再如在数字设备中用到的定时器都是以振荡器为信号源的，频率的不稳定会造成定时不稳等。

　　频率稳定度在数量上通常用频率偏差来表示。频率偏差是指振荡器的实际频率和指定频率之间的偏差，它可分为绝对偏差和相对偏差。设 f_1 为实际工作频率，f_0 为标称频率，则绝对偏差为

$$\Delta f = f_1 - f_0 \qquad\qquad (4-43)$$

相对偏差为

$$\frac{\Delta f}{f_0} = \frac{f_1 - f_0}{f_0} \qquad\qquad (4-44)$$

　　在上述偏差中，除了由于置定和测量不准引起的原因外(这一般称为频率准确度)，人们最关心的是频率随时间变化而产生的偏差，通常称为频率稳定度(实际上应称为频率不稳定度)。频率稳定度通常定义为在一定时间间隔内，振荡器频率的相对变化，用 $\Delta f/f_1\big|_{时间间隔}$ 表示，这个数值越小，频率稳定度越高。按照时间间隔长短不同，常将频率稳定度分为以下几种：

　　长期稳定度：一般指一天以上以至几个月的时间间隔内的频率相对变化，通常是由振荡器中元器件老化而引起的。

短期稳定度：一般指一天以内，以小时、分钟或秒计时的时间间隔内频率的相对变化。产生这种频率不稳定的因素有温度、电源电压等。

瞬时稳定度：一般指秒或毫秒时间间隔内的频率相对变化。这种频率变化一般都具有随机性质。这种频率不稳定有时也被看作振荡信号附有相位噪声。引起这类频率不稳定的主要因素是振荡器内部的噪声。衡量时常用统计规律表示。

一般我们说的频率稳定度主要是指短期稳定度，而且由于引起频率不稳的因素很多，我们笼统说振荡器的频率稳定度多大，是指在各种外界条件下频率变化的最大值。一般短波、超短波发射机的频率稳定度要求是 $10^{-4} \sim 10^{-5}$ 量级，电视发射台要求 5×10^{-7}，一些军用、大型发射机及精密仪器则要求 10^{-6} 量级或更高。

4.3.2　振荡器的稳频原理

由振荡器的工作原理可知，振荡器的振荡频率 ω_1 是由振荡器的相位平衡条件所决定，因此可以从相位平衡条件出发来讨论振荡器的频率稳定性。

由式 (4 - 15b) 有

$$\varphi_{\mathrm{L}} = -(\varphi_{\mathrm{f}} + \varphi_{\mathrm{F}'})$$

设回路 Q 值较高，根据第 2 章的讨论可知，振荡回路在 ω_0 附近的幅角 φ_{L} 可以近似表示为

$$\tan\varphi_{\mathrm{L}} = -\frac{2Q_{\mathrm{L}}(\omega - \omega_0)}{\omega_0}$$

因此相位平衡条件可以表示为

$$-\frac{2Q_{\mathrm{L}}(\omega_1 - \omega_0)}{\omega_0} = \tan[-(\varphi_{\mathrm{f}} + \varphi_{\mathrm{F}'})] \qquad (4 - 45)$$

即

$$\omega_1 = \omega_0 + \frac{\omega_0}{2Q_{\mathrm{L}}}\tan(\varphi_{\mathrm{f}} + \varphi_{\mathrm{F}'}) \qquad (4 - 46)$$

因而有

$$\Delta\omega_1 = \frac{\partial\omega_1}{\partial\omega_0}\Delta\omega_0 + \frac{\partial\omega_1}{\partial Q_{\mathrm{L}}}\Delta Q_{\mathrm{L}} + \frac{\partial\omega_1}{\partial(\varphi_{\mathrm{f}} + \varphi_{\mathrm{F}'})}\Delta(\varphi_{\mathrm{f}} + \varphi_{\mathrm{F}'}) \qquad (4 - 47)$$

考虑到 Q_{L} 值较高，即 $\partial\omega_1/\partial\omega_0 \approx 1$，有

$$\Delta\omega_1 \approx \Delta\omega_0 + \frac{\omega_0}{2Q_{\mathrm{L}}\cos^2(\varphi_{\mathrm{f}} + \varphi_{\mathrm{F}'})}\Delta(\varphi_{\mathrm{f}} + \varphi_{\mathrm{F}'}) - \frac{\omega_0}{2Q_{\mathrm{L}}^2}\tan(\varphi_{\mathrm{f}} + \varphi_{\mathrm{F}'})\Delta Q_{\mathrm{l}} \qquad (4 - 48)$$

式 (4 - 48) 反映了振荡器的不稳定因素，可用图 4 - 16 表示。现在对各因素加以说明。

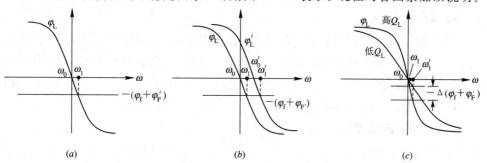

图 4 - 16　从相位平衡条件看振荡频率的变化

(a) 相位平衡条件；(b) ω_0 的变化；(c) $\varphi_{\mathrm{f}} + \varphi_{\mathrm{F}'}$、$Q_{\mathrm{L}}$ 的变化

1. 回路谐振频率 ω_0 的影响

ω_0 由构成回路的电感 L 和电容 C 决定，它不但要考虑回路的线圈电感、调谐电容和反馈电路元件外，还应考虑并在回路上的其它电抗，如晶体管的极间电容，后级负载电容（或电感）等。设回路电感和电容的总变化量分别为 ΔL、ΔC，则由 $\omega_0 = 1/\sqrt{LC}$ 可得

$$\frac{\Delta \omega_0}{\omega_0} = -\frac{1}{2}\left(\frac{\Delta L}{L} + \frac{\Delta C}{C}\right) \tag{4-49}$$

由此可见，回路元件 L 和 C 的稳定度将影响振荡器的频率稳定度。

2. $\varphi_f + \varphi_{F'}$、Q_L 对频率的影响

由式（4-48）的第二、第三项可以看出：频率稳定度取决于 $\Delta(\varphi_f + \varphi_{F'})$ 和 ΔQ_L，其中 $\Delta(\varphi_f + \varphi_{F'})$ 主要取决于晶体管内部的状态，受晶体管电流 i_c、i_b 变化的影响，ΔQ_L 通常因负载变化而引起；另外，还可以看出，若 $\varphi_f + \varphi_{F'}$ 的绝对值越小，频率稳定度就越高。通常振荡器工作频率越高，φ_f 的绝对值也就越大。$\varphi_{F'}$ 主要是由于基极输入电阻引起的，输入电阻对回路的加载越重，反馈系数 F' 越大，$\varphi_{F'}$ 的值也就越大。另外，回路的 Q_L 越大，频率稳定度就越高，这是提高振荡器频率稳定度的一项重要措施。但是，当回路线圈的无载值 Q_0 一定时，提高 Q_L，就意味着负载对回路的加载要轻，回路的效率要降低。在稳定性要求高的振荡器中，只是很小一部分功率送给了负载，振荡器的总效率是很低的。

4.3.3 提高频率稳定度的措施

由前面的分析可知，振荡器的频率主要取决于谐振回路的参数，同时与晶体管的参数也有关，这些参数不可能固定不变，因此造成了振荡频率的不稳定。稳频的主要措施有：

1. 提高振荡回路的标准性

振荡回路的标准性是指回路元件和电容的标准性。温度是影响的主要因素：温度的改变，导致电感线圈和电容器极板的几何尺寸将发生变化，而且电容器介质材料的介电系数及磁性材料的导磁率也将变化，从而使电感、电容值改变。为减少温度的影响，应该采用温度系数较小的电感、电容，如电感线圈可采用高频瓷骨架，固定电容可采用陶瓷介质电容，可变电容宜采用极片和转轴为膨胀系数小的金属材料（如铁镍合金）。还可以用负温度系数的电容补偿正温度系数的电感的变化，在对频率稳定度要求较高的振荡器中，为减少温度对振荡频率的影响，可以将振荡器放在恒温槽内。

2. 减少晶体管的影响

在上节分析反馈型振荡器原理时已提到，极间电容将影响频率稳定度，在设计电路时应尽可能减少晶体管和回路之间的耦合。另外，应选择 f_T 较高的晶体管，f_T 越高，高频性能越好，可以保证在工作频率范围内均有较高的跨导，电路易于起振；而且 f_T 越高，晶体管内部相移越小。一般可选择 $f_T > (3 \sim 10)f_{1max}$，$f_{1max}$ 为振荡器最高工作频率。

3. 提高回路的品质因数

我们先回顾一下相位稳定条件，要使相位稳定，回路的相频特性应具有负的斜率，斜率越大，相位越稳定。根据 LC 回路的特性，回路的 Q 值越大，回路的相频特性斜率就越大，即回路的 Q 值越大，相位越稳定。从相位与频率的关系可得，此时的频率也越稳定。

前面介绍的电容、电感反馈的振荡器，其频率稳定度一般为 10^{-3} 量级，两种改进型的电容反馈振荡器克拉泼振荡器和西勒振荡器，由于降低了晶体管和回路之间的耦合，频率稳定度可以达到 10^{-4} 量级。对于 LC 振荡器，即使采用一定的稳频措施，其频率稳定度也不会太高，这是由于受到回路标准性的限制。要进一步提高振荡器的频率稳定度就要采用其它的电路和方法。

4. 减少电源、负载等的影响

电源电压的波动，会使晶体管的工作点、电流发生变化，从而改变晶体管的参数，降低频率稳定度。为了减小其影响，振荡器电源应采取必要的稳压措施。

负载电阻并联在回路的两端，这会降低回路的品质因数，从而使振荡器的频率稳定度下降。为了减小其影响，应减小负载对回路的耦合，可以在负载与回路之间加射极跟随器等措施。

另外，为提高振荡器的频率稳定度，在制作电路时应将振荡电路安置在远离热源的位置，以减小温度对振荡器的影响；为防止回路参数受寄生电容及周围电磁场的影响，可以将振荡器屏蔽起来，以提高稳定度。

4.4　LC 振荡器的设计考虑

由振荡器的原理可以看出，振荡器实际上是一个具有反馈的非线性系统，精确计算是很困难的，而且也是不必要的。因此，振荡器的设计通常是进行一些设计考虑和近似估算，选择合理的线路和工作点，确定元件的数值，而工作状态和元件的准确数值需要在调整、调试中最后确定。设计时一般应考虑以下一些主要问题：

1. 振荡器电路选择

LC 振荡器一般工作在几百千赫兹至几百兆赫兹范围。振荡器线路主要根据工作的频率范围及波段宽度来选择。在短波范围，电感反馈振荡器、电容反馈振荡器都可以采用。在中、短波收音机中，为简化电路常用变压器反馈振荡器做本地振荡器。在要求波段范围较宽的信号产生器中常用电感反馈振荡器。在短波、超短波波段的通信设备中常用电容反馈振荡器。当频率稳定度要求较高，波段范围又不很宽的场合，常用克拉泼、西勒振荡器。西勒振荡器电路调节频率方便，有一定的波段工作范围，用得较多。

2. 晶体管选择

从稳频的角度出发，应选择 f_T 较高的晶体管，这样晶体管内部相移较小。通常选择 $f_T > (3 \sim 10) f_{1\max}$。同时希望电流放大系数 β 大些，这既容易振荡，也便于减小晶体管和回路之间的耦合。虽然不要求振荡器中的晶体管输出多大功率，但考虑到稳频等因素，晶体管的额定功率也应有足够的余量。

3. 直流馈电线路的选择

为保证振荡器起振的振幅条件，起始工作点应设置在线性放大区；从稳频出发，稳定状态应在截止区，而不应在饱和区，否则回路的有载品质因数 Q_L 将降低。所以，通常应将晶体管的静态偏置点设置在小电流区，电路应采用自偏压。对于小功率晶体管，集电极静态电流约为 $1\sim4$ mA。

4. 振荡回路元件选择

从稳频出发，振荡回路中电容 C 应尽可能大，但 C 过大，不利于波段工作；电感 L 也应尽可能大，但 L 大后，体积大，分布电容大，L 过小，回路的品质因数过小，因此应合理地选择回路的 C、L。在短波范围，C 一般取几十至几百皮法，L 一般取 0.1 至几十微亨。

5. 反馈回路元件选择

由前述可知，为了保证振荡器有一定的稳定振幅以及容易起振，在静态工作点通常应选择

$$Y_f R_L F' = 3 \sim 5 \tag{4-50}$$

当静态工作点确定后，Y_f 的值就一定，对于小功率晶体管可以近似为

$$Y_f = g_m = \frac{I_{cQ}}{26\ \text{mV}}$$

反馈系数的大小应在下列范围选择

$$F = 0.1 \sim 0.5 \tag{4-51}$$

在按上述方法选择参数 R_L、F 时，显然不能够预期稳定状态时的电压、电流，只能保证在合理的状态下产生振荡。

4.5　石英晶体振荡器

石英晶体振荡器是利用石英晶体谐振器作滤波元件构成的振荡器，其振荡频率由石英晶体谐振器决定。与 LC 谐振回路相比，石英晶体谐振器具有很高的标准性和极高的品质因数，因此石英晶体振荡器具有较高的频率稳定度，采用高精度和稳频措施后，石英晶体振荡器可以达到 $10^{-4}\sim10^{-9}$ 的频率稳定度。

4.5.1　石英晶体振荡器频率稳定度

石英晶体振荡器之所以能获得很高的频率稳定度，由第 2 章可知，是由于石英晶体谐振器与一般的谐振回路相比具有优良的特性，具体表现为：

（1）石英晶体谐振器具有很高的标准性。石英晶体振荡器的振荡频率主要由石英晶体谐振器的谐振频率决定。石英晶体的串联谐振频率 f_q 主要取决于晶片的尺寸，石英晶体的物理性能和化学性能都十分稳定，它的尺寸受外界条件如温度、湿度等影响很小，因而其等效电路的 L_q、C_q 值很稳定，使得 f_q 很稳定。

（2）石英晶体谐振器与有源器件的接入系数 p 很小，一般为 $10^{-3}\sim10^{-4}$。这大大减弱了有源器件的极间电容等参数和外电路中不稳定因素对石英晶体振荡器决定频率振荡系统的影响。

（3）石英晶体谐振器具有非常高的 Q 值。Q 值一般为 $10^4\sim10^6$，与 Q 值仅为几百数量级的普通 LC 回路相比，其 Q 值极高，维持振荡频率稳定不变的能力极强。

4.5.2　晶体振荡器电路

晶体振荡器的电路类型很多，但根据晶体在电路中的作用，可以将晶体振荡器归为两大类：并联型晶体振荡器和串联型晶体振荡器。在并联型晶体振荡器中，晶体起等效电感的作用，它和其它电抗元件组成决定频率的并联谐振回路与晶体管相连。由晶体的阻抗频率特性可知，并联型晶体振荡器的振荡频率在石英晶体谐振器的 f_q 与 f_p 之间；在串联型晶体振荡器中，振荡器工作在邻近 f_q 处，晶体以低阻抗接入电路，即晶体起选频短路线的作用。两类电路都可以利用基频晶体或泛音晶体。

1. 并联型晶体振荡器

图 4 - 17 示出了一种典型的晶体振荡器电路，当振荡器的振荡频率在晶体的串联谐振频率和并联谐振频率之间时晶体呈感性，该电路满足三端式振荡器的组成原则，而且该电路与电容反馈的振荡器对应，通常称为皮尔斯（Pierce）振荡器。C_3 起到微调振荡器频率的作用，同时也起到减小晶体管和晶体之间的耦合作用。C_1、C_2 既是回路的一部分，也是反馈电路。

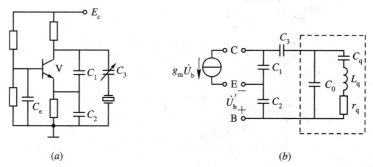

(a)　　　　　　　　　　　　　　　　(b)

图 4 - 17　皮尔斯振荡器

皮尔斯振荡器的工作频率应由 C_1、C_2、C_3 及晶体构成的回路决定，即由晶体电抗 X_e 与外部电容相等的条件决定，设外部电容为 C_L，则

$$X_e - \frac{1}{\omega_1 C_L} = 0 \qquad\qquad (4-52)$$

由图有

$$\frac{1}{C_L} = \frac{1}{C_1} + \frac{1}{C_2} + \frac{1}{C_3} \qquad (4-53)$$

将式(4 - 52)用图形表示为图 4 - 18 的情形。图中有两个交点，靠近晶体串联频率 ω_q 附近的 ω_1 是稳定工作点。当 ω_1 靠近 ω_q 时，由图 4 - 18，电抗 X_e 与忽略晶体损耗时的晶体电抗很接近，因此振荡频率 f_1 等于包括并联电容 C_L 在内的并联谐振频率。因 C_L 实际与晶体静电容并联，因此只要引入一等效接入系数 p'

$$p' = \frac{C_q}{C_L + C_o + C_q} \approx \frac{C_q}{C_L + C_o} \qquad (4-54)$$

则由前面并联谐振频率公式可得

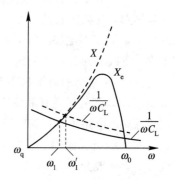

图 4 - 18　并联型晶体振荡器稳
频原理

$$f_1 = f_q\left(1 + \frac{p'}{2}\right) \tag{4-55}$$

由上式可见，改变 C_L 可以微调振荡频率。通常电路中 $C_3 \ll C_1$、C_2，C_L 主要由 C_3 决定，实际电路中用与晶体串一小电容 C_3 来微调振荡频率。通常，晶体制造厂家为便利用户，对用于并联型电路的晶体，规定一标准的负载电容 C_L，可以将振荡频率调整到晶体标称频率上。在几兆赫兹至几十兆赫兹范围，一般 C_L 规定为 30 pF。

反馈系数 F 的大小为

$$|F| = \frac{C_1}{C_2} \tag{4-56}$$

由于晶体的品质因数 Q_q 很高，故其并联谐振电阻 R_o 也很高，虽然接入系数 p 较小，但等效到晶体管 CE 两端的阻抗 R_L 仍较高，因此放大器的增益较高，电路很容易满足振幅起振条件。图 4-19 是并联型晶体振荡器的实际线路，其适宜的工作频率范围为 $0.85\sim$ 15 MHz。

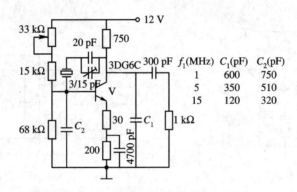

图 4-19　并联型晶体振荡器的实用线路

如图 4-20 示出了另一种并联型晶体振荡器电路，该电路晶体接在基极和发射极之间，只要晶体呈现感性，该电路即满足三端式振荡器的组成原则，且电路类似于电感反馈的振荡器，又称为密勒（Miler）振荡器。由于晶体与晶体管的低输入阻抗并联，降低了有载品质因数 Q_L，故密勒振荡器的频率稳定度较低。

由于皮尔斯振荡器的频率稳定度比密勒振荡器高，故实际应用的晶体振荡器大多为皮尔斯振荡器，在频率较高时可以采用泛音晶体构成。图 4-21 给出了一种应用泛音晶体构成的皮尔斯振荡器电路。图中 L、C_1 构成的并联谐振回路是用以破坏基频和低次泛音的相位条件，使振荡器工作在设定的泛音频率上。如电路需要工作在 5 次泛音频率上，应使 L、C_1 构成的并联回路的谐振频率低于 5 次泛音频率，但高于所要抑制的 3 次泛音频率，这样对低于工作频率的低泛音频率来说，L、C_1 并联回路呈现一感性，不能满足三端式振荡器的组成原则，电路不能振荡，但工作在所需的 5 次泛音上时，L、C_1 并联回路就呈现容性，满足三端式的组成原则，电路能工作。需要注意的是，并联型晶体振荡器电路工作的泛音不能太高，一般为 3、5、7 次，高次泛音振荡时，由于接入系数的降低，等效到晶体管输出端的负载电阻将下降，使放大器增益减小，振荡器停振。

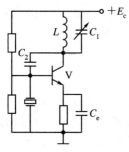

图 4 - 20　密勒振荡器

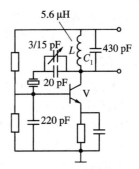

图 4 - 21　泛音晶体皮尔斯振荡器

图 4 - 22 是一场效应管晶体并联型振荡器线路，晶体等效成一感抗，构成一等效的电容反馈振荡器。

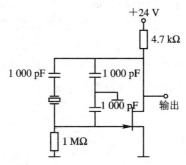

图 4 - 22　场效应管晶体并联型振荡器线路

2. 串联型晶体振荡器

在串联型晶体振荡器中，晶体接在振荡器要求低阻抗的两点之间，通常接在反馈电路中。图 4 - 23 示出了一串联型晶体振荡器的实际线路和等效电路。由图可见，如果将晶体短路，该电路即为一电容反馈的振荡器。电路的工作原理为：当回路的谐振频率等于晶体的串联谐振频率时，晶体的阻抗最小，近似为一短路线，电路满足相位条件和振幅条件，故能正常工作；当回路的谐振频率距串联谐振频率较远时，晶体的阻抗增大，使反馈减弱，从而使电路不能满足振幅条件，电路不能工作。串联型晶体振荡器的工作频率等于晶体的串联谐振频率，不需要外加负载电容 C_L，通常这种晶体标明其负载电容为无穷大，在实际制作中，若 f_q 有小的误差，则可以通过回路调谐来微调。

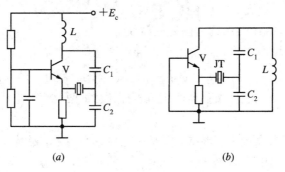

(a)　　　　　　　　　　　　　(b)

图 4 - 23　一种串联型晶体振荡器

(a) 实际线路；(b) 等效电路

串联型晶体振荡器能适应高次泛音工作，这是由于晶体只起到控制频率的作用，对回路没有影响，只要电路能正常工作，输出幅度就不受晶体控制。

3. 使用注意事项

使用石英晶体谐振器时应注意以下几点：

(1) 石英晶体谐振器的标称频率都是在出厂前，在石英晶体谐振器上并接一定负载电容条件下测定的，实际使用时也必须外加负载电容，并经微调后才能获得标称频率。为了保持晶振的高稳定性，负载电容应采用精度较高的微调电容。

(2) 石英晶体谐振器的激励电平应在规定范围内。过高的激励功率会使石英晶体谐振器内部温度升高，使石英晶片的老化效应和频率漂移增大，严重时还会使晶片因机械振动过大而损坏。

(3) 在并联型晶体振荡器中，石英晶体起等效电感的作用，若作为容抗，则在石英晶片失效时，石英谐振器的支架电容还存在，线路仍可能满足振荡条件而振荡，石英晶体谐振器失去了稳频作用。

(4) 晶体振荡器中一块晶体只能稳定一个频率，当要求在波段中得到可选择的许多频率时，就要采取别的电路措施，如频率合成器，它是用一块晶体得到许多稳定频率，频率合成器的有关内容将在第 8 章介绍。

4.5.3　高稳定晶体振荡器

前面介绍的并联、串联型晶体振荡器的频率稳定度一般可达 10^{-5} 量级，若要得到更高稳定度的信号，需要在一般晶体振荡器基础上采取专门措施来制作。

影响晶体振荡器频率稳定度的因素仍然是温度、电源电压和负载变化，其中最主要的还是温度的影响。

为减小温度变化对晶体频率及振荡频率的影响，一个办法就是采用温度系数低的晶体晶片，目前在几兆赫兹至几十兆赫兹范围内广泛采用 AT 切片，其具有的温度特性如图 4 - 24 所示。由图可见，在 $(-20\sim70)$℃的正常工作温度范围内，相对频率变化小于 5×10^{-6}；并且在 $(50\sim55)$℃温度范围内有接近于零的温度系数(在此处有一拐点，约在 52℃处)。另一个有效的办法就是保持晶体及有关电路在恒定温度环境中工作，即采用恒温装置，

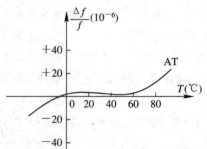

图 4 - 24　AT 切片的频率温度特性

恒温温度最好在晶片的拐点温度处，温度控制得越精确，稳定度越高。

图 4 - 25 是一种恒温晶体振荡器的组成框图。它由两大部分组成：晶体振荡器和恒温控制电路。

图 4 - 25 中虚框内表示一恒温槽，它是一绝热的小容器，晶体安放在此槽内。恒温的原理为，槽内的感温电阻(如温敏电阻)作为电桥的一臂，当温度等于所需某一温度(拐点温度)时，电桥输出直流电压经放大后，对加热电阻丝加热，以维持平衡温度；当环境温度变化，从而使槽温偏离原来温度时，通过感温电阻的变化改变加热电阻的电流，从而减少

槽温的变化。图中的自动增益控制(AGC)起到振幅稳定的作用，同时，由于振荡器振幅稳定，晶体的激励电平不变，也使得晶体的频率稳定。目前，恒温控制的晶体振荡器已制成标准部件供用户使用。恒温晶体振荡器的频率稳定度可达 $10^{-7} \sim 10^{-9}$。

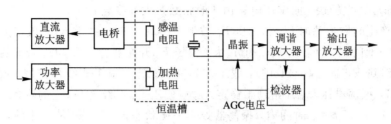

图 4 - 25　恒温晶体振荡器的组成

恒温控制的晶体振荡器频率稳定度虽高，但存在着电路复杂、体积大、重量重等缺点，应用上受到一定限制。在频率稳定度要求不十分高而又希望电路简单、体积小、耗电省的场合，常采用温度补偿晶体振荡器，如图 4 - 26 所示。图中 R_T 为温敏电阻，当环境温度改变时，由于晶体的频率随温度变化，振荡器频率也随温度变化，温度改变时，温敏电阻改变，加在变容管上的偏置电压改变，从而使变容管电容变化，以补偿晶体频率的变化，因此整个振荡器频率随温度变化很小，从而得到较高的频率稳定度。需要说明的是，要在整个工作温度范围内实现温度补偿，其补偿电路是很复杂的。温度补偿晶体振荡器的频率稳定度可达 $10^{-5} \sim 10^{-6}$。

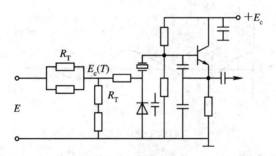

图 4 - 26　温度补偿晶振的原理线路

4.6　振荡器中的几种现象

在 LC 振荡器中，有时候会出现一些特殊现象，如间歇振荡、频率拖曳、频率占据以及振荡器或高频放大器中的寄生振荡。在许多情况下，这些现象是应该避免的。但在某些情况下，也可以利用它来完成特殊的电路功能。

4.6.1　间歇振荡

LC 振荡器在建立振荡的过程中，有两个互有联系的暂态过程，一个是回路上高频振荡的建立过程；另一个是偏压的建立过程。回路有储能作用，要建立稳定的振荡器需要有一定的时间。回路的有载 Q 值越低，$K_0 F$ 值越大于1，则振荡建立得越快。由于偏压电路的稳幅作用,上述过程也受偏压变化的影响。偏压的建立,主要由偏压电路的电阻、电容决定(偏压由 i_b、i_c 对电阻、电容充放电而产生),同时也取决于基极激励的强弱。当这两个暂态过程能协调一致进行时,高频振荡和偏压就能一致趋于稳定,从而得到振幅稳定的振荡。当高频振荡建立较快,而偏压电路由于时常数过大而变化过慢时,就会产生间歇振荡。图 4 - 27 是产生间歇振荡时 U_b 和偏压 E_b 波形。在 $t=0$ 时,由于 K_0F 值很大,振荡电压 U_b 迅速增加,此时因 R_bC_b 或 R_eC_e 值过大,偏压 E_b 开始变化不大。U_b 增加的结果是,晶体管很快工作到截止状态($\theta<180°$),或工作到饱和状态。由于非线性作用,放大量 K_0 下降使 $K_0F=1$,振荡电压 U_b 开始趋于稳定。随后偏压 E_b 继续变负(它的变化比 U_b 变化要晚一些)。在 $t=t_1$ 至 $t=t_2$ 时间内,振荡器处于平衡状态。由于 E_b 是变化的,故平衡时的 U_b 仍稍有下降。至 $t=t_2$ 时,由于 U_b 的减小导致 K_0 的下降(在 C 类欠压状态,U_b 的下降会使 K_0 下降),使 $K_0F<1$,即不满足振幅平衡条件,于是振荡振幅迅速衰减到零。在此过程中,由于 E_b 的变化跟不上 U_b 的变化,不会出现 $K_0F=1$。再经过一段时间,偏压 E_b 恢复到起振时电压,又重复上述过程,形成了间歇振荡。

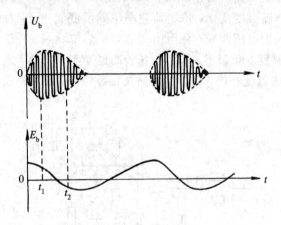

图 4 - 27　间歇振荡时 U_b 与 E_b 的波形

若偏压电路时间常数(R_bC_b、R_eC_e)不是很大,在 U_b 衰减的过程中仍能维持 $K_0F=1$ 时,就会产生持续的振幅起伏振荡,这也是间歇振荡的一种形式。

当出现间歇振荡时,通常集电极直流电流很小,回路上的高频电压很大,可以用示波器观察间歇振荡的波形。为保证振荡器的正常工作,应防止间歇振荡,除了起振时 K_0F 不要太大外,主要的方法是适当地选取偏压电路中 C_b、C_e 的值。C_b、C_e 适当选小些,使偏压 E_b 的变化能跟上 U_b 的变化,其具体数值通常由实验决定。附带说明一点,高 Q 值的晶体振荡器,通常不会产生间歇振荡现象。

4.6.2　频率拖曳现象

前面讨论的 LC 振荡器,都是以单振荡回路作为晶体管的负载,其振荡频率基本上等于回路谐振频率。有时候以耦合振荡回路作为负载,在一定的条件下会产生所谓的频率拖曳现象。图 4 - 28(a) 是一个互感耦合的变压器反馈振荡器。其中 L_1C_1 是与晶体管直接连接的初级回路,L_2C_2 是与它耦合的次级回路。图 4 - 28(b) 是耦合回路的等效电路。

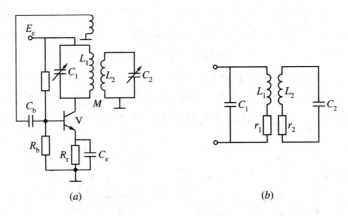

图 4 - 28　变压器反馈振荡器

（a）实际电路；（b）耦合回路的等效电路

　　由第 2 章耦合回路的分析可知，当次级回路为高 Q 电路且两回路为紧耦合时（$k > k_0$），初级两端的并联阻抗 Z_L 具有双峰，而其幅角 φ_L 的频率特性上有三个零值点，也可以说有三个谐振频率 ω_I、ω_{II}、ω_{III}，如图 4 - 29 所示。这三个谐振频率既取决于初、次级本身的谐振频率 ω_{01}、ω_{02}，也取决于两回路间的耦合系数 k。从振荡器的原理可知，若对 ω_I、ω_{II} 同时满足振荡的相位平衡和相位稳定条件（$\varphi_L = 0$，$\partial \varphi_L / \partial \omega < 0$），这种振荡器就可以在 ω_I 和 ω_{II} 中的一个频率上产生振荡，至于是在 ω_I 还是在 ω_{II} 上振荡，则取决于振幅平衡条件（由于振荡器中固有的非线性作用，即使 ω_I、ω_{II} 都满足振幅条件，一种振荡已建立后将抑制另一种振荡的建立，因此不会产生两个频率的同时振荡）。当耦合系数 k 和初级谐振频率 ω_{01} 一定时，ω_I、ω_{II}（实际上是 ω_I^2、ω_{II}^2）随次级谐振频率 ω_{02} 变化的关系曲线如图 4 - 30（a）所示。当 k 和 ω_{02} 固定时，ω_I、ω_{II} 与 ω_{01} 也有相同的曲线。由图可以看出以下几点：

　　（1）ω_{II} 始终大于 ω_I，且有 $\omega_{II} > \omega_{01}$，$\omega_I < \omega_{01}$；

　　（2）当 ω_{02} 远低于 ω_{01} 时，ω_{02} 对 ω_I 影响较大；当 ω_{02} 远大于 ω_{01} 时，ω_{02} 对 ω_{II} 影响较大。

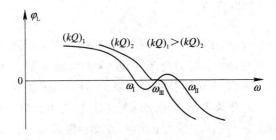

图 4 - 29　阻抗 Z_L 的幅角 φ_L 的频率特性

　　此外，两回路耦合越紧，k 越大，ω_I 与 ω_{II} 相差越大（当 ω_{01}、ω_{02} 一定时）。

　　频率拖曳现象是指在上述紧耦合回路的振荡器中，当变化一个回路（如次级回路）的谐振频率时，振荡器频率具有非单值的变化。图 4 - 30（b）就是振荡频率随次级谐振频率 ω_{02} 变化的曲线。振荡频率与初级回路的谐振频率 ω_{01} 之间也有相似的关系曲线。当 ω_{02} 从很低频率增加时，由于 ω_{II} 在频率上满足振幅平衡条件，振荡频率为 ω_{II}。在 $\omega_M < \omega_{02} < \omega_N$ 范围时，虽然在 ω_I 上也能满足振幅平衡条件，但因为原来已在 ω_{II} 上振荡，故将抑制 ω_I 的振荡。

当 ω_{02} 增加到 $\omega_{02} > \omega_N$ 时，因 ω_{II} 不再满足振幅平衡条件，而 ω_I 满足振荡条件，所以振荡频率突跳至较低的 ω_I 上，并按 ω_I 的规律变化。以上过程，按图中的 a、b、c、d、e 顺序变化。若 ω_{02} 再从大至小变化，则根据同样的道理，曲线将按图中 e、d、f、b、a 的顺序变化，在 $\omega_{02} = \omega_M$ 时产生向上突跳。这样的频率变化称为频率拖曳现象，并构成一拖曳环。当 ω_{02} 位于 ω_M 与 ω_N 之间，而振荡器开始工作时，振荡器可能在 ω_{II} 工作，也可能在 ω_I 工作，这时的振荡器频率不是惟一确定的，它可能受外部条件的影响而产生频率跳变现象。

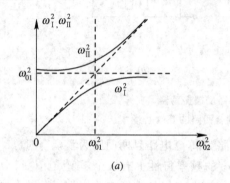 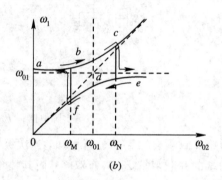

图 4-30 ω_I、ω_{II} 与 ω_{02} 的关系曲线及拖曳环的形成

频率拖曳现象一般应该避免，因为它使振荡器的频率不是单调的变化和受回路谐振频率惟一确定。为避免产生频率拖曳现象，应该减小两回路的耦合，或减小次级回路 Q 值。另外，若次级回路频率远离所需的振荡频率范围，也不会产生拖曳现象（振荡频率由 ω_{01} 调节）。但在要求有高效率输出的耦合回路振荡器中，拖曳现象通常不能避免，此时应利用以上知识进行调整。在某些微波振荡器中（包括一些利用负阻器件的振荡器）也可以利用拖曳效应用高 Q 值和高稳定参数的次级回路进行稳频，即让振荡器工作在受 ω_{02} 控制较大的部分（如图 4-30(b) 上的 ω_M 附近的 ω_I 或 ω_N 附近的 ω_{II} 上），这种稳频方法称为牵引稳频，次级回路由稳频腔担任。

4.6.3 振荡器的频率占据现象

在一般 LC 振荡器中，若从外部引入一频率为 f_s 的信号，当 f_s 接近振荡器原来的振荡频率 f_1 时，会发生占据现象，表现为当 f_s 接近 f_1 时，振荡器受外加信号影响，振荡频率向接近 f_s 的频率变化，而当 f_s 进一步接近原来 f_1 时，振荡频率甚至等于外加信号频率 f_s，产生强迫同步。当 f_s 离开原来 f_1 时，则发生相反的变化。这是因为，当外加信号 $\dot{E}_S$ 频率 f_s 在振荡回路的带宽以内时，外信号的加入会改变振荡器的相位平衡状态，使相位平衡条件在 $f_1' = f_s$ 频率上得到满足，从而发生占据现象。4-31(a) 为解释占据现象的振荡器线路，其中 $\dot{E}_S$ 为外加信号，现等效到晶体管的基极电路。图 4-31(b) 表示有占据现象时振荡频率 f_1' 和信号频率 f_s 之间频率差与信号频率 f_s 的变化关系，图(b)中 f_A 至 f_B 和 f_C 至 f_D 范围为开始产生频率牵引的范围，f_B 至 f_C 为占据频率范围，$2\Delta f$ 称为占据带宽。

下面用矢量图来分析占据过程。为了简单起见，设无外加信号时的振荡频率 f_1 等于回路谐振频率 f_0，这表示在图 4-31(a) 上的电压、电流（$\dot{U}_i$、$\dot{I}_{c1}$、$\dot{U}_o$）及反馈电压 $\dot{U}_o$ 都同相。现加入 $\dot{E}_S$ 信号，其频率 f_s 处于占据带，并以 $\dot{E}_S$ 作参考可以作出振荡器的电压、电流矢量图，如图 4-32 所示。

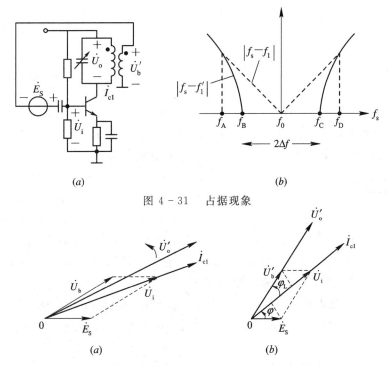

图 4 - 31　占据现象

图 4 - 32　说明占据过程的瞬时电压矢量图

(a) f_s 小于 f_1；(b) 占据时的矢量

设信号频率 f_s 小于 f_1，若以图 4 - 32(a)中 $\dot{E}_s$ 作为基准，则其它电压、电流(频率为 f_1)为逆时针旋转。现在看一个反馈周期中矢量的变化。设有 $\dot{E}_s$ 后，基极输入电压为 $\dot{U}_i$，由图可见，$\dot{U}_i$ 虽然仍为逆时针旋转，但因 $\dot{U}_i = \dot{U}_b + \dot{E}_s$，显然它的转速要慢些，这表示其瞬时频率比 f_1 要低一些。$\dot{I}'_{c1}$ 为新的电压产生的集电极电流，它与 $\dot{U}_i$ 瞬时同相。由于振荡回路有储能作用，回路上新的 $\dot{U}'_o$ 并不立即取决于 $\dot{I}'_{c1}$，但是可以想象它的瞬时相位要逐渐滞后。如果上述 $\dot{E}_s$ 使振荡电压、电流瞬时频率逐渐降低的过程能一直进行到稳定状态，即最后保持与 $\dot{E}_s$ 有固定的相位关系，则表示频率 $f'_1 = f_s$，产生占据。若振荡频率有所降低，但始终达不到稳定状态(振荡电压仍以 $2\pi(f'_1 - f_s)$ 逆时针旋转)，这就相当于 f_A 至 f_B 的牵引状态。

出现占据时的电流、电压矢量图如图 4 - 32(b)所示。图上 φ_L 为回路阻抗的幅角。因为此时 $f'_1 = f_s$，$f'_1 < f_1 = f_0$，故 φ_L 为正值。φ 为 $\dot{U}_i$ 超前 $\dot{E}_s$ 的相角，由图(b)可知，因

$$\dot{U}_i = \dot{U}'_b + \dot{E}_s$$

由上式三个矢量构成的平行四边形关系，可得

$$\dot{U}'_b \sin|\varphi_L| = E_s \sin|\varphi| \tag{4-57}$$

这表明，在占据时 $\dot{E}_s$ 和 $\dot{U}_i$ 保持相对固定的相移是靠回路失谐产生的 φ_L 来补偿的。因 φ_L 与回路失谐大小有关，可以由式(4 - 57)求出占据频带。通常回路失谐不大(失谐很大时振幅条件也将不能满足)时，φ_L 不大，因此有下列近似关系：

$$\sin|\varphi_L| \approx \tan|\varphi_L| \tag{4-58}$$

再考虑并联回路

$$\tan|\varphi_L| = 2Q\frac{|\omega - \omega_0|}{\omega_0}$$

当 E_s 不大时，可以用 U_b 代替 U_b'，式 (4-57) 可写为

$$\frac{2\,|\,\omega_s - \omega_0\,|}{\omega_0} \approx \frac{E_s}{U_b Q}\,|\,\sin\varphi\,| \tag{4-59}$$

可能得到的最大占据频带 $2\Delta f$ 出现在 $\sin\varphi$ 的最大值 1 处，因此可得相对占据频带

$$\frac{2\Delta f}{f_0} \approx \frac{E_s}{U_b Q} \tag{4-60}$$

此式表明，振荡器的占据带宽与 E_s/U_b 成正比而与有载 Q 值成反比。这从概念上也容易理解，Q 值代表回路保持固有谐振的能力，而 E_s 大小代表外部强制作用的大小。

4.6.4 寄生振荡

在高频放大器或振荡器中，由于某种原因，会产生不需要的振荡信号，这种振荡称为寄生振荡。如第 3 章介绍的小信号放大器稳定性时所说的自激，即属于寄生振荡。

产生寄生振荡的形式和原因是各种各样的，有单级和多级振荡，有工作频率附近的振荡或者是远离工作频率的低频或超高频振荡。

在高增益的高频放大器中，由于晶体管输入、输出电路通常有振荡回路，通过输出、输入电路间的反馈（大多是通过晶体管内部的反馈电容），容易产生工作频率附近的寄生振荡。

在高频功率放大器及高频振荡器中，由于通常都要用到扼流圈、旁路电容等元件，在某些情况下会产生低频寄生振荡。图 4-33(a) 就是一高频功率放大器的实际线路，图中 L_c 为高频扼流圈。在远低于工作频率时，由于 C_1 的阻抗很大，可得到如图 4-33(b) 的等效电路。当 L_c 和 C_{bc} 较大时，可能既满足相位平衡条件又满足振幅平衡条件，就会产生低频寄生振荡。所以能满足振幅平衡，还应考虑两个因素，一个是在低频时晶体管有较大的电流放大系数，另一个是原来的负载电阻对此低频回路并不加载。由于高频功率放大器通常工作在 B 类或 C 类的强非线性状态，低频寄生振荡通常还会产生对高频信号的调制，因此可以观察到如图 4-33(c) 的调幅波。

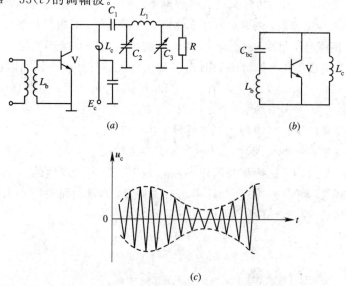

图 4-33　低频寄生振荡的等效电路和波形

远高于工作频率的寄生振荡(可能到超高频范围)通常是由晶体管的极间电容以及外部的引线电感构成振荡回路的反馈电路。

　　单级高频功率放大器中，还可能因大的非线性电容 C_{bc} 而产生参量寄生振荡，以及由于晶体管工作到雪崩击穿区而产生的负阻寄生振荡。实践还发现，当放大器工作于过压状态时，也会出现某种负阻现象，由此产生的寄生振荡(高于工作频率)只有放大器激励电压的正半周出现。

　　产生多级寄生振荡的原因也有多种：一种是由于采用公共电源对各级馈电而产生的寄生反馈。一种是由于每级内部反馈加上各级之间的互相影响，例如两个虽有内部反馈而不自激的放大器，级联后便有可能会产生自激振荡。还有一种引起多级寄生振荡的原因是各级间的空间电磁耦合。

　　寄生振荡的防止和消除既涉及正确的电路设计，同时又涉及线路的实际安装，如导线尽可能短，减少输出电路对输入电路的寄生耦合、接地点尽量靠近等，因此既需要有关的理论知识，也需要从实际中积累经验。

　　消除寄生振荡的一般方法为：在观察到寄生振荡后，要判断出哪个频率范围的振荡，是单级振荡还是多级振荡。为此可能要断开级间连接，或者去掉某级的电源电压。在判断确定是某种寄生振荡后，可以根据有关振荡的原理分析产生寄生振荡的可能原因，参与寄生振荡的元件，并通过试验(更换元件，改变元件数值)等方法来进行验证。对于放大器在工作频率附近的寄生振荡，主要消除方法是降低放大器的增益，如降低回路阻抗或者射极加小负反馈电阻等。要消除由于扼流圈等引起的低频寄生振荡，可以适当降低扼流圈电感数值和减小它的 Q 值。后者可用一电阻和扼流圈串联实现。要消除由公共电源耦合产生的多级寄生振荡，可采用有 LC 或 RC 低通滤波器构成的去耦电路，使后级的高频电流不流入前级。图 4 - 34 示出了一电源去耦的例子。

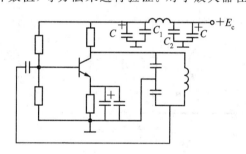

图 4 - 34　电源去耦举例

4.7　RC 振荡器

　　前几节讨论了 LC 振荡器和石英晶体振荡器，但是如果振荡频率在几十千赫兹以下，LC 振荡器的回路电感和电容 C 就比较大。一般来说制造损耗小的大电感和电容是比较困难的，此外回路元件的体积过大，安装调试均不方便。因此，振荡频率较低时，一般采用 RC 振荡器。

　　RC 选频网络的选频特性比 LC 选频网络的选频特性差得多，因此常采用负反馈来提高电路的选频特性。其原理是电路中除了有产生自激振荡所需的正反馈外，还同时加有负反馈。总的反馈效果是：在振荡频率，正反馈超过负反馈，并满足自激条件，偏离自激频率时，力求使负反馈超过正反馈，以抑制不需要的频率，从而改善输出波形。

根据 RC 网络的不同构成，RC 振荡器可分为相移振荡器和桥式振荡器两大类，我们先回顾一下 RC 网络的特性，然后再讨论 RC 振荡器。

4.7.1　RC 网络

　　RC 网络可以分为超前型移相网络、滞后型移相网络和串并联型网络三种。

1. 超前型移相网络

图 4 - 35(a) 示出了 RC 超前型移相网络。传输系数为

$$\dot{A} = \frac{\dot{U}_2}{\dot{U}_1} = \frac{R}{R + \dfrac{1}{\mathrm{j}\omega C}} = \frac{\mathrm{j}\omega RC}{1 + \mathrm{j}\omega RC} = A\mathrm{e}^{\mathrm{j}\varphi} \qquad (4-61)$$

其模值和相角分别为

$$A = \frac{\omega RC}{\sqrt{1 + \omega^2 R^2 C^2}} = \frac{\omega/\omega_0}{\sqrt{1 + (\omega/\omega_0)^2}}$$

$$\varphi = \frac{\pi}{2} - \arctan\omega RC = \frac{\pi}{2} - \arctan\frac{\omega}{\omega_0}$$

式中 $\omega_0 = 1/(RC)$。幅频特性和相频特性分别如图 4 - 35(b)、(c) 所示。

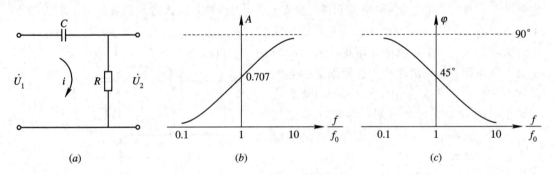

图 4 - 35　超前型移相网络

(a) 电路；(b) 幅频特性；(c) 相频特性

2. 滞后型移相网络

图 4 - 36(a) 示出了 RC 滞后型移相网络。传输系数为

$$A = \frac{\dot{U}_2}{\dot{U}_1} = \frac{\dfrac{1}{\mathrm{j}\omega C}}{R + \dfrac{1}{\mathrm{j}\omega C}} = \frac{1}{1 + \mathrm{j}\omega CR} = \frac{1}{1 + \dfrac{\mathrm{j}\omega}{\omega_0}} \qquad (4-62)$$

其模值和相角分别为

$$A = \frac{1}{\sqrt{1 + \omega^2 C^2 R^2}} = \frac{1}{\sqrt{1 + (\omega/\omega_0)^2}}$$

$$\varphi = -\arctan\omega CR = -\arctan\frac{\omega}{\omega_0}$$

式中 $\omega_0 = 1/(RC)$。幅频特性和相频特性分别如图 4 - 36(b)、(c) 所示。

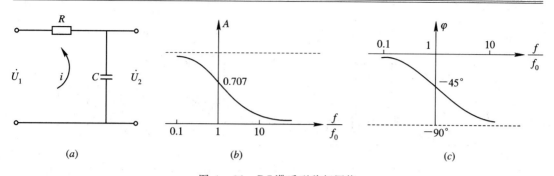

图 4 - 36　RC 滞后型移相网络

(a) 电路；(b) 幅频特性；(c) 相频特性

3. 串并联型选频网络

图 4 - 37(a)示出了 RC 串并联型网络。传输系数为

$$A = \frac{\dot{U}_2}{\dot{U}_1} = \frac{\dfrac{R}{1+j\omega RC}}{R + \dfrac{1}{j\omega C} + \dfrac{R}{1+j\omega CR}} = \frac{1}{3+j\left(\omega CR - \dfrac{1}{\omega CR}\right)} = \frac{1}{3+j\left(\dfrac{\omega}{\omega_0} - \dfrac{\omega_0}{\omega}\right)}$$

$$(4-63)$$

式中 $\omega_0 = 1/RC$，其模和相角分别为

$$A = \frac{1}{\sqrt{3^2 + \left(\dfrac{\omega}{\omega_0} - \dfrac{\omega_0}{\omega}\right)^2}}$$

$$\varphi = -\arctan\frac{1}{3}\left(\frac{\omega}{\omega_0} - \frac{\omega_0}{\omega}\right)$$

相应的幅频特性和相频特性如图 4 - 37(b)、(c)所示。

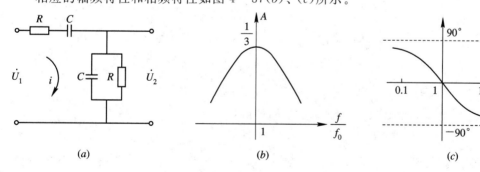

图 4 - 37　串并联型选频网络

(a) 电路；(b) 幅频特性；(c) 相频特性

4.7.2　RC 振荡器

图 4 - 38(a)和(b)分别示出了由晶体管以及由集成运放构成的反相放大器所组成的超前型 RC 振荡器。图(a)晶体管接成共射放大，图(b)集成运放接成反相放大器，它们都可以提供 180°的相移，要组成振荡器，满足相位平衡条件，相移网络也必须提供 180°相移，所以图(a)和(b)中都由 3 节 RC 电路构成相移网络，图(a)中第三节 RC 电路的 R 由晶体管的输入电阻取代。

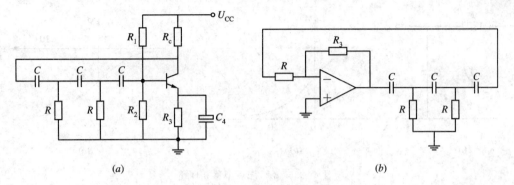

图 4 - 38　超前型 RC 振荡器

由于 RC 相移电路的选频特性不理想，又是采用内稳幅，因而 RC 相移振荡器的输出波形失真大，频率稳定度低，只能用在性能不高的设备中。

4.7.3　文氏桥振荡器

文氏桥正弦波振荡器的原理电路如图 4 - 39 所示，它是正弦波振荡器的一种最常用的电路。桥形 RC 网络接在输出端与同相输入端之间，则起振条件应当是相移等于零，故此电路又称零相移桥式振荡器。令

$$Z_1 = R_1 + \frac{1}{\mathrm{j}\omega C_1}, \quad Z_2 = R_2 /\!/ \left(\frac{1}{\mathrm{j}\omega C_2}\right)$$

则

$$F = \frac{U_f}{U_o} = \frac{Z_2}{Z_1 + Z_2} = \frac{R_1(1 + \mathrm{j}\omega R_2 C_2)}{R_1 + \frac{1}{\mathrm{j}\omega C_1} + \frac{R_2}{1 + \mathrm{j}\omega R_2 C_2}}$$

$$= \frac{R_2}{R_1 + R_2(1 + C_2/C_1) + \mathrm{j}(\omega R_1 R_2 C_2 - 1/\omega C_1)}$$

现在要求 U_f 和 U_o 之间相移在某个频率上等于零，则上式的虚部等于零，于是有

$$\omega_0 R_1 R_2 C_2 - \frac{1}{\omega_0 C_1} = 0$$

得

$$\omega_0 = \frac{1}{\sqrt{R_1 R_2 C_1 C_2}} \qquad\qquad (4-64)$$

通常取 $R_1 = R_2 = R$，$C_1 = C_2 = C$，则振荡频率为

$$f_o = \frac{1}{2\pi RC} \qquad\qquad (4-65)$$

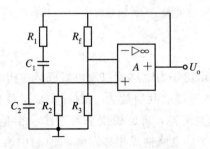

图 4 - 39　文氏桥振荡器

$$F = \frac{1}{3} \qquad\qquad (4-66)$$

根据式(4-66)可以求出满足幅度平衡条件的运算放大器的闭环增益等于 3。为了便于起振，要求 R_f/R_3 略大于 2。

4.8 负阻振荡器

4.8.1 负阻型振荡器

我们知道，LC 振荡器的基本原理，就是利用电容器可以储存电能、电感器可以储存磁能的特性进行电磁转换，形成电磁振荡。一般的，电容 C 不消耗能量，但电感 L 有损耗，LC 在电磁转换过程中将消耗一定的能量，形成减幅振荡，振荡的幅度越来越小，最后停振。为了保持不停的振荡，前面我们讨论了利用正反馈不断的补充能量，形成的等幅振荡，即反馈型振荡器。另外，也可以采用负阻来补充能量，形成负阻型振荡器。

对于 LC 回路而言，损耗可以用并联谐振电阻 R_0 表示，如果我们在回路的两端并联一电阻 $-R_0$，如图 4-40 所示。根据电路知识可知，回路总的阻抗为 ∞，意味着，在高频一周内，电阻 R_0 消耗的能量完全由负电阻 $-R_0$ 提供，LC 振荡器将形成等幅振荡，一直持续下去。这就是负阻型振荡器的工作原理。

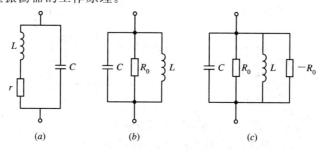

图 4-40 负阻型振荡器原理

(a) LC 回路；(b) LC 回路等效电路；(c) 负阻型振荡器原理

我们以前接触的电阻都是正电阻，是消耗能量的，那里没有器件呈现负电阻，不消耗能量反而提供能量呢？下面我们先来讨论负阻器件。

4.8.2 负阻性器件

在 20 世纪初期，A. W. Hull 提出"负阻"概念的时候，曾遭到许多学者的怀疑。他们认为"负阻"的概念"不符合能量守恒定律"。但是，从负阻管的伏安特性曲线上人们可以清楚地看到，负阻器件确实存在，但只是表现在器件的某段动态工作范围内；对于静态，它还是一个耗能元件，还是一个"正阻"。

具有负阻特性的电子器件可以分为两类，它们的伏安特性分别如图 4-41(a)和(b)所示。图 4-41(a)中曲线形状呈"N"形，图 4-41(b)中曲线形状呈"S"形，但都有一个共同的特点：图中的 AB 段间的斜率是负的，即器件在该区间工作时，呈现负阻特性。不同点在于，图 4-41(a)呈现的负阻区间需要电压进行控制，因此称为电压控制型负阻器件；图 4-41(b)负阻区间是由电流控制的，因此称为电流控制型负阻器件。

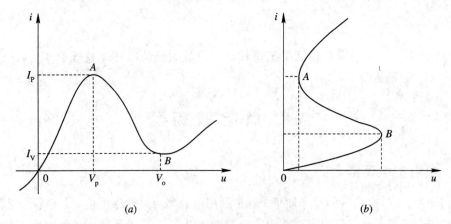

图 4 - 41 负阻器件的伏安特性

(a) N 型伏安特性；(b) S 型伏安特性

电压控制型负阻器件常见器件是隧道二极管，符号和等效电路如图 4 - 42(a)、(b)所示。隧道二极管和普通二极管一样，是由一个 PN 结组成。PN 结有两大特点：(1) 结的厚度小；(2) P 区和 N 区的杂质浓度都很大。隧道二极管具有频率高，对输入响应快，能在高温条件下工作，并且可靠性高、耗散功率小、噪音较低。

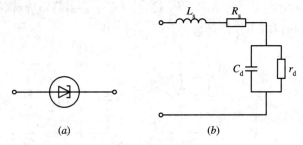

图 4 - 42 隧道二极管符号及等效电路

(a) 隧道二极管的符号；(b) 隧道二极管的等效电路

电流控制型负阻器件常见器件是单结晶体管，图 4 - 43(a)、(b)示出了其符号和等效电路图。单结晶体管是一个三端器件，但其工作原理和双极晶体管完全不同。器件的输入端也叫发射极，在输入电压到达某一值时输入端的阻值迅速下降，呈现负阻特性。单结晶体管(也叫双基极二极管)是一块轻掺杂的 N 型硅棒和一小片重掺杂的 P 型材料相连而成。P 型发射极和 N 型硅棒间形成一个 PN 结，在等效电路中用一个二极管表示。

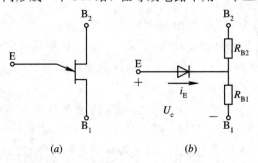

图 4 - 43 单结晶体管符号及等效电路

(a) 单结晶体管的符号；(b) 单结晶体管的等效电路

4.8.3　负阻振荡器

负阻振荡器具有结构紧凑,可靠性高的优点,随着半导体器件的迅速发展,负阻振荡器已广泛应用于微波接力通信、卫星通信、雷达、摇控、遥测和微波测试仪表等许多领域。

要使负阻振荡能够建立并达到平衡,必须具备以下几个必要的条件:

(1) 建立适当的静态工作点,使负阻器件工作于负阻特性的区段,这是靠正确地设置偏置电路和负载特性来实现的。

(2) 必须在负阻器件上作用有交流信号。这样,才有可能把从直流电源中吸取的直流能量,借助于动态负阻的作用,变换成交流能量,以补充振荡回路中能量的消耗。

(3) 为了使振幅保持稳定的平衡,必须使负阻器件与振荡电路正确连接,以便当振幅增大时(负阻器件提供的能量超过了回路的消耗),可使与振荡回路相串联的负阻自动地减小,或与振荡回路相并联的负阻自动地增大。

谐振回路和负阻器件有两种连接形式:一种是 L、C 和负阻器件串联,另一种是 L、C 和负阻器件并联,如图 4 - 44 所示,图中 r 表示 LC 回路的损耗。电压控制型负阻器件,要求负阻器件两端的电压具有恒压特性,以保证器件的负阻特性,因此构成负阻振荡器时应采用并联形式;电流控制型器件应采用串联形式。

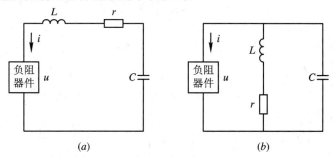

图 4 - 44　负阻器件与谐振回路的连接方式

(a) 串联连接;(b) 并联连接

隧道二极管负阻振荡器实际电路如图 4 - 45(a)所示,等效电路如图 4 - 45(b)所示。该电路的振荡频率为

$$f = \frac{1}{2\pi} \sqrt{\frac{1}{L(C + C_d)} - \frac{r^2}{L}} \tag{4 - 67}$$

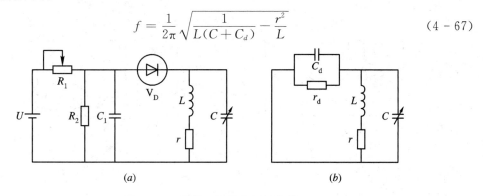

图 4 - 45　隧道二极管负阻振荡器

单结晶体管负阻振荡器实际电路如图 4 - 46 所示。该电路的振荡频率为

$$f_0 = \frac{1}{RC \ln \frac{1}{1-\eta}} \tag{4-68}$$

其中：$\eta = \frac{R_{B1}+R_1}{(R_2+R_{B2})+(R_{B1}+R_1)}$，$R_{B1}$、$R_{B2}$ 为单结晶体管的基极电阻，如图 4-43(b)所示。需要说明的是，为了保证单结晶体管的有效关断和电路正常工作，R 不能太小。

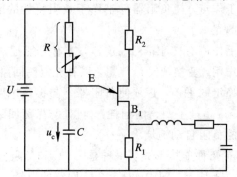

图 4-46 单结晶体管负阻振荡器

思考题与习题

4-1 什么是振荡器的起振条件、平衡条件和稳定条件？振荡器输出信号的振幅和频率分别是由什么条件决定？

4-2 试从相位条件出发，判断图示交流等效电路中，哪些可能振荡，哪些不可能振荡。能振荡的属于哪种类型振荡器？

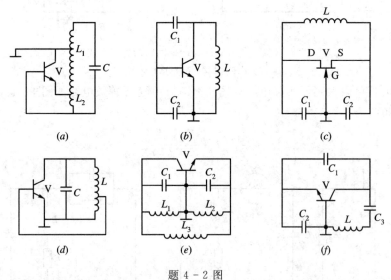

题 4-2 图

4-3 图示是一三回路振荡器的等效电路，设有下列四种情况：

(1) $L_1C_1 > L_2C_2 > L_3C_3$；

(2) $L_1C_1 < L_2C_2 < L_3C_3$；

(3) $L_1C_1 = L_2C_2 > L_3C_3$；

（4）$L_1C_1 < L_2C_2 = L_3C_3$。

试分析上述四种情况是否都能振荡，振荡频率 f_1 与回路谐振频率有何关系？

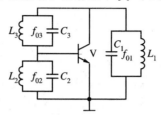

题 4-3 图

4-4　试检查图示的振荡器线路，有哪些错误？并加以改正。

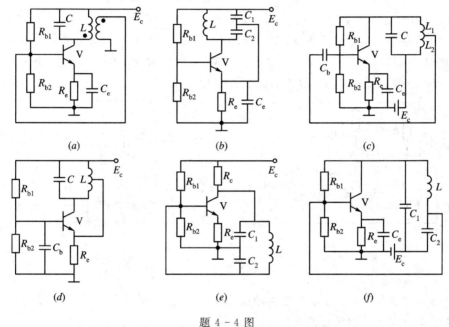

题 4-4 图

4-5　将图示的几个互感耦合振荡器交流通路改画为实际线路，并注明互感的同名端。

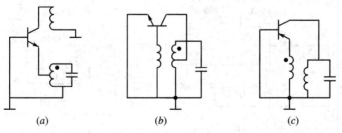

题 4-5 图

4-6　振荡器交流等效电路如图所示，工作频率为 10 MHz，（1）计算 C_1、C_2 的取值范围。（2）画出实际电路。

4-7　在图示的三端式振荡电路中，已知 $L = 1.3\ \mu H$，$C_1 = 51\ pF$，$C_2 = 2000\ pF$，$Q_0 = 100$，$R_L = 1\ k\Omega$，$R_e = 500\ \Omega$。试问 I_{eQ} 应满足什么要求时振荡器才能振荡？

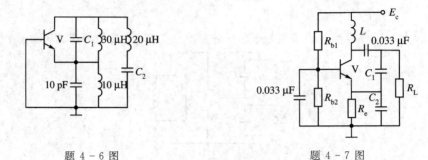

题 4 - 6 图　　　　　　　　题 4 - 7 图

4 - 8　在图示的电容三端式电路中,试求电路振荡频率和维持振荡所必须的最小电压增益。

4 - 9　图示是一电容反馈振荡器的实际电路,已知 $C_1=50$ pF, $C_2=100$ pF, $C_3=10\sim260$ pF,要求工作在波段范围,即 $f=10\sim20$ MHz,试计算回路电感 L 和电容 C_o。设回路无载 $Q_0=100$,负载电阻 $R=1$ kΩ,晶体管输入电阻 $R_i=500$ Ω,若要求起振时环路增益 $K_0k_F=3$,问要求的跨导 g_m 和静态工作电流 I_{cQ} 必须多大?

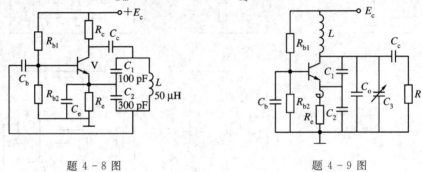

题 4 - 8 图　　　　　　　　题 4 - 9 图

4 - 10　对于图示的各振荡电路:

(1) 画出交流等效电路,说明振荡器类型;

(2) 估算振荡频率和反馈系数。

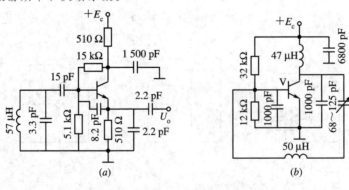

题 4 - 10 图

4 - 11　克拉泼和西勒振荡线路是怎样改进了电容反馈振荡器性能的?

4 - 12　振荡器的频率稳定度用什么来衡量?什么是长期、短期和瞬时稳定度?引起振荡器频率变化的外界因素有哪些?

4 - 13　在题 4 - 8 图所示的电容反馈振荡器中,设晶体管极间电容的变化量为 $\Delta C_{ce}=$

$\Delta C_{bc}=1$ pF，$\Delta C_{be}=2$ pF，试计算因极间电容产生的频率相对变化 $\Delta \omega_1 / \omega_1$。

4 - 14　泛音晶体振荡器和基频晶体振荡器有什么区别？在什么场合下应选用泛音晶体振荡器？为什么？

4 - 15　图示是两个实用的晶体振荡器线路，试画出它们的交流等效电路，并指出它们是哪一种振荡器，晶体在电路中的作用分别是什么？

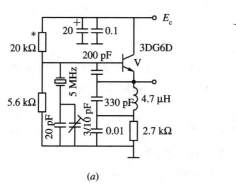
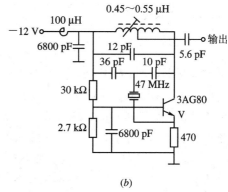

(a)　　　　　　　　　　　　　　　　(b)

题 4 - 15 图

4 - 16　试画出一符合下列各项要求的晶体振荡器实际线路：

(1) 采用 NPN 高频三极管；

(2) 采用泛音晶体的皮尔斯振荡电路；

(3) 发射极接地，集电极接振荡回路避免基频振荡。

4 - 17　将振荡器的输出送到一倍频电路中，则倍频输出信号的频率稳定度会发生怎样的变化？并说明原因。

4 - 18　在高稳定晶体振荡器中，采用了哪些措施来提高频率稳定度？

4 - 19　有源移相网络组成的正弦波振荡器如图所示，试分析其起振条件和工作频率。

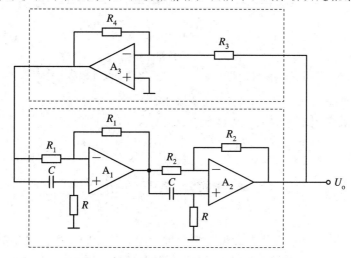

题 4 - 19 图

4 - 20　负阻型器件有几种？负阻振荡器的工作原理是什么？

4 - 21　试比较 LC 振荡器、RC 振荡器、负阻型振荡器以及晶体振荡器的优缺点。

第 5 章　频谱的线性搬移电路

在通信系统中，频谱搬移电路是最基本的单元电路。振幅调制与解调、频率调制与解调、相位调制与解调、混频等电路，都属于频谱搬移电路。它们的共同特点是将输入信号进行频谱变换，以获得具有所需频谱的输出信号。

在频谱的搬移电路中，根据不同的特点，可以分为频谱的线性搬移电路和非线性搬移电路。从频域上看，在搬移的过程中，输入信号的频谱结构不发生变化，即搬移前后各频率分量的比例关系不变，只是在频域上简单的搬移（允许只取其中的一部分），如图 5 - 1(a) 所示，这类搬移电路称为频谱的线性搬移电路，振幅调制与解调、混频等电路就属于这一类电路。频谱的非线性搬移电路，是在频谱的搬移过程中，输入信号的频谱不仅在频域上搬移，而且频谱结构也发生了变化，如图 5 - 1(b) 所示。频率调制与解调、相位调制与解调等电路就属于这一类电路。本章和第 6 章讨论频谱的线性搬移电路及其应用——振幅调制与解调和混频电路；在第 7 章讨论频谱的非线性搬移电路及其应用——频率调制与解调等电路。

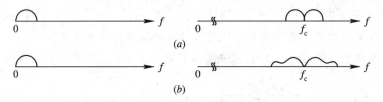

图 5 - 1　频谱搬移电路
(a) 频谱的线性搬移；(b) 频谱的非线性搬移

本章在讨论频谱线性搬移数学模型的基础上，着重介绍频谱线性搬移的实现电路，以便为第 6 章介绍振幅调制与解调、混频电路打下基础。

5.1　非线性电路的分析方法

在频谱的搬移电路中，输出信号的频率分量与输入信号的频率分量不尽相同，会产生新的频率分量。由先修课程（如"电路原理"、"信号与系统"、"模拟电子线路分析基础"等）已知，线性电路并不产生新的频率分量，只有非线性电路才会产生新的频率分量。要产生新的频率分量，必须用非线性电路。在频谱的搬移电路中，输出的频率分量大多数情况下是输入信号中没有的，因此频谱的搬移必须用非线性电路来完成，其核心就是非线性器件。与线性电路比较，非线性电路涉及的概念多，分析方法也不同。非线性器件的主要特点是它的参数(如电阻、电容、有源器件中的跨导、电流放大倍数等)随电路中的电流或电压变化，也可以说，器件的电流、电压间不是线性关系。因此，大家熟知的线性电路的分析方法已不适合非线性电路(特别是线性电路分析中的齐次性和叠加性)，必须另辟非线性电路的分析方法。

大多数非线性器件的伏安特性，均可用幂级数、超越函数和多段折线三类函数逼近。在分析方法上，主要采用幂级数展开分析法，以及在此基础上，在一定的条件下，将非线性电路等效为线性时变电路的线性时变电路分析法。下面分别介绍这两种分析方法。

5.1.1　非线性函数的级数展开分析法

非线性器件的伏安特性，可用下面的非线性函数来表示：

$$i = f(u) \tag{5-1}$$

式中，u 为加在非线性器件上的电压。一般情况下，$u = E_Q + u_1 + u_2$，其中 E_Q 为静态工作点，u_1 和 u_2 为两个输入电压。用泰勒级数将式(5-1)展开，可得

$$i = a_0 + a_1(u_1 + u_2) + a_2(u_1 + u_2)^2 + \cdots + a_n(u_1 + u_2)^n + \cdots$$
$$= \sum_{n=0}^{\infty} a_n(u_1 + u_2)^n \tag{5-2}$$

式中，$a_n(n=0, 1, 2, \cdots)$ 为各次方项的系数，由下式确定：

$$a_n = \frac{1}{n!} \left. \frac{\mathrm{d}^n f(u)}{\mathrm{d}u^n} \right|_{u=E_Q} = \frac{1}{n!} f^{(n)}(E_Q) \tag{5-3}$$

由于

$$(u_1 + u_2)^n = \sum_{m=0}^{n} C_n^m u_1^{n-m} u_2^m \tag{5-4}$$

式中，$C_n^m = n!/m!(n-m)!$ 为二项式系数，故

$$i = \sum_{n=0}^{\infty} \sum_{m=0}^{n} a_n C_n^m u_1^{n-m} u_2^m \tag{5-5}$$

先来分析一种最简单的情况。令 $u_2 = 0$，即只有一个输入信号，且令 $u_1 = U_1 \cos\omega_1 t$，代入式(5-2)，有

$$i = \sum_{n=0}^{\infty} a_n u_1^n = \sum_{n=0}^{\infty} a_n U_1^n \cos^n \omega_1 t \tag{5-6}$$

利用三角公式

$$\cos^n x = \begin{cases} \dfrac{1}{2^n} \left[C_n^{n/2} + \displaystyle\sum_{k=0}^{\frac{n}{2}-1} C_n^k \cos(n-2k)x \right] & n \text{ 为偶数} \\[4mm] \dfrac{1}{2^{n-1}} \displaystyle\sum_{k=0}^{\frac{1}{2}(n-1)} C_n^k \cos(n-2k)x & n \text{ 为奇数} \end{cases} \tag{5-7}$$

式(5-6)变为

$$i = \sum_{n=0}^{\infty} b_n U_1^n \cos n\omega_1 t \qquad (5-8)$$

式中，b_n 为 a_n 和 $\cos n\omega_1 t$ 的分解系数的乘积。由上式可以看出，当单一频率信号作用于非线性器件时，在输出电流中不仅包含了输入信号的频率分量 ω_1，而且还包含了该频率分量的各次谐波分量 $n\omega_1 (n=2, 3, \cdots)$，这些谐波分量就是非线性器件产生的新的频率分量。在放大器中，由于工作点选择不当，工作到了非线性区，或输入信号的幅度超过了放大器的动态范围，就会产生这种非线性失真——输出中有输入信号频率的谐波分量，使输出波形失真。当然，这种电路可以用作倍频电路，在输出端加一窄带滤波器，就可根据需要获得输入信号频率的倍频信号。

由上面可以看出，当只加一个信号时，只能得到输入信号频率的基波分量和各次谐波分量，但不能获得任意频率的信号，当然也不能完成频谱在频域上的任意搬移。因此，还需要另外一个频率的信号，才能完成频谱任意搬移的功能。为分析方便，我们把 u_1 称为输入信号，把 u_2 称为参考信号或控制信号。一般情况下，u_1 为要处理的信号，它占据一定的频带；而 u_2 为一单频信号。从电路的形式看，线性电路（如放大器、滤波器等）、倍频器等都是四端（或双口）网络，一个输入端口，一个输出端口；而频谱搬移电路一般情况下有两个输入，一个输出，因而是六端（三口）网络。

当两个信号 u_1 和 u_2 作用于非线性器件时，通过非线性器件的作用，从式(5-5)可以看出，输出电流中不仅有两个输入电压的分量（$n=1$ 时），而且存在着大量的乘积项 $u_1^{n-m} u_2^m$。在第 6 章的振幅调制与解调、混频电路将指出要完成这些功能，关键在于这两个信号的乘积项（$2a_2 u_1 u_2$）。它是由特性的二次方项产生的。除了完成这些功能所需的二次方项以外，还有大量不需要的项，必须去掉，因此，频谱搬移电路必须具有

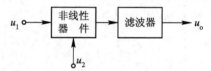

图 5-2 非线性电路完成频谱的搬移

频率选择功能。在实际的电路中，这个选择功能是由滤波器来实现的，如图 5-2 所示。

若作用在非线性器件上的两个电压均为余弦信号，即 $u_1=U_1\cos\omega_1 t$，$u_2=U_2\cos\omega_2 t$，利用式(5-7)和三角函数的积化和差公式

$$\cos x \cos y = \frac{1}{2}\cos(x-y) + \frac{1}{2}\cos(x+y) \qquad (5-9)$$

由式(5-5)不难看出，i 中将包含由下列通式表示的无限多个频率组合分量

$$\omega_{p,q} = |\pm p\omega_1 \pm q\omega_2| \qquad (5-10)$$

式中，p 和 q 是包括零在内的正整数，即 p、$q=0, 1, 2, \cdots$，我们把 $p+q$ 称为组合分量的阶数。其中 $p=1$，$q=1$ 的频率分量（$\omega_{1,1}=|\pm\omega_1\pm\omega_2|$）是由二次项产生的。在大多数情况下，其它分量是不需要的。这些频率分量产生的规律是：凡是 $p+q$ 为偶数的组合分量，均由幂级数中 n 为偶数且大于等于 $p+q$ 的各次方项产生的；凡是 $p+q$ 为奇数的组合分量均由幂级数中 n 为奇数且大于等于 $p+q$ 的各次方项产生的。当 U_1 和 U_2 幅度较小时，它们的强度都将随着 $p+q$ 的增大而减小。

综上所述，当多个信号作用于非线性器件时，由于器件的非线性特性，其输出端不仅包含了输入信号的频率分量，还有输入信号频率的各次谐波分量（$p\omega_1$、$q\omega_2$、$r\omega_3\cdots$）以及输入信号频率的组合分量（$\pm p\omega_1 \pm q\omega_2 \pm r\omega_3 \pm \cdots$）。在这些频率分量中，只有很少的项是完成

某一频谱搬移功能所需要的，其它绝大多数分量是不需要的。因此，频谱搬移电路必须具有选频功能，以滤除不必要的频率分量，减少输出信号的失真。大多数频谱搬移电路所需的是非线性函数展开式中的平方项，或者说，是两个输入信号的乘积项。因此，在实际中如何实现接近理想的乘法运算，减少无用的组合频率分量的数目和强度，就成为人们追求的目标。一般可从以下三个方面考虑：

（1）从非线性器件的特性考虑。例如，选用具有平方律特性的场效应管作为非线性器件；选择合适的静态工作点电压 E_Q，使非线性器件工作在特性接近平方律的区域。

（2）从电路考虑。例如，采用由多个非线性器件组成平衡电路，抵消一部分无用组合频率分量。

（3）从输入信号的大小考虑。例如减小 u_1 和 u_2 的振幅，以便有效地减小高阶相乘项及其产生的组合频率分量的强度。下面介绍的差分对电路采用这种措施后，就可等效为一模拟乘法器。

上面的分析是对非线性函数用泰勒级数展开后完成的，用其它函数展开，也可以得到上述类似的结果。

5.1.2 线性时变电路分析法

对式(5-1)在 $E_Q + u_2$ 上对 u_1 用泰勒级数展开，有

$$
\begin{aligned}
i &= f(E_Q + u_1 + u_2) \\
&= f(E_Q + u_2) + f'(E_Q + u_2)u_1 + \frac{1}{2!}f''(E_Q + u_2)u_1^2 + \cdots \\
&\quad + \frac{1}{n!}f^{(n)}(E_Q + u_2)u_1^n + \cdots
\end{aligned}
\tag{5-11}
$$

与式(5-5)相对应，有

$$
f(E_Q + u_2) = \sum_{n=0}^{\infty} a_n u_2^n
$$

$$
f'(E_Q + u_2) = \sum_{n=1}^{\infty} n a_n u_2^{n-1}
$$

$$
f''(E_Q + u_2) = 2! \sum_{n=2}^{\infty} C_n^{n-2} a_n u_n^{n-2}
\tag{5-12}
$$

$$
\vdots
$$

若 u_1 足够小，可以忽略式(5-11)中 u_1 的二次方及其以上各次方项，则该式化简为

$$
i \approx f(E_Q + u_2) + f'(E_Q + u_2)u_1
\tag{5-13}
$$

式中，$f(E_Q + u_2)$ 和 $f'(E_Q + u_2)$ 是对 u_1 的展开式中与 u_1 无关的系数，但是它们都随 u_2 变化，即随时间变化，因此，称为时变系数，或称为时变参量。其中，$f(E_Q + u_2)$ 是当输入信号 $u_1 = 0$ 时的电流，称为时变静态电流或称为时变工作点电流（与静态工作点电流相对应），用 $I_0(t)$ 表示；$f'(E_Q + u_2)$ 是增量电导在 $u_1 = 0$ 时的数值，称为时变增益或时变电导、时变跨导，用 $g(t)$ 表示。与上相对应，可得时变偏置电压 $E_Q + u_2$，用 $E_Q(t)$ 表示。式(5-13)可表示为

$$
i = I_0(t) + g(t)u_1
\tag{5-14}
$$

由上式可见，就非线性器件的输出电流 i 与输入电压 u_1 的关系而言，是线性的，类似于线性器件；但是它们的系数却是时变的。因此，将具有式(5-14)描述的工作状态称为线性时变工作状态，具有这种关系的电路称为线性时变电路。

考虑 u_1 和 u_2 都是余弦信号，$u_1 = U_1 \cos\omega_1 t$，$u_2 = U_2 \cos\omega_2 t$，时变偏置电压 $E_Q(t) = E_Q + U_2 \cos\omega_2 t$，为一周期性函数，故 $I_0(t)$、$g(t)$ 也必为周期性函数，可用傅里叶级数展开，得

$$I_0(t) = f(E_Q + U_2 \cos\omega_2 t) = I_{00} + I_{01}\cos\omega_2 t + I_{02}\cos2\omega_2 t + \cdots \quad (5-15)$$

$$g(t) = f'(E_Q + U_2 \cos\omega_2 t) = g_0 + g_1\cos\omega_2 t + g_2\cos2\omega_2 t + \cdots \quad (5-16)$$

两个展开式的系数可直接由傅里叶系数公式求得

$$I_{00} = \frac{1}{2\pi} \int_{-\pi}^{\pi} f(E_Q + U_2 \cos\omega_2 t)\, d\omega_2 t$$

$$I_{0k} = \frac{1}{\pi} \int_{-\pi}^{\pi} f(E_Q + U_2 \cos\omega_2 t) \cos k\omega_2 t\, d\omega_2 t \quad k = 1,2,3,\cdots \quad (5-17)$$

$$g_0 = \frac{1}{2\pi} \int_{-\pi}^{\pi} f'(E_Q + U_2 \cos\omega_2 t)\, d\omega_2 t$$

$$g_k = \frac{1}{\pi} \int_{-\pi}^{\pi} f'(E_Q + U_2 \cos\omega_2 t) \cos k\omega_2 t\, d\omega_2 t \quad k = 1,2,3,\cdots \quad (5-18)$$

也可从式(5-11)中获得

$$I_{0k} = \sum_{n=0}^{\infty} \frac{1}{2^{2n+k-1}} C_{2n+k}^n a_{2n+k} U_2^{2n+k-1} \quad k = 0,1,2,\cdots$$

$$g_{k-1} = \sum_{n=0}^{\infty} (2n+k) \frac{n+k}{2^{2n+k-2}} C_{2n+k}^n a_{2n+k} U_2^{2n+k-1} \quad k = 0,1,2,\cdots \quad (5-19)$$

因此，线性时变电路输出信号的频率分量仅有非线性器件产生的频率分量式(5-10)中 p 为 0 和 1，q 为任意数的组合分量，去除了 q 为任意，p 大于 1 的众多组合频率分量。其频率分量为

$$\omega = q\omega_2$$
$$\omega = |q\omega_2 + \omega_1| \quad (5-20)$$

即 ω_2 的各次谐波分量及其与 ω_1 的组合分量。

例 1 一个晶体二极管，用指数函数逼近它的伏安特性，即

$$i = I_s(e^{\frac{u}{V_T}} - 1) \approx I_s e^{\frac{u}{V_T}} \quad (5-21)$$

在线性时变工作状态下，上式可表示为

$$i = I_0(t) + g(t)u_1 \quad (5-22)$$

式中

$$I_0(t) = I_s e^{\frac{E_Q + u_2}{V_T}} = I_Q e^{x_2\cos\omega_2 t} \quad (5-23)$$

$$g(t) = \frac{di}{du}\bigg|_{u=E_Q+u_2} = \frac{I_s}{V_T} e^{\frac{E_Q + u_2}{V_T}} = g_Q e^{x_2\cos\omega_2 t} \quad (5-24)$$

式中，$I_Q = I_s e^{\frac{E_Q}{V_T}}$，$x_2 = U_2/V_T$，$g_Q = I_Q/V_T$ 分别是晶体二极管的静态工作点电流、归一化的参考信号振幅和静态工作点上的电导。由于 $e^{x_2\cos\omega_2 t}$ 的傅里叶级数展开式为

$$\mathrm{e}^{x_2\cos\omega_2 t} = \varphi_0(x_2) + 2\sum_{n=1}^{\infty} \varphi_n(x_2)\cos n\omega_2 t \tag{5-25}$$

式中

$$\varphi_n(x_2) = \frac{1}{2\pi}\int_{-\pi}^{\pi} \mathrm{e}^{x_2\cos\omega_2 t}\cos n\omega_2 t\ \mathrm{d}\omega_2 t \tag{5-26}$$

是第一类修正贝塞尔函数。因而

$$I_0(t) = I_{\mathrm{Q}}\Big[\varphi_0(x_2) + 2\sum_{n=1}^{\infty} \varphi_n(x_2)\cos n\omega_2 t\Big]$$

$$g(t) = g_{\mathrm{Q}}\Big[\varphi_0(x_2) + 2\sum_{n=1}^{\infty} \varphi_n(x_2)\cos n\omega_2 t\Big] \tag{5-27}$$

　　虽然线性时变电路相对于非线性电路的输出中的组合频率分量大大减少，但二者的实质是一致的。线性时变电路是在一定条件下由非线性电路演变来的，其产生的频率分量与非线性器件产生的频率分量是完全相同的(在同一非线性器件条件下)，只不过是选择线性时变工作状态后，由于那些分量($\omega_{p,q} = |\pm p\omega_1 \pm q\omega_2|$，$p\neq 0,1$)的幅度，相对于低阶的分量($\omega_{p,q} = |\pm p\omega_1 \pm q\omega_2|$，$p = 0,1$)的幅度要小得多，因而被忽略，这在工程中是完全合理的。线性时变电路虽然大大减少了组合频率分量的数目，但仍然有大量的不需要的频率分量，用于频谱的搬移电路时，仍然需要用滤波器选出所需的频率分量，滤除不必要的频率分量，如图 5-3 所示。

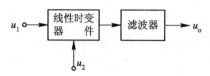

图 5-3　线性时变电路完成频谱的
搬移

　　应指出的是，线性时变电路并非线性电路，前已指出，线性电路不会产生新的频率分量，不能完成频谱的搬移功能。线性时变电路其本质还是非线性电路，是非线性电路在一定的条件下近似的结果；线性时变分析方法是在非线性电路的级数展开分析法的基础上，在一定的条件下的近似。线性时变电路分析方法大大简化了非线性电路的分析，线性时变电路大大减少了非线性器件的组合频率分量。因此，大多数频谱搬移电路都工作于线性时变工作状态，这样有利于系统性能指标的提高。

　　介绍了非线性电路的分析方法后，下面分别介绍不同的非线性器件实现频谱的线性搬移电路，重点是二极管电路和差分对电路。

5.2　二极管电路

　　二极管电路广泛用于通信设备中，特别是平衡电路和环形电路。它们具有电路简单、噪声低、组合频率分量少、工作频带宽等优点。如果采用肖特基表面势垒二极管(或称热载流子二极管)，它的工作频率可扩展到微波波段。目前已有极宽工作频段(从几十千赫兹到几千兆赫兹)的环形混频器组件供应市场，而且它的应用已远远超出了混频的范围，作为通用组件，它可广泛应用于振幅调制、振幅解调、混频及实现其它的功能。二极管电路的主要缺点是无增益。

5.2.1 单二极管电路

单二极管电路的原理电路如图 5-4 所示，输入信号 u_1 和控制信号（参考信号）u_2 相加作用在非线性器件二极管上。如前所述，由于二极管伏安特性非线性的频率变换作用，在流过二极管的电流中产生各种组合分量，用传输函数为 $H(j\omega)$ 的滤波器取出所需的频率分量，就可完成某一频谱的线性搬移功能。下面分析单二极管电路的频谱线性搬移功能。

设二极管电路工作在大信号状态。所谓大信号，是指输入的信号电压振幅大于 0.5 V。u_1 为输入信号或要处理的信号；u_2 是参考信号，为一余弦波，$u_2 = U_2 \cos\omega_2 t$，其振幅 U_2 远比 u_1 的振幅 U_1 大，即 $U_2 \gg U_1$；且有 $U_2 > 0.5$ V。忽略输出电压 u_o 对回路的反作用，这样，加在二极管两端的电压 u_D 为

$$u_D = u_1 + u_2 \tag{5-28}$$

图 5-4 单二极管电路

由于二极管工作在大信号状态，主要工作在截止区和导通区，因此可将二极管的伏安特性用折线近似，如图 5-5 所示。由此可见，当二极管两端的电压 u_D 大于二极管的导通电压 V_p 时，二极管导通，流过二极管的电流 i_D 与加在二极管两端的电压 u_D 成正比；当二极管两端电压 u_D 小于导通电压 V_p 时，二极管截止，$i_D = 0$。这样，二极管可等效为一个受控开关，控制电压就是 u_D。有

$$i_D = \begin{cases} g_D u_D & u_D \geqslant V_p \\ 0 & u_D < V_p \end{cases} \tag{5-29}$$

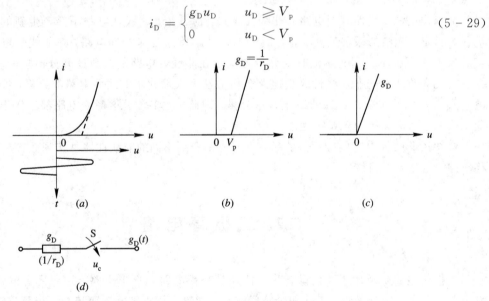

图 5-5 二极管伏安特性的折线近似

由前已知，$U_2 \gg U_1$，而 $u_D = u_1 + u_2$，可进一步认为二极管的通断主要由 u_2 控制，可得

$$i_D = \begin{cases} g_D u_D & u_2 \geqslant V_p \\ 0 & u_2 < V_p \end{cases} \tag{5-30}$$

一般情况下，V_p 较小，有 $U_2 \gg V_p$，可令 $V_p = 0$（也可在电路中加一固定偏置电压 E_o，用

以抵消 V_p，在这种情况下，$u_D = E_o + u_1 + u_2$），式(5-30)可进一步写成

$$i_D = \begin{cases} g_D u_D & u_2 \geqslant 0 \\ 0 & u_2 < 0 \end{cases} \tag{5-31}$$

由于 $u_2 = U_2 \cos\omega_2 t$，则 $u_2 \geqslant 0$ 对应于 $2n\pi - \pi/2 \leqslant \omega_2 t \leqslant 2n\pi + \pi/2$，$n = 0, 1, 2, \cdots$，故有

$$i_D = \begin{cases} g_D u_D & 2n\pi - \dfrac{\pi}{2} \leqslant \omega_2 t < 2n\pi + \dfrac{\pi}{2} \\ 0 & 2n\pi + \dfrac{\pi}{2} \leqslant \omega_2 t < 2n\pi + \dfrac{3\pi}{2} \end{cases} \tag{5-32}$$

上式也可以合并写成

$$i_D = g(t)u_D = g_D K(\omega_2 t) u_D \tag{5-33}$$

式中，$g(t)$ 为时变电导，受 u_2 的控制；$K(\omega_2 t)$ 为开关函数，它在 u_2 的正半周时等于 1，在负半周时为零，即

$$K(\omega_2 t) = \begin{cases} 1 & 2n\pi - \dfrac{\pi}{2} \leqslant \omega_2 t < 2n\pi + \dfrac{\pi}{2} \\ 0 & 2n\pi + \dfrac{\pi}{2} \leqslant \omega_2 t < 2n\pi + \dfrac{3\pi}{2} \end{cases} \tag{5-34}$$

如图 5-6 所示，这是一个单向开关函数。由此可见，在前面的假设条件下，二极管电路可等效一线性时变电路，其时变电导 $g(t)$ 为

$$g(t) = g_D K(\omega_2 t) \tag{5-35}$$

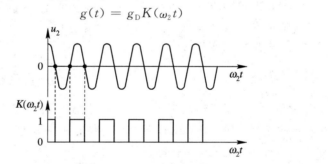

图 5-6 u_2 与 $K(\omega_2 t)$ 的波形图

$K(\omega_2 t)$ 是一周期性函数，其周期与控制信号 u_2 的周期相同，可用一傅里叶级数展开，其展开式为

$$K(\omega_2 t) = \frac{1}{2} + \frac{2}{\pi}\cos\omega_2 t - \frac{2}{3\pi}\cos3\omega_2 t + \frac{2}{5\pi}\cos5\omega_2 t - \cdots$$
$$+ (-1)^{n+1}\frac{2}{(2n-1)\pi}\cos(2n-1)\omega_2 t + \cdots \tag{5-36}$$

代入式(5-33)有

$$i_D = g_D\left[\frac{1}{2} + \frac{2}{\pi}\cos\omega_2 t - \frac{2}{3\pi}\cos3\omega_2 t + \frac{2}{5\pi}\cos5\omega_2 t - \cdots\right]u_D \tag{5-37}$$

若 $u_1 = U_1\cos\omega_1 t$，为单一频率信号，代入上式有

$$i_D = \frac{g_D}{\pi}U_2 + \frac{g_D}{2}U_1\cos\omega_1 t + \frac{g_D}{2}U_2\cos\omega_2 t + \frac{2}{3\pi}g_D U_2\cos2\omega_2 t$$
$$- \frac{2}{5\pi}g_D U_2\cos4\omega_2 t + \cdots + \frac{2}{\pi}g_D U_1\cos(\omega_2 - \omega_1)t$$

$$+ \frac{2}{\pi} g_D U_1 \cos(\omega_2 + \omega_1)t - \frac{2}{3\pi} g_D U_1 \cos(3\omega_2 - \omega_1)t - \frac{2}{3\pi} g_D U_1 \cos(3\omega_2 + \omega_1)t$$

$$+ \frac{2}{5\pi} g_D U_1 \cos(5\omega_2 - \omega_1)t + \frac{2}{5\pi} g_D U_1 \cos(5\omega_2 - \omega_1)t + \cdots \tag{5-38}$$

由上式可以看出，流过二极管的电流 i_D 中的频率分量有：

(1) 输入信号 u_1 和控制信号 u_2 的频率分量 ω_1 和 ω_2；

(2) 控制信号 u_2 的频率 ω_2 的偶次谐波分量；

(3) 输入信号 u_1 的频率 ω_1 与控制信号 u_2 的奇次谐波分量的组合频率分量 $(2n+1)\omega_2 \pm \omega_1$，$n = 0, 1, 2, \cdots$。

在前面的分析中，是在一定的条件下，将二极管等效为一个受控开关，从而可将二极管电路等效为一线性时变电路。应指出的是：如果假定条件不满足，比如 U_2 较小，不足以使二极管工作在大信号状态，图 5-5 的二极管特性的折线近似就是不正确的了，因而后面的线性时变电路的等效也存在较大的问题；若 $U_2 \gg U_1$ 不满足，等效的开关控制信号不仅仅是 u_2，还应考虑 u_1 的影响，这时等效的开关函数的通角不是固定的 $\pi/2$，而是随 u_1 变化的；分析中还忽略了输出电压 $u_\circ$ 对回路的反作用，这是由于在 $U_2 \gg U_1$ 的条件下，输出电压 $u_\circ$ 的幅度相对于 u_2 而言，有 $U_2 \gg U_\circ$，若考虑 $u_\circ$ 的反作用，对二极管两端电压 u_D 的影响不大，频率分量不会变化，$u_\circ$ 的影响可能使输出信号幅度降低。还需进一步指出：即便前述条件不满足，该电路仍然可以完成频谱的线性搬移功能；不同的是，这些条件不满足后，电路不能等效为线性时变电路，因而不能用线性时变电路的分析法来分析，但仍然是一非线性电路，可以用级数展开的非线性电路分析方法来分析。

5.2.2　二极管平衡电路

在单二极管电路中，由于工作在线性时变工作状态，因而二极管产生的频率分量大大减少了，但在产生的频率分量中，仍然有不少不必要的频率分量，因此有必要进一步减少一些频率分量，二极管平衡电路就可以满足这一要求。

1. 电路

图 5-7(a) 是二极管平衡电路的原理电路。它是由两个性能一致的二极管及中心抽头变压器 T_1、T_2 接成平衡电路的。图中，A、A′ 的上半部与下半部完全一样。控制电压 u_2 加于变压器的 A、A′ 两端。输出变压器 T_2 接滤波器，用以滤除无用的频率分量。从 T_2 次级向右看的负载电阻为 R_L。

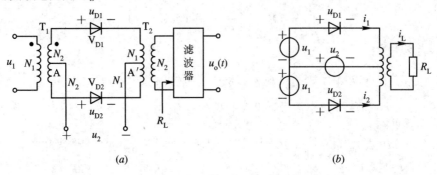

(a)　　　　　　　　　　　　　　　　(b)

图 5-7　二极管平衡电路

为了分析方便，设变压器线圈匝数比 $N_1 : N_2 = 1 : 1$，因此加给 V_{D1}、V_{D2} 两管的输入电压均为 u_1，其大小相等，但方向相反；而 u_2 是同相加到两管上的。该电路可等效成图 $5-7(b)$ 所示的原理电路。

2. 工作原理

与单二极管电路的条件相同，二极管处于大信号工作状态，即 $U_2 > 0.5$ V。这样，二极管主要工作在截止区和线性区，二极管的伏安特性可用折线近似。$U_2 \gg U_1$，二极管开关主要受 u_2 控制。若忽略输出电压的反作用，则加到两个二极管的电压 u_{D1}、u_{D2} 为

$$u_{D1} = u_2 + u_1$$
$$u_{D2} = u_2 - u_1 \tag{5-39}$$

由于加到两个二极管上的控制电压 u_2 是同相的，因此两个二极管的导通、截止时间是相同的，其时变电导也是相同的。由此可得流过两管的电流 i_1、i_2 分别为

$$i_1 = g_1(t)u_{D1} = g_D K(\omega_2 t)(u_2 + u_1)$$
$$i_2 = g_1(t)u_{D2} = g_D K(\omega_2 t)(u_2 - u_1) \tag{5-40}$$

i_1、i_2 在 T_2 次级产生的电流分别为：

$$i_{L1} = \frac{N_1}{N_2} i_1 = i_1$$
$$i_{L2} = \frac{N_1}{N_2} i_2 = i_2 \tag{5-41}$$

但两电流流过 T_2 的方向相反，在 T_2 中产生的磁通相消，故次级总电流 i_L 应为

$$i_L = i_{L1} - i_{L2} = i_1 - i_2 \tag{5-42}$$

将式 $(5-40)$ 代入上式，有

$$i_L = 2g_D K(\omega_2 t)u_1 \tag{5-43}$$

考虑 $u_1 = U_1 \cos\omega_1 t$，代入上式可得

$$i_L = g_D U_1 \cos\omega_1 t + \frac{2}{\pi} g_D U_1 \cos(\omega_2 + \omega_1)t + \frac{2}{\pi} g_D U_1 \cos(\omega_2 - \omega_1)t$$
$$- \frac{2}{3\pi} g_D U_1 \cos(3\omega_2 + \omega_1)t - \frac{2}{3\pi} g_D U_1 \cos(3\omega_2 - \omega_1)t + \cdots \tag{5-44}$$

由上式可以看出，输出电流 i_L 中的频率分量有：

(1) 输入信号的频率分量 ω_1；

(2) 控制信号 u_2 的奇次谐波分量与输入信号 u_1 的频率 ω_1 的组合分量 $|\pm(2n+1)\omega_2 \pm \omega_1|$，$n = 0, 1, 2, \cdots$。

与单二极管电路相比较，u_2 的基波分量和偶次谐波分量被抵消掉了，二极管平衡电路的输出电路中不必要的频率分量又进一步地减少了。这是不难理解的，因为控制电压 u_2 是同相加于 V_{D1}、V_{D2} 的两端的，当电路完全对称时，两个相等的 ω_2 分量在 T_2 产生的磁通互相抵消，在次级上不再有 ω_2 及其谐波分量。

当考虑 R_L 的反映电阻对二极管电流的影响时，要用包含反映电阻的总电导来代替 g_D。如果 T_2 次级所接负载为宽带电阻，则初级两端的反映电阻为 $4R_L$。对 i_1、i_2 各支路的电阻为 $2R_L$。此时用总电导

$$g = \frac{1}{r_D + 2R_L} \tag{5-45}$$

来代替式(5-44)中的 g_D，$r_D = 1/g_D$。当 T_2 所接负载为选频网络时，其所呈现的电阻随频率变化。

　　在上面的分析中，假设电路是理想对称的，因而可以抵消一些无用分量，但实际上难以做到这点。例如，两个二极管特性不一致，i_1 和 i_2 中的 ω_2 电流值将不同，致使 ω_2 及其谐波分量不能完全抵消。变压器不对称也会造成这个结果。很多情况下，不需要有控制信号输出，但由于电路不可能完全平衡、从而形成控制信号的泄漏。一般要求泄漏的控制信号频率分量的电平要比有用的输出信号电平至少低 20 dB 以上。为减少这种泄漏，以满足实际运用的需要，首先要保证电路的对称性。一般采用如下办法：

　　(1) 选用特性相同的二极管；用小电阻与二极管串接，使二极管等效正、反向电阻彼此接近。但串接电阻后会使电流减小，所以阻值不能太大，一般为几十至上百欧姆。

　　(2) 变压器中心抽头要准确对称，分布电容及漏感要对称，这可以采用双线并绕法绕制变压器，并在中心抽头处加平衡电阻。同时，还要注意两线圈对地分布电容的对称性。为了防止杂散电磁耦合影响对称性，可采取屏蔽措施。

　　(3) 为改善电路性能，应使其工作在理想开关状态，且二极管的通断只取决于控制电压 u_2，而与输入电压 u_1 无关。为此，要选择开关特性好的二极管，如热载流子二极管。控制电压要远大于输入电压，一般要大十倍以上。

　　图 5-8(a) 为平衡电路的另一种形式，称为二极管桥式电路。这种电路应用较多，因为它不需要具有中心抽头的变压器，四个二极管接成桥路，控制电压直接加到二极管上。当 $u_2 > 0$ 时，四个二极管同时截止，u_1 直接加到 T_2 上；当 $u_2 < 0$ 时，四个二极管导通，A、B 两点短路，无输出。所以

$$u_{AB} = K(\omega_2 t) u_1 \tag{5-46}$$

由于四个二极管接成桥型，若二极管特性完全一致，A、B 端无 u_2 的泄漏。

　　图 5-8(b) 是一实际桥式电路，其工作原理同上，只不过桥路输出加至晶体管的基极，经放大及回路滤波后输出所需频率分量，从而完成特定的频谱搬移功能。

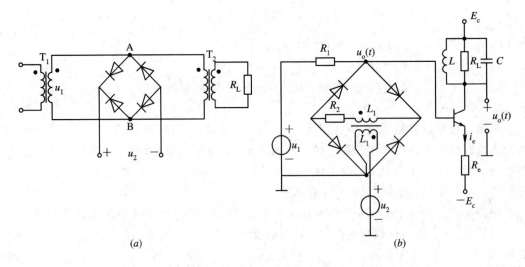

(a)　　　　　　　　　　　　　　(b)

图 5-8　二极管桥式电路

5.2.3　二极管环形电路

1. 基本电路

图 5-9(a)为二极管环形电路的基本电路。与二极管平衡电路相比，只是多接了两只二极管 V_{D3} 和 V_{D4}，四只二极管方向一致，组成一个环，因此称为二极管环形电路。控制电压 u_2 正向的加到 V_{D1}、V_{D2} 两端，反向的加到 V_{D3}、V_{D4} 两端，随控制电压 u_2 的正负变化，两组二极管交替导通和截止。当 $u_2 \geqslant 0$ 时，V_{D1}、V_{D2} 导通，V_{D3}、V_{D4} 截止；当 $u_2 < 0$ 时，V_{D1}、V_{D2} 截止，V_{D3}、V_{D4} 导通。在理想情况下，它们互不影响，因此，二极管环形电路是由两个平衡电路组成：V_{D1} 与 V_{D2} 组成平衡电路 1，V_{D3} 与 V_{D4} 组成平衡电路 2，分别如图 5-9(b)、(c)所示。因此，二极管环形电路又称为二极管双平衡电路。

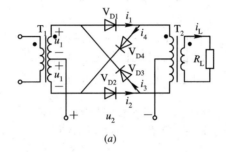

(a)

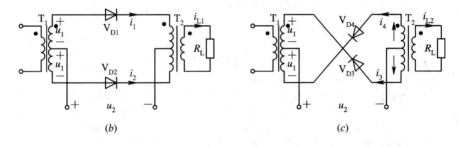

(b)　　　　　　　　　　　　　　　　(c)

图 5-9　二极管环形电路

2. 工作原理

二极管环形电路的分析条件与单二极管电路和二极管平衡电路相同。平衡电路 1 与前面分析的电路完全相同。根据图 5-9(a)中电流的方向，平衡电路 1 和 2 在负载 R_L 上产生的总电流为

$$i_L = i_{L1} + i_{L2} = (i_1 - i_2) + (i_3 - i_4) \tag{5-47}$$

式中，i_{L1} 为平衡电路 1 在负载 R_L 上的电流，前已得 $i_{L1} = 2g_D K(\omega_2 t) u_1$；$i_{L2}$ 为平衡电路 2 在负载 R_L 上产生的电流。由于 V_{D3}、V_{D4} 是在控制信号 u_2 的负半周内导通，其开关函数与 $K(\omega_2 t)$ 相差 $T_2/2(T_2 = 2\pi/\omega_2)$。又因 V_{D3} 上所加的输入电压 u_1 与 V_{D1} 上的极性相反，V_{D4} 上所加的输入电压 u_1 与 V_{D2} 上的极性相反，所以 i_{L2} 表示式为

$$i_{L2} = -2g_D K\left[\omega_2\left(t - \frac{T_2}{2}\right)\right] u_1 = -2g_D K(\omega_2 t - \pi) u_1 \tag{5-48}$$

代入式(5-47)，输出总电流 i_L 为

$$i_{\mathrm{L}} = 2g_{\mathrm{D}}[K(\omega_2 t) - K(\omega_2 t - \pi)]u_1 = 2g_{\mathrm{D}}K'(\omega_2 t)u_1 \tag{5-49}$$

图 5-10 给出了 $K(\omega_2 t)$、$K(\omega_2 t - \pi)$ 及 $K'(\omega_2 t)$ 的波形。

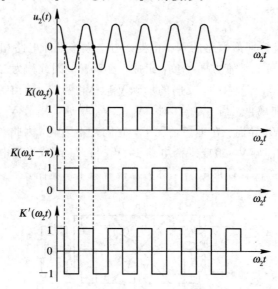

图 5-10 环形电路的开关函数波形图

由此可见 $K(\omega_2 t)$、$K(\omega_2 t - \pi)$ 为单向开关函数，$K'(\omega_2 t)$ 为双向开关函数，且有

$$K'(\omega_2 t) = K(\omega_2 t) - K(\omega_2 t - \pi) = \begin{cases} 1 & u_2 \geqslant 0 \\ -1 & u_2 < 0 \end{cases} \tag{5-50}$$

和

$$K(\omega_2 t) + K(\omega_2 t - \pi) = 1 \tag{5-51}$$

由此可得 $K(\omega_2 t - \pi)$、$K'(\omega_2 t)$ 的傅里叶级数：

$$K(\omega_2 t - \pi) = 1 - K(\omega_2 t)$$

$$= \frac{1}{2} - \frac{2}{\pi}\cos\omega_2 t + \frac{2}{3\pi}\cos3\omega_2 t - \frac{2}{5\pi}\cos5\omega_2 t + \cdots$$

$$+ (-1)^n \frac{2}{(2n+1)\pi}\cos(2n+1)\omega_2 t + \cdots \tag{5-52}$$

$$K'(\omega_2 t) = \frac{4}{\pi}\cos\omega_2 t - \frac{4}{3\pi}\cos3\omega_2 t + \frac{4}{5\pi}\cos5\omega_2 t + \cdots$$

$$+ (-1)^{n+1} \frac{4}{(2n+1)\pi}\cos(2n+1)\omega_2 t + \cdots \tag{5-53}$$

当 $u_1 = U_1\cos\omega_1 t$ 时，

$$i_{\mathrm{L}} = \frac{4}{\pi}g_{\mathrm{D}}U_1\cos(\omega_2 + \omega_1)t + \frac{4}{\pi}g_{\mathrm{D}}U_1\cos(\omega_2 - \omega_1)t$$

$$- \frac{4}{3\pi}g_{\mathrm{D}}U_1\cos(3\omega_2 + \omega_1)t - \frac{4}{3\pi}g_{\mathrm{D}}U_1\cos(3\omega_2 - \omega_1)t$$

$$+ \frac{4}{5\pi}g_{\mathrm{D}}U_1\cos(5\omega_2 + \omega_1)t + \frac{4}{5\pi}g_{\mathrm{D}}U_1\cos(5\omega_2 - \omega_1)t\cdots \tag{5-54}$$

由上式可以看出，环形电路中，输出电流 i_{L} 只有控制信号 u_2 的基波分量和奇次谐波分量与输入信号 u_1 的频率 ω_1 的组合频率分量 $(2n+1)\omega_2 \pm \omega_1$ $(n = 0, 1, 2, \cdots)$。在平衡电路的基础上，又消除了输入信号 u_1 的频率分量 ω_1，且输出的 $(2n+1)\omega_2 \pm \omega_1 (n=0,1,2,\cdots)$ 的频率分量的幅度等于平衡电路的两倍。

环形电路 i_L 中无 ω_1 频率分量，这是两次平衡抵消的结果。每个平衡电路自身抵消 ω_2 及其谐波分量，两个平衡电路抵消 ω_1 分量。若 ω_2 较高，则 $3\omega_2 \pm \omega_1$，$5\omega_2 \pm \omega_1$，…等组合频率分量很容易滤除，故环形电路的性能更接近理想相乘器，而这是频谱线性搬移电路要解决的核心问题。

前述平衡电路中的实际问题同样存在于环形电路中，在实际电路中仍需采取措施加以解决。为了解决二极管特性参差性问题，可将每臂用两个二极管并联，如采用图 5-11 的电路，另一种更为有效的办法是采用环形电路组件。

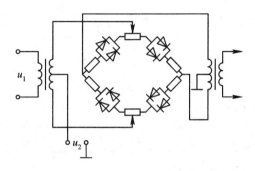

图 5-11　实际的环形电路

环形电路组件称为双平衡混频器组件或环形混频器组件，已有从短波到微波波段的系列产品提供用户。这种组件是由精密配对的肖特基二极管及传输线变压器装配而成，内部元件用硅胶粘接，外部用小型金属壳屏蔽。二极管和变压器在装入混频器之前经过严格的筛选，能承受强烈的震动、冲击和温度循环。图 5-12 是这种组件的外形和电路图，图中混频器有三个端口（本振、射频和中频），分别以 LO、RF 和 IF 来表示，V_{D1}、V_{D2}、V_{D3} 和 V_{D4} 为混频管堆，T_1、T_2 为平衡—不平衡变换器，以便把不平衡的输入变为平衡的输出（T_1）；或平衡的输入转变为不平衡输出（T_2）。双平衡混频器组件的三个端口均具有极宽的频带，它的动态范围大，损耗小，频谱纯，隔离度高，而且还有一个非常突出的特点，在其工作频率范围内，从任意两端口输入 u_1 和 u_2，就可在第三端口得到所需的输出。但应注意所用器件对每一输入信号的输入端电平的要求，以保证器件的安全。

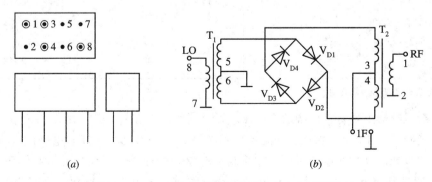

图 5-12　双平衡混频器组件的外壳和电原理图

例 2 在图 5 - 12 的双平衡混频器组件的本振口加输入信号 u_1，在中频口加控制信号 u_2，输出信号从射频口输出，如图 5 - 13 所示。忽略输出电压的反作用，可得加到四个二极管上的电压分别为

图 5 - 13 双平衡混频器组件的应用

$$u_{D1} = u_1 - u_2 \qquad u_{D2} = u_1 + u_2$$
$$u_{D3} = -u_1 - u_2 \qquad u_{D4} = -u_1 + u_2$$

由此可见，控制电压 u_2 正相加到 V_{D2}、V_{D4} 的两端，反向加到 V_{D1}、V_{D3} 两端。由于有 $U_2 \gg U_1$，四个二极管的通断受 u_2 的控制，由此可得流过四个二极管的电流与加到二极管两端的电压的关系为线性时变关系，这些电流为

$$i_1 = g_D K(\omega_2 t - \pi) u_{D1}$$
$$i_2 = g_D K(\omega_2 t) u_{D2}$$
$$i_3 = g_D K(\omega_2 t - \pi) u_{D3}$$
$$i_4 = g_D K(\omega_2 t) u_{D4}$$

这四个电流与输出电流 i 之间的关系为

$$i = -i_1 + i_2 + i_3 - i_4 = (i_2 - i_4) - (i_1 - i_3)$$
$$= 2g_D K(\omega_2 t) u_1 - 2g_D K(\omega_2 t - \pi) u_1$$
$$= 2g_D K'(\omega_2 t) u_1$$

此结果与式(5 - 49)完全相同。改变 u_1、u_2 的输入端口，同样可以得到以上结论。表 5 - 1 给出了部分国产双平衡混频器组件的特性参数。

表 5 - 1 部分国产双平衡混频器组件的特性参数

型 号	频率范围 /MHz	本振电平 /dBm	变频损耗 /dB	隔度度 /dB	1 dB 压缩电平 /dBm	尺 寸 （长×宽×高)/mm³
VJH6	1～500	+7	6.5	40	+2	20.2×10.2×10.5
VJH7	200～1000	+7	7.0	35	+1	20.2×10.2×6.6
HSP2	0.003～100	+7	6.5	40	+1	20.2×10.2×10.5
HSP6	0.5～500	+7			+1	20.2×10.2×6.6
HSP9	0.5～800	+7			+1	φ9.4×6.5
HSP12	1～700	+7	6.5	40	+1	12.5×5.6×6.6
HSP22	0.05～2000	+10	7.5	40	+5	20.2×10.2×10.5
HSP32	2～2500	+7			+1	φ15.3×6.4
HSP132	10～3000	+10			+5	12.9×9.8×3.7

* 各端口匹配阻抗为 50 Ω。

双平衡混频器组件有很广阔的应用领域，除用作混频器外，还可用作相位检波器、脉冲或振幅调制器、2PSK 调制器、电流控制衰减器和二倍频器；与其它电路配合使用，还可以组成更复杂的高性能电路组件。应用双平衡混频器组件，可减少整机的体积和重量，提高整机的性能和可靠性，简化整机的维修，提高了整机的标准化、通用化和系列化程度。

5.3　差 分 对 电 路

频谱搬移电路的核心部分是相乘器。实现相乘的方法很多，有霍尔效应相乘法、对数一反对数相乘法、可变跨导相乘法等。由于可变跨导相乘法具有电路简单、易于集成、工作频率高等特点而得到广泛应用。它可以用于实现调制、解调、混频、鉴相及鉴频等方面。这种方法是利用一个电压控制晶体管射极电流或场效应管源极电流，使其跨导随之变化从而达到与另一个输入电压相乘的目的。这种电路的核心单元是一个带恒流源的差分对电路。

5.3.1　单差分对电路

1. 电路

基本的差分对电路如图 5 - 14 所示。图中两个晶体管和两个电阻精密配对（这在集成电路上很容易实现）。恒流源 I_0 为对管提供射极电流。两管静态工作电流相等，$I_{e1} = I_{e2} = I_0/2$。当输入端加有电压（差模电压）u 时，若 $u > 0$，则 V_1 管射极电流增加 ΔI，V_2 管电流减少 ΔI，但仍保持如下关系：

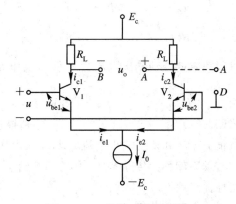

$$i_{c1} + i_{c2} = \left(\frac{I_0}{2} + \Delta I\right) + \left(\frac{I_0}{2} - \Delta I\right) = I_0$$

$$(5 - 55)$$

这时两管不平衡。输出方式可采用单端输出，也可采用双端输出。

图 5 - 14　差分对原理电路

2. 传输特性

设 V_1、V_2 管的 $\alpha \approx 1$，则有 $i_{c1} \approx i_{e1}$，$i_{c2} \approx i_{e2}$，可得晶体管的集电极电流与基极射极电压 u_{be} 的关系为

$$i_{c1} = I_s e^{\frac{q}{kT}u_{be1}} = I_s e^{\frac{u_{be1}}{V_T}}$$

$$i_{c2} = I_s e^{\frac{q}{kT}u_{be2}} = I_s e^{\frac{u_{be2}}{V_T}}$$

$$(5 - 56)$$

由式(5 - 55)，有

$$I_0 = i_{c1} + i_{c2} = I_s e^{\frac{u_{be1}}{V_T}} + I_s e^{\frac{u_{be2}}{V_T}} = i_{c2}\left[1 + e^{\frac{1}{V_T}(u_{be1} - u_{be2})}\right]$$

$$= i_{c2}\left(1 + e^{\frac{u}{V_T}}\right)$$

$$(5 - 57)$$

故有

$$i_{c2} = \frac{I_0}{1 + e^{\frac{u}{V_T}}}$$

$$(5 - 58)$$

式中，$u = u_{be1} - u_{be2}$ 类似可得

$$i_{c1} = \frac{I_0}{1 + e^{-\frac{u}{V_T}}} \qquad (5-59)$$

为了易于观察 i_{c1}、i_{c2} 随输入电压 u 变化的规律，将式（5-59）减去静态工作电流 $I_0/2$，可得

$$i_{c1} - \frac{I_0}{2} = \frac{I_0}{2}\left[\frac{2}{1 + e^{-\frac{u}{V_T}}}\right] - \frac{I_0}{2} = \frac{I_0}{2}\tanh\left(\frac{u}{2V_T}\right) \qquad (5-60)$$

因此

$$i_{c1} = \frac{I_0}{2} + \frac{I_0}{2}\tanh\left(\frac{u}{2V_T}\right) \qquad (5-61)$$

$$i_{c2} = \frac{I_0}{2} - \frac{I_0}{2}\tanh\left(\frac{u}{2V_T}\right) \qquad (5-62)$$

双端输出的情况下有

$$u_o = u_{c2} - u_{c1} = (E_c - i_{c2}R_L) - (E_c - i_{c1}R_L)$$

$$= R_L(i_{c1} - i_{c2}) = R_L I_0 \tanh\left(\frac{u}{2V_T}\right) \qquad (5-63)$$

可得等效的差动输出电流 i_o 与输入电压 u 的关系式

$$i_o = I_0 \tanh\left(\frac{u}{2V_T}\right) \qquad (5-64)$$

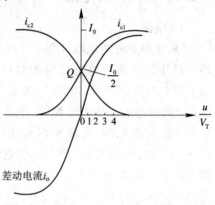

图 5-15 差分对的传输特性

式（5-61）、（5-62）及式（5-64）分别描述了集电极电流 i_{c1}、i_{c2} 和差动输出电流 i_o 与输入电压 u 的关系，这些关系就称为传输特性。图 5-15 给出了这些传输特性曲线。

由上面的分析可知：

（1）i_{c1}、i_{c2} 和 i_o 与差模输入电压 u 是非线性关系——双曲正切函数关系，与恒流源 I_0 成线性关系。双端输出时，直流抵消，交流输出加倍。

（2）输入电压很小时，传输特性近似为线性关系，即工作在线性放大区。这是因为当 $|x| < 1$ 时，$\tanh(x/2) \approx x/2$，即当 $|u| < V_T = 26$ mV 时，$i_o = I_0 \tanh(u/2V_T) \approx I_0 u/2V_T$。

（3）若输入电压很大，一般在 $|u| > 100$ mV 时，电路呈现限幅状态，两管接近于开关状态，因此，该电路可作为高速开关、限幅放大器等电路。

（4）小信号运用时的跨导即为传输特性线性区的斜率，它表示电路在放大区输出时的放大能力，

$$g_m = \left.\frac{\partial i_o}{\partial u}\right|_{u=0} = \frac{I_0}{2V_T} \approx 20I_0 \qquad (5-65)$$

该式表明，g_m 与 I_0 成正比，I_0 增加，则 g_m 加大，增益提高。若 I_0 随时间变化，g_m 也随时间变化，成为时变跨导 $g_m(t)$。因此，可用控制 I_0 的办法组成线性时变电路。

（5）当输入差模电压 $u = U_1\cos\omega_1 t$ 时，由传输特性可得 i_o 波形，如图 5-16。其所含频率分量可由 $\tanh(u/2V_T)$ 的傅里叶级数展开式求得，即

$$i_o(t) = I_0\left[\beta_1(x)\cos\omega_1 t + \beta_3(x)\cos3\omega_1 t + \beta_5(x)\cos5\omega_1 t + \cdots\right]$$

$$= I_0 \sum_{n=1}^{\infty} \beta_{2n-1}(x)\cos(2n-1)\omega_1 t \qquad (5-66)$$

式中，傅氏系数

$$\beta_{2n-1}(x) = \frac{1}{\pi} \int_{-\pi}^{\pi} \tanh\left(\frac{x}{2}\cos\omega_1 t\right) \cos(2n-1)\omega_1 t\, d\omega_1 t \qquad (5-67)$$

$x = U_1/V_T$。其系数值见表 5 - 2。

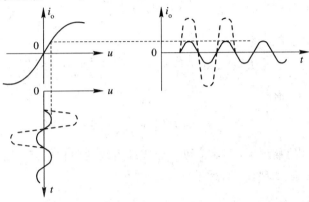

图 5 - 16　差分对作放大时 i_o 的输出波形

表 5 - 2　$\beta_n(x)$ 数值表

x	$\beta_1(x)$	$\beta_3(x)$	$\beta_5(x)$
0.5	0.2462	—	—
1.0	0.4712	−0.0096	—
1.5	0.6610	−0.0272	—
2.0	0.8116	−0.0542	—
2.5	0.9262	−0.0870	0.004 52
3.0	1.0108	−0.1222	0.0194
4.0	1.1172	—	—
5.0	1.1754	−0.2428	0.0710
7.0	1.2224	−0.3142	0.1150
10.0	1.2514	−0.3654	0.1662
∞	1.2732	−0.4244	0.2546

3. 差分对频谱搬移电路

差分对电路的可控通道有两个：一个为输入差模电压，另一个为电流源 I_0；故可把输入信号和控制信号分别控制这两个通道。由于输出电流 i_o 与 I_0 成线性关系，所以将控制电流源的这个通道称为线性通道；输出电流 i_o 与差模输入电压 u 成非线性关系，所以将差模输入通道称为非线性通道。图 5 - 17 为差分对频谱搬移电路的原理图。

集电极负载为一滤波回路，滤波回路（或滤波器）的种类和参数可根据完成不同的功能进行设计，对输出频率分量呈现的阻抗为 R_L。恒流源 I_0 由尾管 V_3 提供，V_3 射极接有大电阻 R_e，所以又将此电路称为"长

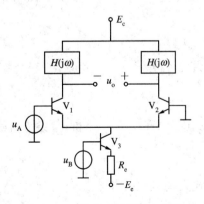

图 5 - 17　差分对频谱搬移电路

尾偶电路"。R_e 大则可削弱 V_3 的发射结非线性电阻的作用。由图中可看到：

$$u_B = u_{be3} + i_{e3}R_e - E_e \qquad (5-68)$$

当忽略 u_{be3} 后，得出

$$I_o(t) = i_{e3} = \frac{E_e}{R_e} + \frac{u_B}{R_e} = I_0\left(1 + \frac{u_B}{E_e}\right) \qquad I_0 = \frac{E_e}{R_e} \qquad (5-69)$$

由此可得输出电流

$$i_o(t) = I_0(t)\tanh\left(\frac{u_A}{2V_T}\right) = I_0\left(1 + \frac{u_B}{E_e}\right)\tanh\left(\frac{u_A}{V_T}\right) \qquad (5-70)$$

考虑 $|u_A| < 26$ mV 时，有

$$i_o(t) \approx I_0\left(1 + \frac{u_B}{E_e}\right)\frac{u_A}{2V_T} \qquad (5-71)$$

式中有两个输入信号的乘积项，因此，可以构成频谱线性搬移电路。以上讨论的是双端输出的情况，单端输出时的结果可自行推导。

5.3.2 双差分对电路

双差分对频谱搬移电路如图 5-18 所示。它由三个基本的差分电路组成，也可看成由两个单差分对电路组成。V_1、V_2、V_5 组成差分电路 I，V_3、V_4、V_6 组成差分电路 II，两个差分对电路的输出端交叉耦合。输入电压 u_A 交叉地加到两个差分对管的输入端，输入电压 u_B 则加到 V_5 和 V_6 组成的差分对管输入端，三个差分对都是差模输入。双差分对每边的输出电流为两差分对管相应边的输出电流之和，因此，双端输出时，它的差动输出电流为

$$i_o = i_I - i_{II} = (i_1 + i_3) - (i_2 + i_4)$$
$$= (i_1 - i_2) - (i_4 - i_3) \qquad (5-72)$$

式中，$(i_1 - i_2)$ 是左边差分对管的差动输出电流，$(i_4 - i_3)$ 是右边差分对管差动输出电流，分别为

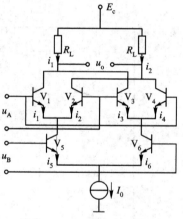

图 5-18 双差分对电路

$$i_1 - i_2 = i_5\tanh\left(\frac{u_A}{2V_T}\right)$$

$$i_4 - i_3 = i_6\tanh\left(\frac{u_A}{2V_T}\right) \qquad (5-73)$$

由此可得

$$i_o = (i_5 - i_6)\tanh\left(\frac{u_A}{2V_T}\right) \qquad (5-74)$$

式中，$(i_5 - i_6)$ 是 V_5 和 V_6 差分对管的差动输出电流，为

$$i_5 - i_6 = I_0\tanh\left(\frac{u_B}{2V_T}\right) \qquad (5-75)$$

代入式 (5-74)，有

$$i_o = I_0\tanh\left(\frac{u_A}{2V_T}\right)\tanh\left(\frac{u_B}{2V_T}\right) \qquad (5-76)$$

由此可见，双差分对的差动输出电流 i_o 与两个输入电压 u_A、u_B 之间均为非线性关系。用作频谱搬移电路时，输入信号 u_1 和控制信号 u_2 可以任意加在两个非线性通道中，而单差分对电路的输出频率分量与这两个信号所加的位置是有关的。当 $u_1 = U_1 \cos\omega_1 t$，$u_2 = U_2 \cos\omega_2 t$ 时，代入式(5-76)有

$$i_o = I_0 \sum_{m=0}^{\infty} \sum_{n=0}^{\infty} \beta_{2m-1}(x_1)\beta_{2n-1}(x_2) \cos(2m-1)\omega_1 t \cos(2n-1)\omega_2 t \qquad (5-77)$$

式中，$x_1 = U_1/V_T$，$x_2 = U_2/V_T$。有 ω_1 与 ω_2 的各级奇次谐波分量的组合分量，其中包括两个信号乘积项，但不能等效为一理想乘法器。若 U_1、$U_2 < 26$ mV，非线性关系可近似为线性关系，式(5-76)为

$$i_o = I_0 \frac{u_1}{2V_T} \frac{u_2}{2V_T} = \frac{I_0}{4V_T^2} u_1 u_2 \qquad (5-78)$$

为理想的乘法器。

作为乘法器时，由于要求输入电压幅度要小，因而 u_A、u_B 的动态范围较小。为了扩大 u_B 的动态范围，可以在 V_5 和 V_6 的发射极上接入负反馈电阻 R_{e2}，如图5-19。当每管的 $r_{bb'}$ 可忽略，并设 R_{e2} 的滑动点处于中间值时，

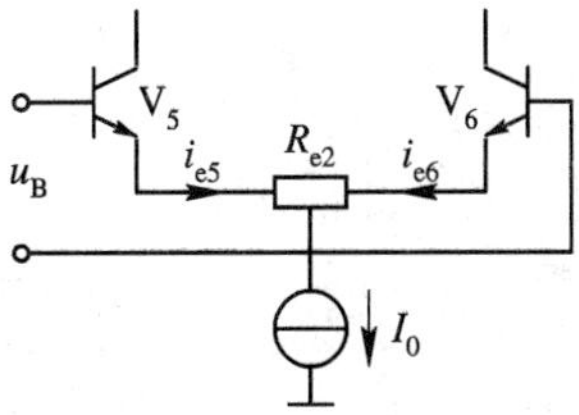

$$u_B = u_{be5} + \frac{1}{2} i_{e5} R_{e2} - u_{be6} - \frac{1}{2} i_{e6} R_{e2} \qquad (5-79)$$

式中，$u_{be5} - u_{be6} = V_T \ln(i_{e5}/i_{e6})$，因此上式可表示为

$$u_B = V_T \ln \frac{i_{e5}}{i_{e6}} + \frac{1}{2}(i_{e5} - i_{e6})R_{e2} \qquad (5-80)$$

图 5-19　接入负反馈时的
差分对电路

若 R_{e2} 足够大，满足深反馈条件，即

$$\frac{1}{2}(i_{e5} - i_{e6})R_{e2} \gg V_T \ln \frac{i_{e5}}{i_{e6}} \qquad (5-81)$$

式(5-80)可简化为

$$u_B \approx \frac{1}{2}(i_{e5} - i_{e6})R_{e2} \approx \frac{1}{2}(i_5 - i_6)R_{e2} \qquad (5-82)$$

上式表明，接入负反馈电阻，且满足式(5-81)时，差分对管 V_5 和 V_6 的差动输出电流近似与 u_B 成正比，而与 I_0 的大小无关。应该指出，这个结论必须在两管均工作在放大区条件下才成立。工作在放大区内，可近似认为 i_{e5} 和 i_{e6} 均大于零。考虑到 $i_{e5} + i_{e6} = I_0$，则由式(5-82)可知，为了保证 i_{e5} 和 i_{e6} 大于零，u_B 的最大动态范围为

$$-\frac{I_0}{2} \leqslant \frac{u_B}{R_{e2}} \leqslant \frac{I_0}{2} \qquad (5-83)$$

将式(5-82)代入式(5-74)，双差分对的差动输出电流可近似为

$$i_o \approx \frac{2u_B}{R_{e2}} \tanh\left(\frac{u_A}{2V_T}\right) \qquad (5-84)$$

上式表明双差分对工作在线性时变状态。若 u_A 足够小时，结论与式(5-78)类似。如果 u_A 足够大，工作到传输特性的平坦区，则上式可进一步表示为开关工作状态，即

$$i_o \approx \frac{2}{R_{e2}} K(\omega_A t) u_B \qquad (5-85)$$

综上所述，施加反馈电阻后，双差分对电路工作在线性时变状态或开关工作状态，因

而特别适合作为频谱搬移电路。例如，作为双边带振幅调制电路或相移键控调制电路时，u_A 加载波电压，u_B 加调制信号，输出端接中心频率为载波频率的带通滤波器；作为同步检波电路时，u_A 为恢复载波，u_B 加输入信号，输出端接低通滤波器；作为混频电路时，u_A 加本振电压，u_B 加输入信号，输出端接中频滤波器。

　　双差分电路具有结构简单，有增益，不用变压器，易于集成化，对称性精确，体积小等优点，因而得到广泛的应用。双差分电路是集成模拟乘法器的核心。模拟乘法器种类很多，由于内部电路结构不同，各项参数指标也不同，其主要指标有：工作频率、电源电压、输入电压动态范围、线性度、带宽等。图 5 - 20 为 Mortorola MC1596 内部电路图，它是以双差分电路为基础，在 Y 输入通道加入了反馈电阻，故 Y 通道输入电压动态范围较大，X 通道输入电压动态范围很小。MC1596 工作频率高，常用做调制、解调和混频。

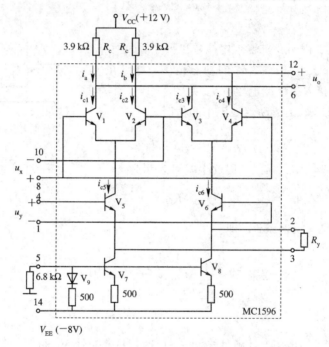

图 5 - 20　MC1596 的内部电路

　　通过上面的分析可知，差分对作为放大器时是四端网络，其工作点不变，不产生新的频率分量。差分对作为频谱线性搬移电路时，为六端网络。两个输入电压中，一个用来改变工作点，使跨导变为时变跨导；另一个则作为输入信号，以时变跨导进行放大，因此称为时变跨导放大器。这种线性时变电路，即使管子工作于线性区，也能产生新的频率成分，完成相乘功能。

5.4　其它频谱线性搬移电路

5.4.1　晶体三极管频谱线性搬移电路

　　晶体三极管频谱线性搬移电路如图 5 - 21 所示，图中，u_1 是输入信号，u_2 是参考信号，且 u_1 的振幅 U_1 远远小于 u_2 的振幅 U_2，即 $U_2 \gg U_1$。由图看出，u_1 与 u_2 都加到三极管

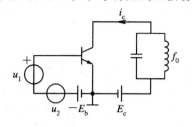

的 be 结，利用其非线性特性，可以产生 u_1 和 u_2 的频率
的组合分量，再经集电极的输出回路选出完成某一频
谱线性搬移功能所需的频率分量，从而达到频谱线性
搬移的目的。

图 5 - 21　晶体三极管频谱搬移
　　　　　原理电路

　　当频率不太高时，晶体管集电极电流 i_c 是 u_{be} 及 u_{ce}
的函数。若忽略输出电压的反作用，则 i_c 可以近似表示
为 u_{be} 的函数，即 $i_c = f(u_{be}, u_{ce}) \approx f(u_{be})$。

　　从图 5 - 21 可以看出，$u_{be} = u_1 + u_2 + E_b$，其中，
E_b 为直流工作点电压。现将 $E_b + u_2 = E_b(t)$ 看作三极管频谱线性搬移电路的静态工作点电
压（即无信号时的偏压），由于工作点随时间变化，所以叫作时变工作点，即 $E_b(t)$（实质上
是 u_2）使三极管的工作点沿转移特性来回移动。因此，可将 i_c 表示为

$$i_c = f(u_{be}) = f(u_1 + u_2 + E_b) = f[E_b(t) + u_1] \tag{5-86}$$

　　在时变工作点处，将上式对 u_1 展开成泰勒级数，有

$$i_c = f[E_b(t)] + f'[E_b(t)]u_1 + \frac{1}{2}f''[E_b(t)]u_1^2$$

$$+ \frac{1}{3!}f'''[E_b(t)]u_1^3 + \cdots + \frac{1}{n!}f^{(n)}[E_b(t)]u_1^n + \cdots \tag{5-87}$$

式中各项系数的意义说明如下：

　　$f[E_b(t)] = f(u_{be})|_{u=E_b(t)} = I_{c0}(t)$，表示时变工作点处的电流，或称为静态工作点电
流，它随参考信号 u_2 周期性地变化。当 u_2 瞬时值最大时，三极管工作点为 Q_1，$I_{c0}(t)$ 为最
大值，当 u_2 瞬时值最小时，三极管工作点为 Q_2，$I_{c0}(t)$ 为最小值。图 5 - 22(a) 给出了
$i_c \sim u_{be}$ 曲线，同时画出了 $I_{c0}(t)$ 波形，其表示式为

$$I_{c0}(t) = I_{c00} + I_{c01}\cos\omega_2 t + I_{c02}\cos2\omega_2 t + \cdots \tag{5-88}$$

$$f'[E_b(t)] = \frac{di_c}{du_{be}}\bigg|_{u_{be}=E_b(t)} = \frac{df(u_{be})}{du_{be}}\bigg|_{u_{be}=E_b(t)} \tag{5-89}$$

这里 di_c/du_{be} 是晶体管的跨导，而 $f'[E_b(t)]$ 就是在 $E_b(t)$ 作用下晶体管的正向传输电导
$g_m(t)$。$g_m(t)$ 也随 u_2 周期性变化，称之为时变跨导。由于 $g_m(t)$ 是 u_2 的函数，而 u_2 是周期
性变化的，其角频率为 ω_2，因此 $g_m(t)$ 也是以角频率 ω_2 周期性变化的函数，用傅里叶级数
展开，可得

$$g_m(t) = g_{m0} + g_{m1}\cos\omega_2 t + g_{m2}\cos2\omega_2 t + \cdots \tag{5-90}$$

式中，g_{m0} 是 $g_m(t)$ 的平均分量（直流分量），它不一定是直流工作点 E_b 处的跨导。g_{m1} 是
$g_m(t)$ 中角频率为 ω_2 分量的振幅——时变跨导的基波分量振幅。

$$\frac{1}{n!}f^{(n)}[E_b(t)] = \frac{d^n i_c}{du_{be}^n}\bigg|_{u_{be}=E_b(t)}, \quad n = 1, 2, 3, \cdots \tag{5-91}$$

也是 u_2 的函数，同样频率为 ω_2 的周期性函数，可以用傅里叶级数展开，

$$f^{(n)}[E_b(t)] = C_{n0} + C_{n1}\cos\omega_2 t + C_{n2}\cos2\omega_2 t + \cdots, \quad n = 1, 2, 3, \cdots \tag{5-92}$$

同样包含有平均分量、基波分量和各次谐波分量。

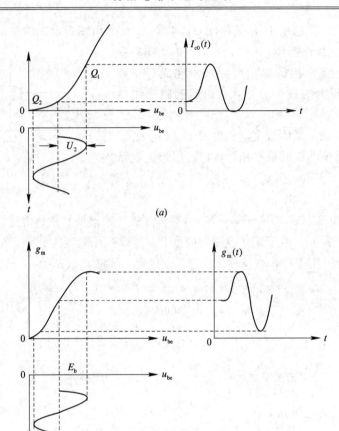

图 5 - 22　三极管电路中的时变电流和时变跨导

将式(5 - 88)、(5 - 90)、(5 - 92)代入式(5 - 87)，可得

$$i_c = I_{c0}(t) + g_m(t)u_1 + \frac{1}{2}f'[E_b(t)]u_1^2 + \cdots + \frac{1}{n!}f^{(n)}[E_b(t)]u_1^n + \cdots$$

$$= I_{c00} + I_{c01}\cos\omega_2 t + I_{c02}\cos2\omega_2 t + \cdots$$

$$+ (g_{m0} + g_{m1}\cos\omega_2 t + g_{m2}\cos2\omega_2 t + \cdots)U_1\cos\omega_1 t + \cdots$$

$$+ \frac{1}{n!}(C_{n0} + C_{n1}\cos\omega_2 t + C_{n2}\cos2\omega_2 t + \cdots)U_1^n\cos^n\omega_1 t + \cdots \qquad (5 - 93)$$

将 $\cos^n\omega_1 t$ 用式(5 - 7)展开代入上式，可以看出，i_c 中的频率分量包含了 ω_1 和 ω_2 的各次谐波分量以及 ω_1 和 ω_2 的各次组合频率分量

$$\omega_{p,q} = |\pm p\omega_2 \pm q\omega_1| \qquad p, q = 0, 1, 2, \cdots \qquad (5 - 94)$$

用晶体管组成的频谱线性搬移电路，其集电极电流中包含了各种频率成分，用滤波器选出所需频率分量，就可完成所要求的频谱线性搬移功能。

一般情况下，由于 $U_1 \ll U_2$，通常可以不考虑高次项，式(5 - 93)化简为

$$i_c = I_{c0}(t) + g_m(t)u_1 \qquad (5 - 95)$$

等效为一线性时变电路，其组合频率也大大减少，只有 ω_2 的各次谐波分量及其与 ω_1 的组合频率分量 $n\omega_2 \pm \omega_1$，$n = 0, 1, 2, \cdots$。

5.4.2　场效应管频谱线性搬移电路

晶体三极管频谱线性搬移电路具有高增益、低噪声等特点，但它的动态范围小，非线性失真大。在高频工作时，场效应管（FET）比双极晶体管（BJT）的性能好，因为其特性近似于平方律，动态范围大，非线性失真小。下面讨论结型场效应管（JFET）频谱线性搬移电路。

结型场效应管是利用栅漏极间的非线性转移特性实现频谱线性搬移功能的。场效应管转移特性 $i_D \sim u_{GS}$ 近似为平方律关系，其表示式为

$$i_D = I_{DSS}\left(1 - \frac{u_{GS}}{V_P}\right)^2 \tag{5-96}$$

它的正向传输跨导 g_m 为

$$g_m = \frac{\mathrm{d}i_D}{\mathrm{d}u_{GS}} = g_{m0}\left(1 - \frac{u_{GS}}{V_P}\right) \tag{5-97}$$

式中，$g_{m0} = I_{DSS}/|V_P|$ 为 $u_{GS}=0$ 时的跨导。$i_D \sim u_{GS}$ 及 $g_m \sim u_{GS}$ 曲线如图 5-23 所示。图中 $V_P = -2$ V；工作点 Q 的电压 $E_{GS} = -1$ V。

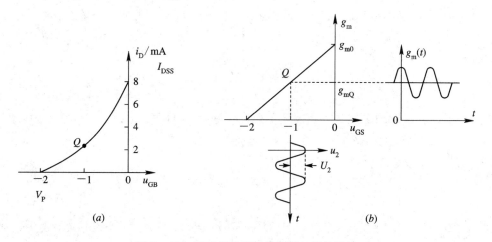

图 5-23　结型场效应管的电流与跨导特性

令 $u_{GS} = E_{GS} + U_2 \cos\omega_2 t$，则对应 E_{GS} 点的静态跨导

$$g_{mQ} = g_{m0}\left(1 - \frac{E_{GS}}{V_P}\right) \tag{5-98}$$

对应于 u_{GS} 的时变跨导为

$$g_m(t) = g_{m0}\left(1 - \frac{E_{GS}}{V_P}\right) - g_{m0}\frac{U_2}{V_P}\cos\omega_2 t = g_{mQ} - g_{m0}\frac{U_2}{V_P}\cos\omega_2 t \tag{5-99}$$

其曲线如图 5-23(b)所示。上式只适用于 g_m 的线性区。由于 V_P 为负值，故式（5-99）可改写成

$$g_m(t) = g_{mQ} + g_{m0}\frac{U_2}{|V_P|}\cos\omega_2 t \tag{5-100}$$

当输入信号 $u_1 = U_1 \cos\omega_1 t$，且 $U_1 \ll U_2$ 时，漏极电流中的时变分量就等于 u_1 与 $g_m(t)$ 的乘积，即

$$i_\mathrm{D}(t) = g_\mathrm{m}(t)U_1\cos\omega_1 t = g_\mathrm{mQ}U_1\cos\omega_1 t + U_1 g_\mathrm{m0}\frac{U_2}{V_\mathrm{P}}\cos\omega_1 t\cos\omega_2 t \qquad (5-101)$$

由上式可以看出，由于结型场效应管转移特性近似为平方律，其组合分量相对于晶体三极管电路的组合分量要少得多，在 $U_1 \ll U_2$ 的情况下，只有 ω_1、$\omega_2 \pm \omega_1$ 三个频率分量。即使 $U_1 \ll U_2$ 条件不成立，其频率分量也只有 ω_1、ω_2、$2\omega_1$、$2\omega_2$ 及 $\omega_2 \pm \omega_1$ 等六个频率分量。

由式(5-101)可以看出，要完成频谱的线性搬移功能，必须用第二项才能完成，则其搬移效率或灵敏度与第二项的系数或式(5-100)中的基波分量振幅 $g_\mathrm{m0}U_2/|V_\mathrm{P}|$ 有关。如果 Q 点选在 g_m 曲线的中点，则 $g_\mathrm{mQ} = g_\mathrm{m0}/2$。$U_2$ 应在 g_m 的线性区工作，这时场效应管频谱搬移电路的效率较高，失真小。

思考题与习题

5-1 一非线性器件的伏安特性为
$$i = a_0 + a_1 u + a_2 u^2 + a_3 u^3$$
式中，$u = u_1 + u_2 + u_3 = U_1\cos\omega_1 t + U_2\cos\omega_2 t + U_3\cos\omega_3 t$，试写出电流 i 中组合频率分量的频率通式，说明它们是由 i 的哪些乘积项产生的，并求出其中的 ω_1、$2\omega_1 + \omega_2$、$\omega_1 + \omega_2 - \omega_3$ 频率分量的振幅。

5-2 若非线性器件的伏安特性幂级数表示为
$$i = a_0 + a_1 u + a_3 u^3$$
式中，a_0、a_1、a_3 是不为零的常数，信号 u 是频率为 150 kHz 和 200 kHz 的两个正弦波，问电流中能否出现 50 kHz 和 350 kHz 的频率成分？为什么？

5-3 一非线性器件的伏安特性为
$$i = \begin{cases} g_\mathrm{D}u & u > 0 \\ 0 & u \leqslant 0 \end{cases}$$
式中，$u = E_\mathrm{Q} + u_1 + u_2 = E_\mathrm{Q} + U_1\cos\omega_1 t + U_2\cos\omega_2 t$。若 U_1 很小，满足线性时变条件，则在 $E_\mathrm{Q} = -U_2/2$ 时求出时变电导 $g_\mathrm{m}(t)$ 的表示式。

5-4 二极管平衡电路如图所示，u_1 及 u_2 的注入位置如图所示，图中，$u_1 = U_1\cos\omega_1 t$，$u_2 = U_2\cos\omega_2 t$，且 $U_2 \gg U_1$。求 $u_\mathrm{o}(t)$ 的表示式，并与图 5-7 所示电路的输出相比较。

5-5 图示为二极管平衡电路，$u_1 = U_1\cos\omega_1 t$，$u_2 = U_2\cos\omega_2 t$，且 $U_2 \gg U_1$。试分析 R_L 上的电压或流过 R_L 的电流频谱分量，并与图 5-7 所示电路的输出相比较。

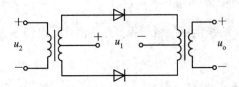

题 5-4 图

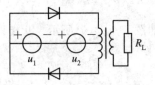

题 5-5 图

5 - 6　试推导出图 5 - 17 所示单差分对电路单端输出时的输出电压表示式(从 V_2 集电极输出)。

5 - 7　试推导出图 5 - 18 所示双差分电路单端输出时的输出电压表示式。

5 - 8　在图示电路中,晶体三极管的转移特性为

$$i_c = a_0 I_s \, \mathrm{e}^{\frac{u_{be}}{V_T}}$$

若回路的谐振阻抗为 R_0,试写出下列三种情况下输出电压 u_o 的表示式。

(1) $u = U_1 \cos\omega_1 t$,输出回路谐振在 $2\omega_1$ 上;

(2) $u = U_c \cos\omega_c t + U_\Omega \cos\Omega t$,且 $\omega_c \gg \Omega$,U_Ω 很小,满足线性时变条件,输出回路谐振在 ω_c 上;

(3) $u = U_1 \cos\omega_1 t + U_2 \cos\omega_2 t$,且 $\omega_2 > \omega_1$,U_1 很小,满足线性时变条件,输出回路谐振在 $(\omega_2 - \omega_1)$ 上。

5 - 9　场效应管的静态转移特性如图所示

$$i_D = I_{DSS} \left(1 - \frac{u_{GS}}{V_P}\right)^2$$

式中,$u_{GS} = E_{GS} + U_1 \cos\omega_1 t + U_2 \cos\omega_2 t$;若 U_1 很小,满足线性时变条件。

(1) 当 $U_2 \leqslant |V_P - E_{GS}|$,$E_{GS} = V_P/2$ 时,求时变跨导 $g_m(t)$ 以及 g_{m1};

(2) 当 $U_2 = |V_P - E_{GS}|$,$E_{GS} = V_P/2$ 时,证明 g_{m1} 为静态工作点跨导。

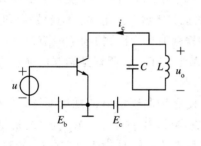 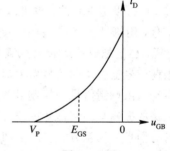

　　　题 5 - 8 图　　　　　　　　　　　　　　　题 5 - 9 图

5 - 10　图示二极管平衡电路,输入信号 $u_1 = U_1 \cos\omega_1 t$,$u_2 = U_2 \cos\omega_2 t$,且 $\omega_2 \gg \omega_1$,$U_2 \gg U_1$。输出回路对 ω_2 谐振,谐振阻抗为 R_0,带宽 $B = 2F_1 (F_1 = \omega_1/2\pi)$。

(1) 不考虑输出电压的反作用,求输出电压 u_o 的表示式;

(2) 考虑输出电压的反作用,求输出电压的表示式,并与(1)的结果相比较。

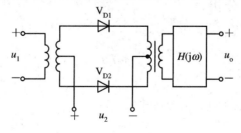

　　　题 5 - 10 图

第6章 振幅调制、解调及混频

　　振幅调制、解调及混频电路都属于频谱的线性搬移电路，是通信系统及其它电子系统的重要部件。第5章介绍了频谱线性搬移电路的原理电路、工作原理及特点，旨在为本章具体的频谱线性搬移的原理及实现打下基础。本章的重点是各种频谱线性搬移电路的概念、原理、特点及实现方法，并在第5章的基础上，介绍一些实用的频谱线性搬移电路。

6.1 振 幅 调 制

　　调制器与解调器是通信设备中的重要部件。所谓调制，就是用调制信号去控制载波某个参数的过程。调制信号是由原始消息（如声音、数据、图像等）转变成的低频或视频信号，这些信号可以是模拟的，也可以是数字的，通常用 u_Ω 或 $f(t)$ 表示。未受调制的高频振荡信号称为载波，它可以是正弦波，也可以是非正弦波，如方波、三角波、锯齿波等；但它们都是周期性信号，用符号 u_C 和 i_c 表示。受调制后的振荡波称为已调波，它具有调制信号的特征。也就是说，已经把要传送的信息载到高频振荡上去了。解调则是调制的逆过程，是将载于高频振荡信号上的调制信号恢复出来的过程。

　　振幅调制是由调制信号去控制载波的振幅，使之按调制信号的规律变化，严格地讲，是使高频振荡的振幅与调制信号成线性关系，其它参数（频率和相位）不变。这是使高频振荡的振幅载有消息的调制方式。振幅调制分为三种方式：普通的调幅方式（AM）、抑制载波的双边带调制（DSB-SC）及抑制载波的单边带调制（SSB-SC）方式。所得的已调信号分别称为调幅波、双边带信号及单边带信号。为了理解调制及解调电路的构成，必须对已调信号有个正确的概念。本节对振幅调制信号进行分析，然后给出各种实现的方法及一些实际调制电路。

6.1.1 振幅调制信号分析

1. 调幅波的分析

1）表示式及波形

设载波电压为

$$u_C = U_C \cos\omega_c t^* \tag{6-1}$$

调制电压为

$$u_\Omega = U_\Omega \cos\Omega t \tag{6-2}$$

---

　　* 为了同其它电压相区别，本章载波电压用 u_C（或 U_C）表示，其下角标用英文大写、正体。

通常满足 $\omega_c \gg \Omega$。根据振幅调制信号的定义，已调信号的振幅随调制信号 u_Ω 线性变化，由此可得振幅调制信号振幅 $U_m(t)$ 为

$$U_m(t) = U_C + \Delta U_C(t)$$
$$= U_C + k_a U_\Omega \cos\Omega t$$
$$= U_C(1 + m \cos\Omega t) \quad (6-3)$$

式中，$\Delta U_C(t)$ 与调制电压 u_Ω 成正比，其振幅 $\Delta U_C = k_a U_\Omega$ 与载波振幅之比称为调幅度（调制度）

$$m = \frac{\Delta U_C}{U_C} = \frac{k_a U_\Omega}{U_C} \quad (6-4)$$

式中，k_a 为比例系数，一般由调制电路确定，故又称为调制灵敏度。由此可得调幅信号的表达式

$$u_{AM}(t) = U_M(t) \cos\omega_c t$$
$$= U_C(1 + m \cos\Omega t)\cos\omega_c t \quad (6-5)$$

为了使已调波不失真，即高频振荡波的振幅能真实地反映出调制信号的变化规律，调制度 m 应小于或等于 1。图 6-1(c)、(d) 分别为 $m<1$、$m=1$ 时的已调波波形；图 6-1(a)、(b) 则分别为调制信号、载波信号的波形。当 $m>1$ 时，称为过调制，如图 6-1(e) 所示，此时产生严重的失真，这是应该避免的。

上面的分析是在单一正弦信号作为调制信号的情况下进行的，而一般传送的信号并非为单一频率的信号，例如是一连续频谱信号 $f(t)$，这时，可用下式来描述调幅波：

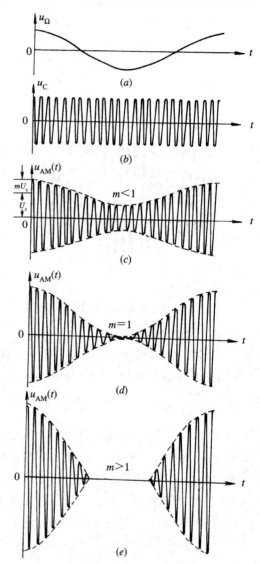

图 6-1 AM 调制过程中的信号波形

$$u_{AM}(t) = U_C[1 + mf(t)] \cos\omega_c t \quad (6-6)$$

式中，$f(t)$ 是均值为零的归一化调制信号，$|f(t)|_{max} = 1$。若将调制信号分解为

$$f(t) = \sum_{n=1}^{\infty} U_{\Omega n} \cos(\Omega_n t + \varphi_n)$$

则调幅波表示式为

$$u_{AM}(t) = U_C\Big[1 + \sum_{n=1}^{\infty} m_n \cos(\Omega_n t + \varphi_n)\Big] \cos\omega_c t \quad (6-7)$$

式中，$m_n = k_a U_{\Omega n}/U_C$。如果调制信号如图 6-2(a)，已调波波形则如图 6-2(b) 所示。

由式(6-5)可以看出，要完成 AM 调制，可用图 6-3 的原理框图来完成，其关键在于实现调制信号和载波的相乘。

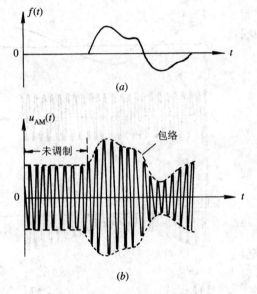

图 6 - 2　实际调制信号的调幅波形

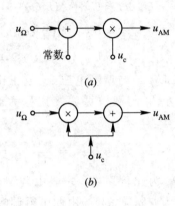

图 6 - 3　AM 信号的产生原理图

2）调幅波的频谱

　　由图 6 - 1(*c*)可知，调幅波不是一个简单的正弦波形。在单一频率的正弦信号的调制情况下，调幅波如式(6 - 5)所描述。将式(6 - 5)用三角公式展开，可得

$$u_{AM}(t) = U_C \cos\omega_c t + \frac{m}{2} U_C \cos(\omega_c - \Omega)t + \frac{m}{2} U_C \cos(\omega_c + \Omega)t \qquad (6 - 8)$$

上式表明，单频调制的调幅波包含三个频率分量，它是由三个高频正弦波叠加而成，其频谱图见图 6 - 4。由图及上式可看到：频谱的中心分量就是载波分量，它与调制信号无关，不含消息。而两个边频分量 $\omega_c + \Omega$ 及 $\omega_c - \Omega$ 则以载频为中心对称分布，两个边频幅度相等并与调制信号幅度成正比。边频相对于载频的位置仅取决于调制信号的频率，这说明调制信号的幅度及频率消息只含于边频分量中。

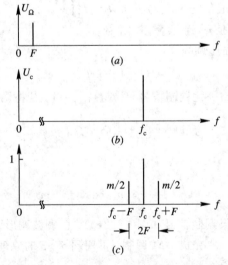

图 6 - 4　单音调制时已调波的频谱

(*a*) 调制信号频谱；(*b*) 载波信号频谱；(*c*) AM 信号频谱

在多频调制情况下，各个低频频率分量所引起的边频对组成了上、下两个边带。例如语音信号，其频率范围大致为 $300\sim3400$ Hz(如图 $6-5(a)$ 所示)，这时调幅波的频谱如图 $6-5(b)$ 所示。由图可见，上边带的频谱结构与原调制信号的频谱结构相同，下边带是上边带的镜像。所谓频谱结构相同，是指各频率分量的相对振幅及相对位置没有变化。这就是说，AM 调制是把调制信号的频谱搬移到载频两侧，在搬移过程中频谱结构不变。这类调制方式属于频谱线性搬移的调制方式。

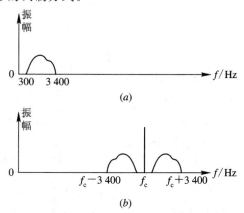

图 6 - 5　语音信号及已调信号频谱

(a)语音频谱；(b) 已调信号频谱

单频调制时，调幅波占用的带宽 $B_{AM}=2F$，$F=\Omega/2\pi$。如调制信号为一连续谱信号或多频信号，其最高频率为 F_{max}，则 AM 信号占用的带宽 $B_{AM}=2F_{max}$。信号带宽是决定无线电台频率间隔的主要因素，如通常广播电台规定的带宽为 9 kHz，VHF 电台的带宽为 25 kHz。

3) 调幅波的功率

平均功率(简称功率)是对恒定幅度、恒定频率的正弦波而言的。调幅波的幅度是变化的，所以它存在几种状态下的功率，如载波功率、最大功率及最小功率、调幅波的平均功率等。

在负载电阻 R_L 上消耗的载波功率为

$$P_c = \frac{1}{2\pi}\int_{-\pi}^{\pi}\frac{u_C^2}{R_L}\,\mathrm{d}\omega_c t = \frac{U_C^2}{2R_L} \tag{6-9}$$

在负载电阻 R_L 上，一个载波周期内调幅波消耗的功率为

$$P = \frac{1}{2\pi}\int_{-\pi}^{\pi}\frac{u_{AM}^2(t)}{R_L}\,\mathrm{d}\omega_c t = \frac{1}{2R_L}U_C^2(1+m\cos\Omega t)^2$$

$$= P_c(1+m\cos\Omega t)^2 \tag{6-10}$$

由此可见，P 是调制信号的函数，是随时间变化的。上、下边频的平均功率均为

$$P_{边频} = \frac{1}{2R_L}\left(\frac{mU_C}{2}\right)^2 = \frac{m^2}{4}P_c \tag{6-11}$$

AM 信号的平均功率

$$P_{av} = \frac{1}{2\pi}\int_{-\pi}^{\pi}P\,\mathrm{d}\Omega t = P_c\left(1+\frac{m^2}{2}\right) \tag{6-12}$$

由上式可以看出，AM 波的平均功率为载波功率与两个边带功率之和。而两个边频功率与

载波功率的比值为

$$\frac{边频功率}{载波功率} = \frac{m^2}{2} \qquad (6-13)$$

当 100％ 调制时（$m=1$），边频功率为载波功率的 $1/2$，即只占整个调幅波功率的 $1/3$。当 m 值减小时，两者的比值将显著减小，边频功率所占比重更小。

同时可以得到调幅波的最大功率和最小功率，它们分别对应调制信号的最大值和最小值为

$$P_{\max} = P_c(1+m)^2$$
$$P_{\min} = P_c(1-m)^2 \qquad (6-14)$$

$P_{\max}$ 限定了用于调制的功放管的额定输出功率 P_H，要求 $P_H \geqslant P_{\max}$。

在普通的 AM 调制方式中，载频与边带一起发送，不携带调制信号分量的载频占去了 $2/3$ 以上的功率，而带有信息的边频功率不到总功率的 $1/3$，功率浪费大，效率低。但它仍广泛地应用于传统的无线电通信及无线电广播中，其主要原因是设备简单，特别是 AM 波解调很简单，便于接收，而且与其它调制方式（如调频）相比，AM 占用的频带窄。

2. 双边带信号

在调制过程中，将载波抑制就形成了抑制载波双边带信号，简称双边带信号。它可用载波与调制信号相乘得到，其表示式为

$$u_{DSB}(t) = kf(t)u_C \qquad (6-15)$$

在单一正弦信号 $u_\Omega = U_\Omega \cos\Omega t$ 调制时，

$$u_{DSB}(t) = kU_C U_\Omega \cos\Omega t \ \cos\omega_c t = g(t) \ \cos\omega_c t \qquad (6-16)$$

式中，$g(t)$ 是双边带信号的振幅，与调制信号成正比。与式（6-3）中的 $U_m(t)$ 不同，这里 $g(t)$ 可正可负。因此单频调制时的 DSB 信号波形如图 6-6(c) 所示。与 AM 波相比，它有如下特点：

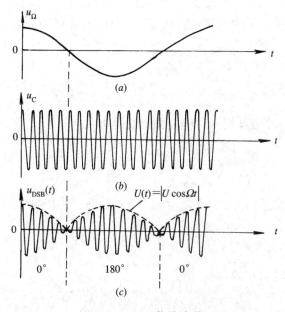

图 6-6　DSB 信号波形

（1）包络不同。AM 波的包络正比于调制信号 $f(t)$ 的波形，而 DSB 波的包络则正比于 $|f(t)|$。例如 $g(t) = k\cos\Omega t$，它具有正、负两个半周，所形成的 DSB 信号的包络为 $|\cos\Omega t|$。当调制信号为零时，即 $\cos\Omega t = 0$，DSB 波的幅度也为零。

（2）DSB 信号的高频载波相位在调制电压零交点处（调制电压正负交替时）要突变 $180°$。由图可见，在调制信号正半周内，已调波的高频与原载频同相，相差 $0°$；在调制信号负半周内，已调波的高频与原载频反相，相差 $180°$。这就表明，DSB 信号的相位反映了调制信号的极性。因此，严格地讲，DSB 信号已非单纯的振幅调制信号，而是既调幅又调相的信号。

从式（6 - 16）看出，单频调制的 DSB 信号只有 $\omega_c + \Omega$ 及 $\omega_c - \Omega$ 两个频率分量，它的频谱相当于从 AM 波频谱图中将载频分量去掉后的频谱。

由于 DSB 信号不含载波，它的全部功率为边带占有，所以发送的全部功率都载有消息，功率利用率高于 AM 信号。由于两个边带所含消息完全相同，故从消息传输角度看，发送一个边带的信号即可，这种方式称为单边带调制。

3. 单边带信号

单边带（SSB）信号是由 DSB 信号经边带滤波器滤除一个边带或在调制过程中，直接将一个边带抵消而成。单频调制时，$u_{\mathrm{DSB}}(t) = ku_\Omega u_C$。当取上边带时

$$u_{\mathrm{SSB}}(t) = U\cos(\omega_c + \Omega)t \tag{6 - 17}$$

取下边带时

$$u_{\mathrm{SSB}}(t) = U\cos(\omega_c - \Omega)t \tag{6 - 18}$$

从上两式看，单频调制时的 SSB 信号仍是等幅波，但它与原载波电压是不同的。SSB 信号的振幅与调制信号的幅度成正比，它的频率随调制信号频率的不同而不同，因此它含有消息特征。单边带信号的包络与调制信号的包络形状相同。在单频调制时，它们的包络都是一常数。图 6 - 7 为 SSB 信号的波形，图 6 - 8 为调制过程中的信号频谱。

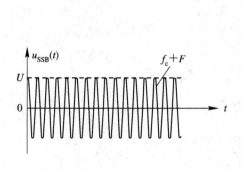

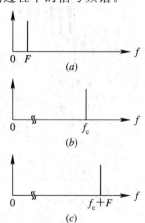

图 6 - 7　单音调制的 SSB 信号波形　　　图 6 - 8　单边带调制时的频谱搬移

为了看清 SSB 信号波形的特点，下面分析双音调制时产生的 SSB 信号波形。为分析方便。设双音频振幅相等，即

$$u_\Omega(t) = U_\Omega\cos\Omega_1 t + U_\Omega\cos\Omega_2 t \tag{6 - 19}$$

且 $\Omega_2 > \Omega_1$，则可以写成下式：

$$u_{\Omega} = 2U_{\Omega} \cos \frac{1}{2}(\Omega_2 - \Omega_1)t \cdot \cos \frac{1}{2}(\Omega_2 + \Omega_1)t \qquad (6-20)$$

受 u_{Ω} 调制的双边带信号为

$$u_{\mathrm{DSB}} = U_{\Omega} \cos \frac{1}{2}(\Omega_2 - \Omega_1)t \cdot \cos \frac{1}{2}(\Omega_2 + \Omega_1)t \cos\omega_c t \qquad (6-21)$$

从中任取一个边带,就是双音调制的 SSB 信号(图 6 - 9)。取上边带,

$$u_{\mathrm{SSB}} = \frac{U_{\Omega}}{2} \cos \frac{1}{2}(\Omega_2 - \Omega_1)t \cdot \cos \left[\omega_c + \frac{1}{2}(\Omega_2 + \Omega_1) \right]t \qquad (6-22)$$

进一步展开

$$u_{\mathrm{SSB}} = \frac{U_{\Omega}}{4} \cos(\omega_c + \Omega_1)t + \frac{U_{\Omega}}{4} \cos(\omega_c + \Omega_2)t \qquad (6-23)$$

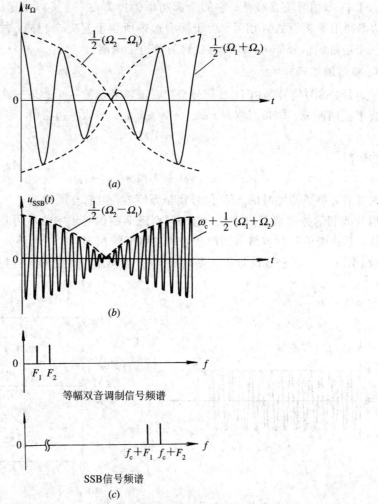

图 6 - 9 双音调制时 SSB 信号的波形和频谱

由上面分析可以看出 SSB 信号有如下特点:

(1) 比较式(6 - 20)和(6 - 22)可见,若将 $|2U_{\Omega}\cos(\Omega_2 - \Omega_1)t/2|$ 看成是调制信号的包络,$(\Omega_2 + \Omega_1)/2$ 为调制信号的填充频率,则 SSB 信号的包络与调制信号的包络形状相同,填充频率移动了 ω_c。

(2) 比较式(6-19)和(6-23)可以看出，双音调制时，每一个调制频率分量产生一个对应的单边带信号分量，它们之间的关系和单音调制时一样，振幅之间成正比，频率则线性移动。这一调制关系也同样适用于多频率分量信号 $f(t)$ 的 SSB 调制。

　　由式(6-17)和式(6-18)，利用三角公式，可得

$$u_{\text{SSB}}(t) = U\cos\Omega t\,\cos\omega_c t - U\sin\Omega t\,\sin\omega_c t \tag{6-24a}$$

和

$$u_{\text{SSB}}(t) = U\cos\Omega t\,\cos\omega_c t + U\sin\Omega t\,\sin\omega_c t \tag{6-24b}$$

式(6-24a)对应于上边带，式(6-24b)对应于下边带。这是 SSB 信号的另一种表达式，由此可以推出 $u_\Omega(t) = f(t)$，即一般情况下的 SSB 信号表达式

$$u_{\text{SSB}} = f(t)\cos\omega_c t \pm \hat{f}(t)\sin\omega_c t \tag{6-25}$$

式中，"+"号对应于下边带，"-"号对应于上边带。

　　$\hat{f}(t)$ 是 $f(t)$ 的希尔伯特(Hilbert)变换，即

$$\hat{f}(t) = \frac{1}{\pi t} * f(t) = \frac{1}{\pi}\int\frac{f(\tau)}{t-\tau}\,\mathrm{d}\tau \tag{6-26}$$

由于

$$\frac{1}{\pi t} \leftrightarrow -\mathrm{j}\,\text{sgn}(\omega) \tag{6-27}$$

$\text{sgn}(\omega)$ 是符号函数，可得 $f(t)$ 的傅里叶变换

$$\hat{F}(\omega) = -\mathrm{j}\,\text{sgn}(\omega)F(\omega) = F(\omega)\mathrm{e}^{-\mathrm{j}\frac{\pi}{2}}\,\text{sgn}(\omega) \tag{6-28}$$

该式意味着对 $F(\omega)$ 的各频率分量均移相 $-\pi/2$ 就可得到 $\hat{F}(\omega)$，其传输特性如图 6-10 所示。

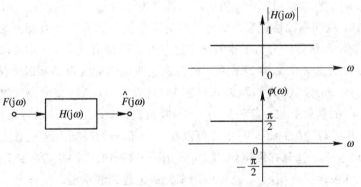

图 6-10　希尔伯特变换网络及其传递函数

　　单边带调制从本质上说是幅度和频率都随调制信号改变的调制方式。但是由于它产生的已调信号频率与调制信号频率间只是一个线性变换关系(由 Ω 变至 $\omega_c + \Omega$ 或 $\omega_c - \Omega$ 的线性搬移)，这一点与 AM 及 DSB 相似，因此通常把它归于振幅调制。由上所述，对于语音调制而言，其单边带信号的频谱如图 6-11(b)、(c)所示。图上也表示了产生单边带信号过程中的 DSB 信号频谱。

　　SSB 调制方式在传送信息时，不但功率利用率高，而且它所占用频带为 $B_{\text{SSB}} \approx F_{\text{m}}$，比 AM、DSB 减少了一半，频带利用充分，目前已成为短波通信中一种重要的调制方式。

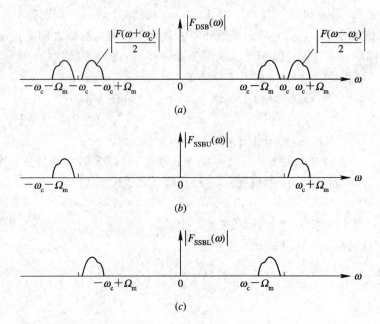

图 6 - 11　语音调制的 SSB 信号频谱
(*a*) DSB 频谱；(*b*) 上边带频谱；(*c*) 下边带频谱

6.1.2　振幅调制电路

由上面的分析可以看出，AM、DSB 及 SSB 信号都是将调制信号的频谱搬移到载频上去(允许取一部分)，搬移的过程中，频谱的结构不发生变化，不产生 $f_c \pm nF$ 分量，均属于频谱的线性搬移，故同属线性调制。因此，产生这些信号的方法必有相同之处。比较上面对 AM、DSB 和 SSB 信号的分析不难看出，这三种信号都有一个共项(或以此项为基础)，即调制信号 u_Ω 与载波信号 u_c 的乘积项，或者说这些调制的实现必须以乘法器为基础。由式(6 - 5)、式(6 - 16)及式(6 - 17)或式(6 - 18)可以看出，AM 信号是在此乘积项的基础上加载波或在 u_Ω 的基础上加一直流后与 u_c 相乘得到的；DSB 信号是将调制信号 u_Ω 与载波信号 u_c 直接相乘得到的；而 SSB 信号可以在 DSB 信号的基础上通过滤波来获得。因此，这些调制的实现电路应包含有乘积项。第 5 章介绍了频谱的线性搬移电路，在那些电路中，只要包含平方项(包含有乘积项)，就可以用来完成上述调制功能。

调制可分为高电平调制和低电平调制。高电平调制是将功放和调制合二为一，调制后的信号不需再放大就可直接发送出去。如许多广播发射机都采用这种调制，这种调制主要用于形成 AM 信号。低电平调制是将调制和功放分开，调制后的信号电平较低，还需经功率放大后达到一定的发射功率再发送出去。DSB、SSB 以及第 7 章介绍的调频(FM)信号均采用这种方式。

对调制器的主要要求是调制效率高、调制线性范围大、失真要小等。

1. AM 调制电路

AM 信号的产生可以采用高电平调制和低电平调制两种方式完成。目前，AM 信号大都用于无线电广播，因此多采用高电平调制方式。

1) 高电平调制

高电平调制主要用于 AM 调制，这种调制是在高频功率放大器中进行的。通常分为基极调幅、集电极调幅以及集电极-基极（或发射极）组合调幅。其基本工作原理就是利用改变某一电极的直流电压以控制集电极高频电流振幅。集电极调幅和基极调幅的原理和调制特性，已在高频功率放大器一章讨论过了。

集电极调幅电路如图 6 - 12 所示。等幅载波通过高频变压器 T_1 输入到被调放大器的基极，调制信号通过低频变压器 T_2 加到集电极回路且与电源电压相串联，此时，$E_C = E_{c0} + u_\Omega$，即集电极电源电压随调制信号变化，从而使集电极电流的基波分量随 u_Ω 的规律变化。

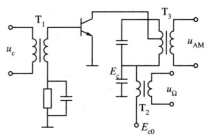

图 6 - 12　集电极调幅电路

由功放的分析已知，当功率放大器工作于过压状态时，集电极电流的基波分量与集电极偏置电压成线性关系。因此，要实现集电极调幅，应使放大器工作在过压状态。图 6 - 13(a) 给出了集电极电流基波振幅 I_{c1} 随 E_C 变化的曲线——集电极调幅时的静态调制特性，图 6 - 13(b) 画出了集电极电流脉冲及基波分量的波形。

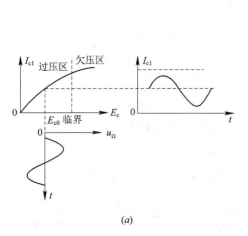

(a)

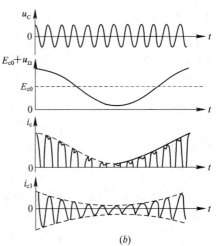

(b)

图 6 - 13　集电极调幅的波形

图 6 - 14 是基极调幅电路，图中 L_{B1} 是高频扼流圈，L_B 为低频扼流圈，C_1、C_3、C_5 为低频旁路电容，C_2、C_4、C_6 为高频旁路电容。基极调幅与谐振功放的区别是基极偏压随调制电压变化。在分析高频功放的基极调制特性时已得出集电极电流基波分量振幅 I_C 随 E_b 变化的曲线，这条曲线就是基极调幅的静态调制特性，如图 6 - 15 所示。如果 E_b 随 u_Ω 变化，I_{c1} 将随之变化，从而得到已调幅信号。从调制特性看，为了使 I_{c1} 受 E_b 的控制明显，放大器应工作在欠压状态。

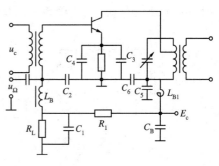

图 6 - 14　基极调幅电路

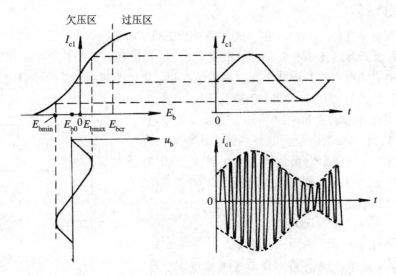

图 6 - 15 基极调幅的波形

由于基极电路电流小，消耗功率小，故所需调制信号功率很小，调制信号的放大电路比较简单，这是基极调幅的优点。但因其工作在欠压状态，集电极效率低是其一大缺点。一般只用于功率不大，对失真要求较低的发射机中。而集电极调幅效率较高，适用于较大功率的调幅发射机中。

2) 低电平调制

要完成 AM 信号的低电平调制，可采用第 5 章介绍的频谱线性搬移电路来实现。下面介绍几种实现方法。

（1）二极管电路。用单二极管电路和平衡二极管电路作为调制电路，都可以完成 AM 信号的产生，图 6 - 16(a) 为单二极管调制电路。当 $U_c \gg U_\Omega$ 时，由式(5 - 38)可知，流过二极管的电流 i_D 为

$$i_D = \frac{g_D}{\pi}U_C + \frac{g_D}{2}U_\Omega\cos\Omega t + \frac{g_D}{2}U_C\cos\omega_c t$$

$$+ \frac{g_D}{\pi}U_\Omega\cos(\omega_c - \Omega)t + \frac{g_D}{\pi}U_\Omega\cos(\omega_c + \Omega)t + \cdots \quad (6-29)$$

其频谱图如图 6 - 16(b) 所示。输出滤波器 $H(j\omega)$ 对载波 ω_c 调谐，带宽为 $2F$。这样最后的输出频率分量为 ω_c，$\omega_c + \Omega$ 和 $\omega_c - \Omega$，输出信号是 AM 信号。

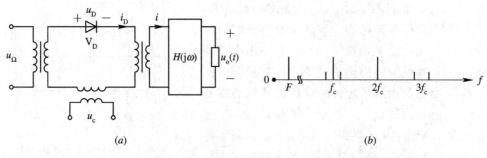

图 6 - 16 单二极管调制电路及频谱

对于二极管平衡调制器，在图 5-7 所示电路中，令 $u_1 = u_C$，$u_2 = u_\Omega$，且有 $U_C \gg U_\Omega$，产生的已调信号也为 AM 信号，读者可自己加以分析。

（2）利用模拟乘法器产生普通调幅波。模拟乘法器是以差分放大器为核心构成的。在第 5 章中分析了差分电路的频谱线性搬移功能，对单差分电路，已得到双端差动输出的电流 i_o 与差动输入电压 u_A 和恒流源（受 u_B 控制）的关系式（5-70）：

$$i_o = I_0 \left(1 + \frac{u_B}{E_e}\right) \tanh\left(\frac{u_A}{2V_T}\right) \tag{6-30}$$

若将 u_C 加至 u_A，u_Ω 加到 u_B，则有

$$i_o = I_0 \left(1 + \frac{U_\Omega}{E_e} \cos\Omega t\right) \tanh\left(\frac{U_C}{2V_T} \cos\omega_c t\right)$$

$$= I_0 (1 + m \cos\Omega t)[\beta_1(x)\cos\omega_c t + \beta_3(x)\cos3\omega_c t + \beta_5(x)\cos5\omega_c t + \cdots] \tag{6-31}$$

式中，$m = U_\Omega / E_e$，$x = U_C / V_T$。若集电极滤波回路的中心频率为 f_c，带宽为 $2F$，谐振阻抗为 R_L，则经滤波后的输出电压

$$u_o = I_0 R_L \beta_1(x)(1 + m \cos\Omega t) \cos\omega_c t \tag{6-32}$$

为一 AM 信号。这种情况下的差动传输特性及 i_o 波形如图 6-17 所示。图 6-17(a) 中实线为调制电压 $u_\Omega = 0$ 时的曲线，虚线表示 u_Ω 达正、负峰值时的特性，输出为 AM 信号。如果载波幅度增大，包络内高频正弦波将趋向方波，i_o 中含高次谐波。

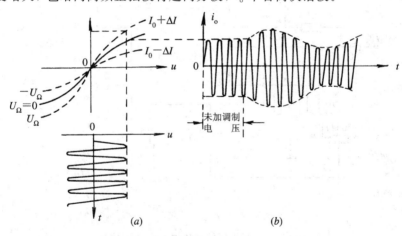

图 6-17　差分对 AM 调制器的输出波形

用双差分对电路或模拟乘法器也可得到 AM 信号。图 6-18(a) 给出了用 BG314 模拟乘法器产生 AM 信号的电路，将调制信号叠加上直流成分，即可得到 AM 信号输出，调节直流分量大小，即可调节调制度 m 值。电路要求 U_C、U_Ω 分别小于 2.5 V。用 MC1596G 产生 AM 信号的电路如图 6-18(b) 所示，MC1596 与国产 XCC 类似，将调制信号叠加上直流分量也可产生普通调幅波。

此外，还可以利用集成高频放大器、可变跨导乘法器等电路产生 AM 信号。

2. DSB 调制电路

DSB 信号的产生大都采用低电平调制。由于 DSB 信号将载波抑制，发送信号只包含两个带有信息的边带信号，因而其功率利用率较高。DSB 信号的获得，关键在于调制电路中的乘积项，故具有乘积项的电路均可作为 DSB 信号的调制电路。

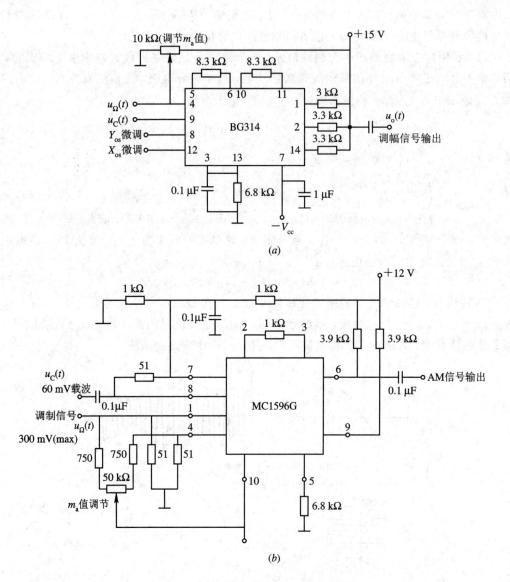

图 6 - 18　利用模拟乘法器产生 AM 信号

1) 二极管调制电路

单二极管电路只能产生 AM 信号，不能产生 DSB 信号。二极管平衡电路和二极管环形电路可以产生 DSB 信号。

在第 5 章的二极管平衡电路图 5 - 7 中，把调制信号 u_Ω 加到图中的 u_1 处，载波 u_C 加到图中的 u_2 处，且 $U_C \gg U_\Omega$，在大信号工作，这就构成图 6 - 19 的二极管平衡调制电路。由式(5 - 43)可得输出变压器的次级电流 i_L 为

$$i_L = 2g_D K(\omega_c t) u_\Omega$$

$$= g_D U_\Omega \cos\Omega t + \frac{2}{\pi}g_D U_\Omega \cos(\omega_c + \Omega)t + \frac{2}{\pi}g_D U_\Omega \cos(\omega_c - \Omega)t$$

$$- \frac{2}{3\pi}g_D U_\Omega \cos(3\omega_c + \Omega)t + \frac{2}{3\pi}g_D U_\Omega \cos(3\omega_c - \Omega)t + \cdots \qquad (6 - 33)$$

i_L 中包含 F 分量和 $(2n+1)f_c \pm F(n=0,1,2,\cdots)$ 分量，若输出滤波器的中心频率为 f_c，带宽为 $2F$，谐振阻抗为 R_L，则输出电压为

$$u_o(t) = R_L \frac{2}{\pi} g_D U_\Omega \cos(\omega_c + \Omega)t + R_L \frac{2}{\pi} g_D U_\Omega \cos(\omega_c - \Omega)t$$

$$= 4U_\Omega \frac{R_L g_D}{\pi} \cos\Omega t \; \cos\omega_c t \qquad\qquad (6-34)$$

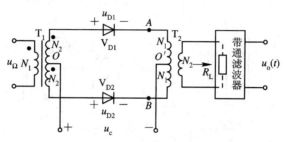

图 6 - 19　二极管平衡调制电路

　　二极管平衡调制器采用平衡方式，将载波抑制掉，从而获得抑制载波的 DSB 信号。平衡调制器的波形如图 6 - 20 所示，加在 V_{D1}、V_{D2} 上的电压仅音频信号 u_Ω 的相位不同（反相），故电流 i_1 和 i_2 仅音频包络反相。电流 $i_1 - i_2$ 的波形如图 6 - 20(c) 所示。经高频变压器 T_2 及带通滤波器滤除低频和 $3\omega_c \pm \Omega$ 等高频分量后，负载上得到 DSB 信号电压 $u_o(t)$，如图 6 - 20(d) 所示。

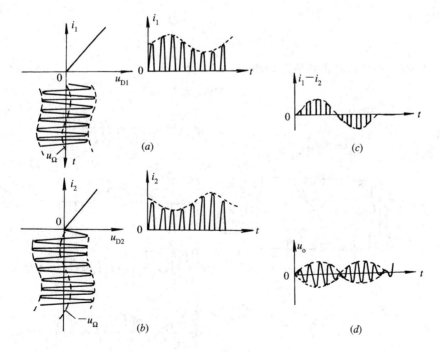

图 6 - 20　二极管平衡调制器波形

　　对平衡调制器的主要要求是调制线性好、载漏小（输出端的残留载波电压要小，一般应比有用边带信号低 20 dB 以上），同时希望调制效率高及阻抗匹配等。

一实用的平衡调制器电路如图 6 - 21 所示。调制电压为单端输入,已调信号为单端输出,省去了中心抽头音频变压器和输出变压器。从图可见,由于两个二极管方向相反,故载波电压仍同相加于两管上,而调制电压反相加到两管上。流经负载电阻 R_L 的电流仍为两管电流之差,所以它的原理与基本的平衡电路相同。图中,C_1 对高频短路、对音频开路,因此 T 次级中心抽头为高频地电位。R_2、R_3 与二极管串联,同时用并联的可调电阻 R_1 来使两管等效正向电阻相同。C_2、C_3 用于平衡反向工作时两管的结电容。

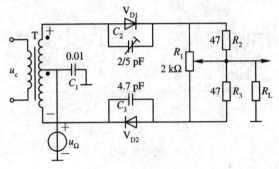

图 6 - 21　平衡调制器的一种实际线路

　　为进一步减少组合分量,可采用双平衡调制器(环形调制器)。在第 5 章已得到双平衡调制器输出电流的表达式(5 - 49),在 $u_1 = u_\Omega$,$u_2 = u_C$ 的情况下,该式可表示为

$$i_L = 2g_D K'(\omega_c t) u_\Omega = 2g_D \left[\frac{4}{\pi} \cos\omega_c t - \frac{4}{3\pi} \cos 3\omega_c t + \cdots \right] U_\Omega \cos\Omega t \qquad (6-35)$$

经滤波后,有

$$u_o = \frac{8}{\pi} R_L g_D U_\Omega \cos\Omega t \cos\omega_c t \qquad (6-36)$$

从而可得 DSB 信号,其电路和波形如图 6 - 22 所示。

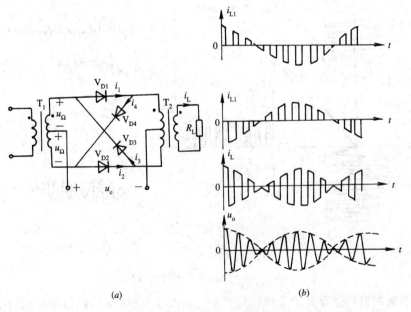

(a) 　　　　　　　　　　(b)

图 6 - 22　双平衡调制器电路及波形

在二极管平衡调制电路(如图 5 - 7 所示电路)中,调制电压 u_Ω 与载波 u_C 的注入位置与所要完成的调制功能有密切的关系。u_Ω 加到 u_1 处,u_C 加到 u_2 处,可以得到 DSB 信号,但两个信号的位置相互交换后,只能得到 AM 信号,而不能得到 DSB 信号。但在双平衡电路中,u_C、u_Ω 可任意加到两个输入端,完成 DSB 调制。

平衡调制器的一种等效电路是桥式调制器,同样也可以用两个桥路构成的电路等效一个环形调制器,如图 6 - 23 所示。载波电压对两个桥路是反相的。当 $u_C > 0$ 时,上桥路导通,下桥路截止;反之,当 $u_C < 0$ 时,上桥路截止,下桥路导通。调制电压反向加于两桥的另一对角线上。如果忽略晶体管输入阻抗的影响,则图中 $u_a(t)$ 为

$$u_a(t) = \frac{R_1}{R_1 + r_d} u_\Omega K'(\omega_c t) \qquad (6-37)$$

因晶体管交流电流 $i_C = \alpha i_e \approx i_e = u_e(t)/R_e$,所以输出电压为

$$u_o(t) = -\frac{4}{\pi} \frac{R_L}{R_e} \frac{R_1}{R_1 + r_d} U_\Omega \cos\Omega t \, \cos\omega_c t \qquad (6-38)$$

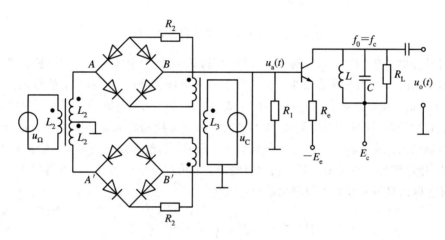

图 6 - 23　双桥构成的环形调制器

2) 差分对调制器

在单差分电路(图 5 - 7)中,将载波电压 u_C 加到线性通道,即 $u_B = u_C$,调制信号 u_Ω 加到非线性通道,即 $u_A = u_\Omega$,则双端输出电流 $i_o(t)$ 为

$$
\begin{aligned}
i_o(t) &= I_0(1 + m\cos\omega_c t)\tanh\left(\frac{U_\Omega}{2V_T}\cos\Omega t\right) \\
&= I_0(1 + m\cos\omega_c t)[\beta_1(x)\cos\Omega t + \beta_3(x)\cos3\Omega t + \cdots] \qquad (6-39)
\end{aligned}
$$

式中,$I_0 = E_e/R_e$,$m = U_C/E_e$,$x = U_\Omega/V_T$。经滤波后的输出电压 $u_o(t)$ 为

$$u_o(t) \approx I_0 R_L m\beta_1(x)\cos\Omega t \, \cos\omega_c t = U_o \cos\Omega t \, \cos\omega_c t \qquad (6-40)$$

上式表明,u_Ω、u_C 采用与产生 AM 信号的相反方式加入电路,可以得到 DSB 信号。但由于 u_Ω 加在非线性通道,故出现了 $f_c \pm nF(n = 3, 5, \cdots)$ 分量,它们是不易滤除的,这就是说,这种注入方式会产生包络失真。只有当 u_Ω 较小时,使 $\beta_3(x) \ll \beta_1(x)$,才能得到接近理想的 DSB 信号。图 6 - 24 为差分对 DSB 调制器的波形图。传输特性以 f_c 的频率在 $u_C = 0$ 那条曲线上下摆动。图中所示为 U_Ω 值较小的情况,图(c)为滤除 f_c 后的 DSB 信号波形。

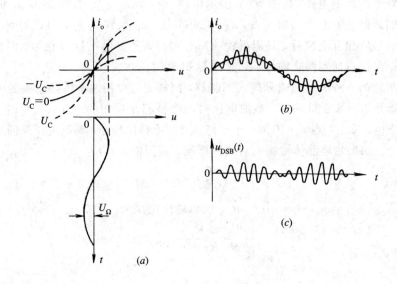

图 6-24 差分对 DSB 调制器的波形

由信号分析已知，DSB 信号的产生可将 u_Ω 和 u_C 直接相乘即可。单差分调制器虽然可以得到 DSB 信号，具有相乘器功能，但它并不是一个理想乘法器。首先，信号的注入必须是 $u_A = u_\Omega$，$u_B = u_C$，且对 u_Ω 的幅度提出了要求，U_Ω 值应小（例如，$U_\Omega < 26\ \text{mV}$），这限制了输入信号的动态范围；其次，要得 DSB 信号，必须加接滤波器以滤除不必要的分量；必须双端差动输出，单端输出只能得到 AM 信号；最后，当输入信号为零时，输出并不为零，如 $u_B = 0$，则电路为一直流放大器，仍然有输出。采用双差分调制器，可以近似为一理想乘法器。前已得到双差分对电路的差动输出电流为

$$i_o(t) = I_0 \tanh\left(\frac{u_A}{2V_T}\right)\tanh\left(\frac{u_B}{2V_T}\right) \qquad (6-41)$$

若 U_Ω、U_C 均很小，上式可近似为

$$i_o(t) \approx \frac{I_0}{4}\frac{1}{V_T^2}u_\Omega u_C \qquad (6-42)$$

等效为一模拟乘法器，不加滤波器就可得到 DSB 信号。由上面的分析可以看出，双差分对调制器克服了单差分对调制器上述大部分的缺点。例如，与信号加入方式无关，不需加滤波器，单端输出仍然可以获得 DSB 信号。惟一的要求是输入信号的幅度应受限制。

图 6-25 是用于彩色电视发送机中的双差分对调制器的实际电路。图中，V_7、V_8 组成恒流源电路。V_5、V_6 由复合管组成。W_4 用来调整差分电路的平衡性，使静态电流 $I_5 = I_6$，否则即使色差信号（调制信号）为零，还有副载频输出，会造成副载频泄漏。同理，W_2 用来调整 $V_1 \sim V_4$ 管的对称性，如不对称，即使副载频为零，仍有色差信号输出，称为视频泄漏。

图 6-18 为利用 BG314 和 MC1596 产生 AM 信号的实际电路，若将调制信号上叠加的直流分量去掉，就可产生 DSB 信号。这种电路的特点是工作频带较宽，输出信号的频谱较纯，而且省去了变压器。

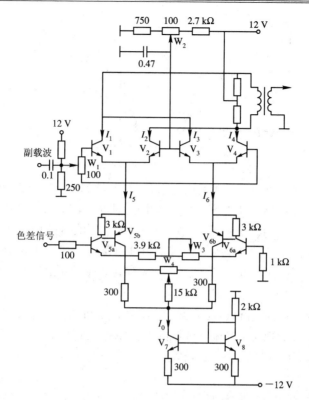

图 6 - 25　双差分调制器实际线路

3. SSB 调制电路

SSB 信号是将双边带信号滤除一个边带形成的。根据滤除方法的不同，SSB 信号产生方法有好几种，主要有滤波法和移相法两种。

1) 滤波法

图 6 - 26 是采用滤波法产生 SSB 的发射机框图。调制器（平衡或环形调制器）产生的 DSB 信号，通过后面的边带滤波器，就可得到所需的 SSB（上边带或下边带）信号。滤波法单边带信号产生器是目前广泛采用的 SSB 信号产生的方法。滤波法的关键是边带滤波器的制作。因为要产生满足要求的 SSB 信号，对边带滤波器的要求很高。这里主要是要求边带滤波器的通带阻带间有陡峭的过渡衰减特性。设语音信号的最低频率为 300 Hz，调制器产生的上边带和下边带之差为 600 Hz，若要求对无用边带的抑制度为 40 dB，则要求滤波器在 600 Hz 过渡带内衰减变化 40 dB 以上。图 6 - 27 就是要求的理想边带滤波器的衰减频率特性。除了过渡特性外，还要求通带内衰减要小，衰减变化要小。

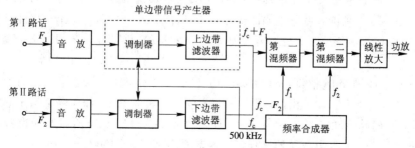

图 6 - 26　滤波法产生 SSB 信号的框图

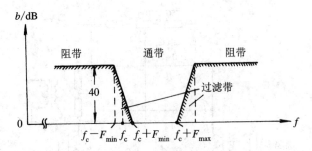

图 6 - 27　理想边带滤波器的衰减特性

通常的带通滤波器是由 L、C 元件或等效 L、C 元件(如石英晶体)构成。从振荡回路的基本概念可知,带通滤波器的相对带宽 $\Delta f/f_0$ 随元件品质因数 Q 的增加而减小。因为实际的品质因数不能任意大,当带宽一定时(如 3000 Hz),滤波器的中心频率 f_0 就不能很高。因此,用滤波法产生 SSB 信号,通常不是直接在工作频率上调制和滤波,而是先在低于工作频率的某一固定频率上进行,然后如图 6 - 26 那样,通过几次混频及放大,将 SSB 信号搬移到工作频率上去。

目前常用的边带滤波器有机械滤波器、晶体滤波器和陶瓷滤波器等。它们的特点是 Q 值高,频率特性好,性能稳定。机械滤波器的工作频率一般为 $100\sim500$ kHz,晶体边带滤波器的工作频率为几百千赫兹至一二兆赫兹。

2) 移相法

移相法是利用移相网络,对载波和调制信号进行适当的相移,以便在相加过程中将其中的一个边带抵消而获得 SSB 信号。在 SSB 信号分析中我们已经得到了式(6 - 25),重写如下:

$$u_{SSB}(t) = f(t)\,\cos\omega_c t \pm \hat{f}(t)\,\sin\omega_c t$$

它由两个分量组成。同相分量 $f(t)\cos\omega_c t$ 和正交分量 $f(t)\,\sin\omega_c t$ 可以看成是两个 DSB 信号,将这两个信号相加,就可抵消掉一个边带。图 6 - 28 为移相法 SSB 调制器的原理框图。图中,两个调制器相同,但输入信号不同。调制器 B 的输入信号是移相 $\pi/2$ 的载频及调制信号;调制器 A 的输入没有相移。两个分量相加时为下边带信号;两个分量相减时,为上边带信号。

移相法的优点是省去了边带滤波器,但要把无用边带完全抑制掉,必须满足下列两个条件:

(1) 两个调制器输出的振幅应完全相同;

(2) 移相网络必须对载频及调制信号均保证精确的 $\pi/2$ 相移。

根据分析,若要求对无用边带抑制 40 dB,则要求网络的相移误差在 1°左右。这时单频的载频电压是不难做到的,但对于调制信号,如语音信号 $300\sim3400$ Hz 的范围内(波段系数大于 11),要在每个频率上都达到这个要求是很困难的。因此,$\pi/2$ 相移网络是移相法的关键部件。

为了提高相移网络的精度,可以采用两个 $\pi/4$ 相移网络供给两个调制器:一个为 $+\pi/4$ 相移,另一个为 $-\pi/4$ 相移。图 6 - 29(a) 为这种移相法 SSB 调制器的框图。经过 $\pm\pi/4$ 相移后,两路音频信号相差为 $\pi/2$。载频由频率为 $4f_0$ 的振荡器经四次数字分频器得到。载频的 $\pi/2$ 相差也由分频器来保证。各点波形见图 6 - 29(b)。

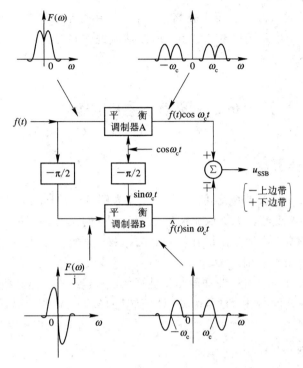

图 6 - 28　移相法 SSB 信号调制器

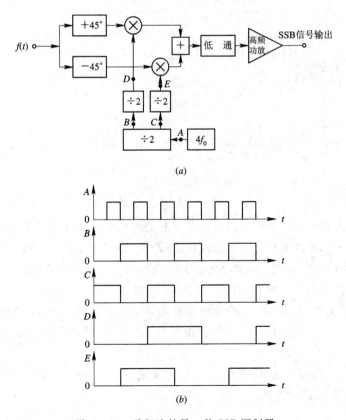

图 6 - 29　移相法的另一种 SSB 调制器

移相法对调制器的载漏抑制要求较高。由于不采用边带滤波器，载波的抑制就只靠调制器来完成。不过由于不采用边带滤波器，所以载频的选择受到的限制较小，因此可以在较高的频率上形成 SSB 信号。

6.2 调幅信号的解调

6.2.1 调幅解调的方法

从高频已调信号中恢复出调制信号的过程称为解调，又称为检波。对于振幅调制信号，解调就是从它的幅度变化上提取调制信号的过程。解调是调制的逆过程，实质上是将高频信号搬移到低频端，这种搬移正好与调制的搬移过程相反。搬移是线性搬移，故所有的线性搬移电路均可用于解调。

振幅解调方法可分为包络检波和同步检波两大类。包络检波是指解调器输出电压与输入已调波的包络成正比的检波方法。由于 AM 信号的包络与调制信号成线性关系，因此包络检波只适用于 AM 波。其原理框图如图 6 - 30 所示。由非线性器件产生新的频率分量，用低通滤波器选出所需分量。

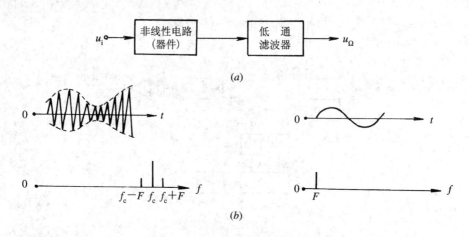

图 6 - 30　包络检波的原理框图

根据电路及工作状态的不同，包络检波又分为峰值包络检波和平均包络检波。DSB 和 SSB 信号的包络不同于调制信号，不能用包络检波，必须使用同步检波。同步解调器是一个六端网络，有两个输入电压，一个是 DSB 或 SSB 信号，另一个是外加的参考电压（称为插入载波电压或恢复载波电压）。为了正常地进行解调，恢复载波应与调制端的载波电压完全同步（同频同相），这就是同步检波名称的由来。同步检波的框图及输入、输出信号频谱示于图 6 - 31 中。顺便指出，同步检波也可解调 AM 信号，但因它比包络检波器复杂，所以很少采用。

同步检波又可以分为乘积型（图 6 - 32(a)）和叠加型（图 6 - 32(b)）两类。它们都需要用恢复的载波信号 u_r 进行解调。

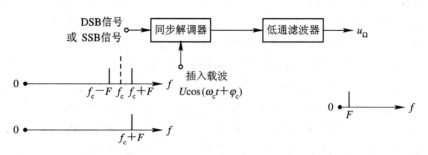

图 6 - 31　同步解调器的框图

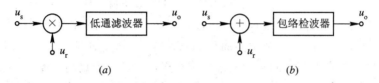

图 6 - 32　同步检波器

6.2.2　二极管峰值包络检波器

1. 原理电路及工作原理

图 6 - 33(a)是二极管峰值包络检波器的原理电路。它是由输入回路、二极管 V_D 和 RC 低通滤波器组成。输入回路提供信号源，在超外差接收机中，检波器的输入回路通常就是末级中放的输出回路。二极管通常选用导通电压小、r_D 小的锗管。RC 电路有两个作用：一是作为检波器的负载，在其两端产生调制频率电压；二是起到高频电流的旁路作用。为此目的，RC 网络须满足

$$\frac{1}{\omega_c C} \ll R$$

$$\frac{1}{\Omega C} \gg R$$

式中，ω_c 为输入信号的载频，在超外差接收机中则为中频 ω_I；Ω 为调制频率。在理想情况下，RC 网络的阻抗 Z 应为

$$Z(\omega_c) = 0, \quad Z(\Omega) = R$$

即对高频短路；对直流及低频，电容 C 开路，此时负载为 R。

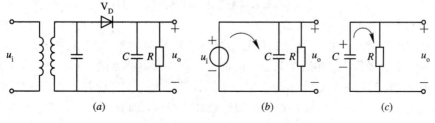

图 6 - 33　二极管峰值包络检波器

(a) 原理电路；(b) 二极管导通；(c) 二极管截止

在这种检波器中，信号源、非线性器件二极管及 RC 网络三者为串联。该检波器工作于大信号状态，输入信号电压要大于 0.5 V，通常在 1 V 左右。故这种检波器的全称为二极管串联型大信号峰值包络检波器。这种电路也可以工作在输入电压小的情况，由于工作状态不同，不再属于峰值包络检波器范围，而称为小信号检波器。

下面讨论检波过程。检波过程可用图 6 - 34 说明。设输入信号 u_i 为等幅高频电压（载波状态），且加电压前图 6 - 33 中 C 上电荷为零，当 u_i 从零开始增大时，由于电容 C 的高频阻抗很小，u_i 几乎全部加到二极管 V_D 两端，V_D 导通，C 被充电，因 r_D 小，充电电流很大，又因充电时常数 $r_D C$ 很小，电容上的电压建立得很快，这个电压又反向加于二极管上，此时 V_D 上的电压为信号源 u_i 与电容电压 u_C 之差，即 $u_D = u_C - u_i$。当 u_C 达到 U_1 值时（见图所示），$u_D = u_C - u_i = 0$，V_D 开始截止，随着 u_i 的继续下降，V_D 存在一段截止时间，在此期间内电容器 C 把导通期间储存的电荷通过 R 放电。因放电时常数 RC 较大，放电较慢，在 u_C 值下降不多时，u_i 的下一个正半周已到来。当 $u_i > u_C$（如图中 U_2 值）时，V_D 再次导通，电容 C 在原有积累电荷量的基础上又得到补充，u_C 进一步提高。然后，继续上述放电、充电过程，直至 V_D 导通时 C 的充电电荷量等于 V_D 截止时 C 的放电电荷量，便达到动态平衡状态——稳定工作状态。如图中 U_4 以后所示情况，此时，U_4 已接近输入电压峰值。在下面的研究中，将只考虑稳态过程，因为暂态过程是很短暂的瞬间过程。

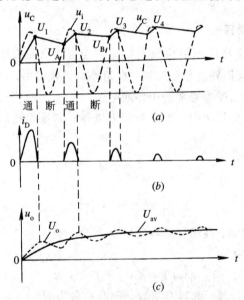

图 6 - 34 加入等幅波时检波器的工作过程

从这个过程可以得出下列几点：

（1）检波过程就是信号源通过二极管给电容充电与电容对电阻 R 放电的交替重复过程。若忽略 r_D，二极管 V_D 导通与截止期间的检波器等效电路如图 6 - 33(b)、(c) 所示。

（2）由于 RC 时间常数远大于输入电压载波周期，放电慢，使得二极管负极永远处于正的较高的电位（因为输出电压接近于高频正弦波的峰值，即 $U_o \approx U_m$）。该电压对 V_D 形成一个大的负电压，从而使二极管只在输入电压的峰值附近才导通。导通时间很短，电流通角 θ 很小，二极管电流是一窄脉冲序列，如图 6 - 34(b)，这也是峰值包络检波名称的由来。

（3）二极管电流 i_D 包含平均分量（此种情况为直流分量）I_{av} 及高频分量。I_{av} 流经电阻 R

形成平均电压 U_{av}（载波输入时，$U_{av}=U_{dc}$），它是检波器的有用输出电压；高频电流主要被旁路电容 C 旁路，在其上产生很小的残余高频电压 Δu，所以检波器输出电压 $u_o=u_C=U_{av}+\Delta u$，其波形如图 6-34(c)。实际上，当电路元件选择正确时，高频波纹电压很小，可以忽略，这时检波器输出电压为 $u_o=U_{av}$。直流输出电压 U_{dc} 接近于但小于输入电压峰值 U_m。

根据上面的讨论，可以画出大信号检波器在稳定状态下的二极管工作特性，如图 6-35 所示，其中二极管的伏安特性用通过原点的折线来近似。二极管两端电压 u_D 在大部分时间里为负值，只在输入电压峰值附近才为正值，$u_D=-U_o+u_i$。

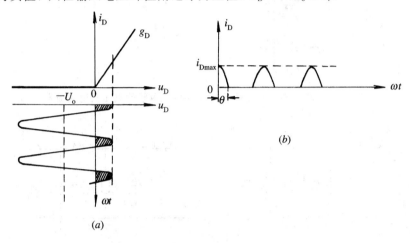

图 6-35　检波器稳态时的电流电压波形

当输入 AM 信号时，充放电波形如图 6-36(a) 所示。因为二极管是在输入电压的每个高频周期的峰值附近导通，因此其输出电压波形与输入信号包络形状相同。此时，平均电压 U_{av} 包含直流及低频调制分量，即 $U_o(t)=U_{av}=U_{dc}+u_\Omega$，其波形见图 6-36(b)。此时二极管两端电压为 $u_D=u_{AM}-U_o(t)$，其波形见图 6-37，它是在自生负偏压 $-U_o(t)$ 之上叠加输入 AM 信号后的波形。二极管电流 i_D 中的高频分量被 C 旁通，I_{dc} 及调制分量 i_Ω 流经 R 形成输出电压。如果只需输出调制频率电压，则可在原电路上增加隔直电容 C_g 和负载电阻 R_g，如图 6-38(a) 所示。若需要检波器提供与载波电压大小成比例的直流电压，例如作自动控制放大器增益的偏压时，则可用低通滤波器 $R_\varphi C_\varphi$ 取出直流分量，如图 6-38(b) 所示。其中，C_φ 对调制分量短路。

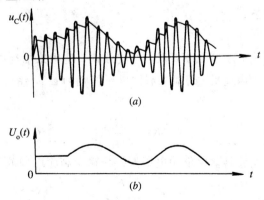

图 6-36　输入为 AM 信号时检波器的输出波形图

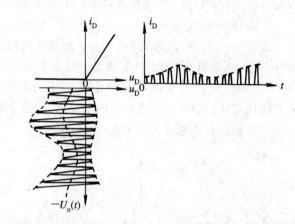

图 6 - 37 输入为 AM 信号时，检波器二极管的电压及电流波形

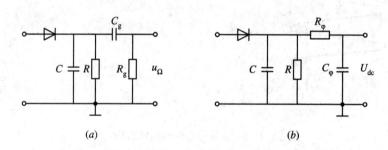

图 6 - 38 包络检波器的输出电路

从检波过程还可以看出，RC 的数值对检波器输出的性能有很大影响。如果 R 值小(或 C 小)，则放电快，高频波纹加大，平均电压下降；RC 数值大则作用相反。当检波器电路一定时，它跟随输入电压的能力取决于输入电压幅度变化的速度。当幅度变化快，例如调制频率高或调制幅度 m 大时，电容器必须较快地放电，以使电容器电压能跟上峰值包络而下降，此时，如果 RC 太大，就会造成失真。

2. 性能分析

检波器的性能指标主要有非线性失真、输入阻抗及传输系数。这里主要讨论后两项，在后面专门分析失真问题。

1) 传输系数 K_d

检波器传输系数 K_d 或称为检波系数、检波效率，是用来描述检波器对输入已调信号的解调能力或效率的一个物理量。若输入载波电压振幅为 U_m，输出直流电压为 U_o，则 K_d 定义为

$$K_d = \frac{U_o}{U_m} \tag{6 - 43a}$$

对 AM 信号，其定义为检波器输出低频电压振幅与输入高频已调波包络振幅之比，

$$K_d = \frac{U_\Omega}{m U_C} \tag{6 - 43b}$$

这两个定义是一致的。

由于输入大信号，检波器工作在大信号状态，二极管的伏安特性可用折线近似。在考虑输入为等幅波，采用理想的高频滤波，并以通过原点的折线表示二极管特性（忽略二极管的导通电压 U_P），则由图 6 - 35 有：

$$i_D = \begin{cases} g_D u_D & u_D \geqslant 0 \\ 0 & u_D < 0 \end{cases} \tag{6-44}$$

$$i_{Dmax} = g_D(U_m - U_o) = g_D U_m(1 - \cos\theta) \tag{6-45}$$

式中，$u_D = u_i - u_o$，$g_D = 1/r_D$，θ 为电流通角，i_D 是周期性余弦脉冲，其平均分量 I_0 为

$$I_0 = i_{Dmax}\alpha_0(\theta) = \frac{g_D U_m}{\pi}(\sin\theta - \theta\cos\theta) \tag{6-46}$$

基频分量为

$$I_1 = i_{Dmax}\alpha_1(\theta) = \frac{g_D U_m}{\pi}(\theta - \sin\theta\cos\theta) \tag{6-47}$$

式中，$\alpha_0(\theta)$、$\alpha_1(\theta)$ 为电流分解系数。

由式（6 - 43(a)）和图 6 - 35 可得

$$K_d = \frac{U_o}{U_m} = \cos\theta \tag{6-48}$$

由此可见，检波系数 K_d 是检波器电流 i_D 的通角 θ 的函数，求出 θ 后，就可得 K_d。

由式（6 - 46）$U_o = I_0 R$，有

$$\frac{U_o}{U_m} = \frac{I_0 R}{U_m} = \frac{g_D R}{\pi}(\sin\theta - \theta\cos\theta) = \cos\theta \tag{6-49}$$

等式两边各除以 $\cos\theta$，可得

$$\tan\theta - \theta = \frac{\pi}{g_D R} \tag{6-50}$$

当 $g_D R$ 很大时，如 $g_D R \geqslant 50$ 时，$\tan\theta \approx \theta - \theta^3/3$，代入式（6 - 50），有

$$\theta = \sqrt[3]{\frac{3\pi}{g_D R}} \tag{6-51}$$

由以上的分析可以看出：

(1) 当电路一定（管子与 R 一定）时，在大信号检波器中 θ 是恒定的，它与输入信号大小无关。其原因是由于负载电阻 R 的反作用，使电路具有自动调节作用而维持 θ 不变。例如，当输入电压增加，引起 θ 增大，导致 I_0、U_o 增大，负载电压加大，加到二极管上的反偏电压增大，致使 θ 下降。

因 θ 一定，$K_d = \cos\theta$，检波效率与输入信号大小无关。所以，检波器输出、输入间是线性关系——线性检波。当输入 AM 信号时，输出电压 $u_o = K_d U_m(1 + m\cos\Omega t)$。

(2) θ 越小，K_d 越大，并趋近于 1。而 θ 随 $g_D R$ 增大而减小，因此，K_d 随 $g_D R$ 增加而增大，图 6 - 39 就是这一关系曲线。由图可知，当 $g_D R > 50$ 时，K_d 变化不大，且 $K_d > 0.9$。

实际上，理想滤波条件是做不到的，因此输出平均电压还是要小些。实际传输特性与电容 C 的容量有关，参见图 6 - 40。图中，$\omega RC = \infty$ 为理想滤波条件，$\omega RC = 0$ 是无电容 C 时的情况。

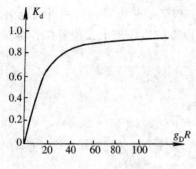

图 6 - 39 $K_d \sim g_D R$ 关系曲线图

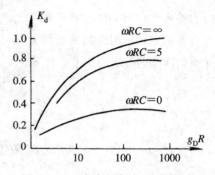

图 6 - 40 滤波电路对 K_d 的影响

2) 输入电阻 R_i

检波器的输入阻抗包括输入电阻 R_i 及输入电容 C_i，如图 6 - 41 所示。输入电阻是输入载波电压的振幅 U_m 与检波器电流的基频分量振幅 I_1 之比值，即

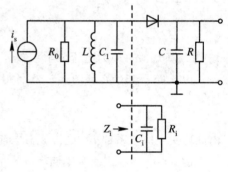

$$R_i \approx \frac{U_m}{I_1} \qquad (6 - 52)$$

检波器输入电容包括检波二极管结电容 C_j 和二极管引线对地分布电容 C_f，$C_i \approx C_j + C_f$。C_i 可以被看作是输入回路的一部分。

图 6 - 41 检波器的输入阻抗

输入电阻是前级的负载，它直接并入输入回路，影响着回路的有效 Q 值及回路阻抗。由式(6 - 47)，有

$$R_i = \frac{\pi}{g_D (\theta - \sin\theta \, \cos\theta)} \qquad (6 - 53)$$

当 $g_D R \geqslant 50$ 时，θ 很小，$\sin\theta \approx \theta - \theta^3/6$，$\cos\theta \approx 1 - \theta^2/2$，代入上式，可得

$$R_i = \frac{R}{2} \qquad (6 - 54)$$

由此可见，串联二极管峰值包络检波器的输入电阻与二极管检波器负载电阻 R 有关。当 θ 较小时，近似为 R 的一半。R 越大，R_i 越大，对前级的影响就越小。

式(6 - 54)这个结论还可以用能量守恒原理来解释。由于 θ 很小，消耗在 r_D 上的功率很小，可以忽略，所以检波器输入的高频功率 $U_m^2/2R_i$ 全部转换为输出的平均功率 U_o^2/R，即

$$\frac{U_m^2}{2R_i} \approx \frac{U_C^2}{R}$$

则

$$R_i \approx \frac{R}{2}$$

这里 $K_d \approx 1$。

3. 检波器的失真

在二极管峰值包络检波器中，存在着两种特有的失真——惰性失真和底部切削失真。下面来分析这两种失真形成的原因和不产生失真的条件。

1）惰性失真

在二极管截止期间，电容 C 两端电压下降的速度取决于 RC 的时间常数。如 RC 数值很大，则下降速度很慢，将会使得输入电压的下一个正峰值来到时仍小于 u_C，也就是说，输入 AM 信号包络下降速度大于电容器两端电压下降的速度，因而造成二极管负偏压大于信号电压，致使二极管在其后的若干高频周期内不导通。因此，检波器输出电压就按 RC 放电规律变化，形成如图 6 - 42 所示的情况，输出波形不随包络形状而变化，产生了失真。由于这种失真是由电容放电的惰性引起的，故称惰性失真或失随失真。

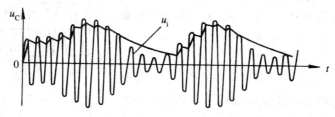

图 6 - 42　惰性失真的波形

容易看出，隋性失真总是起始于输入电压的负斜率的包络上，调幅度越大，调制频率越高，惰性失真越易出现，因为此时包络斜率的绝对值增大。

为了避免产生惰性失真，必须在任何一个高频周期内，使电容 C 通过 R 放电的速度大于或等于包络的下降速度，即

$$\left| \frac{\partial u_o}{\partial t} \right| \geqslant \left| \frac{\partial U(t)}{\partial t} \right| \tag{6-55}$$

如果输入信号为单音调制的 AM 波，在 t_1 时刻其包络的变化速度为

$$\frac{\partial U(t)}{\partial t}\bigg|_{t=t_1} = -mU_m\Omega \ \sin\Omega t_1 \tag{6-56}$$

二极管停止导通的瞬间，电容两端电压 u_C 近似为输入电压包络值，即 $u_C = U_m(1+m \cos\Omega t)$。从 t_1 时刻开始通过 R 放电的速度为

$$\frac{\partial}{\partial t}\left[u_{C1} e^{-\frac{t-t_1}{RC}}\right] = -\frac{1}{RC}U_m(1+m \cos\Omega t_1)e^{-\frac{t-t_1}{RC}} \tag{6-57}$$

将式（6 - 56）和式（6 - 57）代入式（6 - 55），可得

$$A = \left| \frac{RC\Omega m \ \sin\Omega t_1}{1+m \ \cos\Omega t_1} \right| \leqslant 1 \tag{6-58}$$

实际上，不同的 t_1，$U(t)$ 和 u_C 的下降速度不同，为避免产生惰性失真，必须保证 A 值最大时，仍有 $A_{max} \leqslant 1$。故令 $dA/dt_1 = 0$，得

$$\cos\Omega t_1 = -m \tag{6-59}$$

代入式（6 - 58），得出不失真条件如下：

$$RC \leqslant \frac{\sqrt{1-m^2}}{\Omega m} \tag{6-60}$$

由此可见，m、Ω 越大，包络下降速度就越快，要求的 RC 就越小。在设计中，应用最大调制度及最高调制频率检验有无惰性失真，其检验公式为

$$RC \leqslant \frac{\sqrt{1-m_{max}^2}}{\Omega_{max}m_{max}} \tag{6-61}$$

2）底部切削失真

底部切削失真又称为负峰切削失真。产生这种失真后，输出电压的波形如图 6 - 43(c)所示。这种失真是因检波器的交直流负载不同引起的。

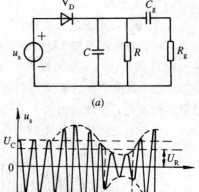

为了取出低频调制信号，检波器电路如图 6 - 43 (a)所示。电容 C_g 应对低频呈现短路，其电容值一般为 5～10 μF；R_g 是所接负载。当检波器接有 C_g、R_g 后，检波器的直流负载 $R_=$ 仍等于 R，而低频交流负载 $R_\approx$ 等于 R 与 R_g 的并联，即 $R_\approx = RR_g/(R+R_g)$。因 $R_= \neq R_\approx$，将引起底部失真。

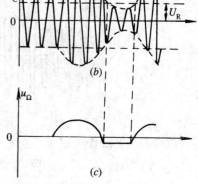

因为 C_g 较大，在音频一周内，其两端的直流电压基本不变，其大小约为载波振幅值 U_C，可以把它看作一直流电源。它在电阻 R 和 R_g 上产生分压。在电阻 R 上的压降为

$$U_R = \frac{R}{R+R_g}U_C \qquad (6-62)$$

图 6 - 43　底部切削失真

调幅波的最小幅度为 $U_C(1-m)$，由图 6 - 43 可以看出，要避免底部切削失真，应满足

$$U_C(1-m) \geqslant \frac{R}{R+R_g}U_C \qquad (6-63)$$

即

$$m \leqslant \frac{R_g}{R+R_g} = \frac{R_\approx}{R_=} \qquad (6-64)$$

这一结果表明，为防止底部切削失真，检波器交流负载与直流负载之比应大于调幅波的调制度 m。因此必须限制交、直流负载的差别。

在工程上，减小检波器交、直流负载的差别有两种常用的措施：一是在检波器与低放级之间插入高输入阻抗的射极跟随器(见图 6 - 44(b))；二是将 R 分成 R_1 和 R_2，$R = R_1 + R_2$，此时，$R_= = R_1 + R_2$，$R_\approx = R_1 + R_2 /\!/ R_g$，如图 6 - 44(a)所示。

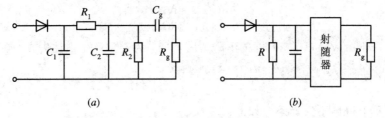

图 6 - 44　减小底部切削失真的电路

4. 实际电路及元件选择

在图 6 - 45 中，检波器部分是峰值包络检波器常用的典型电路。它与图 6 - 44(a)是相同的，采用分段直流负载。R_2 电位器用以改变输出电压大小，称为音量控制。通常使 $C_1 = C_2$，R_3、R_4、R_2 及 -6 V 电源构成外加正向偏置电路，给二极管提供正向偏置电流，其大小可通过 R_4 调整。正向偏置的引入是为了抵消二极管导通电压 V_P，使得在输入信号

电压较小时，检波器也可以工作。

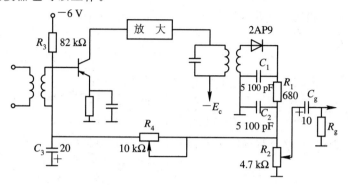

图 6 - 45　检波器的实际电路

R_4、C_3 组成低通滤波器。C_3 为 $20\ \mu\mathrm{F}$ 的大电容，其上只有直流电压，这个直流电压的大小与输入信号载波振幅成正比，并加到前面放大级的基极作为偏压，以便自动控制该级增益。如输入信号强，C_3 上直流电压大，加到放大管偏压大，增益下降，使检波器输出电压下降。

根据上面诸问题的分析，检波器设计及元件参数选择的原则如下：

(1) 回路有载 Q_L 值要大，$Q_L = \omega_0 C_0 \left(R_0 /\!/ \dfrac{R}{2} \right) \gg 1$；

(2) $\dfrac{\tau}{T_C} = \dfrac{RC}{T_C} \gg 1$，$T_C = \dfrac{1}{f_c}$ 为载波周期；

(3) $\Omega m < \dfrac{1}{2R_0 C_0}$，$\Omega m < \dfrac{1}{RC}$；

(4) $RC < \dfrac{\sqrt{1 - m_{\max}^2}}{\Omega_{\max} m_{\max}}$；

(5) $m \leqslant \dfrac{R_g}{R + R_g}$ 或 $R \leqslant \dfrac{(1 - m) R_g}{m}$。

其中，(1)是从选择性、通频带的要求出发考虑的；(2)是为了保证输出的高频波纹小；(3)是为了减小频率失真；(4)、(5)是为了避免惰性失真及底部切削失真。

检波管要选用正向电阻小、反向电阻大、结电容小、最高工作频率 $f_{\max}$ 高的二极管。一般多用点触型锗二极管 2AP 系列。例如，可选金键锗管 2AP9、2AP10，其正向电阻小，正向电流上升快，在信号较小时就可以进入大信号线性检波区。2AP1～2AP8，2AP11～2AP27 为钨键管，它们的 $f_{\max}$ 比金键管高一些。2AP 系列管的结电容大约在 1 pF 以下。

电阻 R 的选择，主要考虑输入电阻及失真问题，同时要考虑对 K_d 的影响。应使 $R \gg r_D$，$R_1 + R_2 \geqslant 2R_i$，R_1/R_2 的比值一般选在 $0.1 \sim 0.2$ 范围，R_1 值太大将导致 R_1 上压降大，使 K_d 下降。广播收音机及通信接收机检波器中，R 的数值通常选在几千欧姆（如 5 kΩ）。

电容 C 不能太大，以防止惰性失真；C 太小又会使高频波纹大，应使 $RC \gg T_C$。由于实际电路中 R_1 值较小，所以可近似认为 $C = C_1 + C_2$，通常取 $C_1 = C_2$。广播收音机中，C 一般取 $0.01\ \mu\mathrm{F}$。

5. 二极管并联检波器

除上面讨论的串联检波器外，峰值包络检波器还有并联检波器、推挽检波器、倍压检波器、视频检波器等。这里讨论并联检波器。

　　并联检波器的二极管、负载电阻和信号源是并联的，如图 6-46(a) 所示。其工作原理与串联检波器相似。当 V_D 导通时 u_i 向 C 充电，充电时间常数为 $r_D C$；当 V_D 截止时，C 通过 R 放电，放电时间常数为 RC。达到动态平衡后，C 上产生与串联检波器类似的锯齿状波动电平，平均值为 U_{av}。这样，实际加到二极管上的电压为 $u_D = u_i - u_C$，其波形见图 6-46 (b)。电容 C 起检波兼隔离作用，但不能起到高频滤波作用，所以输出电压就是二极管两端的电压。不仅含有平均分量，还含有高频分量；因此输出端除需隔直电容外，还需加高频滤波电路，以滤除高频分量，得到所需的低频分量，如图 6-46(c) 所示。

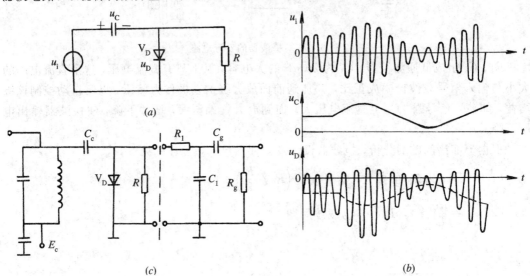

图 6-46　并联检波器及波形
(a) 原理电路；(b) 波形；(c) 实际电路

　　当电路参数相同时，并联型检波器和串联型检波器具有相同的电压传输系数 K_d，但因高频电流通过负载电阻 R 时，损耗了一部分高频功率，因而并联型检波器的输入电阻比串联型检波器小。根据能量守恒原理，实际加到并联型检波器中的高频功率，一部分消耗在 R 上，一部分转换为输出平均功率，即

$$\frac{U_C^2}{2R_i} \approx \frac{U_C^2}{2R} + \frac{U_{av}^2}{R}$$

当 $U_{av} \approx U_C$ 时 (U_C 为载波振幅) 有

$$R_i \approx \frac{R}{3} \qquad\qquad (6-65)$$

6. 小信号检波器

　　小信号检波是指输入信号振幅在几毫伏至几十毫伏范围内的检波。这时，二极管的伏安特性可用二次幂级数近似，即

$$i_D = a_0 + a_1 u_D + a_2 u_D^2 \qquad\qquad (6-66)$$

式中，a_0 为 $u_D = 0$ 时静态电流；$a_1 = \mathrm{d}i_D/\mathrm{d}u_D |_{u_D=0} = g_D = 1/r_D$ 为伏安特性在 $u_D = 0$ 时的斜率；$a_2 = \mathrm{d}^2 i_D/\mathrm{d}u_D^2 |_{u_D=0}$ 为伏安特性在 $u_D = 0$ 上的二次导数。

　　一般小信号检波时 K_d 很小，可以忽略平均电压负反馈效应，认为

$$u_D = u_i - u_{av} \approx u_i \approx U_m \cos\omega_c t \tag{6-67}$$

将它代入上式，可求得 i_D 的平均分量和高频基波分量振幅为

$$I_{av} = a_0 + \frac{1}{2}a_2 U_m^2$$

$$I_1 \approx a_1 U_m$$

若用 $\Delta I_{av} = I_{av} - a_0$ 表示在输入电压作用下产生的平均电流增量，则

$$\Delta U_{av} = \Delta I_{av} R \approx \frac{1}{2}a_2 R U_m^2 \tag{6-68}$$

相应的 K_d 和 R_i 为

$$K_d = \frac{\Delta U_{av}}{U_m} = \frac{1}{2}a_2 R U_m \tag{6-69}$$

$$R_i = \frac{U_m}{I_1} = \frac{1}{a_1} = r_D \tag{6-70}$$

若输入信号为单音调制的 AM 波，因 $\Omega \ll \omega_c$，可用包络函数 $U(t)$ 代替以上各式中的 U_m

$$
\begin{aligned}
\Delta U_{av} &= \frac{1}{2}a_2 R U_m^2 (1 + m\cos\Omega t)^2 \\
&= \frac{1}{2}a_2 R U_m^2 \left[\left(1 + \frac{1}{2}m^2\right) + 2m\cos\Omega t + \frac{1}{2}m^2\cos2\Omega t\right]
\end{aligned} \tag{6-71}
$$

由以上分析可知，小信号检波器输出的平均电压 ΔU_{av} 与输入信号电压振幅 U_m 的平方成正比，故将这种检波器称为平方律检波器。利用其检波电流与输入高频电压振幅平方成正比这一特性，可以作功率指示，在测量仪表及微波检测中广泛应用。这种检波器的电压传输系数 K_d 和输入电阻 R_i 都小，而且还有非线性失真，这是它的缺点。图 6-47 是这种检波器的原理电路和波形。

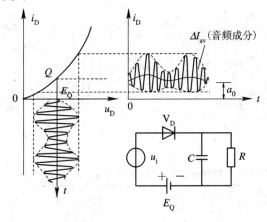

图 6-47　小信号检波

6.2.3　同步检波

前已指出，同步检波分为乘积型和叠加型两种方式，这两种检波方式都需要接收端恢复载波支持，恢复载波性能的好坏，直接关系到接收机解调性能的优劣。下面分别介绍这两种检波方法。

1. 乘积型

乘积型同步检波是直接把本地恢复载波与接收信号相乘，用低通滤波器将低频信号提取出来。在这种检波器中，要求恢复载波与发端的载波同频同相。如果其频率或相位有一定的偏差，将会使恢复出来的调制信号产生失真。

设输入信号为 DSB 信号，即 $u_s = U_s \cos\Omega t \cos\omega_c t$，本地恢复载波 $u_r = U_r \cos(\omega_r t + \varphi)$，这两个信号相乘

$$u_s u_r = U_s U_r \cos\Omega t \ \cos\omega_c t \ \cos(\omega_r t + \varphi)$$

$$= \frac{1}{2} U_s U_r \cos\Omega t \{\cos[(\omega_r - \omega_c)t + \varphi] + \cos[(\omega_r + \omega_c)t + \varphi]\} \qquad (6-72)$$

经低通滤波器的输出，且考虑 $\omega_r - \omega_c = \Delta\omega_c$ 在低通滤波器频带内，有

$$u_o = U_o \cos(\Delta\omega_c t + \varphi) \ \cos\Omega t \qquad (6-73)$$

由上式可以看出，当恢复载波与发射载波同频同相时，即 $\omega_r = \omega_c$，$\varphi = 0$，则

$$u_o = U_o \cos\Omega t \qquad (6-74)$$

无失真地将调制信号恢复出来。若恢复载波与发射载频有一定的频差，即 $\omega_r = \omega_c + \Delta\omega_c$

$$u_o = U_o \cos\Delta\omega_c t \ \cos\Omega t \qquad (6-75)$$

引起振幅失真。若有一定的相差，则

$$u_o = U_o \cos\varphi \ \cos\Omega t \qquad (6-76)$$

相当于引入一个振幅的衰减因子 $\cos\varphi$，当 $\varphi = \pi/2$ 时，$u_o = 0$。当 φ 是一个随时间变化的变量时，即 $\varphi = \varphi(t)$ 时，恢复出的解调信号将产生振幅失真。

类似的分析也可以用于 AM 波和 SSB 波。这种解调方式关键在于获得两个信号的乘积，因此，第 5 章介绍的频谱线性搬移电路均可用于乘积型同步检波。图 6-48 为几种乘积型解调器的实际线路。

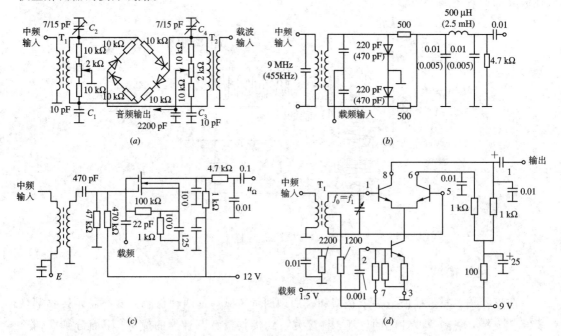

图 6-48 几种乘积型解调器实际线路

2. 叠加型

叠加型同步检波是将 DSB 或 SSB 信号插入恢复载波,使之成为或近似为 AM 信号,再利用包络检波器将调制信号恢复出来。对 DSB 信号而言,只要加入的恢复载波电压在数值上满足一定的关系,就可得到一个不失真的 AM 波。图 6-49 就是一叠加型同步检波器原理电路。下面分析 SSB 信号的叠加型同步检波。

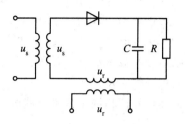

图 6-49　叠加型同步检波器原理电路

设单频调制的单边带信号(上边带)为

$$u_s = U_s \cos(\omega_c + \Omega)t = U_s \cos\Omega t \, \cos\omega_c t - U_s \sin\Omega t \, \sin\omega_c t$$

恢复载波

$$u_r = U_r \cos\omega_r t = U_r \cos\omega_c t$$

$$u_s + u_r = (U_s \cos\Omega t + U_r) \cos\omega_c t - U_s \sin\Omega t \, \sin\omega_c t$$

$$= U_m(t) \cos[\omega_c t + \varphi(t)] \tag{6-77}$$

式中

$$U_m(t) = \sqrt{(U_r + U_s \cos\Omega t)^2 + U_s^2 \sin^2\Omega t} \tag{6-78}$$

$$\varphi(t) = \arctan \frac{U_s \sin\Omega t}{U_r + U_s \cos\Omega t} \tag{6-79}$$

由于后面接包络检波器,包络检波器对相位不敏感,只关心包络的变化。

$$U_m(t) = \sqrt{U_r^2 + U_s^2 + 2U_r U_s \cos\Omega t} = U_r \sqrt{1 + \left(\frac{U_s}{U_r}\right)^2 + 2\frac{U_s}{U_r} \cos\Omega t}$$

$$= U_r \sqrt{1 + m^2 + 2m \cos\Omega t} \tag{6-80}$$

式中,$m = U_s/U_r$。当 $m \ll 1$,即 $U_r \gg U_s$ 时,上式可近似为

$$U_m(t) \approx U_r \sqrt{1 + 2m \cos\Omega t} \approx U_r(1 + m \cos\Omega t) \tag{6-81}$$

上式用到 $\sqrt{1+x} \approx 1 + x/2$,$|x| < 1$。经包络检波器后,输出电压

$$u_o = K_d U_m(t) = K_d U_r(1 + m \cos\Omega t) \tag{6-82}$$

经隔直后,就可将调制信号恢复出来。

采用图 6-50 所示的同步检波电路,可以减小解调器输出电压的非线性失真。它由两个检波器构成平衡电路,上检波器输出如式(6-82),下检波器的输出

$$u_{o2} = K_d U_r(1 - m \cos\Omega t) \tag{6-83}$$

则总的输出

$$u_o = u_{o1} - u_{o2} = 2K_d U_r m \cos\Omega t \tag{6-84}$$

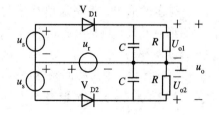

图 6-50　平衡同步检波电路

由以上分析可知,实现同步检波的关键是要产生出一个与载波信号同频同相的恢复载波。

对于 AM 波来说,同步信号可直接从信号中提取。AM 波通过限幅器就能去除其包络变化,得到等幅载波信号,这就是所需同频同相的恢复载波。而对 DSB 信号,将其取平方,从中取出角频率为 $2\omega_c$ 的分量,再经二分频器,就可得到角频率为 ω_c 的恢复载波。对于

SSB 信号，恢复载波无法从信号中直接提取。在这种情况下，为了产生恢复载波，往往在发射机发射 SSB 信号的同时，附带发射一个载波信号，称为导频信号，它的功率远低于 SSB 信号的功率。接收端就可用高选择性的窄带滤波器从输入信号中取出该导频信号，导频信号经放大后就可作为恢复载波信号。如果发射机不附带发射导频信号，接收机就只能采用高稳定度晶体振荡器产生指定频率的恢复载波，显然在这种情况下，要使恢复载波与载波信号严格同步是不可能的，而只能要求频率和相位的不同步量限制在允许的范围内。

6.3 混　频

6.3.1 混频概述

混频，又称变频，也是一种频谱的线性搬移过程，它是使信号自某一个频率变换成另一个频率。完成这种功能的电路称为混频器（或变频器）。

1. 混频器的功能

混频器是频谱线性搬移电路，是一个六端网络。它有两个输入电压，输入信号 u_s 和本地振荡信号 u_L，其工作频率分别为 f_c 和 f_L；输出信号为 u_I，称为中频信号，其频率是 f_c 和 f_L 的差频或和频，称为中频 f_I，$f_I = f_L \pm f_c$（同时也可采用谐波的差频或和频）。由此可见，混频器在频域上起着减（加）法器的作用。

在超外差接收机中，混频器将已调信号（其载频可在波段中变化，如 HF 波段 2～30 MHz，VHF 波段 30～90 MHz 等）变为频率固定的中频信号。混频器的输入信号 u_s、本振 u_L 都是高频信号，中频信号也是已调波，除了中心频率与输入信号不同外，由于是频谱的线性搬移，其频谱结构与输入信号 u_s 的频谱结构完全相同。表现在波形上，中频输出信号与输入信号的包络形状相同，只是填充频率不同（内部波形疏密程度不同）。图 6 - 51 表示了这一变换过程。这也就是说，理想的混频器（只有和频或差频的混频）能将输入已调信号不失真地变换为中频信号。

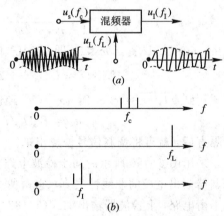

图 6 - 51　混频器的功能示意图

中频 f_I 与 f_c、f_L 的关系有几种情况：当混频器输出取差频时，有 $f_I = f_L - f_c$ 或 $f_I = f_c - f_L$；取和频时有 $f_I = f_L + f_c$。当 $f_I < f_c$ 时，称为向下变频，输出低中频；当 $f_I > f_c$ 时，称为向上变频，输出高中频。虽然高中频比此时输入的高频信号的频率还要高，仍将其称为中频。根据信号频率范围的不同，常用的中频数值为：465(455)、500 kHz；1、1.5、4.3、5、10.7、21.4、30、70、140 MHz 等。如调幅收音机的中频为 465(455) kHz；调频收音机的中频为 10.7 MHz，微波接收机、卫星接收机的中频为 70 MHz 或 140 MHz，等等。

混频器是频率变换电路，在频域中起加法器和减法器的作用。振幅调制与解调也是频率变换电路，也是在频域上起加法器和减法器的作用，同属频谱的线性搬移。由于频谱搬移位置的不同，其功能就完全不同。这三种电路都是六端网络，两个输入、一个输出，可用同样形式的电路完成不同的搬移功能。从实现电路看，输入、输出信号不同，因而输入、输出回路各异。调制电路的输入信号是调制信号 u_Ω、载波 u_C，输出为载波参数受调的已调波；解调电路的输入信号是已调信号 u_s、本地恢复载波 u_r（同步检测），输出为恢复的调制信号 u_Ω；而混频器的输入信号是已调信号 u_s，本地振荡信号 u_L，输出是中频信号 u_I，这三个信号都是高频信号。从频谱搬移看，调制是将低频信号 u_Ω 线性地搬移到载频的位置（搬移过程中允许只取一部分）；解调是将已调信号的频谱从载频（或中频）线性搬移到低频端；而混频是将位于载频的已调信号频谱线性搬移到中频 f_I 处。这三种频谱的线性搬移过程如图 6 - 52 所示。

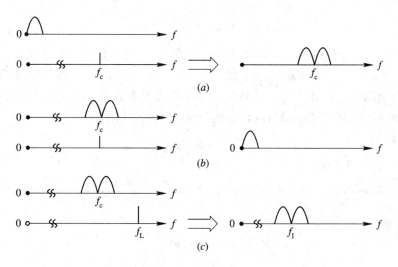

图 6 - 52　三种频谱线性搬移功能

（a）调制；（b）解调；（c）混频

2. 混频器的工作原理

混频是频谱的线性搬移过程。由前面的分析已知，完成频谱的线性搬移功能的关键是要获得两个输入信号的乘积，能找到这个乘积项，就可完成所需的线性搬移功能。设输入到混频器中的输入已调信号 u_s 和本振电压 u_L 分别为

$$u_s = U_s \cos\Omega t\ \cos\omega_c t$$

$$u_L = U_L \cos\omega_L t$$

这两个信号的乘积为

$$u_s u_L = U_s U_L \cos\Omega t\ \cos\omega_c t\ \cos\omega_L t$$

$$= \frac{1}{2} U_s U_L \cos\Omega t [\cos(\omega_L + \omega_c)t + \cos(\omega_L - \omega_c)t] \tag{6-85}$$

若中频 $f_I = f_L - f_c$，上式经带通滤波器取出所需边带，可得中频电压为

$$u_I = U_I \cos\Omega t\ \cos\omega_I t \tag{6-86}$$

由此可得完成混频功能的原理框图,如图 6-53(a)所示。也可用非线性器件来完成,如图 6-53(b)所示。

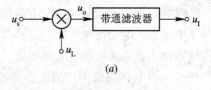

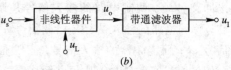

图 6-53 混频器的组成框图

下面从频域看混频过程。设 u_s、u_L 对应的频谱为 $F_s(\omega)$、$F_L(\omega)$,它们是 u_s、u_L 的傅氏变换。由信号分析可知,时域的乘积对应于频域的卷积,输出频谱 $F_o(\omega)$ 可用 $F_s(\omega)$ 与 $F_L(\omega)$ 的卷积得到。本振为单一频率信号,其频谱为

$$F_L(\omega) = \pi[\delta(\omega - \omega_c) + \delta(\omega + \omega_c)]$$

输入信号为已调波,其频谱为 $F_s(\omega)$,则

$$F_o(\omega) = \frac{1}{2\pi}F_s(\omega) * F_L(\omega) = \frac{1}{2}F_s(\omega) * [\delta(\omega - \omega_c) + \delta(\omega + \omega_c)]$$

$$= \frac{1}{2}[F_s(\omega - \omega_c) + F_s(\omega + \omega_c)] \tag{6-87}$$

图 6-54 表示了 $F_s(\omega)$、$F_L(\omega)$ 和 $F_o(\omega)$ 的关系。若输入信号也是等幅波,则 $F_o(\omega)$ 将是只有 $\pm(\omega_L - \omega_c)$ 和 $\pm(\omega_L + \omega_c)$ 分量。式(6-87)中 $F_s(\omega)$ 和 $F_o(\omega)$ 都是双边(正、负频率)的复数频谱,因而 $F_s(\omega)$ 和 $F_o(\omega)$ 不但保持幅度间的比例关系,而且 $F_o(\omega)$ 的相位中也包括有 $F_s(\omega)$ 的相位。用带通滤波器取出所需分量,就完成了混频功能。

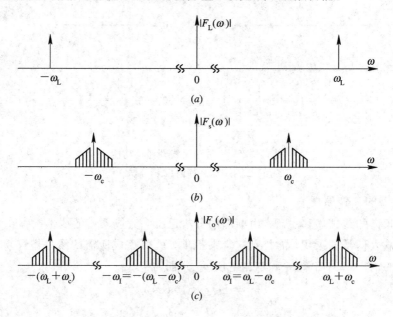

图 6-54 混频过程中的频谱变换
(a) 本振频谱;(b) 信号频谱;(c) 输出频谱

混频器有两大类,即混频与变频。由单独的振荡器提供本振电压的混频电路称为混频器。为了简化电路,把产生振荡和混频功能由一个非线性器件(用同一晶体管)完成的混频电路称为变频器。有时也将振荡器和混频器两部分合起来称为变频器。变频器是四端网络,混频器是六端网络。在实际应用中,通常将"混频"与"变频"两词混用,不再加以区分。

混频技术的应用十分广泛，混频器是超外差接收机中的关键部件。直放式接收机是高频小信号检波（平方律检波），工作频率变化范围大时，工作频率对高频通道的影响比较大（频率越高，放大量越低，反之频率低，增益高），而且对检波性能的影响也较大，灵敏度较低。采用超外差技术后，将接收信号混频到一固定中频，放大量基本不受接收频率的影响，这样，频段内信号的放大一致性较好，灵敏度可以做得很高，选择性也较好。因为放大功能主要放在中放，可以用良好的滤波电路。采用超外差接收后，调整方便，放大量、选择性主要由中频部分决定，且中频较高频信号的频率低，性能指标容易得到满足。混频器在一些发射设备（如单边带通信机）中也是必不可少的。在频分多址（FDMA）信号的合成、微波接力通信、卫星通信等系统中也有其重要地位。此外，混频器也是许多电子设备、测量仪器（如频率合成器、频谱分析仪等）的重要组成部分。

3. 混频器的主要性能指标

1）变频增益

变频增益是指混频器的输出信号强度与输入信号强度的比值。变频增益可用变频电压增益和变频功率增益来表示。变频电压增益定义为变频器中频输出电压振幅 U_I 与高频输入信号电压振幅 U_s 之比，即

$$K_{vc} = \frac{U_I}{U_s} \qquad (6-88)$$

同样可定义变频功率增益为输出中频信号功率 P_I 与输入高频信号功率 P_s 之比，即

$$K_{pc} = \frac{P_I}{P_s} \qquad (6-89)$$

通常用分贝数表示变频增益，有

$$K_{vc} = 20 \lg \frac{U_I}{U_s} \; (\text{dB}) \qquad (6-90)$$

$$K_{pc} = 10 \lg \frac{P_I}{P_s} \; (\text{dB}) \qquad (6-91)$$

变频增益表征了变频器把输入高频信号变换为输出中频信号的能力。增益越大，变换的能力越强，故希望变频增益大。而且变频增益大后，对接收机而言，有利于提高灵敏度。

2）噪声系数

混频器的噪声系数 N_F 定义为

$$N_F = \frac{\text{输入信噪比（信号频率）}}{\text{输出信噪比（中频频率）}} \qquad (6-92)$$

它描述混频器对所传输信号的信噪比影响的程度。因为混频级对接收机整机噪声系数影响大，特别是在接收机中没有高放级时，其影响更大，所以希望混频器的 N_F 越小越好。

3）失真与干扰

变频器的失真有频率失真和非线性失真。除此之外，还会产生各种非线性干扰，如组合频率、交叉调制和互相调制、阻塞和倒易混频等干扰。所以，对混频器不仅要求频率特性好，而且还要求变频器工作在非线性不太严重的区域，使之既能完成频率变换，又能抑制各种干扰。

4）变频压缩（抑制）

在混频器中，输出与输入信号幅度应成线性关系。实际上，由于非线性器件的限制，

当输入信号增加到一定程度时，中频输出信号的幅度与输入不再成线性关系，如图 6 - 55 所示。图中，虚线为理想混频时的线性关系曲线，实线为实际曲线。这一现象称为变频压缩。通常可以使实际输出电平低于其理想电平一定值(如 3 dB 或 1 dB)的输入电平的大小来表示它的压缩性能的好坏。此电平称为混频器的 3 dB(或 1 dB)压缩电平。此电平越高，性能越好。

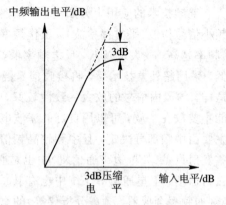

图 6 - 55　混频器输入、输出电平的关系曲线

5) 选择性

混频器的中频输出应该只有所要接收的有用信号(反映为中频，即 $f_I=f_L-f_c$)，而不应该有其它不需要的干扰信号。但在混频器的输出中，由于各种原因，总会混杂很多与中频频率接近的干扰信号。为了抑制不需要的干扰，就要求中频输出回路有良好的选择性，亦即回路应有较理想的谐振曲线(矩形系数接近于 1)。

此外，一个性能良好的混频器，还应要求动态范围较大，可以在输入信号的较大电平范围内正常工作；隔离度要好，以减小混频器各端口(信号端口、本振端口和中频输出端口)之间的相互泄漏；稳定度要高，主要是本振的频率稳定度要高，以防止中频输出超出中频总通频带范围。

6.3.2　混频电路

1. 晶体三极管混频器

晶体三极管混频器原理电路如图 6 - 56 所示。由第 5 章晶体三极管频谱线性搬移电路的分析可知，此时的输入信号 $u_i=u_s$，为一高频已调信号，时变偏置电压 $E_b(t)=E_b+u_2=E_b+u_L$，且有 $U_s \ll U_L$，输出回路对中频 $f_I=f_L-f_c$ 谐振，由此可得集电极电流 i_C 为

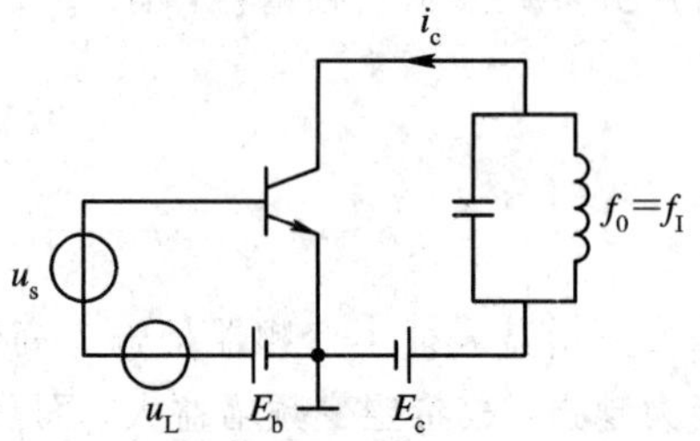

图 6 - 56　晶体三极管混频器原理电路

$$\begin{aligned} i_C &\approx I_{c0}(t)+g_m(t)u_s \\ &= I_{c0}(t)+(g_{m0}+g_{m1}\cos\omega_L t+g_{m2}\cos 2\omega_L t+\cdots)u_s \end{aligned} \tag{6 - 93}$$

经集电极谐振回路滤波后，得到中频电流 i_I

$$\begin{aligned} i_I &= \frac{1}{2}g_{m1}U_s\cos(\omega_L-\omega_c)t=\frac{1}{2}g_{m1}U_s\cos\omega_I t \\ &= g_C U_s\cos\omega_I t = I_I\cos\omega_I t \end{aligned} \tag{6 - 94}$$

式中，$g_C=g_{m1}/2$ 称为变频跨导。

从以上的分析结果可以看出：只有时变跨导的基波分量才能产生中频(和频或差频)分量，而其它分量会产生本振谐波与信号的组合频率。变频跨导 g_C 是变频器的重要参数，它不仅直接决定着变频增益，还影响到变频器的噪声系数。变频跨导 $g_C=g_{m1}/2$，g_{m1} 只与晶体管特性、直流工作点及本振电压 U_L 有关，与 U_s 无关，故变频跨导 g_C 亦有上述性质。由式(6 - 94)，有

$$g_{\mathrm{C}} = \frac{输出中频电流振幅}{输入高频电压振幅} = \frac{I_{\mathrm{I}}}{U_{\mathrm{s}}} = \frac{1}{2} g_{\mathrm{m}1} \tag{6-95}$$

它与普通放大器的跨导有相似的含义，表示输入高频信号电压对输出中频电流的控制能力。在数值上，它是时变跨导基波分量的一半，可以通过求 $g_{\mathrm{m}}(t)$ 的基波分量 $g_{\mathrm{m}1}$ 来求得变频跨导。

$$g_{\mathrm{m}1} = \frac{1}{\pi} \int_{-\pi}^{\pi} g_{\mathrm{m}}(t) \cos\omega_{\mathrm{L}}t \ \mathrm{d}\omega_{\mathrm{L}}t \tag{6-96}$$

$$g_{\mathrm{C}} = \frac{1}{2} g_{\mathrm{m}1} = \frac{1}{2\pi} \int_{-\pi}^{\pi} g_{\mathrm{m}}(t) \cos\omega_{\mathrm{L}}t \ \mathrm{d}\omega_{\mathrm{L}}t \tag{6-97}$$

　　上面已经提到，变频跨导与晶体管特性、直流工作点及本振电压大小等因素有关。了解 g_{C} 随 E_{b} 及 U_{L} 的变化规律，对选择变频器的工作状态是很重要的。图 6-57 和图 6-58 分别给出了变频跨导与本振电压和偏置电压的关系曲线。

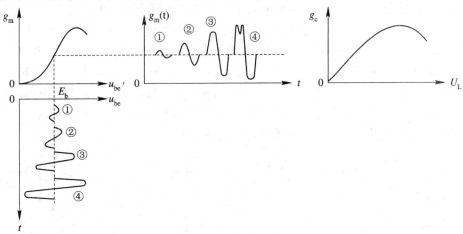

图 6-57　$g_{\mathrm{C}} \sim U_{\mathrm{L}}$ 的关系

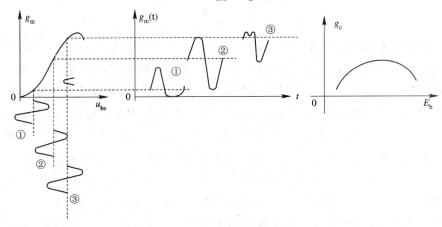

图 6-58　$g_{\mathrm{C}} \sim E_{\mathrm{b}}$ 的关系

　　由图 6-57 可以看出，E_{b} 不变时，当 U_{L} 从零起在较小范围内增加时，由于未超出 g_{m} 曲线的线性部分，所以 g_{C} 与 U_{L} 成正比，但 g_{C} 的数值比较小。当 U_{L} 较大时，随 U_{L} 的增加 g_{C} 加大，但由于开始进入 g_{m} 曲线的弯曲部分，所以 g_{C} 增大速度逐渐缓慢。当 U_{L} 很大时，由于 g_{m} 曲线开始下降，g_{m} 曲线上部发生凹陷，基波分量下降，因此，造成 g_{C} 下降，

同时 $g_m(t)$ 中的谐波分量上升。这条曲线说明，当改变本振电压值时，变频跨导存在着最大值，在 U_L 值的一段范围内，g_C 具有较大的数值。对于锗管，U_L 一般选为 50～200 mV；对于硅管，U_L 还要选得大一些。

由图 6-58 可以看出，U_L 固定不变，当 E_b 值较小时，g_m 的基波分量也小，所以 g_C 值小。随 E_b 增加，g_C 基本上线性地增加。当 E_b 较大时，进入晶体管的非线性段，基波分量仍有增加，但变化缓慢。而当 E_b 过大时，由于 g_m 曲线的下降，使 g_C 也有所下降。一般选择 $I_e=0.3\sim1$ mA。实际应用中都是用发射极电流 I_{e0} 或 I_{c0} 来表示工作点的，但这时的 I_{e0} 已不是纯直流工作点电流，而是 $I_{e0}(t)$ 中的平均分量。

在混频器的实际电路中，除了有本振电压注入外，混频器与小信号调谐放大器的电路形式很相似。本振电压加到混频管的方式，一般有射极注入和基极注入两种。选择本振注入电路要注意两点：第一，要尽量避免 u_s 与 u_L 的相互影响及两个频率回路的影响（比如 u_s 对 u_L 的牵引效应及 f_s 回路对 f_L 的影响）；第二，不要妨碍中频电流的流通。

图 6-59(a) 是基极串馈式电路，信号电压 u_s 与本振电压 u_L 直接串联加在基极，是同极注入方式。图 6-59(b) 是基极并馈方式的同极注入。基极同极注入时，u_s 与 u_L 及两回路耦合较紧，调谐信号回路对本振频率 f_L 有影响；当 u_s 较大时，f_L 要受 u_s 的影响（频率牵引效应）。此外，当前级是天线回路时，本振信号会产生反向辐射。在并馈电路中可适当选择耦合电容 C_L 值以减小上述影响。图 6-59(c) 是本振射极注入，对本振信号 u_L 来说，晶体管共基组态，输入电阻小，要求本振注入功率较大。

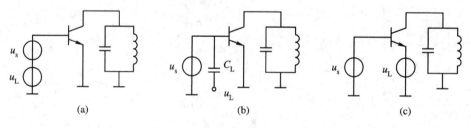

(a)   (b)   (c)

图 6-59 混频器本振注入方式

图 6-60(a) 是典型的收音机变频器电路。输入信号与本振信号分别加到基极与射极。L_3 与 L_4 组成变压器反馈振荡器。L_3 对中频阻抗很小，不影响中频输出电压。输出中频回路对本振频率来说阻抗也很小，不致影响振荡器的工作。图中，虚线表示电容同轴调谐。

图 6-60(b) 是用于调频信号的变频电路。图中，R_1、R_2 是偏置电阻，C_4 是保持基极为高频地电位的电容。信号通过 C_1 注入射极，所以对信号而言是共基放大器。集电极有两个串联的回路，其中 L_2、C_6、C_7、C_8、C_2 和 C_5 组成本振回路。T_1 的初级电感和 C_9 调谐于 10.7 MHz，该回路对于本振频率近似为短路。这样 L_2 上端相当于接集电极，下端接基极。C_2 一端接射极，另一端通过大电容 C_3 接基极。射极与集电极之间接 C_5，本振为共基电容反馈振荡器。电阻 R_5 起稳定幅度及改善波形的作用。L_1、C_3 为中频陷波电路。输出回路中的二极管 V_D 起过载阻尼作用，当信号特别大时，它趋于导通，其阻值减小，回路有效 Q 值降低，使本振增益下降，防止中频过载，二极管 2CK8 主要起稳定基极电压的作用。在调频收音机中，本振频率较高（100 MHz 以上），因此要求振荡管的截止频率高。由于共基电路比共发电路截止频率高得多，对晶体管的要求可以降低，所以一般采用共基混频电路。

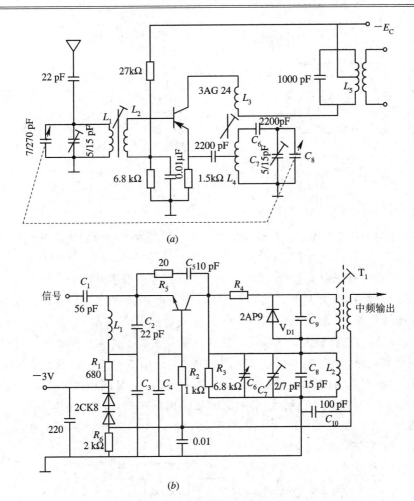

图 6 - 60　收音机用典型变频器线路

（a）中波 AM 收音机的变频电路；（b）FM 收音机变频电路

2. 二极管混频电路

　　在高质量通信设备中以及工作频率较高时，常使用二极管平衡混频器或环形混频器。其优点是噪声低、电路简单、组合分量少。图 6 - 61 是二极管平衡混频器的原理电路。输入信号 u_s 为已调信号；本振电压为 u_L，有 $U_L \gg U_s$，大信号工作，由第 5 章可得输出电流 i_o 为

$$i_o = 2g_D K(\omega_L t) u_s$$

$$= 2g_D \left(\frac{1}{2} + \frac{2}{\pi} \cos\omega_L t - \frac{2}{3\pi} \cos3\omega_L t + \cdots \right) U_s \cos\omega_c t \qquad (6-98)$$

输出端接中频滤波器，则输出中频电压 u_I 为

$$u_I = R_L i_I = \frac{2}{\pi} R_L g_D U_s \cos(\omega_L - \omega_s)t = U_I \cos\omega_I t \qquad (6-99)$$

　　图 6 - 62 为二极管环形混频器，其输出电流 i_o 为

$$i_o = 2g_D K'(\omega_L t) u_s = 2g_D \left(\frac{4}{\pi} \cos\omega_L t - \frac{4}{3\pi} \cos3\omega_L t + \cdots \right) U_s \cos\omega_c t \qquad (6-100)$$

经中频滤波后，得输出中频电压

$$u_I = \frac{4}{\pi} g_D U_s \cos(\omega_L - \omega_c)t = U_I \cos\omega_I t \qquad (6-101)$$

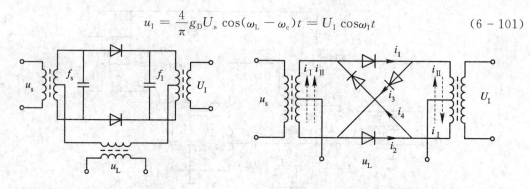

图 6-61 二极管平衡混频器原理电路　　　　图 6-62 环型混频器的原理电路

环形混频器的输出是平衡混频器输出的两倍，且减少了电流频谱中的组合分量，这样就会减少混频器中所特有的组合频率干扰。

与其它(晶体管和场效应管)混频器比较，二极管混频器虽然没有变频增益，但由于具有动态范围大、线性好(尤其是开关环形混频器)及使用频率高等优点，仍得到广泛的应用。特别是在微波频率范围，晶体管混频器的变频增益下降，噪声系数增加，若采用二极管混频器，混频后再进行放大，可以减小整机的噪声系数。用第5章所介绍的双平衡混频器组件构成混频电路，可以较高的性能完成混频功能。图 6-63 为由双平衡混频器和分配器构成的正交混频器。加到两个环形混频器的本振电压 u_L 是同相的，而输入信号 u_s 则移相 90°后分别输入两环形混频器。结果两混频器输出的中频 u_{I1}、u_{I2} 振幅相等，相位正交。正交混频器还可用于解调 QPSK(正交相移键控)信号。QPSK 输入加至射频端，恢复载波加至本振端，解调数据可从中频端输出。

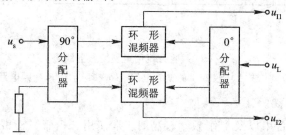

图 6-63　正交混频器

3. 其它混频电路

除了以上介绍的晶体管混频电路和二极管混频电路以外，第5章介绍的那些频谱线性搬移电路均可完成混频功能。图 6-64 是一差分对混频器。差分对电路的分析已在第5章给出，读者可按第5章的分析方法进行分析。它可以用分立元件组成，也可以用模拟乘法器组成。图 6-64 电路的输入信号频率允许高达 120 MHz，变频增益约 30 dB，用模拟乘法器完成混频功能如图 6-65 所示。图 6-65(a)是用 XCC 型构成的宽带混频器。由于乘法器的输出电压不含有信号频率分量，从而降低了对带通滤波器的要求。用带通滤波器取出差频(或和频)即可得混频输出。图中输入变压器是用磁环绕制的平衡—不平衡宽带变压器，加负载电阻 200 Ω 以后，其带宽可达 0.5～30 MHz。XCC 型乘法器负载电阻单边为 300 Ω，带宽为 0～30 MHz，因此，该电路为宽带混频器。

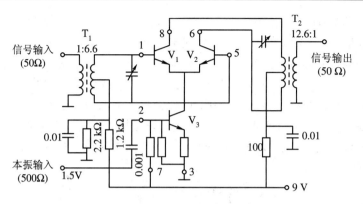

图 6 - 64 差分对混频器线路

图 6 - 65(b)是用 MC1596G 构成的混频器，具有宽频带输入，其输出调谐在 9 MHz，回路带宽为 450 kHz，本振注入电平为 100 mV，信号最大电平约 15 mV。对于 30 MHz 信号输入和 39 MHz 本振输入，混频器的变频增益为 13 dB。当输出信噪比为 10 dB 时，输入信号灵敏度约为 7.5 μV。

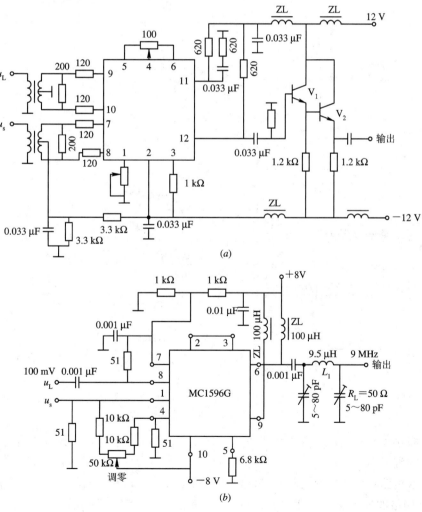

图 6 - 65 用模拟乘法器构成混频器

场效应管工作频率高，其特性近似于平方律，动态范围大，非线性失真小，噪声系数低，单向传输性能好。因此，用场效应管构成混频器，其性能好于晶体三极管混频器。图6－66是场效应管混频器的实际线路，其工作频率为200 MHz。图6－66(a)中输入信号与本振信号是同栅注入；图6－66(b)中本振从源极注入。漏极电路中的 L_3、C_5 并联回路是对本振频率谐振，抑制本振信号输出。为了得到大的变频增益，在输入端和输出端都设置有阻抗匹配电路，使信号源和负载的50 Ω电阻与场效应管的输入、输出阻抗匹配。匹配电路由电感、电容构成的 L、Ⅱ、T 型网络担任。不过，由于场效应管输出阻抗高，实际上难于实现完全匹配。

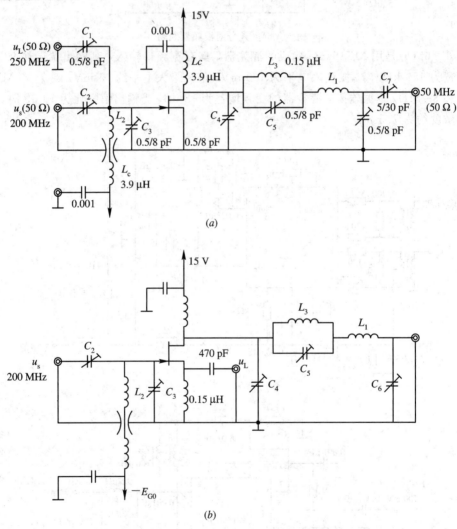

图 6 - 66 场效应管混频器的实际线路

为了减小由于场效应管非理想平方律特性而产生的非线性产物，场效应管混频器还可以接成平衡混频器。图6－67是一实际场效应管平衡混频器的简化电路。图上两个场效应管接成推挽电路（或称平衡电路）。信号反相加入两管的栅极，本振电压是同相加入的。漏极 Ⅱ 型网络加入到变压器 T_2 初级。加在两管栅极的交流电压分别为 $u_{GS1} = u_s + u_L$ 和

$u_{GS2} = -u_s + u_L$，两管的漏极交流电流分别为

$$i_{D1} = a(u_s + u_L) + b(u_s + u_L)^2$$
$$i_{D2} = a(-u_s + u_L) + b(-u_s + u_L)^2$$

流过变压器 T_2 的交流电流为

$$i_D = i_{D1} - i_{D2} = 2au_s + 4bu_su_L$$

可见除了信号分量之外就是所需的和频、差频分量，比单管时减少了许多其它频率分量（如 ω_L、$2\omega_L$、ω_c 等）。而差频及和频分量振幅值 $2bU_LU_s$ 比单管 bU_LU_s 时增加了一倍。

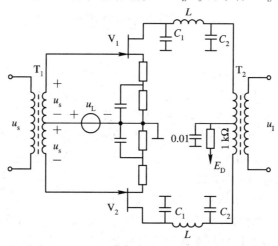

图 6 - 67 场效应管平衡混频器电路

场效应管作开关运用时，也可以用来构成平衡混频器和环形混频器。图 6 - 68 是由结型场效应管构成的环形混频器。图上本振电压加到四个场效应管的栅极，控制各管的导通和截止。由于输入电阻很大，本振所需的功率不大。信号及中频电路接在场效应管的漏极和源极电路中，因此对信号源来说，场效应管只起导通和截止的二极管作用，没有放大作用和变频增益。这也是通常把这种混频器称为场效应管无源混频器的原因（前面讨论的场效应管混频器也称为有源混频器）。图中，当本振电压使 a 点正电位时，V_1、V_3 导通至低阻区，c 点和 f 点相连（只有很小的导通电阻），d 点和 e 点相连。信号电流按一定的方向和相位流过变压器 T_2。此时相当于由 V_1、V_3 构成单平衡电路。当 u_L 使 b 点为正时，V_2、V_4

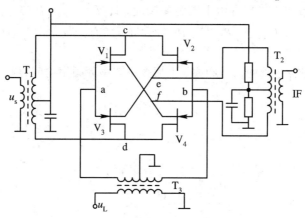

图 6 - 68 场效应管环形混频器

导通，c 点和 e 点相连，d 点和 f 点相连。流过 T_2 的信号电流正好与 a 点电位为正的情况相反。此时相当于由 V_2、V_4 构成另一个平衡电路。这样，两对管的轮流导通，就构成了双平衡混频器。流过 T_2 的电流与二极管环形混频器完全相同。这种场效应管开关混频器与二极管混频器比较，所需的本振功率小，变频损耗小（在频率为几百兆赫兹时，变频损耗可低达 1.5～3 dB），动态范围大。而且四个场效应管可以集成在一个单片上，性能一致，对称性好。

6.4 混频器的干扰

混频器用于超外差接收机中，使接收机的性能得到改善，但同时混频器又会给接收机带来某些类型的干扰问题。我们希望混频器的输出端只有输入信号与本振信号混频得出的中频分量 $f_L - f_c$ 或 $f_c - f_L$，这种混频途径称为主通道。但实际上，还有许多其它频率的信号也会经过混频器的非线性作用而产生另一些中频分量输出，即所谓假响应或寄生通道。这些信号形成的方式有：直接从接收天线进入（特别是混频前没有高放时）；由高放非线性产生；由混频器本身产生；由本振的谐波产生等。

我们把除了有用信号外的所有信号统称为干扰。在实际中，能否形成干扰要看以下两个条件：一是是否满足一定的频率关系；二是满足一定频率关系的分量的幅值是否较大。

混频器存在下列干扰：信号与本振的自身组合干扰（也叫干扰哨声）；外来干扰与本振的组合干扰（也叫副波道干扰、寄生通道干扰）；外来干扰互相形成的互调干扰；外来干扰与信号形成的交叉调制干扰（交调干扰）；阻塞、倒易混频干扰等等。下面分别进行介绍。

6.4.1 信号与本振的自身组合干扰

由第 5 章的非线性电路的分析方法知，当两个频率的信号作用于非线性器件时，会产生这两个频率的各种组合分量。对混频器而言，作用于非线性器件的两个信号为输入信号 $u_s(f_c)$ 和本振电压 $u_L(f_L)$，则非线性器件产生的组合频率分量为

$$f_\Sigma = \pm p f_L \pm q f_c \qquad (6-102)$$

式中，p、q 为正整数或零。当有用中频为差频时，即 $f_I = f_L - f_c$ 或 $f_I = f_c - f_L$，只存在 $p f_L - q f_c = f_I$ 或 $q f_c - p f_L = f_I$ 两种情况可能会形成干扰，即

$$p f_L - q f_c \approx \pm f_I \qquad (6-103)$$

这样，能产生中频组合分量的信号频率、本振频率与中频频率之间存在着下列关系

$$f_c = \frac{p}{q} f_L \pm \frac{1}{q} f_I \qquad (6-104)$$

当取 $f_L - f_c = f_I$ 时，上式变为

$$\frac{f_c}{f_I} = \frac{p \pm 1}{q - p} \qquad (6-105)$$

f_c / f_I 称为变频比。如果取 $f_c - f_L = f_I$，可得

$$\frac{f_c}{f_I} = \frac{p \pm 1}{p - q} \qquad (6-106)$$

当信号频率与中频频率满足式(6-105)或式(6-106)的关系，或者说变频比 f_c/f_I 一定，并能找到对应的整数 p、q 时，就会形成干扰。事实上，当 f_c、f_I 确定后，总会找到满足上两式的 p、q 整数值，也就是说有确定的干扰点。但是，若对应的 p、q 值大，即 $p+q$ 很大，则意味着是高阶产物，其分量幅度小，实际影响小。若 p、q 值小，即阶数小，则干扰影响大，应设法减小这类干扰。一部接收机，当中频频率确定后，则在其工作频率范围内，由信号及本振产生的上述组合干扰点是确定的。用不同的 p、q 值，按式(6-105)算出相应的变频比 f_c/f_I，列在表 6-1 中。

表 6-1　f_c/f_I 与 p、q 的关系表

编　号	1	2	3	4	5	6	7	8	9	10	11	12	13	14	15	16	17	18	19	20
p	0	1	1	2	1	2	3	1	2	3	4	1	2	3	4	1	2	3	1	2
q	1	2	3	3	4	4	4	5	5	5	5	6	6	6	6	7	7	7	8	8
f_c/f_I	1	2	1	3	2/3	3/2	4	1/2	2	5	2/5	3/4	4/3	5/2	1/3	3/5	1	2/7	1/2

例　调幅广播接收机的中频为 465 kHz。某电台发射频率 $f_c=931$ kHz。当接收该台广播时，接收机的本振频率 $f_L=f_c+f_I=1396$ kHz。显然 $f_I=f_L-f_c$，这是正常的变频过程(主通道)。但是，由于器件的非线性，在混频器中同时还存在着信号和本振的各次谐波相互作用。变频比 $f_c/f_I=931/465\approx2$，查表 6-1，对应编号 2 和编号 10 的干扰。对 2 号干扰，$p=1$，$q=2$，是 3 阶干扰，由式(6-103)，可得 $2f_c-f_L=2\times931-1396=466$ kHz，这个组合分量与中频差 1 kHz，经检波后将出现 1 kHz 的哨声。这也是将自身组合干扰称为干扰哨声的原因。对 10 号干扰，$p=3$，$q=5$ 是 8 阶干扰，其形成干扰的频率关系为 $5f_c-3f_L=5\times931-3\times1396=467$ kHz≈465 kHz，可以通过中频通道形成干扰。

干扰哨声是信号本身(或其谐波)与本振的各次谐波组合形成的，与外来干扰无关，所以不能靠提高前端电路的选择性来抑制。减小这种干扰影响的办法是减少干扰点的数目并降低干扰的阶数。其抑制方法如下：

(1) 正确选择中频数值。当 f_I 固定后，在一个频段内的干扰点就确定了，合理选择中频频率，可大大减少组合频率干扰的点数，并将阶数较低的干扰排除。例如，某短波接收机，波段范围为 2～30 MHz。如 $f_I=1.5$ MHz，则变频比 $f_c/f_I=1.33～20$，由表 6-1 可查出组合干扰点为 2、4、6、7、10、11、14 和 15 号，最严重的是 2 号(3 阶干扰)，受干扰的频率 $f_c=2f_I=3$ MHz。若 $f_I=0.5$ MHz，$f_c/f_I=4～60$，组合干扰点为 7 号和 11 号，最严重的是 7 号(7 阶干扰)，受干扰的频率 $f_c=4f_I=2$ MHz。由此可见，将中频由 1.5 MHz 改为 0.5 MHz，较强的干扰点由 8 个减少到 2 个，最强的干扰由 3 阶降为 7 阶。但中频频率降低后，对镜像干扰频率的抑制是不利的。如选用高中频，中频采用 70 MHz，$f_c/f_I=0.029～0.43$，满足这一范围的组合频率干扰点也是很少的(12、16 和 19 号)，最严重的是 12 号干扰(阶数 7 阶)，因此影响很小。此外，采用高中频后，基本上抑制了镜像和中频干扰。由于采用高中频具有独特的优点，目前已广泛采用。实现高中频带来的问题是：要采用高频窄带滤波器，通常希望用矩形系数小的晶体滤波器，这在技术上会带来一些困难，当然可采用声表面波滤波器来解决这一难题，其相对带宽可做到 0.02%～70%，矩形系数可达 1.2。

（2）正确选择混频器的工作状态，减少组合频率分量。应使 $g_m(t)$ 的谐波分量尽可能地减少，使电路接近乘法器。

（3）采用合理的电路形式。如平衡电路、环形电路、乘法器等，从电路上抵消一些组合分量。

6.4.2　外来干扰与本振的组合干扰

这种干扰是指外来干扰电压与本振电压由于混频器的非线性而形成的假中频。设干扰电压为 $u_J(t)=U_J\cos\omega_J t$，频率为 f_J。接收机在接收有用信号时，某些无关电台也可能被同时收到，表现为串台，还可能夹杂着哨叫声，在这种情况下，混频器的输入、输出和本振的示意图见图 6 - 69。

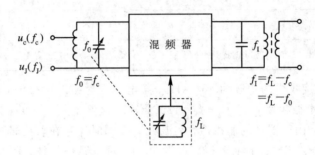

图 6 - 69　外来干扰的示意图

如果干扰频率 f_J 满足式(6 - 104)，即

$$f_J = \frac{p}{q}f_L \pm \frac{1}{q}f_I$$

就能形成干扰。式中，f_L 由所接收的信号频率决定，用 $f_L = f_c + f_I$ 代入上式，可得

$$f_J = \frac{p}{q}f_c + \frac{p \pm 1}{q}f_I \tag{6 - 107}$$

反过来说，凡是满足此式的信号都可能形成干扰。这一类干扰主要有中频干扰、镜像干扰及其它副波道干扰。

1. 中频干扰

当干扰频率等于或接近于接收机中频时，如果接收机前端电路的选择性不够好，干扰电压一旦漏到混频器的输入端，混频器对这种干扰相当于一级（中频）放大器，放大器的跨导为 $g_m(t)$ 中的 g_{m0}，从而将干扰放大，并顺利地通过其后各级电路，就会在输出端形成干扰。因为 $f_J \approx f_I$，在式(6 - 107)中，$p=0$、$q=1$，即中频干扰是一阶干扰。不同波段对中频干扰的抑制能力不同。中波的波段低端的抑制能力最弱，因为此时接收机前端电路的工作频率距干扰频率最近。

抑制中频干扰的方法主要是提高前端电路的选择性，以降低作用在混频器输入端的干扰电压值，如加中频陷波电路，见图 6 - 70。图中，L_1、C_1 对中频谐振，滤除外来的中频干扰电压。此外，要合理选择中频数值，中频要选在工作波段之外，最好采用高中频方式。

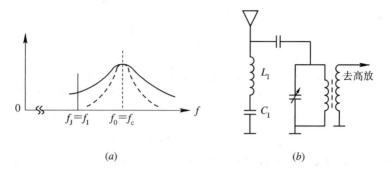

(*a*) (*b*)

图 6 - 70　抑制中频干扰的措施

(*a*) 提高选择性；(*b*) 加中频陷波电路

2. 镜像干扰

设混频器中 $f_L > f_c$，当外来干扰频率 $f_J = f_L + f_I$ 时，u_J 与 u_L 共同作用在混频器输入端，也会产生差频 $f_J - f_L = f_I$，从而在接收机输出端听到干扰电台的声音。f_J、f_L 及 f_I 的关系如图 6 - 71 所示。由于 f_J 和 f_c 对称地位于 f_L 两侧，呈镜像关系，所以将 f_J 称为镜像频率，将这种干扰叫做镜像干扰。从式(6 - 104)可以看出，对于镜像干扰，$p = q = 1$，所以为二阶干扰。

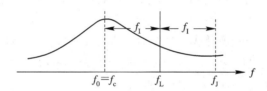

图 6 - 71　镜像干扰的频率关系

例如，当接收 580 kHz 的信号时，还有一个 1510 kHz 的信号也作用在混频器的输入端。它将以镜像干扰的形式进入中放，因为 $f_J - f_L = f_L - f_c = 465$ kHz $= f_I$。因此可以同时听到两个信号的声音，并且还可能出现哨声。

对于 $f_L < f_c$ 的变频电路，镜频 $f_J = f_L - f_I = f_c - 2f_I$。镜频的一般关系式为 $f_J = f_L \pm f_I$。

变频器对于 f_c 和 f_J 的变频作用完全相同(都是取差频)，所以变频器对镜像干扰无任何抑制作用。抑制的方法主要是提高前端电路的选择性和提高中频频率，以降低加到混频器输入端的镜像电压值。高中频方案对抑制镜像干扰是非常有利的。

一部接收机的中频频率是固定的，所以中频干扰的频率也是固定的，而镜像频率则是随着信号频率 f_c (或本振频率 f_L)的变化而变化。这是它们的不同之处。

3. 组合副波道干扰

这里，只观察 $p = q$ 时的部分干扰。在这种情况下，式(6 - 107)变为

$$f_J = f_L \pm \frac{1}{q} f_I \qquad (6 - 108)$$

当 $p = q = 2$，3，4 时，f_J 分别为 $f_L \pm f_I/2$，$f_L \pm f_I/3$，$f_L \pm f_I/4$。其频率分布见图 6 - 72。

例如 $f_J = f_L - f_I/2$，则 $2f_L - 2f_J = 2f_L - 2(f_L - f_I/2) = f_I$，可见这是四阶组合干扰。这类干扰对称分布于 f_L 两侧，其间隔为 f_I/q，其中以 $f_L - f_I/2$ 最为严重，因为它距离信号频率 f_c 最近，干扰阶数最低(4 阶)。

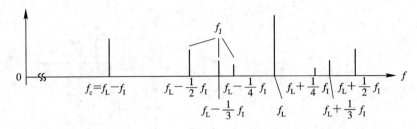

图 6 - 72 副波道干扰的频率分布

抑制这种干扰的主要方法是提高中频数值和提高前端电路的选择性。此外，选择合适的混频电路，合理地选择混频管的工作状态都有一定的作用。

6.4.3 交叉调制干扰(交调干扰)

交叉调制(简称交调)干扰的形成与本振无关，它是有用信号与干扰信号一起作用于混频器时，由混频器的非线性形成的干扰。它的特点是，当接收有用信号时，可同时听到信号台和干扰台的声音，而信号频率与干扰频率间没有固定的关系。一旦有用信号消失，干扰台的声音也随之消失。犹如干扰台的调制信号调制在信号的载频上。所以，交调干扰的含义为：一个已调的强干扰信号与有用信号(已调波或载波)同时作用于混频器，经非线性作用，可以将干扰的调制信号转移到有用信号的载频上，然后再与本振混频得到中频信号，从而形成干扰。

由非线性器件的 $i = f(t)$ 展开成泰勒级数，其四阶项为 $a_4 u^4$。设 $u = u_J + u_s + u_L$，这里

$$u_J = U_J(1 + m_J \cos\Omega_J t) \cos\omega_J t$$

$$u_s = U_s \cos\omega_c t$$

$$u_L = U_L \cos\omega_L t$$

将这三个信号代入四阶项，可分解出 $6a_4 u_J^2 u_s u_L$，其中有 $\dfrac{3}{2} U_J^2 U_s U_L (1 + m_J \cos\Omega_J t)^2 \cos\omega_I t$

可以通过混频器后面的中频通道，从而对有用信号形成干扰，这就是交调干扰。交调干扰实质上是通过非线性作用，将干扰信号的调制信号解调出来，再调制到中频载波上。此过程如图 6 - 73 所示。图中，f_J、$f_J \pm F_J$、$f_J \pm 2F_J$ 表示干扰台信号频率；f_c 表示有用信号频率；F_J 表示干扰台的调制信号频率。

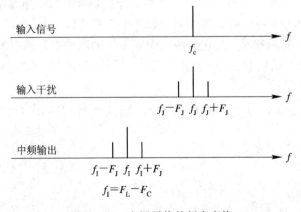

图 6 - 73 交调干扰的频率变换

由交调干扰的表示式可以看出，如果有用信号消失，即 $U_s = 0$，则交调产物为零。所以，交调干扰与有用信号并存，它是通过有用信号而起作用的。同时也可以看出，它与干扰的载频无关，任何频率的强干扰都可能形成交调，只是 f_J 与 f_c 相差越大，受前端电路的抑制越彻底，形成的干扰越弱。

混频器中，除了非线性特性的四次方项外，更高的偶次方项也可能产生交调干扰，但幅值较小，一般可不考虑。

放大器工作于非线性状态时，同样也会产生交调干扰。只不过是由三次方项产生的，交调产物的频率为 f_c，而不是 f_1。混频器是由四阶项产生的，其中本振电压占了一阶，习惯上仍将四次方项产生的交调称为三阶交调，以和放大器的交调相一致。故三阶交调，在放大器里是由三次方项产生的，在混频器里是由四次方项产生的。

抑制交调干扰的措施，一是提高前端电路的选择性，降低加到混频器的 U_J 值；二是选择合适的器件（如平方律器件）及合适的工作状态，使不需要的非线性项尽可能小，以减少组合分量。

6.4.4 互调干扰

互调干扰是指两个或多个干扰电压同时作用在混频器的输入端，经混频器的非线性产生近似为中频的组合分量，落入中放通频带之内形成的干扰，如图 6-74(a) 所示。

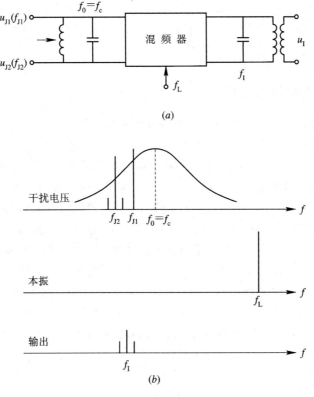

图 6-74 互调干扰的示意图

设混频器输入的两个干扰信号 $u_{J1} = U_{J1} \cos\omega_{J1} t$ 和 $u_{J2} = U_{J2} \cos\omega_{J2} t$ 与本振 $u_L = U_L \cos\omega_L t$ 同时作用于混频器的输入端，由于非线性，这三个信号相互作用产生组合分量。

由四次方项 a_4u^4 可分解出 $u_{J1}^2u_{J2}u_L$ 项，其中有

$$U_{J1}^2(1+\cos2\omega_{J1}t)U_{J2}U_L\cos\omega_{J2}t\,\cos\omega_L t$$

可得组合频率 $f_\Sigma=|\pm2f_{J1}\pm f_{J2}\pm f_L|$。当 $f_\Sigma\approx f_1$ 时，就会形成干扰，即有频率关系 $|\pm2f_{J1}\pm f_{J2}\pm f_L|\approx f_1$，有 $|\pm2f_{J1}\pm f_{J2}|\approx f_c$。当 $2f_{J1}+f_{J2}=f_c$ 时，f_{J1} 或 f_{J2} 必有一个远离 f_c，产生的干扰不严重。当 $2f_{J1}-f_{J2}=f_c$ 时，f_{J1} 与 f_{J2} 均离 f_c 较近，因而产生的干扰比较严重。由 $2f_{J1}-f_{J2}=f_c$，变形为

$$f_{J1}-f_{J2}=f_c-f_{J1} \tag{6-109}$$

上式表明，两个干扰频率都小于（或大于）工作频率，且三者等距时，就可以形成干扰，而对距离的大小并无限制。当距离很近时，前端电路对干扰的抑制能力弱，干扰的影响就越大。这种干扰是由两个（或多个）干扰信号通过非线性的相互作用形成的。可以看成两个（或多个）干扰的相互作用，产生了接近输出频率的信号而对有用信号形成干扰，称为互调干扰。互调干扰的产生与干扰信号的频率有关，可用"同侧等距"来概述，如图 6-74(b) 所示。

与交调干扰相类似，放大器工作于非线性状态时，也会产生互调干扰，最严重的是由三次方项产生的，称之为三阶互调。而混频器的互调是由四次方项产生的，除掉本振的一阶，即为三阶，故也称之为三阶互调。

互调产物的大小，一方面取决于干扰的振幅（与 $U_{J1}^2U_{J2}$ 或 $U_{J1}U_{J2}^2$ 成正比），另一方面取决于器件的非线性（如 a_4）。因此要减小互调干扰，一方面要提高前端电路的选择性，尽量减小加到混频器上的干扰电压；另一方面要选择合适的电路和工作状态，降低或消除高次方项，如用理想乘法器或平方律特性等。

6.4.5 包络失真和阻塞干扰

与混频器非线性有关的另外两个现象是包络失真和阻塞干扰。

包络失真是指由于混频器的"非线性"，输出包络与输入包络不成正比。当输入信号为一振幅调制信号时（如 AM 信号），混频器输出包络中出现新的频率分量。现以混频器中影响最大的四阶产物 $3a_4U_L^3 3U_L\cos(\omega_L\pm\omega_c)t/2$ 为例来说明。当信号为 AM 波时，将 U_C 用 $U_C(1+\cos\Omega t)$ 来代替，会出现 3Ω 的调制谐波分量，它随信号振幅 U_C 的增加而增加。

阻塞干扰是指当强的干扰信号与有用信号同时加入混频器时，强干扰会使混频器输出的有用信号的幅度减小，严重时，甚至小到无法接收，这种现象称为阻塞干扰。当然，只有有用信号，在信号过强时，也会产生振幅压缩现象，严重时也会有阻塞。可以分析出，产生阻塞的主要原因仍然是混频器中的非线性，特别是引起互调、交调的四阶产物。某些混频器（如晶体管）的动态范围有限，也会产生阻塞干扰。

通常，能减小互调干扰的那些措施，都能改善包络失真与阻塞干扰。

6.4.6 倒易混频

在混频器中还存在一种称之为倒易混频的干扰。其表现为当有强干扰信号进入混频器时，混频器输出端的噪声加大，信噪比降低。

振荡器的瞬时频率不稳是由于噪声引起的。这也就是说，任何本振源都不是纯正的正

弦波，而是在振荡频率附近有一定的噪声电压，如图 6－75 所示。在强干扰的作用下，与干扰频率相差为中频的一部分噪声和干扰电压进行混频，使这些噪声落入中频频带，从而降低了输出信噪比。图 6－75 表示了这一过程。这可以看作是以干扰信号作为"本振"，而以本振噪声作为信号的混频过程，这就是被称为倒易混频的原因。倒易混频是利用混频器的正常混频作用完成的，而不是其它非线性的产物。从图 6－75 可以看出，产生倒易混频的干扰信号频率范围较宽。倒易混频的影响也可以看成是因干扰而增大了混频器的噪声系数。干扰越强，本振噪声越大，倒易混频的影响就越大。在高性能接收机的设计中，必须考虑倒易混频。其抑制措施除了设法削弱进入混频器的干扰信号电平（利用提高前端电路的选择性）以外，主要是提高本振的频谱纯度。

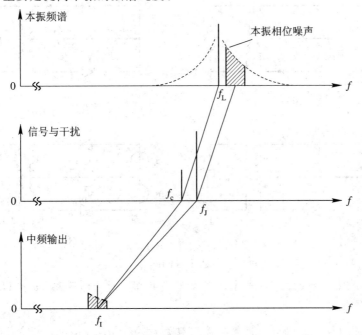

图 6－75　倒易混频的产生过程

思考题与习题

6－1　已知载波电压 $u_C = U_C \sin\omega_c t$，调制信号如图所示，$f_c \gg 1/T_\Omega$。分别画出 $m = 0.5$ 及 $m = 1$ 两种情况下所对应的 AM 波波形以及 DSB 波波形。

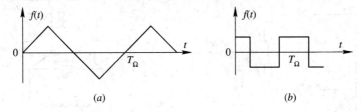

题 6－1 图

6－2　某发射机输出级在负载 $R_L = 100\ \Omega$ 上的输出信号为 $u_o(t) = 4(1 + 0.5\cos\Omega t)\cos\omega_c t$ V。求总的输出功率 P_{av}、载波功率 P_c 和边频功率 $P_{边频}$。

6-3 试用相乘器、相加器、滤波器组成产生下列信号的框图：

(1) AM 波；

(2) DSB 信号；

(3) SSB 信号。

6-4 在图示的各电路中，调制信号 $u_\Omega = U_\Omega \cos\Omega t$，载波电压 $u_C = U_C \cos\omega_c t$，且 $\omega_c \gg \Omega$，$U_C \gg U_\Omega$，二极管 V_{D1}、V_{D2} 的伏安特性相同，均为从原点出发，斜率为 g_D 的直线。

(1) 试问哪些电路能实现双边带调制？

(2) 在能够实现双边带调制的电路中，试分析其输出电流的频率分量。

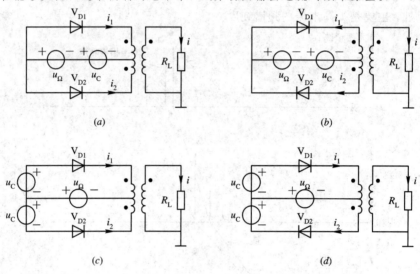

题 6-4 图

6-5 试分析图示调制器。图中，C_b 对载波短路，对音频开路；$u_C = U_C \cos\omega_c t$，$u_\Omega = U_\Omega \cos\Omega t$。

(1) 设 U_C 及 U_Ω 均较小，二极管特性近似为 $i = a_0 + a_1 u + a_2 u^2$，求输出电压 $u_o(t)$ 中含有哪些频率分量(忽略负载反作用)？

(2) 如 $U_C \gg U_\Omega$，二极管工作于开关状态，试求 $u_o(t)$ 的表示式。(要求：首先，忽略负载反作用时的情况，并将结果与(1)比较；然后，分析考虑负载反作用时的输出电压。)

6-6 调制电路如图所示。载波电压控制二极管的通断。试分析其工作原理并画出输出电压波形；说明 R 的作用(设 $T_\Omega = 13 T_C$，T_C、T_Ω 分别为载波及调制信号的周期)。

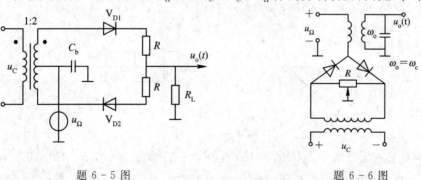

题 6-5 图   题 6-6 图

6－7　在图示桥式调制电路中，各二极管的特性一致，均为自原点出发、斜率为 g_D 的直线，并工作在受 u_2 控制的开关状态。若设 $R_L \gg R_D (R_D = 1/g_D)$，试分析电路分别工作在振幅调制和混频时 u_1、u_2 各应为什么信号，并写出 u_o 的表示式。

6－8　在图(a)所示的二极管环形振幅调制电路中，调制信号 $u_\Omega = U_\Omega \cos\Omega t$，四只二极管的伏安特性完全一致，均为从原点出发，斜率为 g_D 的直线，载波电压幅值为 U_C，重复周期为 $T_C = 2\pi/\omega_c$ 的对称方波，且 $U_C \gg U_\Omega$，如图(b)所示。试求输出电压的波形及相应的频谱。

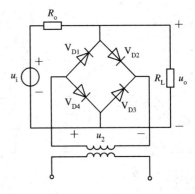

题 6－7 图

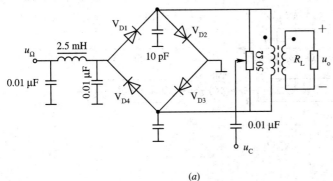

(a)

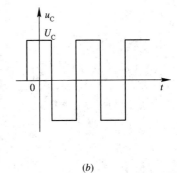

(b)

题 6－8 图

6－9　差分对调制器电路如图所示。设：

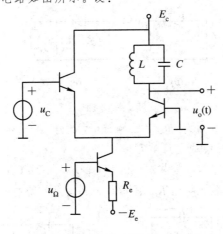

题 6－9 图

(1) 若 $\omega_c = 10^7$ rad/s，并联谐振回路对 ω_c 谐振，谐振电阻 $R_L = 5$ kΩ，$E_e = E_C = 10$ V，$R_e = 5$ kΩ，$u_c = 156 \cos\omega_c t$　mV，$u_\Omega = 5.63 \cos 10^4 t$　V。试求 $u_o(t)$。

(2) 此电路能否得到双边带信号？为什么？

6－10　调制电路如图所示。已知 $u_\Omega = \cos 10^3 t$　V，$u_c = 50 \cos 10^7 t$　mV。试求：

(1) $u_o(t)$ 表示式及波形；

(2) 调制系数 m。

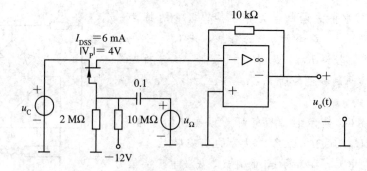

题 6 - 10 图

6 - 11 图示为斩波放大器模型，试画出 A、B、C、D 各点电压波形。

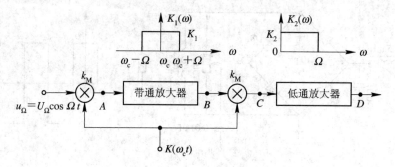

题 6 - 11 图

6 - 12 振幅检波器必须有哪几个组成部分？各部分作用如何？下列各图（见图所示）能否检波？图中 R、C 为正常值，二极管为折线特性。

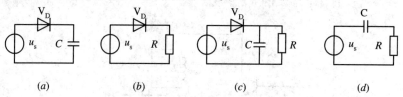

题 6 - 12 图

6 - 13 检波器电路如图所示。u_s 为已调波（大信号）。根据图示极性，画出 RC 两端、C_g 两端、R_g 两端、二极管两端的电压波形。

6 - 14 检波电路如图所示，其中 $u_s = 0.8(1 + 0.5\cos\Omega t)\cos\omega_c t$ V，$F = 5$ kHz，$f_c = 465$ kHz，$r_D = 125$ Ω。试计算输入电阻 R_i、传输系数 K_d，并检验有无惰性失真及底部切削失真。

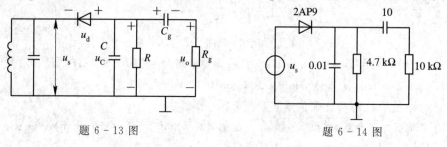

题 6 - 13 图   题 6 - 14 图

6 - 15 在图示的检波电路中，输入信号回路为并联谐振电路，其谐振频率 $f_0 = 10^6$ Hz，回路本身谐振电阻 $R_0 = 20$ kΩ，检波负载为 10 kΩ，$C_1 = 0.01$ μF，$r_D = 100$ Ω。

(1) 若 $i_s = 0.5 \cos 2\pi \times 10^6 t$ mA,求检波器输入电压 $u_s(t)$ 及检波器输出电压 $u_o(t)$ 的表示式;

(2) 若 $i_s = 0.5(1 + 0.5 \cos 2\pi \times 10^3 t) \cos 2\pi \times 10^6 t$ mA,求 $u_o(t)$ 表示式。

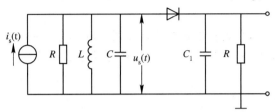

题 6 - 15 图

6 - 16 并联检波器如图所示。输入信号为调幅波,已知 $C_1 = C_2 = 0.01\ \mu$F,$R_1 = 1$ kΩ,$R_2 = 5$ kΩ,调制频率 $F = 1$ kHz,载频 $f_c = 1$ MHz,二极管工作在大信号状态。

(1) 画出 AD 及 BD 两端的电压波形;

(2) 其它参数不变,将 C_2 增大至 $2\ \mu$F,BD 两端电压波形如何变化?

6 - 17 图示为一平衡同步检波器电路,$u_s = U_s \cos(\omega_c + \Omega)t$,$u_r = U_r \cos\omega_r t$,$U_r \gg U_s$。求输出电压表达式,并证明二次谐波的失真系数为零。

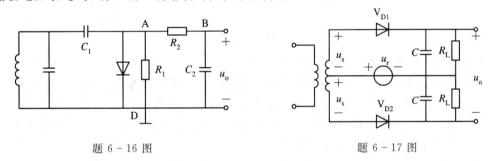

题 6 - 16 图   题 6 - 17 图

6 - 18 图(a)为调制与解调方框图。调制信号及载波信号如图(b)所示。试写出 u_1、u_2、u_3、u_4 的表示式,并分别画出它们的波形与频谱图(设 $\omega_c \gg \Omega$)。

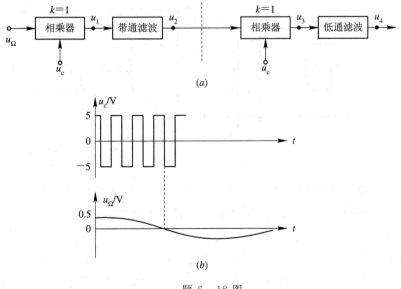

题 6 - 18 图

6-19 已知混频器晶体三极管转移特性为

$$i_C = a_0 + a_2 u^2 + a_3 u^3$$

式中，$u = U_s \cos\omega_s t + U_L \cos\omega_L t$，$U_L \gg U_s$。求混频器对于 $(\omega_L - \omega_s)$ 及 $(2\omega_L - \omega_s)$ 的变频跨导。

6-20 设一非线性器件的静态伏安特性如图所示，其中斜率为 a；设本振电压的振幅 $U_L = E_0$。求当本振电压在下列四种情况下的变频跨导 g_c：

(1) 偏压为 E_0；

(2) 偏压为 $E_0/2$；

(3) 偏压为零；

(4) 偏压为 $-E_0/2$。

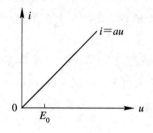

题 6-20 图

6-21 图示为场效应管混频器。已知场效应管静态转移特性为 $i_D = I_{DSS}(1 - u_{GS}/V_P)^2$，式中，$I_{DSS} = 3$ mA，$V_P = -3$ V。输出回路谐振于 465 kHz，回路空载品质因数 $Q_0 = 100$，$R_L = 1$ kΩ，回路电容 $C = 600$ pF，接入系数 $n = 1/7$，电容 C_1、C_2、C_3 对高频均可视为短路。现调整本振电压和自给偏置电阻 R_s，保证场效应管工作在平方律特性区内，试求：

(1) 为获得最大变频跨导所需的 U_L；

(2) 最大变频跨导 g_C 和相应的混频电压增益。

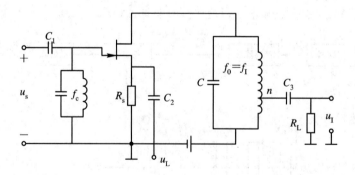

题 6-21 图

6-22 N 沟道结型场效应管混频器如图所示。已知场效应管参数 $I_{DSS} = 4$ mA，$V_P = -4$ V，本振电压振幅 $U_L = 1.8$ V，源极电阻 $R_s = 2$ kΩ。试求：

(1) 静态工作点的 g_{mQ} 及变频跨导 g_C；

(2) 输入正弦信号幅度为 1 mV 时，问漏极电流中频率为 ω_s、ω_L、ω_I 的分量各为多少？

(3) 当工作点不超出平方律范围时，能否说实现了理想混频而不存在各种干扰。

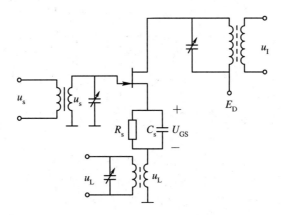

题 6 - 22 图

6 - 23　一双差分对模拟乘法器如图所示，其单端输出电流

$$i_{\mathrm{I}} = \frac{I_0}{2} + \frac{i_5 - i_6}{2}\tanh\left(\frac{u_1}{2V_{\mathrm{T}}}\right) \approx \frac{I_0}{2} - \frac{u_2}{R_{\mathrm{e}}}\tanh\left(\frac{u_1}{2V_{\mathrm{T}}}\right)$$

试分析为实现下列功能(要求不失真):

(1) 双边带调制;

(2) 振幅已调波解调;

(3) 混频。

各输入端口应加什么信号电压? 输出端电流包含哪些频率分量? 对输出滤波器的要求是什么?

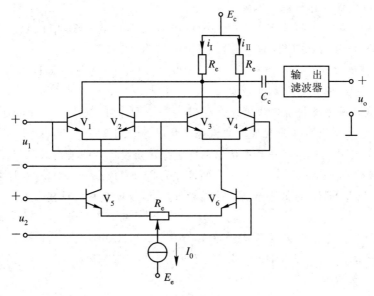

题 6 - 23 图

6 - 24　图示为二极管平衡电路，用此电路能否完成振幅调制(AM、DSB、SSB)、振幅解调、倍频、混频功能? 若能，写出 u_1、u_2 应加什么信号，输出滤波器应为什么类型的滤波器，中心频率 f_0、带宽 B 如何计算?

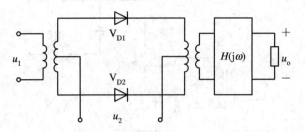

题 6 - 24 图

6-25 图示为单边带(上边带)发射机方框图。调制信号为 300～3000 Hz 的音频信号，其频谱分布如图中所示。试画出图中各方框输出端的频谱图。

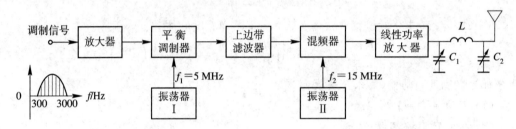

题 6 - 25 图

6-26 某超外差接收机中频 $f_I = 500$ kHz，本振频率 $f_L < f_s$，在收听 $f_s = 1.501$ MHz 的信号时，听到哨叫声，其原因是什么？试进行具体分析(设此时无其它外来干扰)。

6-27 试分析与解释下列现象：

(1) 在某地，收音机接收到 1090 kHz 信号时，可以收到 1323 kHz 的信号；

(2) 收音机接收 1080 kHz 信号时，可以听到 540 kHz 信号；

(3) 收音机接收 930 kHz 信号时，可同时收到 690 kHz 和 810 kHz 信号，但不能单独收到其中的一个台(例如另一电台停播)。

6-28 某超外差接收机工作频段为 0.55～25 MHz，中频 $f_I = 455$ kHz，本振 $f_L > f_s$。试问波段内哪些频率上可能出现较大的组合干扰(6 阶以下)。

6-29 某发射机发出某一频率的信号。现打开接收机在全波段寻找(设无任何其它信号)，发现在接收机度盘的三个频率(6.5 MHz、7.25 MHz、7.5 MHz)上均能听到对方的信号，其中以 7.5 MHz 的信号最强。问接收机是如何收到的？设接收机 $f_I = 0.5$ MHz，$f_L > f_s$。

6-30 设变频器的输入端除有用信号($f_s = 20$ MHz)外，还作用着两个频率分别为 $f_{J1} = 19.6$ MHz，$f_{J2} = 19.2$ MHz 的电压。已知中频 $f_I = 3$ MHz，$f_L > f_s$，问是否会产生干扰？干扰的性质如何？

第 7 章　频率调制与解调

在无线电通信中，角（度）调（制）是一种重要的调制方式，它包括频率调制和相位调制。频率调制又称调频（FM），它是使高频振荡信号的频率按调制信号的规律变化（瞬时频率变化的大小与调制信号成线性关系），而振幅保持恒定的一种调制方式。调频信号的解调称为鉴频或频率检波。相位调制又称调相（PM），它的相位按调制信号的规律变化，振幅保持不变。调相信号的解调称为鉴相或相位检波。与前述的频谱线性搬移电路不同，角度调制属于频谱的非线性变换，即已调信号的频谱结构不再保持原调制信号频谱的内部结构，且调制后的信号带宽比原调制信号带宽大得多。虽然角度调制信号的频带利用率不高，但其抗干扰和噪声的能力较强。另外，角度调制的分析方法和模型等都与频谱线性搬移电路不同。

调频波和调相波都表现为相位角的变化，只是变化的规律不同而已。由于频率与相位间存在微分与积分的关系，调频与调相之间也存在着密切的关系，即调频必调相，调相必调频。同样，鉴频和鉴相也可相互利用，即可以用鉴频的方法实现鉴相，也可以用鉴相的方法实现鉴频。因此，本章只着重讨论调频信号的产生及解调方法，而对相位调制只做简单的说明和对比。

7.1　调频信号分析

本节主要讨论单一音频信号调频时信号的特点与性质。

7.1.1　调频信号的参数与波形

设调制信号为单一频率信号 $u_\Omega(t) = U_\Omega \cos\Omega t$，未调载波电压为 $u_C = U_C \cos\omega_c t$，则根据频率调制的定义，调频信号的瞬时角频率为

$$\omega(t) = \omega_c + \Delta\omega(t) = \omega_c + k_f u_\Omega(t) = \omega_c + \Delta\omega_m \cos\Omega t \qquad (7-1)$$

它是在 ω_c 的基础上，增加了与 $u_\Omega(t)$ 成正比的频率偏移。式中 k_f 为比例常数。调频信号的瞬时相位 $\varphi(t)$ 是瞬时角频率 $\omega(t)$ 对时间的积分，即

$$\varphi(t) = \int_0^t \omega(\tau)\,d\tau + \varphi_0 \qquad (7-2)$$

式中，φ_0 为信号的起始角频率。为了分析方便，不妨设 $\varphi_0 = 0$，则式（7-2）变为

$$\varphi(t) = \int_0^t \omega(\tau)\,d\tau = \omega_c t + \frac{\Delta\omega_m}{\Omega}\sin\Omega t = \omega_c t + m_f \sin\Omega t = \varphi_c + \Delta\varphi(t) \qquad (7-3)$$

式中，$\dfrac{\Delta\omega_m}{\Omega}=m_f$ 为调频指数。FM 波的表示式为

$$u_{FM}(t)=U_C\cos(\omega_c t+m_f\sin\Omega t)=\mathrm{Re}[U_C e^{j\omega_c t}e^{jm_f\sin\Omega t}] \tag{7-4}$$

在调频波表示式中，有两个重要参数：$\Delta\omega_m$ 和 m_f，下面分别予以讨论。

$\Delta\omega_m$ 是相对于载频的最大角频偏（峰值角频偏），与之对应的 $\Delta f_m=\Delta\omega_m/2\pi$ 称为最大频偏。在频率调制方式中，$\Delta\omega_m$ 是衡量信号频率受调制程度的重要参数，也是衡量调频信号质量的重要指标。比如常用的调频广播，其最大频偏定为 75 kHz，就是一个重要的指标。由式(7-1)可见，$\Delta\omega_m=k_f U_\Omega$，$\Delta\omega_m$ 与 U_Ω 成正比，$\Delta\omega_m$ 也表示受调制信号控制的程度；k_f 是比例常数，表示 U_Ω 对最大角频偏的控制能力，它是单位调制电压产生的频偏值，是产生 FM 信号电路的一个参数（由调制电路决定），也称为调频灵敏度。图 7-1 是频率调制过程中调制信号、调频信号及相应的瞬时频率和瞬时相位波形。由图 7-1(c)可看出，瞬时频率变化范围为 $f_c-\Delta f_m\sim f_c+\Delta f_m$，最大变化值为 $2\Delta f_m$。

$m_f=\Delta\omega_m/\Omega=\Delta f_m/F$ 称为调频波的调频指数，是一个无因次量。由公式(7-4)可知，它是调频波与未调载波的最大相位差 $\Delta\varphi_m$，如图 7-1(e)所示。m_f 与 U_Ω 成正比（因此也称为调制深度），与 Ω 成反比。图 7-2 表示了 Δf_m、m_f 与调制频率 F 的关系。

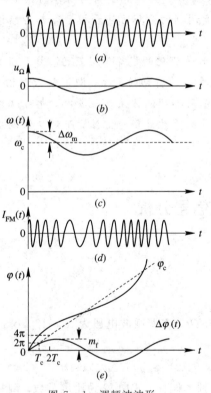

图 7-1　调频波波形　　　　图 7-2　调频波 Δf_m、m_f 与 F 的关系

调频波的波形如图 7-1(d)，当 u_Ω 最大时，$\omega(t)$ 也最高，波形密集，当 u_Ω 为负峰时，频率最低，波形最疏。因此调频波是波形疏密变化的等幅波。

总之，调频是将消息寄载在频率上而不是在幅度上。也可以说在调频信号中消息是蕴藏于单位时间内波形数目或者说零交叉点数目中。由于各种干扰作用主要表现在振幅上，而在调频系统中，可以通过限幅器来消除这种干扰。因此 FM 波抗干扰能力较强。

7.1.2 调频波的频谱

一般说来，受同一调制信号调变的调频信号和调相信号，它们的频谱结构是不同的。但在调制信号为单音信号时，它们的频谱结构类似。考虑到对它们的分析方法相同，这里只分析调频信号的频谱。

1. 调频波的展开式

因为式(7 - 4)中的 $e^{jm_f \sin\Omega t}$ 是周期为 $2\pi/\Omega$ 的周期性时间函数，可以将它展开为傅氏级数，其基波角频率为 Ω，即

$$e^{jm_f \sin\Omega t} = \sum_{n=-\infty}^{\infty} J_n(m_f) e^{jn\Omega t} \qquad (7-5)$$

式中 $J_n(m_f)$ 是宗数为 m_f 的 n 阶第一类贝塞尔函数，它可以用无穷级数进行计算：

$$J_n(m_f) = \sum_{m=0}^{\infty} \frac{(-1)^n \left(\frac{m_f}{2}\right)^{n+2m}}{m!(n+m)!} \qquad (7-6)$$

它随 m_f 变化的曲线如图 7 - 3 所示，并具有以下特性：

$$J_n(m_f) = J_{-n}(m_f), \qquad n \text{ 为偶数}$$
$$J_n(m_f) = -J_{-n}(m_f), \qquad n \text{ 为奇数}$$

因而，调频波的级数展开式为

$$u_{FM}(t) = U_c \text{Re}\left[\sum_{n=-\infty}^{\infty} J_n(m_f) e^{j(\omega_c t + n\Omega t)} \right]$$
$$= U_c \sum_{n=-\infty}^{\infty} J_n(m_f) \cos(\omega_c + n\Omega)t \qquad (7-7)$$

在图 7 - 3 的第一类贝塞尔函数曲线中，除了 $J_0(m_f)$ 外，在 $m_f = 0$ 的其它各阶函数值都为零。这意味着，当没有角度调制时，除了载波外，不含有其它频率分量。所有贝塞尔函数都是正负交替变化的非周期函数，在 m_f 的某些值上，函数值为零。与此对应，在某些确定的 $\Delta\varphi_m$ 值，对应的频率分量为零。

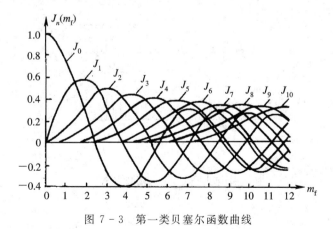

图 7 - 3 第一类贝塞尔函数曲线

2. 调频波的频谱结构和特点

将上式进一步展开，有

$$u_{FM}(t) = U_C[J_0(m_f)\cos\omega_c t + J_1(m_f)\cos(\omega_c + \Omega)t$$
$$- J_1(m_f)\cos(\omega_c - \Omega)t + J_2(m_f)\cos(\omega_c + 2\Omega)t$$
$$+ J_2(m_f)\cos(\omega_c - 2\Omega)t + J_3(m_f)\cos(\omega_c + 3\Omega)t$$
$$- J_3(m_f)\cos(\omega_c - 3\Omega)t + \cdots]\qquad\qquad(7-8)$$

由上式可知,单一频率调频波是由许多频率分量组成的,而不是像振幅调制那样,单一低频调制时只产生两个边频(AM、DSB)或一个边频(SSB)。因此调频和调相属于非线性调制。

式(7-8)表明,调频波是由载波 ω_c 与无数边频 $\omega_c \pm n\Omega$ 组成的,这些边频对称地分布在载频两边,其幅度取决于调制指数 m_f。由前述调频指数的定义知,$m_f = \Delta\omega_m / \Omega = \Delta f_m / F$,它既取决于调频的频偏 Δf_m(它与调制电压 U_Ω 成正比),又取决于调制频率 F。图7-4是不同 m_f 时调频信号的振幅谱,它分别对应于两种情况。图7-4(a)是改变 Δf_m 而保持 F 不变时的频谱。图7-4(b)是保持 Δf_m 不变而改变 F 时的频谱。对比图(a)与(b),当 m_f 相同时,其频谱的包络形状是相同的。由图7-3的函数曲线可以看出,当 m_f 一定时,并不是 n 越大,$J_n(m_f)$ 值越小,因此一般说来,并不是边频次数越高,$\pm n\Omega$ 分量幅度越小,这从图7-4上可以证实。只是在 m_f 较小(m_f 约小于1)时,边频分量随 n 增大而减小。对于 m_f 大于1的情况,有些边频分量幅度会增大,只有更远的边频幅度才又减小,这是由贝塞尔函数总的衰减趋势决定的。图上将幅度很小的高次边频忽略了。图7-4(a)中,m_f 是靠增加频偏 Δf_m 实现的,因此可以看出,随着 Δf_m 增大,调频波中有影响的边频分量数目要

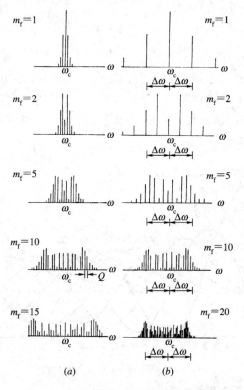

图7-4 单频调制时 FM 波的振幅谱

(a) Ω 为常数;(b) $\Delta\omega_m$ 为常数

增多，频谱要展宽。而在图 7-4(b) 中，它是靠减小调制频率而加大 m_f。虽然有影响的边频分量数目也增加，但频谱并不展宽。了解这一频谱结构特点，对确定调频信号的带宽是很有用的。

由式 (7-8) 还可知，对于 n 为偶数的边频分量，边频的符号相同，若将这一对边频相加，则其合成波为一双边带 (DSB) 信号，其高频相位与载波相同。若用矢量表示，偶次边频将沿载波方向变化，如图 7-5(a) 所示。对于 n 为奇数的边频分量，边频的符号相反，相加后其合成矢量与载波方向垂直，如图 7-5(b) 所示。对照图 7-5(a)、(b) 可发现，调频信号的调角作用是由这些奇次边频完成的，而它们所引起的附加幅度变化，由偶次边频的调幅作用来补偿，从而得到幅度不变的合成矢量。

当调频波的调制指数 m_f 较小时，由图 7-3 可知，$|J_1(m_f)| \gg |J_2(m_f)|$、$|J_3(m_f)|$、……，此时可以认为调频波只由载波 ω_c 和 $\omega_c \pm \Omega$ 的边频构成。这种调频波通常称为窄带调频 (NBFM)，其振幅谱与一般 AM 波完全相同。但是应该注意到一个原则区别，就是此边频的合成矢量与载波垂直，正如图 7-5(b) 那样。这种调制也称为正交调制。由于其频谱与调制信号频谱有线性关系（即调制过程是频谱的线性搬移），故也是一种线性调制。窄带调频对应的调制指数 m_f 一般为 0.5 以下（也有定为 0.3 以下）。以 $m_f = 0.5$ 为例，第二边频分量幅度只有第一边频的约 1/8，其它分量就更小，允许忽略。从另一角度看，只保留第一边频对时，引起的寄生振幅调制也较小，约为 10%。

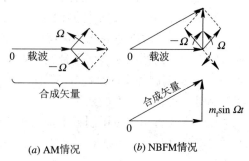

(a) AM 情况　　　　(b) NBFM 情况

图 7-5　调频信号的矢量表示

7.1.3　调频波的信号带宽

调频波的另一个重要指标是信号的频带宽度。从原理上说，信号带宽应包括信号的所有频率分量。由于调频波有无穷多分量，这样定义的带宽显然是无意义的，应根据调频信号的特点和实际应用来规定它的带宽。

从实际应用出发，调频信号的带宽是将大于一定幅度的频率分量包括在内。这样就可以使频带内集中了信号的绝大部分功率，也不致因忽略其它分量而带来可察觉的失真。通常采用的准则是，信号的频带宽度应包括幅度大于未调载波 1% 以上的边频分量，即

$$|J_n(m_f)| \geqslant 0.01$$

在某些要求不高的场合，此标准也可以定为 5% 或者 10%。

对于不同的 m_f 值，有用边频的数目 $(2n)$ 可查贝塞尔函数表或曲线得到。满足 $|J_n(m_f)| \geqslant 0.01$ 的 n/m_f 与 m_f 的关系曲线如图 7-6 所示。由图可见，当 m_f 很大时，n/m_f 趋近于 1。因此当 $m_f \gg 1$ 时，应将 $n = m_f$ 的边频包括在频带内，此时带宽为

$$B_s = 2nF = 2m_f F = 2\Delta f_m \qquad (7-9)$$

当 m_f 很小时，如 $m_f < 0.5$，为窄频带调频，此时

$$B_s = 2F \qquad (7-10)$$

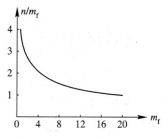

图 7-6　$|J_n(m_f)| \geqslant 0.01$ 时的 n/m_f 曲线

对于一般情况，带宽为

$$B_s = 2(m_f + 1)F = 2(\Delta f_m + F) \tag{7-11}$$

式(7-11)就是广泛应用的调频波的带宽公式，又称卡森(Carson)公式。它对应于最高边频分量幅度大于未调载波的 10% 和调频信号功率的 98% 左右。此式在 $m_f \gg 1$ 和 $m_f < 1$(如 $m_f < 0.3$)的两种极端情况下，可化为式(7-9)和式(7-10)。

更准确的调频波带宽计算公式为

$$B_s = 2(m_f + \sqrt{m_f} + 1)F \tag{7-12}$$

由公式(7-9)、(7-10)可看出 FM 信号频谱的特点。当 m_f 为小于 1 的窄频带调频时，带宽由第一对边频分量决定，B_s 只随 F 变化，而与 Δf_m 无关。当 $m_f \gg 1$ 时，带宽 B_s 只与频偏 Δf_m 成比例，而与调制频率 F 无关。这一点的物理解释是，$m_f \gg 1$ 意味着 F 比 Δf_m 小得多，瞬时频率变化的速度(由 F 决定)很慢。这时最大、最小瞬时频率差，即信号瞬时频率变化的范围就是信号带宽。从这一解释出发，对于任何调制信号波形，只要峰值频偏 Δf_m 比调制频率的最高频率大得多，其信号带宽都可以认为是 $B_s = 2\Delta f_m$。因此，频率调制是一种恒定带宽的调制。

以上主要讨论单一调制频率调频时的频谱与带宽。当调制信号不是单一频率时，由于调频是非线性过程，其频谱要复杂得多。比如有 F_1、F_2 两个调制频率，则根据式(7-7)可写出

$$u_{FM}(t) = \text{Re}\left[U_C e^{j\omega_c t} e^{j(m_{f1}\sin\Omega_1 t + m_{f2}\sin\Omega_2 t)}\right]$$

$$= U_C \sum_{n=-\infty}^{\infty} \sum_{k=-\infty}^{\infty} J_n(m_{f1}) J_k(m_{f2}) \cos(\omega_c + n\Omega_1 + k\Omega_2)t$$

可见，FM 信号中不但有 ω_c，$\omega_c \pm n\Omega_1$，$\omega_c \pm k\Omega_2$ 分量，还会有 $\omega_c \pm n\Omega_1 \pm k\Omega_2$ 的组合分量。根据分析和经验，当多频调制信号调频时，仍可以用式(7-11)来计算 FM 信号带宽。其中 Δf_m 应该用峰值频偏，F 和 m_f 用最大调制频率 F_{max} 和对应的 m_f。

通常调频广播中规定的峰值频偏 Δf_m 为 75 kHz，最高调制频率 F 为 15 kHz，故 $m_f = 5$，由式(7-11)可计算出此 FM 信号的频带宽度为 180 kHz。

综上所述，除了窄带调频外，当调制频率 F 相同时，调频信号的带宽比振幅调制(AM、DSB、SSB)要大得多。由于信号频带宽，通常 FM 只用于超短波及频率更高的波段。

7.1.4 调频波的功率

调频信号 $u_{FM}(t)$ 在电阻 R_L 上消耗的平均功率为

$$P_{FM} = \frac{\overline{u_{FM}^2(t)}}{R_L} \tag{7-13}$$

由于余弦项的正交性，总和的均方值等于各项均方值的总和，由式(7-7)可得

$$P_{FM} = \frac{1}{2R_L} U_c^2 \sum_{n=-\infty}^{\infty} J_n^2(m_f) \tag{7-14}$$

根据贝塞尔函数，具有

$$\sum_{n=-\infty}^{\infty} J_n^2(m_f) = 1$$

特性，因此有

$$P_{\mathrm{FM}} = \frac{1}{2R_{\mathrm{L}}} U_{\mathrm{c}}^2 = P_{\mathrm{c}} \qquad (7-15)$$

此结果表明，调频波的平均功率与未调载波平均功率相等。当 m_{f} 由零增加时，已调制的载频功率下降，而分散给其它边频分量。也就是说调制的过程只是进行功率的重新分配，而总功率不变。调频器可以理解为一个功率分配器，它将载波功率分配给每个边频分量，而分配的原则与调频指数 m_{f} 有关。

从 $J_n(m_{\mathrm{f}})$ 曲线可看出，适当选择 m_{f} 值，可使任一特定频率分量(包括载频及任意边频)达到所要求的那样小。例如 $m_{\mathrm{f}} = 2.405$ 时，$J_0(m_{\mathrm{f}}) = 0$，在这种情况下，所有功率都在边频中。

7.1.5　调频波与调相波的比较

1. 调相波

调相波是其瞬时相位以未调载波相位 φ_{c} 为中心按调制信号规律变化的等幅高频振荡。如 $u_{\Omega}(t) = U_{\Omega} \cos\Omega t$，并令 $\varphi_0 = 0$，则其瞬时相位为

$$\begin{aligned}
\varphi(t) &= \omega_{\mathrm{c}}t + \Delta\varphi(t) \\
&= \omega_{\mathrm{c}}t + k_{\mathrm{p}} u_{\Omega}(t) \\
&= \omega_{\mathrm{c}}t + \Delta\varphi_{\mathrm{m}} \cos\Omega t \\
&= \omega_{\mathrm{c}}t + m_{\mathrm{p}} \cos\Omega t \qquad (7-16)
\end{aligned}$$

从而得到调相信号为

$$u_{\mathrm{PM}}(t) = U_{\mathrm{C}} \cos(\omega_{\mathrm{c}}t + m_{\mathrm{p}} \cos\Omega t) \quad (7-17)$$

式中 $\Delta\varphi_{\mathrm{m}} = k_{\mathrm{p}} U_{\Omega} = m_{\mathrm{p}}$ 为最大相偏，m_{p} 称为调相指数。对于一确定电路，$\Delta\varphi_{\mathrm{m}} \propto U_{\Omega}$，$\Delta\varphi(t)$ 的曲线见图 7-7(c)，它与调制信号形状相同。$k_{\mathrm{p}} = \Delta\varphi_{\mathrm{m}} / U_{\Omega}$ 为调相灵敏度，它表示单位调制电压所引起的相位偏移值。

调相波的瞬时频率为

$$\begin{aligned}
\omega(t) &= \frac{\mathrm{d}}{\mathrm{d}t}\varphi(t) \\
&= \omega_{\mathrm{c}} - m_{\mathrm{p}}\Omega \sin\Omega t \\
&= \omega_{\mathrm{c}} - \Delta\omega_{\mathrm{m}} \sin\Omega t \qquad (7-18)
\end{aligned}$$

式中 $\Delta\omega_{\mathrm{m}} = m_{\mathrm{p}}\Omega = k_{\mathrm{p}} U_{\Omega}\Omega$，为调相波的最大频偏。它不仅与调制信号的幅度成正比，而且还与调制频率成正比(这一点与 FM 不同)，其示意图见图 7-8。调制频率愈高，频偏也愈大。若规定 $\Delta\omega_{\mathrm{m}}$ 值，那么就需限制调制频率。

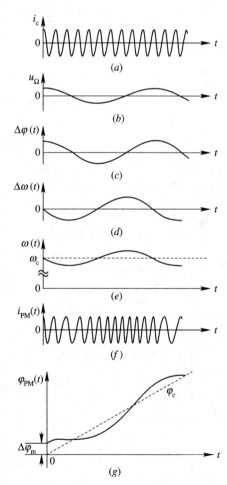

图 7-7　调相波波形

调相波的 $\varphi(t)$、$\Delta\omega(t)$ 及 $\omega(t)$ 的曲线见图 7-7。根据瞬时频率的变化可画出 PM 波波形，如图 7-7(f)所示，也是等幅疏密波。它与图 7-1 中的 FM 波相比只是延迟了一段时间。如不知道原调制信号，则在单频调制的情况下无法从波形上分辨是 FM 波还是 PM 波。

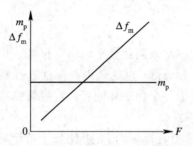

图 7 - 8　调相波 Δf_m、m_p 与 F 的关系

　　由于频率与相位之间存在着微分与积分的关系，所以 FM 与 PM 之间是可以互相转化的。如果先对调制信号积分，然后再进行调相，就可以实现调频，如图 7 - 9(a)所示。如果先对调制信号微分，然后用微分结果去进行调频，得出的已调波为调相波，如图 7 - 9(b)所示。

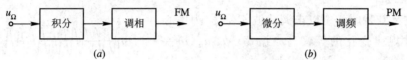

图 7 - 9　调频与调相的关系

　　至于 PM 波的频谱及带宽，其分析方法与 FM 相同。调相信号带宽为

$$B_s = 2(m_p + 1)F \tag{7-19}$$

　　由于 m_p 与 F 无关，所以 B_s 正比于 F。调制频率变化时，B_s 随之变化。如果按最高调制频率 F_{max} 值设计信道，则在调制频率低时有很大余量，系统频带利用不充分。因此在模拟通信中调相方式用的很少。

2. 调频波与调相波的比较

　　调频波与调相波的比较见表 7 - 1。

表 7 - 1　调频波与调相波的比较表

项　目	调　频　波	调　相　波
载波	$u_C = U_C \cos\omega_c t$	$u_C = U_C \cos\omega_c t$
调制信号	$u_\Omega = U_\Omega \cos\Omega t$	$u_\Omega = U_\Omega \cos\Omega t$
偏移的物理量	频率	相位
调制指数（最大相偏）	$m_f = \dfrac{\Delta\omega_m}{\Omega} = \dfrac{k_f U_\Omega}{\Omega} = \Delta\varphi_m$	$m_p = \dfrac{\Delta\omega_m}{\Omega} = k_p U_\Omega = \Delta\varphi_m$
最大频偏	$\Delta\omega_m = k_p U_\Omega$	$\Delta\omega_m = k_p u_\Omega \Omega$
瞬时角频率	$\omega(t) = \omega_c + k_f u_\Omega(t)$	$\omega(t) = \omega_c + k_p \dfrac{du_\Omega(t)}{dt}$
瞬时相位	$\varphi(t) = \omega_c t + k_f \int u_\Omega(t)\,dt$	$\varphi(t) = \omega_c t + k_p u_\Omega(t)$
已调波电压	$u_{FM}(t) = U_C \cos(\omega_c t + m_f \sin\Omega t)$	$u_{PM}(t) = U_C \cos(\omega_c t + m_p \cos\Omega t)$
信号带宽	$B_s = 2(m_f + 1)F_{max}$（恒定带宽）	$B_s = 2(m_p + 1)F_{max}$（非恒定带宽）

在本节结束前，要强调几点：

（1）角度调制是非线性调制，在单频调制时会出现$(\omega_c \pm n\Omega)$分量，在多频调制时还会出现交叉调制$(\omega_c \pm n\Omega_1 \pm k\Omega_2 + \cdots)$分量。

（2）调频的频谱结构与m_f密切相关。m_f大，频带宽。但通常m_f大，调频的抗干扰能力也强，因此，m_f值的选择要从通信质量和带宽限制两方面考虑。对于高质量通信（如调频广播、电视伴音），由于信号强，主要考虑质量，采用宽带调频，m_f值选得大。对于一般通信，要考虑接收微弱信号，带宽窄些，噪声影响小，常选用m_f较小的调频方式。

（3）与 AM 制相比，角调方式的设备利用率高，因其平均功率与最大功率一样。调频制抗干扰性能好，因为它可以利用限幅器去掉寄生调幅，同时，由干扰引起的频偏Δf_n通常远小于Δf_m。

7.2　调频器与调频方法

7.2.1　调频器

实现调频的电路或部件称为调频器或调频电路。从这个意义上讲，调频器只包含一个调制器。但根据调频的含义，从广泛的意义上讲，调频器还应包括高频振荡器。一个完整的调频电路的构成与调频方法有关。

调频器的调制特性称为调频特性。所谓调频，就是输出已调信号的频率（或频偏）随输入信号规律变化。因此，调频特性可以用$f(t)$或$\Delta f(t)$与U_Ω之间的关系曲线表示，称为调频特性曲线，如图 7 - 10 所示。

对于图 7 - 10 的调频特性的要求如下：

（1）调制特性线性要好。图 7 - 10 曲线的线性度要高，线性范围要大（Δf_m要大），以保证$\Delta f(t)$与u_Ω之间在较宽范围内呈线性关系。

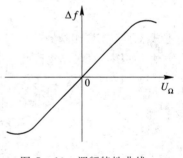

图 7 - 10　调频特性曲线

（2）调制灵敏度要高。调制特性曲线在原点处的斜率就是调频灵敏度k_f。k_f越大，同样的u_Ω值产生的Δf_m越大。

（3）载波性能要好。调频的瞬时频率就是以载频f_c为中心而变化的，因此，为了防止产生较大的失真，载波频率f_c要稳定。此外，载波振荡的幅度要保持恒定，寄生调幅要小。

7.2.2　调频方法

调频波产生的方法主要有两种：一种是直接调频法，另一种是间接调频法。

1. 直接调频法

这种方法一般是用调制电压直接控制振荡器的振荡频率，使振荡频率$f(t)$按调制电压的规律变化。若被控制的是LC振荡器，则只需控制振荡回路的某个元件（L或C），使其参数随调制电压变化，就可达到直接调频的目的。若被控制的是张弛振荡器，由于张弛振荡器的振荡频率取决于电路中的充电或放电速度，因此，可以用调制信号去控制（通过受控恒流源）电容的充电或放电电流，从而控制张弛振荡器的重复频率。对张弛振荡器调频，产生的是非正弦波调频信号,如三角波调频信号、方波调频信号等。

有各种不同的方法使 LC 振荡回路的电容或电感随输入信号而变化,如驻极体话筒或电容式话筒。常用的方法是采用变容二极管,还可以采用电抗管调制器(在变容二极管问世之前应用很广泛,现在很少使用)等。用变容二极管实现直接调频,由于电路简单、性能良好,已成为目前最广泛采用的调频电路之一。

在直接调频法中,振荡器与调制器合二为一。这种方法的主要优点是在实现线性调频的要求下,可以获得较大的频偏,其主要缺点是频率稳定度差,在许多场合须对载频采取稳频措施或者对晶体振荡器进行直接调频。

2. 间接调频法

这种方法是先将调制信号积分,然后对载波进行调相,如图 7 - 9(a)所示。这种方法也称为阿姆斯特朗(Armstrong)法。

间接调频时,调制器与振荡器是分开的,对振荡器影响小,频率稳定度高,但设备较复杂。

实现间接调频的关键是如何进行相位调制。通常,实现相位调制的方法有如下三种:

(1) 矢量合成法。这种方法主要针对的是窄带的调频或调相信号。对于单音调相信号

$$u_{PM} = U \cos(\omega_c t + m_p \cos\Omega t)$$

$$= U \cos\omega_c t \cos(m_p \cos\Omega t) - U \sin(m_p \cos\Omega t) \sin\omega_c t$$

当 $m_p \leqslant \pi/12$ 时,上式近似为

$$u_{PM} \approx U \cos\omega_c t - U m_p \cos\Omega t \sin\omega_c t \qquad (7 - 20)$$

上式表明,在调相指数较小时,调相波可由两个信号合成得到。据此式可以得到一种调相方法,如图 7 - 11(b)所示。

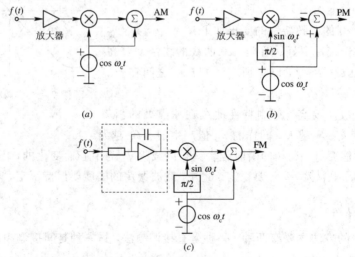

图 7 - 11 矢量合成法调频

窄带调频(NBFM)信号与 AM 波的区别仅在于边带信号与载波的相位关系。一是正交相加,一是同相相加。因此可以用乘法器(平衡调制器或差分对)及移相器来产生窄带调频信号,如图 7 - 11(c)所示,图中虚框内的电路为一积分电路。图 7 - 11(a)为将载波与乘法器产生的双边带信号相加得出的 AM 波。

（2）可变移相法。可变移相法就是利用调制信号控制移相网络或谐振回路的电抗或电阻元件来实现调相。用这种方法得到的调相波的最大不失真相移 m_p 受谐振回路或相移网络相频特性非线性的限制，一般都在 30° 以下。为了增大 m_p，可以采用级联调相电路。

（3）可变延时法。将载波信号通过一可控延时网络，延时时间 τ 受调制信号控制，即

$$\tau = k_d u_\Omega(t)$$

则输出信号为

$$u = U \cos\omega_c(t - \tau) = U \cos[\omega_c t - k_d \omega_c u_\Omega(t)]$$

由此可知，输出信号已变成调相信号了。

除上述调频方法外，还可以用计算机模拟调频微分方程的方法产生调频信号。

3. 扩大调频器线性频偏的方法

最大频偏 Δf_m 和调制线性是调频器的两个相互矛盾的指标。如何扩展最大线性频偏是调频器设计的一个关键问题。

对于直接调频电路，调制特性的非线性随最大相对频偏 $\Delta f_m/f_c$ 的增大而增大。当最大相对频偏 $\Delta f_m/f_c$ 限定时，对于特定的 f_c，Δf_m 也就被限定了，其值与调制频率的大小无关。因此，如果在较高的载波频率上实现调频，则在相对频偏一定的条件下，可以获得较大的绝对频偏。当要求绝对频偏一定，且载波频率较低时，可以在较高的载波频率上实现调频，然后通过混频将载频降下来，而频偏的绝对数值保持不变。这种方法较为简单。但当难以制成高频调频器时，可以先在较低的载波频率上实现调频，然后通过倍频将所有频率提高，频偏也提高了相应的倍数（绝对频偏增大了），最后，通过混频将所有频率降低同一绝对数值，使载波频率达到规定值。这种方法产生的宽带调频（WBFM）信号的相位噪声随倍频值的增加而增加。

采用间接调频时，受到非线性限制的不是相对频偏，也不是绝对频偏，而是最大相偏。因此，不能指望在较高的载波频率上实现调频以扩大线性频偏，而一般采用先在较低的载波频率上实现调频，然后再通过倍频和混频的方法得到所需的载波频率的最大线性频偏。

7.3　调 频 电 路

7.3.1　直接调频电路

1. 变容二极管直接调频电路

由于变容二极管工作频率范围宽，固有损耗小，使用方便，构成的调频器电路简单，因此变容管调频器是一种应用非常广泛的调频电路。

1）变容二极管调频原理

由第 2 章的内容可知，利用 PN 结反向偏置时，势垒电容随外加反向偏压变化的机理，在制作半导体二极管的工艺上进行特殊处理，控制掺杂浓度和掺杂分布，可以使二极管的势垒电容灵敏地随反偏电压变化且呈现较大的变化。这样制作的变容二极管可以看作一压控电容，在调频振荡器中起着可变电容的作用。其结电容 C_j 与在其两端所加反偏电压 u 之

间存在着如下关系：

$$C_j = \frac{C_0}{\left(1 + \dfrac{u}{u_\varphi}\right)^\gamma} \qquad (7-21)$$

式中，C_0 为变容二极管在零偏置时的结电容值；u_φ 为变容二极管 PN 结的势垒电位差（硅管约为 0.7 V，锗管约为 0.3 V）；γ 为变容二极管的结电容变化指数，它决定于 PN 结的杂质分布规律。图 7-12(a) 为不同指数 γ 时的 $C_j \sim u$ 曲线，图 7-12(b) 为一实际变容管的 $C_j \sim u$ 曲线。$\gamma = 1/3$ 称为缓变结，扩散型管多属此种。$\gamma = 1/2$ 为突变结，合金型管属于此类。超突变结的 γ 在 1~5 之间。

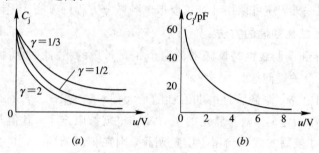

(a)　　　　　　　　　　(b)

图 7-12　变容管的 $C_j \sim u$ 曲线

静态工作点为 E_Q 时，变容二极管结电容为

$$C_j = C_Q = \frac{C_0}{\left(1 + \dfrac{E_Q}{u_\varphi}\right)^\gamma} \qquad (7-22)$$

设在变容二极管上加的调制信号电压为 $u_\Omega(t) = U_\Omega \cos\Omega t$，则

$$u = E_Q + u_\Omega(t) = E_Q + U_\Omega \cos\Omega t \qquad (7-23)$$

将式(7-23)代入式(7-21)，得

$$
\begin{aligned}
C_j &= \frac{C_0}{\left(1 + \dfrac{E_Q + U_\Omega \cos\Omega t}{u_\varphi}\right)^\gamma} \\
&= \frac{C_0}{\left(1 + \dfrac{E_Q}{u_\varphi}\right)^\gamma} \frac{1}{\left(1 + \dfrac{U_\Omega}{E_Q + u_\varphi} \cos\Omega t\right)^\gamma} \\
&= C_Q (1 + m \cos\Omega t)^{-\gamma} \qquad (7-24)
\end{aligned}
$$

式中，$m = U_\Omega/(E_Q + u_\varphi) \approx U_\Omega/E_Q$，称为电容调制度，它表示结电容受调制信号调变的程度，U_Ω 大，C_j 变化大，调制深。

将此变容管接入振荡回路，根据 $u_\Omega(t)$ 的变化，将会引起 C_j 的变化，进而引起回路谐振频率的变化，从而实现调频。

2) 变容二极管直接调频性能分析

下面按两种情况进行分析，一是以 C_j 为回路总电容接入回路，一是以 C_j 作为回路部分电容接入回路。

(1) C_j 为回路总电容。图 7-13 为一变容二极管直接调频电路，C_j 作为回路总电容接入回路。图 7-13(b) 是图 7-13(a) 振荡回路的简化高频电路。

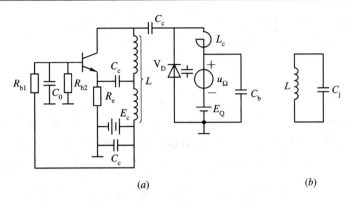

图 7 - 13　变容管作为回路总电容全部接入回路

由此可知，若变容管上加 $u_\Omega(t)$，就会使得 C_j 随时间变化（时变电容），如图 7 - 14(a)所示，此时振荡频率为

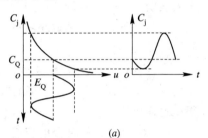

$$\omega(t) = \frac{1}{\sqrt{LC_j}} = \frac{1}{\sqrt{LC_Q}}(1 + m\cos\Omega t)^{\gamma/2}$$
$$= \omega_c(1 + m\cos\Omega t)^{\gamma/2} \qquad (7-25)$$

式中，$\omega_c = 1/\sqrt{LC_Q}$ 为不加调制信号时的振荡频率，它就是振荡器的中心频率——未调载频。振荡频率随时间变化的曲线如图 7 - 14(b)所示。

在上式中，若 $\gamma = 2$，则得

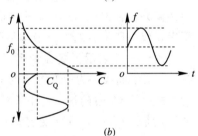

$$\omega(t) = \omega_c(1 + m\cos\Omega t)$$
$$= \omega_c + \Delta\omega(t) \qquad (7-26)$$

其中，$\Delta\omega(t) = \omega_c u_\Omega(t)/(E_Q + u_\varphi) \propto u_\Omega(t)$，即频率与 $u_\Omega(t)$ 成正比例。这种调频就是线性调频，如图 7 - 14(c)所示。

一般情况下，$\gamma \neq 2$，这时，式(7 - 25)可以展开成幂级数

$$\omega(t) = \omega_c\left[1 + \frac{\gamma}{2}m\cos\Omega t + \frac{1}{2!}\right.$$
$$\left. \cdot \frac{\gamma}{2}\left(\frac{\gamma}{2} - 1\right)m^2\cos^2\Omega t + \cdots\right]$$

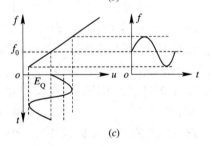

图 7 - 14　变容管线性调频原理

忽略高次项，上式可近似为

$$\omega(t) = \omega_c + \frac{\gamma}{8}\left(\frac{\gamma}{2} - 1\right)m^2\omega_c + \frac{\gamma}{2}m\omega_c\cos\Omega t + \frac{\gamma}{8}\left(\frac{\gamma}{2} - 1\right)m^2\omega_c\cos2\Omega t$$
$$= \omega_c + \Delta\omega_c + \Delta\omega_m\cos\Omega t + \Delta\omega_{2m}\cos2\Omega t \qquad (7-27)$$

式中，$\Delta\omega_c = \gamma(\gamma/2 - 1)m^2\omega_c/8$，是调制过程中产生的中心频率漂移。$\Delta\omega_c$ 与 γ 和 m 有关，当变容管一定后，U_Ω 越大，m 越大，$\Delta\omega_c$ 也越大。产生 $\Delta\omega_c$ 的原因在于 $C_j \sim u$ 曲线不是直线，这使得在一个调制信号周期内，电容的平均值不等于静态工作点的 C_Q，如图 7 - 14(a)所示，从而引起中心频率的改变。

$\Delta\omega_m = \gamma m\omega_c/2$，为最大角频偏。$\Delta\omega_{2m} = \gamma(\gamma/2-1)m^2\omega_c/8$，为二次谐波最大角频偏，它也是由于 $C_j \sim u$ 曲线的非线性引起的，并将引入非线性失真。二次谐波失真系数可用下式求出：

$$K_{f2} = \frac{\Delta\omega_{2m}}{\Delta\omega_m} = \frac{1}{4}\left(\frac{\gamma}{2}-1\right)m \qquad (7-28)$$

可见，当 U_Ω 增大而使 m 增大时，将同时引起 $\Delta\omega_m$、$\Delta\omega_c$ 及 K_{f2} 的增大，因此 m 不能选得太大。

由于非线性失真，$\gamma \neq 2$ 时的调频特性不是直线，调制特性曲线弯曲。

调频灵敏度可以通过调制特性式(7-27)求出。根据调频灵敏度的定义，有

$$k_f = S_f = \frac{\Delta\omega_m}{U_\Omega} = \frac{\gamma}{2}\frac{m\omega_c}{U_\Omega} = \frac{\gamma}{2}\frac{\omega_c}{E_Q + u_\varphi} \approx \frac{\gamma}{2}\frac{\omega_c}{E_Q} \qquad (7-29)$$

上式表明，k_f 由变容管特性及静态工作点确定。当变容管一定，中心频率一定时，在不影响线性条件下，$|E_Q|$ 值取小些好。同时还可由式(7-29)看到，在变容管、E_Q 及 U_Ω 一定时，比值 $\Delta\omega_m/\omega_c = m\gamma/2$ 也一定，即相对频偏一定。ω_c 变大，则 $\Delta\omega_m$ 增加。

在这种将 C_j 构成回路总电容的应用中，C_Q 直接决定中心频率。但由于 C_Q 随温度、电源电压的变化而变化，会直接造成振荡频率稳定度的下降。因此除非要求宽带调频，一般很少这样应用。

(2) C_j 作为回路部分电容接入回路。在实际应用中，通常 $\gamma \neq 2$，C_j 作为回路总电容将会使调频特性出现非线性，输出信号的频率稳定度也将下降。因此，通常利用对变容二极管串联或并联电容的方法来调整回路总电容 C 与电压 u 之间的特性。

图 7-15 表示了变容管串、并联电容时的 $C \sim u$ 特性。图中曲线②为原变容管的 $C_j \sim u$ 曲线。曲线①为并联电容 C_1 时的情况。并联 C_1 后，各点电容量均增加，曲线上移。但在原变容管 C_j 小的区域，并联电容 C_1 影响较大，电容量相对变化大；在 C_j 值大的区域，并联电容 C_1 影响较小。因此造成反向偏压小的区域 $C \sim u$ 曲线斜率减小得少(变化很小)，而在反偏大的范围，斜率减小得多。曲线③为变容管串联电容 C_2 时的情况。串联电容使得总电容减小，故曲线下移。当 C_j 较大时，串联电容影响也大，$C \sim u$ 曲线在此范围与原 $C_j \sim u$ 曲线相比变化较大；反之，在 C_j 小的区域，C_2 影响也小，曲线的斜率基本不变。

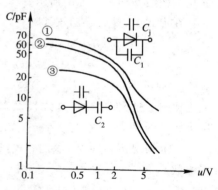

图 7-15　C_j 与固定电容串、并联后的特性

总之，并联电容可较大地调整 C_j 值小的区域内的 $C \sim u$ 特性，串联电容可有效地调整 C_j 值大的区域内的 $C \sim u$ 特性。如果原变容管 $\gamma > 2$，则可以通过串、并联电容的方法，使 $C \sim u$ 特性在一定偏压范围内接近 $\gamma = 2$ 的特性，从而实现线性调频。变容管串、并联电容后，总的 $C \sim u$ 曲线斜率要下降(见图 7-15)，因此频偏下降。

图 7-16(a)是某变容管调频器的实际电路。图中 12 μH 的电感为高频扼流圈，对高频相当于开路，1000 pF 电容为高频滤波电容。振荡回路由 10 pF、15 pF、33 pF 电容、可调电感及变容二极管组成，其交流等效电路如图(b)所示。由此可以看出，这是一个电容反馈三点式振荡器线路。两个变容管为反向串联组态；直流偏置同时加至两管正端，调制信

号经 12 μH 电感(相当于短路)加至两管负端,所以对直流及调制信号来说,两个变容管是并联的。对高频而言,两个变容管是串联的,总变容管电容 $C'_j = C_j/2$。这样,加到每个变容管的高频电压就降低一半,从而可以减弱高频电压对电容的影响;同时,采用反向串联组态,在高频信号的任意半周期内,一个变容管的寄生电容(即前述平均电容)增大,另一个则减小,二者相互抵消,能减弱寄生调制。这个电路与采用单变容管时相比较,在 Δf_m 要求相同时,由于系数 p 的加大,m 值就可以降低。另外,改变变容管偏置及调节电感 L 可使该电路的中心频率在 50~100 MHz 范围内变化。

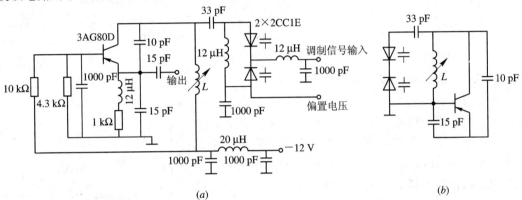

图 7 - 16　变容二极管直接调频电路举例

(a) 实际电路;(b) 等效电路

将图 7 - 16(b)的振荡回路简化为图 7 - 17,这就是变容管部分接入回路的情况。这样,回路的总电容为

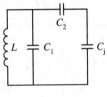

$$C = C_1 + \frac{C_2 C_j}{C_2 + C_j} = C_1 + \frac{C_2 C_Q}{C_2(1 + m\cos\Omega t)^\gamma + C_Q}$$

$$(7 - 30)$$

图 7 - 17　部分接入的振荡回路

振荡频率为

$$\omega(t) = \frac{1}{\sqrt{LC}} = \left\{ L\left[C_1 + \frac{C_2 C_Q}{C_2(1 + m\cos\Omega t)^\gamma + C_Q} \right] \right\}^{-1/2} \qquad (7 - 31)$$

将上式在工作点 E_Q 处展开,可得

$$\omega(t) = \omega_c(1 + A_1 m\cos\Omega t + A_2 m^2 \cos^2\Omega t + \cdots)$$

$$= \omega_c + \frac{A_2}{2}m^2\omega_c + A_1 m\omega_c\cos\Omega t + \frac{A_2}{2}m^2\omega_c\cos2\Omega t + \cdots \qquad (7 - 32)$$

式中

$$\omega_c = \frac{1}{\sqrt{L\left(C_1 + \dfrac{C_2 C_Q}{C_2 + C_Q}\right)}}$$

$$A_1 = \frac{\gamma}{2p}$$

$$A_2 = \frac{3}{8} \cdot \frac{\gamma^2}{p^2} + \frac{1}{4} \cdot \frac{\gamma(\gamma - 1)}{p} - \frac{\gamma^2}{2p} \cdot \frac{1}{1 + p_1}$$

$$p = (1 + p_1)(1 + p_1 p_2 + p_2)$$

$$p_1 = \frac{C_Q}{C_2}$$

$$p_2 = \frac{C_1}{C_Q}$$

从式(7 – 32)可以看出，当 C_j 部分接入时，其最大频偏为

$$\Delta f_m = A_1 m f_c = \frac{\gamma}{2p} m f_c \qquad (7 – 33)$$

它是全接入时 Δf_m 的 $1/p$。调频灵敏度也下降为全接入时的 $1/p$，这是因为此时 C_j 比全接入时影响小，Δf_m 必然下降。C_1 愈大，C_2 愈小，即 p 加大，C_j 对频率的变化影响就愈小，故 C_1 值要选取适当，一般取 $C_1 = (10\% \sim 30\%) C_2$。

变容管部分接入回路方式适用于要求频偏较小的情况。而且由于 C_j 影响小，C_Q 随温度及电源电压变化的影响也小，有利于提高中心频率的稳定度。

变容管部分接入回路方式还可减小寄生调制。实际上，加在变容管上的电压是 E_Q、$u_\Omega(t)$ 及高频电压，如图 7 – 18 所示。变容管的电容值应由每个高频周期内的平均电容来确定。但由于电容与电压间的非线性关系，当高频电压摆向左方或右方时，电容的增加与减小并不相同，因而会造成平均电容增大。而且高频电压叠加在 $u_\Omega(t)$ 之上，由图看出每个高频周期的平均电容变化不一样，这样会引起频率不按调制信号规律变化而造成寄生调制。图 7 – 19(a) 画出了在不同偏压时电容与高频电压 U_1 之间的变化关系，图(b)为不同高频电压 U_1 时变容管电容随偏压变化的情况。部分接入方式可以减小加在变容管上的高频电压，以减弱因其产生的寄生调制。

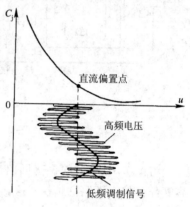

图 7 – 18　加在变容管上的电压

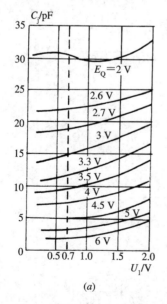

(a)

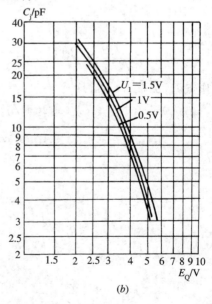

(b)

图 7 – 19　变容管等效电容随高频电压振幅和偏压的变化

(a) C_j 随 U_1 变化曲线；(b) C_j 随 E_Q 变化曲线

当偏压值较小时，若变容管上高频电压过大，还会使变容管正向导通。正向导通的二极管会改变回路阻抗和 Q 值，引起寄生调幅，也会引起中心频率不稳。一般应避免在低偏压区工作。

2. 晶体振荡器直接调频电路

　　变容二极管(对 LC 振荡器)直接调频电路的中心频率稳定度较差。为得到高稳定度调频信号，须采取稳频措施，如增加自动频率微调电路或锁相环路(第 8 章讨论)。还有一种稳频的简单方法是直接对晶体振荡器调频。

　　图 7 - 20(a) 为变容二极管对晶体振荡器直接调频电路，图(b)为其交流等效电路。由图可知，此电路为并联型晶振皮尔斯电路，其稳定度高于密勒电路。其中，变容二极管相当于晶体振荡器中的微调电容，它与 C_1、C_2 的串联等效电容作为石英谐振器的负载电容 C_L。此电路的振荡频率为

$$f_1 = f_q \left[1 + \frac{C_q}{2(C_L + C_0)} \right] \tag{7 - 34}$$

其中 C_q 为晶体的动态电容；C_0 为晶体的静电容；C_L 为 C_1、C_2 及 C_j 的串联电容值；f_q 为晶体的串联谐振频率。当 C_j 变化时，C_L 变化，从而使振荡频率发生变化。

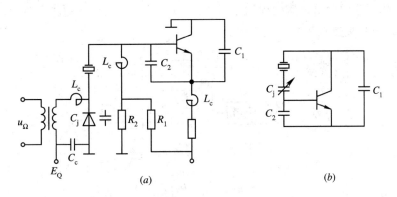

图 7 - 20　晶体振荡器直接调频电路

(a) 实际电路；(b) 交流等效电路

　　由于振荡器工作于晶体的感性区，f_1 只能处于晶体的串联谐振频率 f_q 与并联谐振频率 f_0 之间。由于晶体的相对频率变化范围很窄，只有 $10^{-3} \sim 10^{-4}$ 量级，再加上 C_j 的影响，则可变范围更窄。因此，晶体振荡器直接调频电路的最大频偏非常小。在实际电路中，需要采取扩大频偏的措施。

　　扩大频偏的方法有两种：第一种方法是在晶体支路中串接小电感，使总的电抗曲线中呈现感性的工作频率区域加以扩展(主要是频率的低端扩展)。这种方法简便易行，是一种常用的方法，但用这种方法获得的扩展范围有限，且还会使调频信号的中心频率的稳定度有所下降。另一种方法是利用 Ⅱ 型网络进行阻抗变换，在这种方法中，晶体接于 Ⅱ 型网络的终端。

　　晶体振荡器直接调频电路的主要缺点就是相对频偏非常小，但其中心频率稳定度较高，一般可达 10^{-5} 以上。如果为了进一步提高频率稳定度，可以采用晶体振荡器间接调频的方法。

3. 张弛振荡器直接调频电路

前面所述均为用调制信号调制正弦波振荡器。如果受调电路是张弛振荡器(其波形或是矩形波或是锯齿波)则可得三角波调频或方波调频信号。它们还可以经过滤波器或波形变换器,形成正弦波调频信号。

我们知道,多谐振荡器的振荡频率是由 RC 充放电速度决定的。因此,若用调制信号去控制电容充放电电流,则可控制重复频率,从而达到调频的目的。下面仅就三角波调频的工作原理和电路作一简单介绍。

图 7 - 21 是一种调频三角波产生器的方框图。调制信号控制恒流源发生器,当调制信号为零时,恒流源输出电流为 I;当有调制电压时,输出电流为 $I+\Delta I(t)$, $\Delta I(t)$ 与调制信号成正比。电流发生器成为受控恒流源。恒流源的输出分两路送至积分器,一路直接经压控开关 a;一路经反相器的 $-I$ 送至压控开关 b,再到积分器。压控开关由电压比较器控制使 a 路或 b 路接通。电压比较器有两个门限值 U_1 及 U_2,且 $U_2>U_1$,其输出和输入电压间的关系如图 7 - 22(a)所示。当 u_T 增加时,只有当 $u_T=U_2$ 后,比较器才改变状态,输出变为低电平 U_{min};u_T 减小时,当 u_T 下降至等于 U_1 时,比较器才输出 U_{max},此比较器具有下行迟滞特性。积分器与电压比较器的输出电压波形如图 7 - 22(b)所示。此时未加调制信号,I 不变,故积分器输出电压的周期是固定的。I 愈大,则三角波的斜率愈大,周期愈短,因此输出三角波的重复频率与 I 成正比。

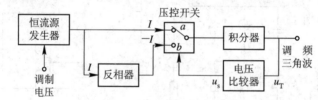

图 7 - 21 三角波调频方框图

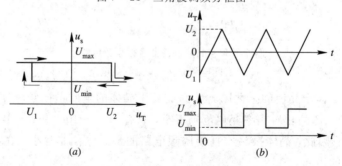

图 7 - 22 电压比较器的迟滞特性和输入、输出波形

当外加调制电压时,恒流源电流与其成线性关系,因此三角波频率与调制电压成线性关系。由于恒流源电流的变化范围很大,所以可得到大频偏的调频。

电压比较器输出的是调频方波电压。如要得到正弦调频信号,可在其输出端加波形变换电路或滤波器。图 7 - 23 便是由三角波变为正弦波的变换器特性。它是一个非线性网络,其传输特性为

$$u_o = U_m \sin \frac{\pi u_T}{2U_T}$$

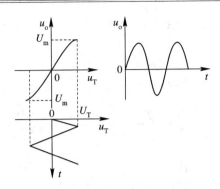

图 7 - 23　三角波变为正弦波变换特性

7.3.2　间接调频电路

前面已经指出，若先对调制信号进行积分，再去调相，得到的是调频信号。因此调相电路是间接调频法的关键电路。常用的调相方法有两种，一种是放大器的谐振频率受调制电压的控制而变化，当载频振荡通过它时，相移发生变化；另一种是改变相移网络参数。还有一种脉冲调相也属于可变延时调相电路（比较法调频），此调相电路的的线性相移比较大，构成的调制器的线性度也较好，因此被广泛用于调频广播发射机中。

图 7 - 24 是一个变容二极管调相电路。它将受调制信号控制的变容管作为振荡回路的一个元件。L_{c1}、L_{c2} 为高频扼流圈，分别防止高频信号进入直流电源及调制信号源中。

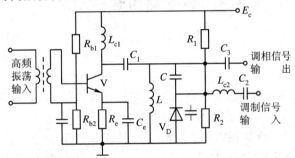

图 7 - 24　单回路变容管调相器

我们知道，高 Q 并联振荡电路的电压、电流间相移为

$$\Delta\varphi = -\arctan\left(Q\frac{2\Delta f}{f_0}\right) \tag{7-35}$$

当 $\Delta\varphi < \pi/6$ 时，$\tan\varphi \approx \varphi$，上式简化为

$$\Delta\varphi \approx -2Q\frac{\Delta f}{f_0} \tag{7-36}$$

设输入调制信号为 $U_\Omega\cos\Omega t$，其瞬时频偏（此处为回路谐振频率的偏移）为

$$\Delta f = \frac{1}{2p}\gamma m f_0 \cos\Omega t$$

将此式代入式(7 - 36)，可得

$$\Delta\varphi = -\frac{Q\gamma m \cos\Omega t}{p} \tag{7-37}$$

式(7 - 37)表明，回路产生的相移按输入调制信号的规律变化。若调制信号在积分后输入，

则输出调相波的相位偏移与被积分的调制信号呈线性关系，其频率与积分前的信号亦成线性关系。

由于回路相移特性线性范围不大（上面分析中用了 $\Delta\varphi < \pi/6$ 的条件，才有近似式 $\tan\varphi \approx \varphi$），因此这种电路得到的频偏是不大的。必须采取扩大频偏措施。除了用倍频方法增大频偏外，还应改进调相电路本身。图 7 - 25 是由三级单振荡回路组成的调相电路。若每级相偏为 30°，则三级可达 90°相移，因而增大了频偏。图中各级间耦合电容为 1 pF，故互相影响很小。

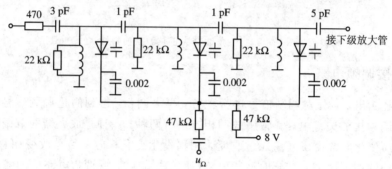

图 7 - 25　三级回路级联的移相器

7.4　鉴频器与鉴频方法

7.4.1　鉴频器

角调波的解调就是从角调波中恢复出原调制信号的过程。调频波的解调电路称为频率检波器或鉴频器（FD），调相波的解调电路称为相位检波器或鉴相器（PD）。

与调幅接收机一样，调频接收机的组成也大多是采用超外差式的。在超外差式的调频接收机中，鉴频通常在中频频率（如调频广播接收机的中频频率 10.7 MHz）上进行（随着技术的发展，现在也有在基带上用数字信号处理的方法实现）。在调频信号的产生、传输和通过调频接收机前端电路的过程中，不可避免地要引入干扰和噪声。干扰和噪声对 FM 信号的影响，主要表现为调频信号出现了不希望有的寄生调幅和寄生调频。一般在末级中放和鉴频器之间设置限幅器就可以消除由寄生调幅所引起的鉴频器的输出噪声（当然，在具有自动限幅能力的鉴频器，如比例鉴频器之前不需此限幅器）。可见，限幅与鉴频一般是连用的，统称为限幅鉴频器。若调频信号的调频指数较大，它本身就可以抑制寄生调制。

就鉴频器的功能而言，它是一个将输入调频波的瞬时频率 f（或频偏 Δf）变换为相应的解调输出电压 u_o 的变换器，如图 7 - 26(a)所示。通常将此变换器的变换特性称为鉴频特性。用曲线表示为输出电压 u_o 与瞬时频率 f 或频偏 Δf 之间的关系曲线，称为鉴频特性曲线。在线性解调的理想情况下，此曲线为一直线，但实际往往有弯曲，呈"S"形，简称"S"曲线，如图 7 - 26(b)所示。

在图 7 - 26(b)中，通常用峰值带宽 B_m 来近似衡量鉴频特性线性区宽度，它指的是鉴频特性曲线左右两个最大值（$\pm u_{omax}$）间对应的频率间隔。鉴频特性曲线一般是左右对称的，若峰值点的频偏为 $\Delta f_A = f_A - f_c = f_c - f_B$，则 $B_m = 2\Delta f_A$。对于鉴频器来讲，要求线性范围宽（$B_m > 2\Delta f_m$），线性度好。但在实际上，鉴频特性在两峰之间都存在一定的非线性，通常只有在 $\Delta f = 0$ 附近才有较好的线性。

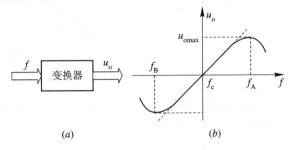

图 7 - 26　鉴频器及鉴频特性

对鉴频器的另外一个要求，就是鉴频跨导要大。所谓鉴频跨导 S_D，就是鉴频特性在载频处的斜率，它表示的是单位频偏所能产生的解调输出电压。鉴频跨导又叫鉴频灵敏度，用公式表示为

$$S_D = \frac{du_o}{df}\bigg|_{f=f_c} = \frac{du_o}{d\Delta f}\bigg|_{\Delta f=0} \tag{7-38}$$

另一方面，鉴频跨导也可以理解为鉴频器将输入频率转换为输出电压的能力或效率，因此，鉴频跨导又可以称为鉴频效率。

顺便指出，调频制具有良好的抗噪声能力，是以鉴频器输入为高信噪比为条件的。一旦鉴频器输入信噪比低于规定的门限值，鉴频器的输出信噪比将急剧下降，甚至无法接收。这种现象称为门限效应。实际上，各种鉴频器都存在门限效应，只是门限电平的大小不同而已。

7.4.2　鉴频方法

从 FM 波中还原调制信号的方法很多，概括起来可分为直接鉴频法和间接鉴频法两种。直接鉴频法，就是直接从调频信号的频率中提取原来调制信号的方法，主要是脉冲计数式鉴频法。间接鉴频法，就是对调频信号进行不同的变换或处理从而间接地恢复原来调制信号的方法，如波形变换法、锁相环解调（PLLDM）法及调频负反馈解调（FM - FBDM）法、正交鉴频法等。

对于间接鉴频法来讲，尽管解调方法不同，但它们均能产生一个幅度与输入信号瞬时频率成线性关系的输出信号。在上述方法中，波形变换法应用最为普遍，锁相环解调（PLLDM）法及调频负反馈解调（FM - FBDM）法应用也日益广泛，这部分将在第 8 章中介绍。在集成电路中，正交鉴频法应用较广。本节着重介绍波形变换法原理。

就鉴频器的工作原理而言，其各种实现方法都是将输入调频波进行特定的波形变换，使变换后的波形包含反映瞬时频率变化的平均分量，然后通过低通滤波器取出所需解调电压（这种方法由此得名）。根据波形变换的不同特点，鉴频方法可归纳为振幅鉴频法和相位鉴频法两种。

1. 振幅鉴频法

调频波振幅恒定，故无法直接用包络检波器解调。鉴于二极管峰值包络检波器线路简

单、性能好，能否把包络检波器用于调频解调器中呢？显然，若能将等幅的调频信号变换成振幅也随瞬时频率变化、既调频又调幅的 FM – AM 波，就可以通过包络检波器解调此调频信号。用此原理构成的鉴频器称为振幅鉴频器。其工作原理如图 7 – 27 所示。图中的变换电路应该是具有线性频率—电压转换特性的线性网络。实现这种变换的方法有以下几种。

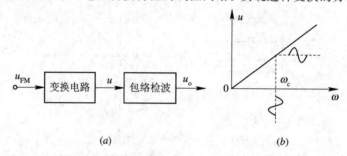

(a) 振幅鉴频器框图；(b) 变换电路特性

图 7 – 27　振幅鉴频器原理

1) 直接时域微分法

设调制信号为 $u_\Omega = f(t)$，调频波为

$$u_{FM}(t) = U \cos\left[\omega_c t + k_f \int_0^t f(\tau)\, d\tau\right] \tag{7 – 39}$$

对此式直接微分可得

$$u = \frac{du_{FM}(t)}{dt} = -U\left[\omega_c + k_f f(t)\right] \sin\left[\omega_c t + k_f \int_0^t f(\tau)\, d\tau\right] \tag{7 – 40}$$

电压 u 的振幅与瞬时频率 $\omega(t) = \omega_c + k_f f(t)$ 成正比。因此，式(7 – 40)是一个 FM – AM 波。由于 ω_c 远大于频偏，包络不会出现负值。经包络检波后即可得到原调制信号。以上过程说明，只要将调频波直接进行微分运算，就可很方便地用包络检波器实现鉴频。由此可知，这种鉴频器由微分网络和包络检波器两部分组成，如图 7 – 28 所示。

图 7 – 29 为一最简单的微分鉴频电路，微分作用由电容 C 完成。其工作过程可自行分析。图中虚线框内的电路为另一平衡支路，以消除输出直流分量。

理论上这种方法非常好，但在实际电路中，由于器件非线性等原因，其有效的线性鉴频范围是有限的。为了扩大线性鉴频范围，可以采用较为理想的时域微分鉴频器，如脉冲计数式鉴频器。

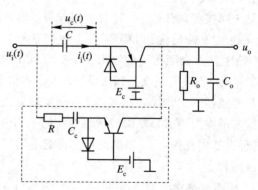

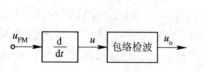

图 7 – 28　微分鉴频原理　　　　　　　　图 7 – 29　微分鉴频电路

2）斜率鉴频法

上述微分器的作用也可由其它网络来完成，只要在所需频率范围内具有线性幅频特性即可。如低通、高通、带通网络等都可以完成这一转换，其中应用最多的是带通网络。图 7 - 30 就是利用单调谐电路完成鉴频的最简单电路。工作过程及各点波形如图中所示，回路的谐振频率 f_0 高于 FM 波的载频 f_c，并尽量利用幅频特性的倾斜部分。当 $f>f_c$ 时，回路两端电压大；当 $f<f_c$ 时，回路两端电压小，因而形成图(b)中 U_i 的波形。这种利用调谐回路幅频特性倾斜部分对 FM 波解调的方法称为斜率鉴频。由于在斜率鉴频电路中，利用的是调谐回路的失(离)谐状态，因此又称失(离)谐回路法。

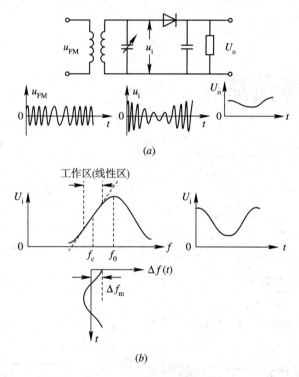

图 7 - 30　单回路斜率鉴频器

但是，单调谐回路的谐振曲线，其倾斜部分的线性度是较差的。为了扩大线性范围，实际上采用的多是三调谐回路的双离谐平衡鉴频器，如图 7 - 31(a)。三个回路的谐振频率分别为 $f_{01}=f_c$、$f_{02}>f_c$、$f_{03}<f_c$，且 $f_{02}-f_c=f_c-f_{03}$。回路的谐振特性见图 7 - 31(b)。上支路输出电压 U_{o1}（图 7 - 32(b)）与图 7 - 30 中 U_o 波形相同。下支路则与上支路相反，U_{o2} 波形见图 7 - 32(c)。当瞬时频率最高时，U_{o1} 最大，U_{o2} 最小；当瞬时频率最低时，U_{o1} 最小，U_{o2} 最大。输出负载为差动连接，鉴频器输出电压为 $U_o=U_{o1}-U_{o2}$，U_o 波形见图 7 - 32(d)。当 $f=f_c$ 时，上、下支路输出相等，总输出电压 $U_o=0$。

双离谐鉴频器的输出是取两个带通响应之差，即该鉴频器的传输特性或鉴频特性，如图 7 - 33 中的实线所示。其中虚线为两回路的谐振曲线。从图看出，它可获得较好的线性响应，失真较小，灵敏度也高于单回路鉴频器。这种电路适用于解调大频偏调频信号。但采用这种电路时，三个回路要调整好，并须尽量对称，否则会引起较大失真。不易调整是该电路的一个缺点。

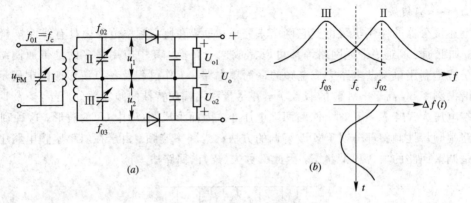

图 7 - 31 双离谐平衡鉴频器

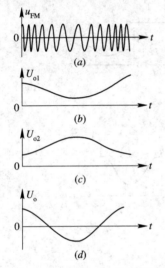

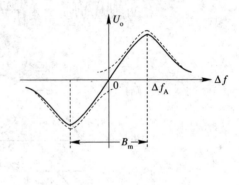

图 7 - 32 图 7 - 31 各点波形   图 7 - 33 双离谐鉴频器的鉴频特性

2. 相位鉴频法

相位鉴频法的原理框图如图 7 - 34 所示。图中的变换电路具有线性的频率—相位转换特性，它可以将等幅的调频信号变成相位也随瞬时频率变化的、既调频又调相的 FM - PM 波。把此 FM - PM 波和原来输入的调频信号一起加到鉴相器上，就可以通过鉴相器解调此调频信号。这种鉴频方法称为相位鉴频法。

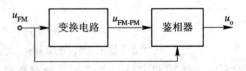

图 7 - 34 相位鉴频法的原理框图

相位鉴频法的关键是相位检波器。相位检波器或鉴相器就是用来检出两个信号之间的相位差，完成相位差—电压变换作用的部件或电路。设输入鉴相器的两个信号分别为

$$u_1 = U_1 \cos[\omega_c t + \varphi_1(t)] \tag{7 - 41}$$

$$u_2 = U_2 \cos\left[\omega_c t - \frac{\pi}{2} + \varphi_2(t)\right] = U_2 \sin[\omega_c t + \varphi_2(t)] \tag{7 - 42}$$

把它们同时加于鉴相器，鉴相器的输出电压 u_o 是瞬时相位差的函数，即

$$u_o = f[\varphi_2(t) - \varphi_1(t)] \tag{7 - 43}$$

在线性鉴相时，u_o 与输入相位差 $\varphi_e(t) = \varphi_2(t) - \varphi_1(t)$ 成正比。式(7 - 42)中引入 π/2 固定

相移的目的在于当输入相位差 $\varphi_\text{e}(t)=\varphi_2(t)-\varphi_1(t)$ 在零附近正负变化时，鉴相器输出电压也相应地在零附近正负变化。

在鉴相时，u_1 常为输入调相波，其中 $\varphi_1(t)$ 为反映调相波的相位随调制信号规律变化的时间函数，u_2 为参考信号。在相位鉴频时，u_1 常为输入调频波，u_2 是 u_1 通过移相网络后的信号。

与调幅信号的同步检波器类似，相位检波器也有叠加型和乘积型之分，相应的相位鉴频器分别称为叠加型相位鉴频器和乘积型相位鉴频器。

1) 乘积型相位鉴频法

利用乘积型鉴相器实现鉴频的方法称为乘积型相位鉴频法或积分(Quadrature)鉴频法。在乘积型相位鉴频器中，线性相移网络通常是单谐振回路(或耦合回路)，而相位检波器为乘积型鉴相器，如图 7-35 所示。图中，输入调频信号 $u_\text{s}=$

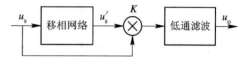

图 7-35 乘积型相位鉴频法

$U_\text{s}\cos(\omega_\text{c}t+m_\text{f}\sin\Omega t)$，经移相网络移相后的信号为 $u'_\text{s}=U'_\text{s}\cos(\omega_\text{c}t+m_\text{f}\sin\Omega t+\varphi)$，其中，$\varphi=\dfrac{\pi}{2}-\arctan(2Q_0\Delta f/f_0)$，$f_0$ 和 Q_0 分别为谐振回路(或耦合回路)的谐振频率品质因数，$f_0=f_\text{c}$。此外，这里引入固定相移 $\pi/2$(或 $-\pi/2$)的目的是为了得到一条通过原点的鉴相或鉴频曲线。

设乘法器的乘积因子为 K，则经过相乘器和低通滤波器后的输出电压为

$$u_\text{o}=\frac{K}{2}U_1U_2\sin\left(\arctan\frac{2Q_0\Delta f}{f_0}\right) \tag{7-44}$$

当 $\Delta f/f_0\ll1$ 时，上式变为 $u_\text{o}\approx KU_1U_2Q_0\Delta f/f_0$，可见鉴频器输出与输入信号的频偏成正比。

应当指出，鉴频器既然是频谱的非线性变换电路，它就不能简单地用乘法器来实现。因此，这里采用的电路模型是有局限性的，只有在相偏较小时才近似成立。

这种电路既可以实现鉴频，也可以实现鉴相。通常情况下，其中的乘法器采用集成模拟乘法器或(双)平衡调制器实现。当两输入信号幅度都很大时，由于乘法器内部的限幅作用，鉴相特性趋近于三角形。

2) 叠加型相位鉴频法

利用叠加型鉴相器实现鉴频的方法称为叠加型相位鉴频法。对于叠加型鉴相器，就是先将 u_1 和 u_2 (式(7-41)和(7-42))相加，把两者的相位差的变化转换为合成信号的振幅变化，然后用包络检波器检出其振幅变化，从而达到鉴相的目的。当 U_1 和 U_2 相差很大时，如 $U_2\gg U_1$ 或 $U_1\gg U_2$，采用与同步检波器相同的分析方法可得，鉴相器输出为 $u_\text{pd}=k_\text{d}U(t)$，其中 $U(t)\approx U_1\left(1+\dfrac{U_2}{U_1}\sin\varphi_\text{e}(t)\right)$ 或 $U(t)\approx U_2\left(1+\dfrac{U_1}{U_2}\sin\varphi_\text{e}(t)\right)$。也就是说，鉴相特性近似为正弦形。在 u_1 和 u_2 之间的相位差 $\varphi_\text{e}(t)$ 较小时，鉴相输出与 $\varphi_\text{e}(t)$ 近似成线性关系。

为了抵消直流项，扩大线性鉴频范围，它通常采用平衡式电路，差动输出，如图 7-36 所示。具有线性的频相转换特性的变换电路(移相网络)一般由耦合回路来实现，因此也称为耦合回路相位鉴频法。耦合回路的初、次级电压间的相位差随输入调频信号瞬时频率变

化。虚线框内部分为平衡式叠加型鉴相器。耦合回路可以是互感耦合回路，也可以是电容耦合回路。另外，$\pi/2$ 固定相移也由耦合回路引入。

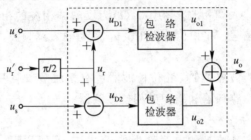

图 7 - 36　平衡式叠加型相位鉴频器框图

对于平衡方式，如果 $U_1 = U_2$，鉴相输出电压为 U_1、U_2 相差较大时的 $\sqrt{2}$ 倍，鉴相特性近似为三角形，线性鉴频范围扩展为 U_1、U_2 相差较大时的 2 倍。因此，在实际应用中，常把 U_1、U_2 调成近似相等。

需要指出，与斜率鉴频器不同，在这里，耦合回路的初、次级电路是同频的，它们均调谐于信号的载频 f_c 上。而且一般情况下，初、次级回路具有相同的参数。

应当强调指出，叠加型鉴相器的工作过程实际包括两个动作：首先，输入调频信号经频率—相位变换后变成既调频又调相的 FM - PM 信号，通过加法器完成矢量相加，将两个信号电压之间的相位差变化相应地变成合成信号的包络变化（既调频、调相又调幅的 FM - PM - AM 信号），然后由包络检波器将其包络检出。因此，从原理上讲，叠加型相位鉴频器也可以认为是一种振幅鉴频器。

3. 直接脉冲计数式鉴频法

调频信号的信息寄托在已调波的频率上。从某种意义上讲，信号频率就是信号电压或电流波形单位时间内过零点（或零交点）的次数。对于脉冲或数字信号，信号频率就是信号脉冲的个数。基于这种原理的鉴频器称为零交点鉴频器或脉冲计数式鉴频器。它是先将输入调频信号通过具有合适特性的非线性变换网络（频率—电压变换），使它变换为调频脉冲序列。由于该脉冲序列含有反映瞬时频率变化的平均分量，因而，将该调频脉冲序列直接计数就可得到反映瞬时频率变化的解调电压，或者通过低通滤波器的平滑而得到反映瞬时频率变化的平均分量的输出解调电压。

典型的脉冲计数式鉴频器的框图见图 7 - 37(a)，图 7 - 37(b)是其各点对应的波形。图中，先将输入调频信号进行宽带放大和限幅，变成调频方波信号，然后进行微分得到一串高度相等、形状相同的微分脉冲序列。再经半波整流得到反映调频信号瞬时频率变化的单向微分脉冲序列。对此单向微分脉冲计数，就可直接得到调频信号的频率。为了提高鉴频效率，一般都在微分后加一个脉冲形成电路，将微分脉冲序列变换成脉宽为 τ 的矩形脉冲序列，然后对该调频脉冲序列直接计数或通过低通滤波器得到反映瞬时频率变化的输出解调电压。

脉冲计数式鉴频法是直接鉴频法，其鉴频特性的线性度高，最大频偏大，便于集成。但是，其最高工作频率受脉冲序列的最小脉宽 τ_{min} 的限制。$\tau_{min} < 1/(f_c + \Delta f_m)$，实际工作频率通常小于几十兆赫兹。在限幅电路后插入分频电路，可使工作频率提高到几百兆赫兹左右。目前，在一些高级的收音机中已开始采用这种电路。

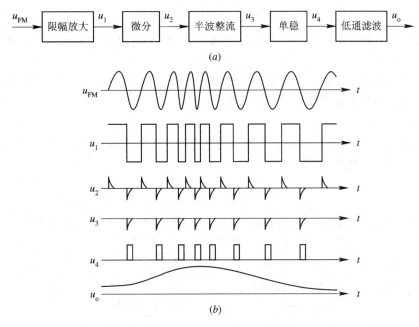

图 7 - 37 直接脉冲计数式鉴频器

7.5 鉴 频 电 路

下面介绍一些在实际中常用的鉴频电路。

7.5.1 叠加型相位鉴频电路

1. 互感耦合相位鉴频器

互感耦合相位鉴频器又称福斯特-西利（Foster - Seeley）鉴频器，图 7 - 38 是其典型电路。相移网络为耦合回路。图中，初、次级回路参数相同，即令 $C_1=C_2=C$，$L_1=L_2=L$，$r_1=r_2=r$，$k=M/L$，中心频率均为 $f_0=f_c$（f_c 为调频信号的载波频率）。$\dot{U}_1$ 是经过限幅放大后的调频信号，它一方面经隔直电容 C_0 加在后面的两个包络检波器上，另一方面经互感耦合 M 在次级回路两端产生电压 $\dot{U}_2$。L_3 为高频扼流圈，它除了保证使输入电压 $\dot{U}_1$ 经 C_0 全部加在次级回路的中心抽头外，还要为后面两个包络检波器提供直接通路。二极管

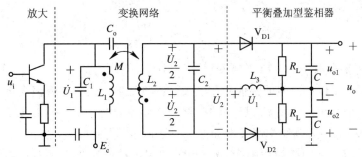

图 7 - 38 互感耦合相位鉴频器

V_{D1}、V_{D2} 和两个 C、R_L 组成两个平衡的包络检波器,差动输出。在实际中,鉴频器电路还可以有其它形式,如接地点改接在下端(图中虚线所示),检波负载电容用一个电容代替并可省去高频扼流圈。

互感耦合相位鉴频器的工作原理可分为移相网络的频率—相位变换,加法器的相位—幅度变换和包络检波器的差动检波三个过程。

1) 频率—相位变换

频率—相位变换是由图 7 - 39(a) 所示的互感耦合回路完成的。由图 7 - 39(b) 的等效电路可知,初级回路电感 L_1 中的电流为

$$\dot{I}_1 = \frac{\dot{U}_1}{r_1 + j\omega L_1 + Z_f} \tag{7-45}$$

式中,Z_f 为次级回路对初级回路的反射阻抗,在互感 M 较小时,Z_f 可以忽略。

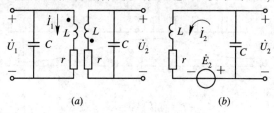

$$(a) \qquad\qquad (b)$$

图 7 - 39 互感耦合回路

考虑初、次级回路均为高 Q 回路,r_1 也可忽略。这样,上式可近似为

$$\dot{I}_1 \approx \frac{\dot{U}_1}{j\omega L_1} \tag{7-46}$$

初级电流在次级回路产生的感应电动势为

$$\dot{E}_2 = j\omega M \dot{I}_1 = \frac{M}{L_1} \dot{U}_1 \tag{7-47}$$

感应电动势 $\dot{E}_2$ 在次级回路形成的电流 $\dot{I}_2$ 为

$$\dot{I}_2 = \frac{\dot{E}_2}{r_2 + j\left(\omega L_2 - \dfrac{1}{\omega C_2}\right)} = \frac{M}{L_1} \frac{\dot{U}_1}{r_2 + j\left(\omega L_2 - \dfrac{1}{\omega C_2}\right)} \tag{7-48}$$

$\dot{I}_2$ 流经 C_2,在 C_2 上形成的电压 $\dot{U}_2$ 为

$$\dot{U}_2 = -\frac{1}{j\omega C_2} \dot{I}_2 = j\frac{1}{\omega C_2} \frac{M}{L_1} \frac{\dot{U}_1}{r_2 + j\left(\omega L_2 - \dfrac{1}{\omega C_2}\right)} \tag{7-49}$$

$\xi = 2Q\Delta f/f_0$,则上式变为

$$\dot{U}_2 = \frac{jA}{1+j\xi} \dot{U}_1 = \frac{A\dot{U}_1}{\sqrt{1+\xi^2}} e^{\frac{\pi}{2}-\varphi} \tag{7-50}$$

式中,$A=kQ$ 为耦合因子,$Q=1/(\omega_0 Cr)$,$\varphi = \arctan\xi$。

上式表明,$\dot{U}_2$ 与 $\dot{U}_1$ 之间的幅值和相位关系都将随输入信号的频率变化。但在 f_0 附近幅值变化不大,而相位变化明显。$\dot{U}_2$ 与 $\dot{U}_1$ 之间的相位差为 $\pi/2-\varphi$。次级回路的阻抗角 φ 与频率的关系及 $\pi/2-\varphi$ 与频率的关系如图 7 - 40 所示。由此可知,当 $f=f_0=f_c$ 时,次级回路谐振,$\dot{U}_2$ 与 $\dot{U}_1$ 之间的相位差为 $\pi/2$(引入的固定相差);当 $f>f_0=f_c$ 时,次级回路呈感性,$\dot{U}_2$ 与 $\dot{U}_1$ 之间的相位差为 $0\sim\pi/2$;当 $f<f_0=f_c$ 时,次级回路呈容性,$\dot{U}_2$ 与 $\dot{U}_1$

之间的相位差为 $\pi/2 \sim \pi$。

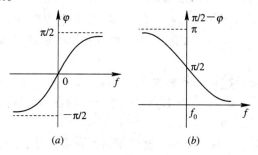

图 7 - 40　频率—相位变换电路的相频特性

由以上可以看出，在一定频率范围内，$\dot{U}_2$ 与 $\dot{U}_1$ 间的相位差与频率之间具有线性关系。因而互感耦合回路可以作为线性相移网络，其中固定相差 $\pi/2$ 是由互感形成的。

应当注意，与鉴相器不同，由于 $\dot{U}_2$ 由耦合回路产生，相移网络由谐振回路形成，因此，$\dot{U}_2$ 的幅度随频率变化。但在回路通频带之内，其幅度基本不变。

2）相位—幅度变换

根据图中规定的 $\dot{U}_2$ 与 $\dot{U}_1$ 的极性，图 7 - 38 电路可简化为图 7 - 41。这样，在两个检波二极管上的高频电压分别为

$$\left. \begin{array}{l} \dot{U}_{D1} = \dot{U}_1 + \dfrac{\dot{U}_2}{2} \\[3mm] \dot{U}_{D2} = \dot{U}_1 - \dfrac{\dot{U}_2}{2} \end{array} \right\} \qquad (7 - 51)$$

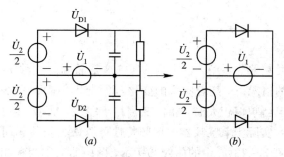

图 7 - 41　图 7 - 38 的简化电路

合成矢量的幅度随 $\dot{U}_2$ 与 $\dot{U}_1$ 间的相位差而变化（FM - PM - AM 信号），如图 7 - 42 所示。

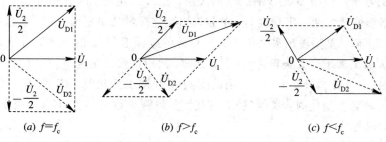

(a) $f = f_c$　　　　　(b) $f > f_c$　　　　　(c) $f < f_c$

图 7 - 42　不同频率时的 $\dot{U}_{D1}$ 与 $\dot{U}_{D2}$ 矢量图

① $f=f_0=f_c$ 时，$\dot{U}_{D2}$ 与 $\dot{U}_{D1}$ 的振幅相等，即 $U_{D1}=U_{D2}$；

② $f>f_0=f_c$ 时，$U_{D1}>U_{D2}$，随着 f 的增加，两者差值将加大；

③ $f<f_0=f_c$ 时，$U_{D1}<U_{D2}$，随着 f 的增加，两者差值也将加大。

3）检波输出

设两个包络检波器的检波系数分别为 K_{d1}、K_{d2}（通常 $K_{d1}=K_{d12}=K_d$），则两个包络检波器的输出分别为 $u_{o1}=K_{d1}U_{D1}$、$u_{o2}=K_{d2}U_{D2}$。鉴频器的输出电压为

$$u_o = u_{o1} - u_{o2} = K_d(U_{D1} - U_{D2}) \tag{7-52}$$

由上面分析可知，当 $f=f_0=f_c$ 时，鉴频器输出为零；当 $f>f_0=f_c$ 时，鉴频器输出为正；当 $f<f_0=f_c$ 时，鉴频器输出为负。如图 7-43(a) 所示，这就是此鉴频器的鉴频特性，为正极性。通常情况下，鉴频特性曲线对原点奇对称。随频偏 Δf 的正负变化，输出电压也正负变化。

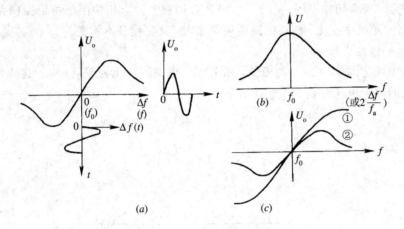

图 7-43　鉴频特性曲线

应当指出，在瞬时频偏为零时，输出也为零，这是靠固定相移 $\pi/2$ 及平衡差动输出来保证的。在频偏不大的情况下，随着频率的变化，$\dot{U}_2$ 与 $\dot{U}_1$ 幅度变化不大而相位变化明显，鉴频特性近似线性；但当频偏较大时，相位变化趋于缓慢，而 $\dot{U}_2$ 与 $\dot{U}_1$ 幅度明显下降，从而引起合成电压下降。实际上，鉴频器的鉴频特性可以认为是移相网络的幅频特性和相频特性相乘的结果，如图 7-43(c) 中的曲线②所示，图中曲线①为移相网络只对相位起作用而不引起电压幅度变化时的情况。由此鉴频特性也可看出，只有输入的调频信号的频偏在鉴频特性的线性区内，才能不失真地得到原调制信号。

鉴频器的鉴频特性与参数 A 有密切的关系。在 A 一定时，随着频偏的增大，鉴频输出线性增大。当频偏增大到一定程度时，鉴频输出变化缓慢并出现最大值。若频偏继续增大，鉴频输出反而下降。鉴频输出最大值及其所对应的频偏值与 A 值有关。当 $A\geq1$ 时，其鉴频输出的最大值出现于广义失谐 $\xi=A$ 处。这时，对应的峰值带宽 $B_m=kf_0$，这说明耦合系数 k 一定，则 B_m 一定。只要 k 一定，当改变 Q 而引起 A 变化时，B_m 就不会变化。但如果 Q 一定，改变 k 使 A 变化时，B_m 将随 k 变化。鉴频跨导也与 A 值有关。由于 $A=kQ$，因此，存在以下两种情况。

第一种情况，Q 为常数，k 变化而引起 A 值变化，此时 $S_D \sim A$ 曲线如图 7-44(a) 所示。最大跨导 S_{Dmax} 所对的 A 值在 $A=0.86$ 处获得。当 $A>1$ 后，S_D 下降较快。

第二种情况，k 一定，Q 变化，引起 A 变化。由于 Q 变化，回路谐振电阻 R_e 改变，这时 $S_D\sim A$ 曲线如图 7-44(b) 所示。随着 A 的增加，S_D 单调上升。当 $A>3$ 后，S_D 上升缓慢，A 很大时，S_D 接近极限值。

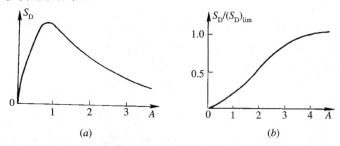

图 7-44　$S_D\sim A$ 曲线

此外，A 愈大，峰值带宽愈宽。但 A 太大（如 $A>3$ 时），曲线的线性度变差。线性度及斜率下降的原因，主要是耦合过紧时，谐振曲线在原点处凹陷过大造成的。为了兼顾鉴频特性的几个参数，A 通常选择在 $1\sim3$ 之间。实际鉴频特性的线性区约在 $2B_m/3$ 之内。

2. 电容耦合相位鉴频器

图 7-45(a) 是电容耦合相位鉴频器的基本电路。两个回路相互屏蔽。图中 C_m 为两回路间的耦合电容，其值很小，一般只有几个皮法至十几个皮法。除耦合回路外，其它部分均与互感耦合相位鉴频器相同。因此，它们有着相同的工作原理，我们只需分析耦合回路在波形变换中的作用即可。

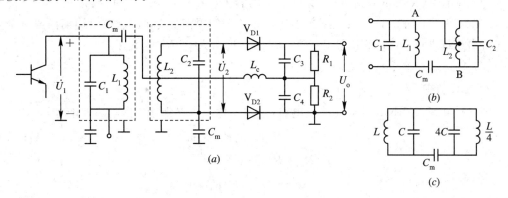

图 7-45　电容耦合相位鉴频器

耦合回路部分单独示于图 7-45(b)，其等效电路示于图 7-45(c)。根据耦合电路理论可求出此电路的耦合系数为

$$k = \frac{C_m}{\sqrt{(C_m+C)(C_m+4C)}} \approx \frac{C_m}{2C} \qquad (7-53)$$

设次级回路的并联阻抗 Z_2 为

$$Z_2 = \frac{R_e}{1+j\xi} \qquad (7-54)$$

由于 C_m 很小，满足 $1/(\omega C_m)\gg p^2 Z_2$，$p=1/2$。分析可得，AB 间的电压为

$$\frac{1}{2}\dot{U}_2 = j\frac{1}{4}\omega C_m Z_2 \dot{U}_1 \qquad (7-55)$$

由此可得

$$\dot{U}_2 = \mathrm{j}\,\frac{1}{2}\omega C_\mathrm{m}\frac{R_\mathrm{e}}{1+\mathrm{j}\xi}\dot{U}_1 = \mathrm{j}\,\frac{1}{2}\omega C_\mathrm{m}\frac{\dfrac{Q}{\omega_0 C}}{1+\mathrm{j}\xi}\dot{U}_1 \approx \mathrm{j}kQ\dot{U}_1\frac{1}{1+\mathrm{j}\xi} = \mathrm{j}\,\frac{A\dot{U}_1}{1+\mathrm{j}\xi}$$

此式与互感耦合电路完全相同,因此,其鉴频特性与互感耦合相位鉴频器相同。

电容耦合相位鉴频器的耦合系数由 C_m 和 C 决定,易于调整。并且两回路不需要通过空间的磁耦合,可单独屏蔽,结构也简单。

7.5.2 比例鉴频器

由对互感耦合相位鉴频器的分析可知,相位鉴频器的输出随接收信号的大小而变化。为抑制寄生调幅的影响,相位鉴频器前必须使用限幅器。但限幅器要求较大的输入信号,这必将导致鉴频器前中放、限幅数的增加。比例鉴频器具有自动限幅作用,不仅可以减少前面放大器的级数,而且可以避免使用硬限幅器,因此,比例鉴频器在调频广播接收机及电视接收机中得到了广泛的应用。

1. 电路

比例鉴频器是一种类似于叠加型相位鉴频器,而又具有自限幅(软限幅)能力的鉴频器,其基本电路如图 7 - 46(a) 所示。它与互感耦合相位鉴频器电路的区别在于:

(1) 两个二极管顺接;

(2) 在电阻($R_1 + R_2$)两端并接一个大电容 C,容量约在 10 μF 数量级。时间常数 $(R_1 + R_2)C$ 很大,约 $0.1 \sim 0.25$ s,远大于低频信号的周期。故在调制信号周期内或寄生调幅干扰电压周期内,可认为 C 上电压基本不变,近似为一恒定值 E_o;

(3) 接地点和输出点改变。

2. 工作原理

图 7 - 46(b) 是图(a)的简化等效电路,电压、电流如图所示。由电路理论可得

$$i_1(R_1 + R_\mathrm{L}) - i_2 R_\mathrm{L} = u_{\mathrm{c}1} \qquad (7 - 56)$$

$$i_2(R_2 + R_\mathrm{L}) - i_1 R_\mathrm{L} = u_{\mathrm{c}2} \qquad (7 - 57)$$

$$u_\mathrm{o} = (i_2 - i_1)R_\mathrm{L} \qquad (7 - 58)$$

当 $R_1 = R_2 = R$ 时,可得

$$u_\mathrm{o} = \frac{u_{\mathrm{c}2} - u_{\mathrm{c}1}}{2R_\mathrm{L} + R}R_\mathrm{L} \qquad (7 - 59)$$

若 $R_\mathrm{L} \gg R$,则

$$u_\mathrm{o} = \frac{1}{2}(u_{\mathrm{c}2} - u_{\mathrm{c}1}) = \frac{1}{2}K_\mathrm{d}(U_{\mathrm{D}2} - U_{\mathrm{D}1}) \qquad (7 - 60)$$

可见,在电路参数相同的条件下,输入调频信号幅度相等,比例鉴频器的输出电压与互感耦合或电容耦合相位鉴频器相比要小一半(鉴频灵敏度减半)。

当 $f = f_\mathrm{c}$ 时,$U_{\mathrm{D}1} = U_{\mathrm{D}2}$,$i_1 = i_2$,但以相反方向流过负载 R_L,所以输出电压为零;

当 $f > f_\mathrm{c}$ 时,$U_{\mathrm{D}1} > U_{\mathrm{D}2}$,$i_1 > i_2$,输出电压为负;

当 $f < f_\mathrm{c}$ 时,$U_{\mathrm{D}1} < U_{\mathrm{D}2}$,$i_1 < i_2$,输出电压为正。

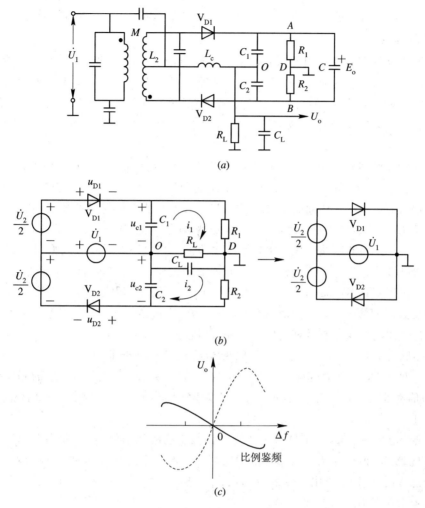

图 7 - 46　比例鉴频器电路及特性

由此可见，其鉴频特性如图 7 - 46(c)所示，它与互感耦合或电容耦合相位鉴频器的鉴频特性(图中虚线所示)的极性相反。这在自动频率控制系统中要特别注意。当然，通过改变两个二极管连接的方向或耦合线圈的绕向(同名端)，可以使鉴频特性反向。另一方面，输出电压也可由下式导出：

$$u_o = \frac{1}{2}(u_{c2} - u_{c1}) = \frac{1}{2}E_o \frac{u_{c2} - u_{c1}}{E_o} = \frac{1}{2}E_o \frac{u_{c2} - u_{c1}}{u_{c2} + u_{c1}} = \frac{1}{2}E_o \frac{1 - \dfrac{u_{c1}}{u_{c2}}}{1 + \dfrac{u_{c1}}{u_{c2}}} \qquad (7-61)$$

上式说明，比例鉴频器输出电压取决于两个检波电容上电压的比值，故称比例鉴频器。当输入调频信号的频率变化时，u_{c1} 与 u_{c2} 中，一个增大，另一个减小，变化方向相反，输出电压可按调制信号的规律变化。若输入信号的幅度改变(例如增大)，则 u_{c1} 与 u_{c2} 将以相同方向变化(如均增加)，这样可保持比值基本不变，使得输出电压不变，这就是所谓的限幅作用。

应当指出，u_o 只与 u_{c1} 和 u_{c2} 的比值有关，这一点是有条件的，即认为 E_o 恒定，R_1、R_2

上的电压等于 $E_o/2$。为此必须使 C 足够大，且 $R_L \gg R_1$、R_2。

3. 自限幅原理

比例鉴频器具有限幅作用的原因就在于电阻(R_1+R_2)两端并接了一个大电容 C。当输入信号幅度发生瞬时变化时，利用大电容的储能作用，保持 E_o 不变，来抑制输入幅度的变化。例如当输入幅度增加，使得 U_{D1}、U_{D2} 增大，i_{D1}、i_{D2} 增大。但由于 C 值很大，使瞬时增加的电流大部分流入电容 C，这对 C 两端的电压值并没有什么影响，E_o 不变，维持了 u_{c1} 和 u_{c2} 的基本不变。

比例鉴频器的限幅作用还可解释为由鉴频器高 Q 回路的负载变化产生的。从电路图可以看到，E_o 对检波管 V_{D1}、V_{D2} 是个反向偏压，也就是说检波器具有固定的负偏压。当输入幅度瞬时增大时，二极管导通角增加，电流基波分量加大，使得基波能量消耗增加，检波器输入电阻 R_i 下降；它又使回路负载加重，回路的有效 Q_e 值及回路谐振电阻 R_e 下降。这样，一方面将导致回路两端电压下降，使检波器输入幅度下降，同时还将引起回路相位的减小，其结果都使输出电压不随输入信号幅度的增大而增大，起到自动限幅作用。

不过，比例鉴频器的限幅作用并不理想。由于其限幅作用主要靠大电容 C 完成，当输入信号幅度长时间慢变化时，因时常数 $(R_1+R_2)C$ 不可能很大，C 两端电压也不可能不随之变化。为使比例鉴频器有较好的限幅作用，须做到：

(1) 回路的无载 Q_0 值要足够高，以便当检波器输入电阻 R_i 随输入电压幅度变化时，能引起回路 Q_e 明显的变化。一般应在接上检波器后，Q_e 值降至 Q_0 的一半。通常取 (R_1+R_2) 值在 $5\sim7$ kΩ 为宜。若 (R_1+R_2) 值太大，则当输入信号幅度迅速减小时，会引起二极管截止。

(2) 要保证时常数 $(R_1+R_2)C$ 大于寄生调幅干扰的几个周期。比例鉴频器存在着过抑制与阻塞现象。所谓过抑制是指输入信号幅度加大时，输出电压反而下降的现象。例如当输入信号加大时，因 R_i 变化使回路 Q_e 值下降太多，相位减小过多，因而使输出电压下降。过抑制现象会引起解调失真。

阻塞是指当输入信号幅值瞬时大幅度下降时，因 E_o 的反偏作用，使二极管截止，造成在一段时间内收不到信号。

为解决上述问题，可使部分反偏压随输入信号变化。二极管反偏压可由两部分组成，一部分是固定的，由 E_o 提供；另一部分由与二极管串联的电阻产生，它随输入信号而变。总偏压为 $E_o/2+I_{av}R$，见图 7 - 47。当输入幅度瞬时减小时，I_{av} 减小，R 上的电压减小，使得二极管的反偏压也瞬时减小。为了兼顾减轻阻塞效

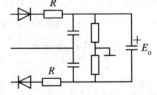

图 7 - 47　减小过抑制及阻塞的措施

应与抑制寄生调幅，R 上的电压应为 E_o 的 15% 左右。实际上，调整电阻 R，还可以使上下两支路对称。

7.5.3　正交鉴频器

1. 正交鉴频原理

正交鉴频器实际上是一种乘积型相位鉴频器，它由移相网络、乘法器和低通滤波器三

部分组成。调频信号一路直接加至乘法器，另一路经相移网络移相后(参考信号)加至乘法器。由于调频信号和参考信号同频正交，因此，称之为正交鉴频器。

正交鉴频器的输入信号通常来自调频接收机的中频。此中频调频信号一路直接加至乘法器，另一路经相移网络移相后形成参考信号也加至乘法器。由于相移网络对于输入信号中心频率产生 90° 相移，即当 $f = f_c$ 时，相移网络输出电压与输入电压正交，两者相乘的结果为零。当输入信号瞬时频率大于或小于中心频率时，移相网络呈现 $90° \pm \Delta\varphi$ 的相移，中频调频信号和参考信号同频正交。因此，两电压相乘后，产生与原调制信号成正比的输出电压。

若输入信号足够大，使相乘器出现限幅状态，则正交鉴频器可等效为开关电路形式或门电路的形式(称为符合门鉴频器，常用在数字锁相环等电路中)。

2. 集成正交鉴频器

图 7 - 48 是某电视机伴音集成电路，它包括限幅中放(V_1、V_2；V_4、V_5；V_7、V_8 为三级差分对放大器，V_3、V_6 和 V_9 为三个射极跟随器)、内部稳压($V_{D1} \sim V_{D5}$、V_{10})和鉴频电路三部分。其中的核心电路是正交鉴频器，它由乘法器、移相网络(外接，如图中的 L、C、C_1 及 R)和外接的低通滤波器组成。乘法器为双差分对电路，其中，V_{12}、V_{13} 和 V_{17}、V_{18} 组成集电极交叉连接的差分对 1，它由参考电压 u_r 控制；V_{14}、V_{15} 组成差分对 2，它由经限幅后的信号电压 u_s 控制；尾管 V_{16} 供给 V_{14}、V_{15} 以恒流源电流。u_r 与 u_s 经乘法器相乘后输出加于射极跟随器 V_{19}，由⑧脚输出接至外部的低通滤波器，滤除高频分量后即可解调出原调制信号。

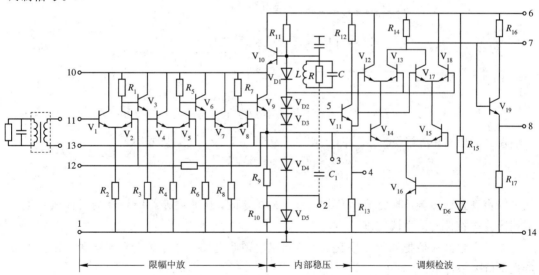

图 7 - 48　集成正交鉴频器

移相网络如图 7 - 49(a)所示，其传输函数为

$$H(\text{j}\omega) = \frac{\dfrac{1}{\dfrac{1}{R} + \text{j}\left(\omega C - \dfrac{1}{\omega L}\right)}}{\dfrac{1}{\text{j}\omega C_1} + \dfrac{1}{\dfrac{1}{R} + \text{j}\left(\omega C - \dfrac{1}{\omega L}\right)}} = \frac{\text{j}Q\omega^2 LC_1}{1 + \text{j}\xi} \tag{7 - 62}$$

其中，$Q = \dfrac{R}{\omega_0 L}$，$\xi = Q\left(\dfrac{\omega^2}{\omega_0^2} - 1\right) \approx 2Q\dfrac{\Delta f}{f_0}$，$\omega_0 = \omega_c = \dfrac{1}{\sqrt{L(C + C_1)}}$。可见，$u_1$ 与 u_2（实际上是 u_r 与 u_s）之间的相位差为

$$\varphi = \frac{\pi}{2} - \arctan\xi \tag{7 - 63}$$

相频特性曲线见图 $7 - 49(b)$。若设

$$u_1 = U_1 \cos(\omega_c t + m_f \sin\Omega t)$$

则

$$u_2 = U_2 \cos(\omega_c t + m_f \sin\Omega t + \varphi)$$

经相乘器和低通滤波器，输出电压为

$$u_o = U \cos\varphi \tag{7 - 64}$$

当 $\Delta f / f_0 \ll 1$ 时，上式可写为

$$u_o = U \cos\left(\frac{\pi}{2} - \frac{2Q\Delta f}{f_0}\right) = U \sin\frac{2Q\Delta f}{f_0} \approx 2UQ\frac{\Delta f}{f_0} \tag{7 - 65}$$

可见，鉴频器的输出与输入调频信号的频偏成正比。

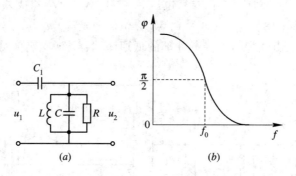

图 7 - 49 移相网络及其相频特性

在上面电路中，调整 L、C 和 C_1 均可改变回路谐振频率，只要满足

$$\omega_0 = \omega_c = \frac{1}{\sqrt{L(C + C_1)}} \tag{7 - 66}$$

就可以实现正交鉴频。改变 R，可以改变回路的 Q 值，从而调整相频特性的线性段宽度和鉴频器鉴频特性的线性段宽度。

如果限幅放大器把调频信号变成了矩形波，则此电路就成了积分鉴频电路，因为积分器也是低通滤波器。

7.5.4 其它鉴频电路

1. 差分峰值斜率鉴频器

差分峰值斜率鉴频器是一种在集成电路中常用的振幅鉴频器。图 $7 - 50(a)$ 是一个在电视接收机伴音信号处理电路（如 D7176AP、TA7243P）等集成电路中采用的差分峰值斜率鉴频器。图中，V_1、V_2 为射极跟随器；V_3、V_4 为检波管，它们的发射结分别与 C_3、C_4 构成峰值包络检波器；V_5、V_6 组成差分对放大器。

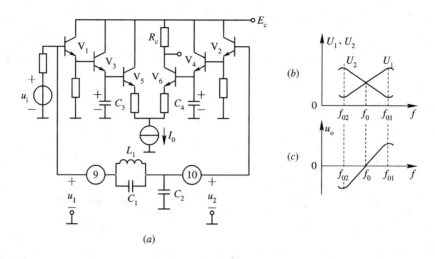

图 7 - 50　差分峰值斜率鉴频器

输入调频信号电压 u_i 一路直接加于 V_1 管的基极，称为 u_1；另一路经移相网络(由 L_1、C_1 和 C_2 组成)变为 FM - AM 信号 u_2，加在 V_2 管的输入端。u_1、u_2 分别经射极跟随器加于两个包络检波器之上。设 u_1、u_2 的峰值包络电压分别为 U_1、U_2，两个包络检波器的检波系数分别为 k_{d1}、k_{d2}(通常 $k_{d1}=k_{d2}$)，则两个包络检波器的输出分别为 $u_{c3}=k_{d1}U_1$、$u_{c4}=k_{d2}U_2$。将这两个检波输出分别加于差分放大器 V_5、V_6 的输入端，经差分放大后，V_6 集电极的单端输出电压 $u_o \propto (U_1-U_2)$。

移相网络接在集成电路的⑨、10脚之间。设从⑨脚向右看的移相电路的谐振频率为 f_{01}，从10脚向左看的移相电路的谐振频率为 f_{02}，则

$$f_{01} = \frac{1}{2\pi\sqrt{L_1 C_1}} \qquad (7-67)$$

$$f_{02} = \frac{1}{2\pi\sqrt{L_1(C_1+C_2)}} \qquad (7-68)$$

当调频信号的瞬时频率 $f=f_{01}$ 时，L_1、C_1 回路并联谐振，呈现最大谐振阻抗，这时，U_1 最大而 U_2 最小；当调频信号的瞬时频率 $f=f_{02}$ 时，L_1、C_1 和 C_2 回路并联谐振，呈现最大谐振阻抗，而 L_1、C_1 回路失谐振，呈现最小谐振阻抗，因而这时，U_1 最小而 U_2 最大。U_1、U_2 随 f 变化的曲线见图 7 - 50(b)。适当选取移相网络的参数，可以使鉴频器在调频信号的载频 $f_c=f_0$ 处输出鉴频电压为零。图 7 - 50(c)为此鉴频器的鉴频特性。

2. 晶体鉴频器

晶体鉴频器的原理电路如图 7 - 51 所示。电容 C 与晶体串联后接到调频信号源。V_{D1}、R_1、C_1 和 V_{D2}、R_2、C_2 为两个二极管包络检波器。为了保证电路平衡，通常 V_{D1} 与 V_{D2} 性能相同，$R_1=R_2$，$C_1=C_2$。

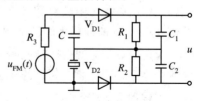

图 7 - 51　晶体鉴频器原理电路

电容 C 与晶体组成分压器，其分压取决于两者的电抗比。设 C 的电抗为 X_c，晶体的电抗为 X_q，它们的电抗曲线如图 7 - 52(a)所示。晶体串、并联频率 f_q、f_0 相距很近，电抗在此范围内变化很快，并呈感抗。而在此频率范围内的电容容抗可近似认为不变，因此，当信号频率变化时，分压比的改变主要是由晶体电抗变化

引起的。在 $f_q \sim f_0$ 内，分压比随频率的变化也是剧烈的。当信号频率等于 f_q 时，$X_q = 0$，此时电压几乎全部降在电容器 C 上；当信号频率等于 f_0 时，电压几乎全部降在晶体上，当 $X_c = X_q$ 时（如图中 f_c 所示频率位置），则 $U_c = U_q$。在 $f_q \sim f_0$ 之间，随着频率的增加晶体上电压上升，而电容上的电压下降，如图 7-52(b) 所示。

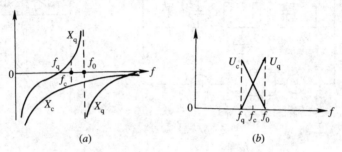

图 7-52　电容—晶体分压器

(a) 电抗曲线；(b) 电容、晶体两端电压变化曲线

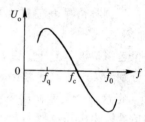

上述说明，C 与晶体上的电压既调频又调幅，亦即利用电容—晶体支路将调频波进行了波形变换。而且 U_C 与 U_q 的振幅变化方向也是相反的。这个结果与前述相位鉴频器加给两个检波器的电压是一样的。因此，在电容—晶体支路后面接两个包络检波器就可得出解调信号。此晶体鉴频器输出电压与瞬时频率间的关系如图 7-53 曲线所示。

图 7-53　晶体鉴频器的鉴频特性

晶体鉴频器的主要优点是结构简单，调整容易，鉴频灵敏度高。它在窄带调频接收机中得到日益广泛的应用。

由于晶体 f_q 至 f_0 范围窄，实用中有时要扩展频带。常用的扩展频带的方法有串联电感等，其原理与晶体调频原理相同。

由于晶体价格较贵，因此也可用陶瓷滤波器构成鉴频器，其工作原理与晶体鉴频器相同，这里不再赘述。

7.5.5　限幅电路

除比例鉴频器外，其它鉴频器基本上都不具有自动限幅（软限幅）能力。为了抑制寄生调幅的影响，需在中放级采用硬限幅电路。硬限幅器要求的输入信号电压较大，约 1～3 V，因此，其前面的中频放大器的增益要高，级数较多。

所谓限幅器，就是把输入幅度变化的信号变换为输出幅度恒定的信号的变换电路。在鉴频器中采用限幅器，其目的在于将具有寄生调幅的调频波变换为等幅的调频波。

限幅器分为瞬时限幅器和振幅限幅器两种。脉冲计数式鉴频器中的限幅器属于瞬时限幅器，其作用是把输入的调频波变为等幅的调频方波。振幅限幅器的实现电路很多，但若在瞬时限幅器后面接上带通滤波器，取出等幅调频方波中的基波分量，也可以构成振幅限幅器。但这个滤波器的带宽应足够宽，否则会因滤波器的传输特性不好而引入新的寄生调幅。

振幅限幅器的性能可由图 7 - 54(b) 所示的限幅特性曲线表示。图中，U_p 表示限幅器进入限幅状态的最小输入信号电压，称为门限电压。对限幅器的要求主要是在限幅区内要有平坦的限幅特性，门限电压要尽量小。

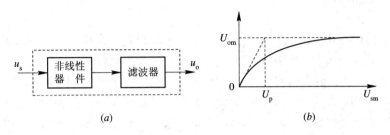

(a)　　　　　　　　　　　　　(b)

图 7 - 54　限幅器及其特性曲线

限幅电路一般有二极管电路、三极管电路和集成电路三类。典型的二极管限幅电路（瞬时限幅器）在低频电路中已经讲述过。高频功率放大器在过压区（饱和状态）就是一种三极管限幅器。集成电路中常用的限幅电路是差分对电路，当输入电压大于 100 mV 时，电路就进入限幅状态。

7.6　调频收发信机及特殊电路

7.6.1　调频发射机

图 7 - 55 是一种调频发射机的框图。其载频 $f_c = 88 \sim 108$ MHz，输入调制信号频率为 50 Hz $\sim$ 15 kHz，最大频偏为 75 kHz。由图可知，调频方式为间接调频。由高稳定度晶体振荡器产生 $f_{c1} = 200$ kHz 的初始载波信号送入调相器，由经预加重和积分的调制信号对其调相。调相输出的最大频偏为 25 Hz，调制指数 $m_f < 0.5$。经 64 倍频后，载频变为 12.8 MHz，最大频偏为 1.6 MHz。再经混频器，将载频降低到 1.8 $\sim$ 2.3 MHz，然后再经 48 倍频，载频变为 86.4 $\sim$ 110.4 MHz（覆盖 88 $\sim$ 108 MHz），最大频偏也提高到 76.8 MHz（大于 75 kHz），调制指数也得到了提高，满足要求。最后，经功率放大后由天线辐射出去。

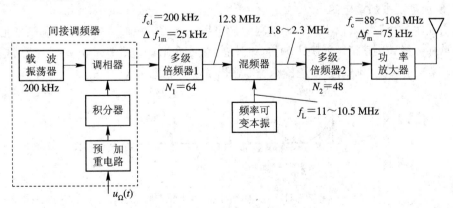

图 7 - 55　调频发射机框图

调频信号的带宽较宽，调制指数较大，因此，调频制具有优良的抗噪声性能。但也正因为如此，调频发射机必须工作在 VHF 频段以上。

7.6.2　调频接收机

图 7－56 为广播调频接收机典型方框图。为了获得较好的接收机灵敏度和选择性，除限幅级、鉴频器及几个附加电路外，其主要方框均与 AM 超外差接收机相同。调频广播基本参数与发射机相同。由于信号带宽为 180 kHz，留出 ±10 kHz 的余量，接收机频带约 200 kHz，其放大器带宽远大于调幅接收机。混频器只输入信号的载波频率，而不改变其频偏。其中频值为 10.7 MHz，它稍大于调频广播频段（108－88＝20 MHz）的一半，这样可以避免镜频干扰。如 $f_L = f_c + 10.7$ MHz，当 $f_c = 88$ MHz 时，镜频为 109.4 MHz，这个频率已位于调频广播波段之外。当然这并不能避免该频率范围以外的其它电台的镜频干扰。

图中的自动频率控制电路（AFC）可微调本振频率，使混频输出（$f_L - f_c$）稳定在中频数值 10.7 MHz 上，这样不仅可以提高整个调频接收机的选择性和灵敏度，而且对改善接收机的保真度也是有益的。

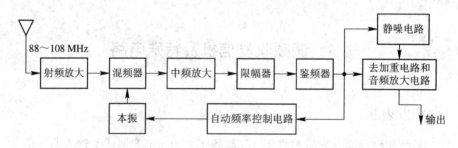

图 7－56　调频接收机方框图

静噪电路的目的是使接收机在没有收到信号时（此时噪声较大），自动将低频放大器闭锁，使噪声不在终端出现。当有信号时，噪声小，又能自动解除闭锁，使信号通过低放输出。

7.6.3　特殊电路

1. 预加重及去加重电路

理论证明，对于输入白噪声，调幅制的输出噪声频谱呈矩形，在整个调制频率范围内，所有噪声都一样大。调频制的噪声频谱（电压谱）呈三角形，见图 7－57(b)，随着调制频率的增高，噪声也增大。调制频率范围愈宽，输出的噪声也愈大。

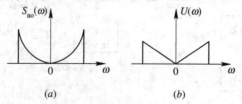

图 7－57　调频解调器的输出噪声频谱

(a) 功率谱；(b) 电压谱

但对信号来说，诸如话音、音乐等，其信号能量不是均匀地分布，而是在较低的频率范围内集中了大部分能量，高频部分能量较少。这恰好与调频噪声谱相反。这样会导致调制频率高频端信噪比降低到不允许的程度。为了改善输出端的信噪比，可以采用预加重与去加重措施。

　　所谓预加重，是在发射机的调制器前，有目的地、人为地改变调制信号，使其高频端得到加强（提升），以提高调制频率高端的信噪比。信号经过这种处理后，产生了失真，因此在接收端应采取相反的措施，在解调器后接去加重网络，以恢复原来调制频率之间的比例关系。

　　由于调频噪声频谱呈三角形，或者说与 ω 成线性关系，使我们联想到将信号作相应的处理，即要求预加重网络的特性为

$$H(\mathrm{j}\omega) = \mathrm{j}\omega$$

这是个微分器。也就是说对信号微分后再进行频率调制，这样就等于用 PM 代替了 FM。这种方法存在带宽不经济的缺点。故采用折衷的办法，使预加重网络传递函数在低频端为常数而在较高频段相当于微分器。近似这种响应的 RC 网络如图 7-58(a)所示，它是典型的预加重网络。图(b)是网络频率响应的渐近线。CR_1 的典型值为 75 μs。由 $\omega_1 = 1/(CR_1)$ 看出，这意味着在 2.1 kHz 以上的频率分量都被"加重"。f_2 选择在所要传输的最高音频处。对于高质量的接收，可取 $f_2 = 15$ kHz。

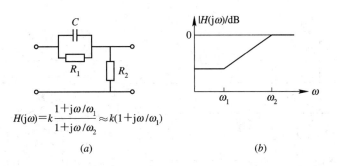

$$H(\mathrm{j}\omega) = k\frac{1+\mathrm{j}\omega/\omega_1}{1+\mathrm{j}\omega/\omega_2} \approx k(1+\mathrm{j}\omega/\omega_1)$$

(a)　　　　　　　　　　　　(b)

图 7-58　预加重网络及其特性

(a) 预加重网络；(b) 频率响应

　　去加重网络及其频响曲线如图 7-59 所示。从图看出，当 $\omega < \omega_2$ 时，预加重和去加重网络总的频率传递函数近似为一常数，这正是使信号不失真所需的条件。

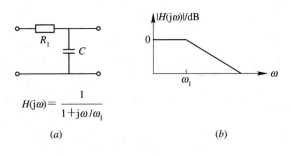

$$H(\mathrm{j}\omega) = \frac{1}{1+\mathrm{j}\omega/\omega_1}$$

(a)　　　　　　　　　　　　(b)

图 7-59　去加重网络及其特性

采用预、去加重网络后，对信号不会产生变化，但对信噪比却得到较大的改善，如图7 - 60所示。

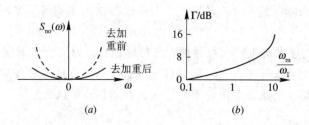

图 7 - 60 预、去加重网络对信噪比的改善

2. 静噪电路

由于在调频接收中存在门限效应，因此在系统设计时要尽可能地降低门限值。为了获得较高的输出信噪比，在鉴频器的输入端的输入信噪比要在门限值之上。但在调频通信和调频广播中，经常会遇到无信号或弱信号的情况，这时输入信噪比就低于门限值，输出端的噪声就会急剧增加。为此，要采用静噪电路来抑制这种烦人的噪声。

静噪的方式和电路是多种多样的，常用的是用静噪电路去控制接收机的低频放大器，如图7 - 61所示。静噪电路的接入方法有两种，一种接在鉴频器的输入端；另一端接在鉴频器的输出端，用静噪系统的输出去控制低频放大器，如图7 - 62所示。

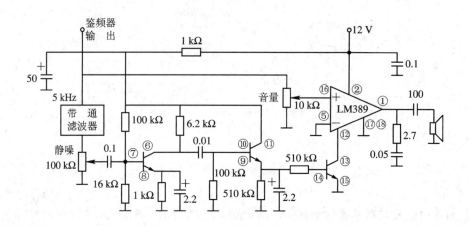

图 7 - 61 静噪电路举例

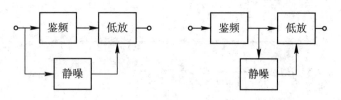

图 7 - 62 静噪电路接入方式

7.7　调频多重广播

7.7.1　调频立体声广播

1. 调频立体声广播方式

图 7 - 63 示出了调频立体声广播的系统图。左声道信号(L)和右声道信号(R)经各自的预加重在矩阵电路中形成和信号(L＋R)和差信号(L－R)。和信号(L＋R)照原样成为主信道信号,差信号(L－R)经平衡调制器对副载波进行抑制载波的调幅,成为副信道信号。为了使接收端易于生成副载波,通常在发射机中把副载频的二分频信号作为导频信号。把主信道信号、副信道信号和导频信号合称为复合信号。复合信号对主载波进行调频,就成为调频立体声广播信号。由此可知,调频立体声广播为调幅-调频(AM－FM)调制方式。

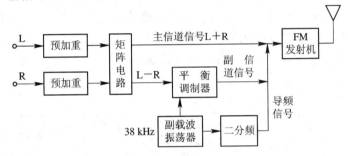

图 7 - 63　调频立体声广播发射机的系统图

调频立体声广播具有兼容性,即单声道调频接收机和立体声调频接收机都可以正常接收调频立体声广播。

2. 调频立体声接收机

调频立体声接收机的框图如图 7 - 64 所示,在鉴频器之前与单声道调频接收机的组成相同。

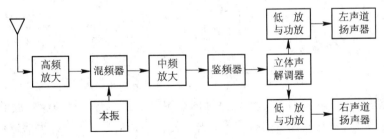

图 7 - 64　调频立体声接收机的框图

接收立体声广播时,鉴频器输出的是复合信号,经立体声解调器(MPX)解调后恢复出左、右声道信号。

接收单声道广播时,鉴频器输出不包含导频信号,立体声解调器(MPX)停止工作,左、右扬声器都为单声道输出。

立体声解调器(MPX)是调频立体声接收机的关键电路之一。通常有开关方式和矩阵方式两种,分别示于图 7 - 65(a)、(b),并有专用集成电路可供使用,如 HA1156W 等。

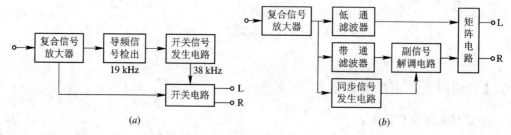

图 7 - 65　立体声解调器工作方式

（a）开关方式；（b）矩阵方式

7.7.2　电视伴音的多重广播

　　电视伴音的多重广播就是电视伴音的立体声广播。图 7 - 66 为某电视伴音多重广播的发射机框图。和信号被作为主信道信号发送，差信号经限幅器、IDC 电路和低通滤波器后作为副信道信号对行扫描频率 f_H 的二倍频信号（副载波）进行调频，并与主信道信号合成后送到伴音发射机。图中的 IDC 电路称为瞬时偏移控制（Instantaneous Deviation Control）电路，它与其前面的限幅器一起，使得即使有强输入信号时频偏也限定在某一定值之下，从而避免因边带的扩大而影响邻频道通信。

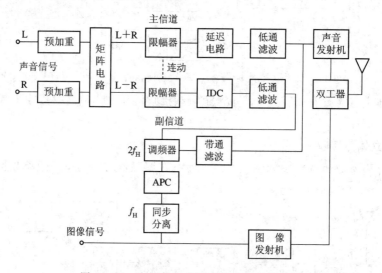

图 7 - 66　电视伴音多重广播的发射机框图

　　在接收端，电视机中的伴音处理电路框图如图 7 - 67 所示。对图像中放的输出进行检波，取出伴音中频，对它放大后进行鉴频，得到复合伴音信号。它含有主信道信号、副信道信号和控制信号。对此复合信号进行处理和转换即可得到立体声伴音的输出。

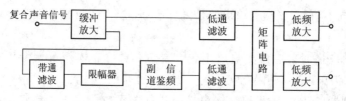

图 7 - 67　电视伴音处理电路框图

附表　贝塞尔函数的数值表

$(\times 10^{-2})$

阶数 n	$J_n(0,5)$	$J_n(1)$	$J_n(2)$	$J_n(3)$	$J_n(4)$	$J_n(5)$	$J_n(6)$	$J_n(7)$	$J_n(8)$	$J_n(9)$	$J_n(10)$	$J_n(11)$	$J_n(12)$	$J_n(13)$	$J_n(14)$	$J_n(15)$	$J_n(16)$
0	93.85	76.52	22.39	-26.01	-39.71	-17.76	15.06	30.01	17.17	-9.03	-24.59	-17.12	4.77	20.69	17.11	-1.42	-17.49
1	24.23	44.01	57.67	33.91	-6.60	-32.76	-27.67	-0.49	23.46	24.53	4.35	-17.68	-22.34	-7.03	13.34	20.51	9.04
2	3.00	11.49	35.28	48.61	36.41	4.66	-24.29	-30.14	-11.30	14.48	25.46	13.90	-8.49	-21.77	-15.20	4.16	18.62
3		1.96	12.89	30.91	43.02	36.48	11.48	-16.76	-29.11	-18.09	5.84	22.73	19.51	0.33	-1.768	-19.40	-4.38
4		0.25	3.40	13.20	28.11	39.12	35.76	15.78	-10.54	-26.55	-21.96	-1.50	8.25	21.93	7.62	-11.92	-20.23
5			0.70	4.30	13.21	26.11	36.21	34.79	18.58	-5.50	-23.41	-23.83	-7.35	13.16	22.04	13.05	-5.75
6			0.12	1.14	4.91	13.11	24.58	33.92	33.76	20.43	-1.45	-20.16	-24.37	-11.80	8.12	20.61	16.67
7				0.26	1.52	5.34	12.96	23.30	32.06	32.75	21.67	1.84	-17.03	-24.06	15.08	3.45	18.25
8					0.40	1.84	5.65	12.80	22.35	30.51	31.79	22.50	4.51	-14.10	-23.20	-17.40	-0.70
9						0.55	2.12	5.89	12.68	21.49	29.19	30.89	23.04	6.70	-11.43	-22.00	-18.95
10						0.15	0.70	2.35	6.10	12.47	20.75	28.04	30.05	23.38	8.50	-9.00	-20.62
11							0.20	0.83	2.56	6.22	12.31	20.10	27.04	29.27	23.57	9.99	-6.82
12								0.27	0.96	2.74	6.34	12.16	19.53	26.15	28.55	23.67	11.24
13								0.08	0.33	1.08	2.90	6.43	12.01	19.01	25.36	27.87	23.68
14									0.10	0.39	1.20	3.04	6.50	11.88	18.55	24.64	27.24
15									0.03	0.13	0.45	1.30	3.16	6.56	11.74	18.13	23.99
16										0.04	0.16	0.51	1.40	3.27	6.61	11.62	17.75
17											0.05	0.19	0.57	1.49	3.37	6.65	11.50
18												0.06	0.22	0.63	1.58	3.46	6.69
19													0.08	0.25	0.68	1.66	3.54
20														0.09	0.28	0.74	1.73
21														0.03	0.10	0.31	0.79
22															0.04	0.12	0.34

思考题与习题

7-1 角调波 $u(t) = 10 \cos(2\pi \times 10^6 t + 10 \cos 2000\pi t)$ (V)，试确定：(1) 最大频偏；(2) 最大相偏；(3) 信号带宽；(4) 此信号在单位电阻上的功率；(5) 能否确定这是 FM 波还是 PM 波？(6) 调制电压。

7-2 调制信号 $u_\Omega = 2 \cos 2\pi \times 10^3 t + 3 \cos 3\pi \times 10^3 t$ (V)，调频灵敏度 $k_f = 3$ kHz/V，载波信号为 $u_c = 5 \cos 2\pi \times 10^7 t$ (V)，试写出此 FM 信号表达式。

7-3 调制信号如图所示。(1) 画出 FM 波的 $\Delta\omega(t)$ 和 $\Delta\varphi(t)$ 曲线；(2) 画出 PM 波的 $\Delta\omega(t)$ 和 $\Delta\varphi(t)$ 曲线；(3) 画出 FM 波和 PM 波的波形草图。

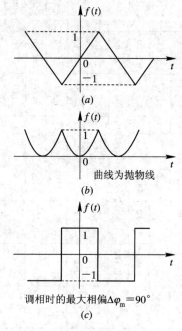

题 7-3 图

7-4 频率为 100 MHz 的载波被频率为 5 kHz 的正弦信号调制，最大频偏为 50 kHz，求此时 FM 波的带宽。若 U_Ω 加倍，频率不变，带宽是多少？若频率不变，U_Ω 增大一倍，带宽如何？若 U_Ω 和频率都增大一倍，带宽又如何？

7-5 电视四频道的伴音载频 $f_c = 83.75$ MHz，$\Delta f_m = 50$ MHz，$F_{max} = 15$ MHz。(1) 画出伴音信号频谱图；(2) 计算信号带宽；(3) 瞬时频率的变化范围是多少？

7-6 有一个 AM 波和 FM 波，载频均为 1 MHz，调制信号均为 $u_\Omega(t) = 0.1 \sin(2\pi \times 10^3 t)$ V。FM 灵敏度为 $k_f = 1$ kHz/V，动态范围大于 20 V。(1) 求 AM 波和 FM 波的信号带宽；(2) 若 $u_\Omega(t) = 20 \sin(2\pi \times 10^3 t)$ V，重新计算 AM 波和 FM 波的带宽；(3) 由此 (1)、(2) 可得出什么结论。

7-7 调频振荡器回路的电容为变容二极管，其压控特性为 $C_j = C_{j0} / \sqrt{1+2u}$，$u$ 为变容二极管反向电压的绝对值。反向偏压 $E_Q = 4$ V，振荡中心频率为 10 MHz，调制电压为 $u_\Omega(t) = \cos\Omega t$ V。(1) 求在中心频率附近的线性调制灵敏度；(2) 当要求 $K_{f2} < 1\%$ 时，求允许的最大频偏值。

7-8 调频振荡器回路由电感 L 和变容二极管组成。$L = 2\ \mu\text{H}$，变容二极管参数为：$C_{j0} = 225\ \text{pF}$，$\gamma = 0.5$，$u_\varphi = 0.6\ \text{V}$，$E_Q = -6\ \text{V}$，调制电压为 $u_\Omega(t) = 3\cos(10^4 t)\ \text{V}$。求输出调频波的（1）载频；（2）由调制信号引起的载频漂移；（3）最大频偏；（4）调频系数；（5）二阶失真系数。

7-9 如图所示变容管 FM 电路，$f_c = 360\ \text{MHz}$，$\gamma = 3$，$u_\varphi = 0.6\ \text{V}$，$u_\Omega(t) = \cos\Omega t\ \text{V}$。图中 L_c 为高频扼流圈，C_3、C_4 和 C_5 为高频旁路电容。（1）分析此电路工作原理并说明其它各元件作用；（2）调节 R_2 使变容管反偏电压为 6 V，此时，$C_{jQ} = 20\ \text{pF}$，求 L；（3）计算最大频偏和二阶失真系数。

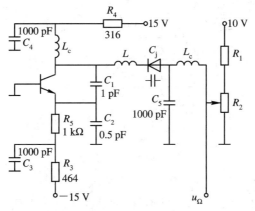

题 7-9 图

7-10 图示为晶体振荡器直接调频电路，试说明其工作原理及各元件的作用。

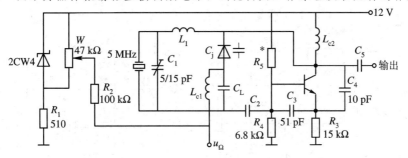

题 7-10 图

7-11 变容管调频器的部分电路如图所示，其中，两个变容管的特性完全相同，均为 $C_j = C_{j0}/(1 + u/u_\varphi)^\gamma$，$ZL_1$ 及 ZL_2 为高频扼流圈，C_1 对振荡频率短路。试推导：（1）振荡频率表示式；（2）基波最大频偏；（3）二次谐波失真系数。

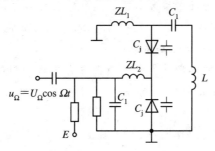

题 7-11 图

7 - 12 方波调频电路如图所示，其中，$E_c = E_e = E_1 = 12\ \text{V}$，$E_2 = 5\ \text{V}$，$E_3 = 3\ \text{V}$，$R_1 = 4.5\ \text{k}\Omega$，$R_2 = 3\ \text{k}\Omega$，$C_1 = C_2 = 1000\ \text{pF}$，调制信号 $u_\Omega(t) = 1.5\ \cos 10^4 t\ (\text{V})$，晶体管的 $\beta > 100$。求调频方波的瞬时表达式。

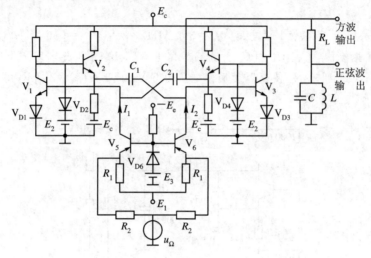

题 7 - 12 图

7 - 13 设计一个调频发射机，要求工作频率为 160 MHz，最大频偏为 1 MHz，调制信号最高频率为 10 kHz，副载频选 500 kHz，请画出发射机方框图，并标出各处的频率和最大频偏值。

7 - 14 在图示的两个电路中，哪个能实现包络检波，哪个能实现鉴频，相应的回路参数如何配置？

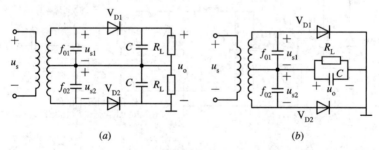

(a) (b)

题 7 - 14 图

7 - 15 已知某鉴频器的输入信号为 $u_{\text{FM}} = 3\ \sin(\omega_c t + 10\ \sin 2\pi \times 10^3 t)\ (\text{V})$，鉴频跨导为 $S_D = -5\ \text{mV/kHz}$，线性鉴频范围大于 $2\Delta f_m$。求输出电压 u_o 的表示式。

7 - 16 已知某互感耦合相位鉴频器的耦合因数 $A = 3$，$f_0 = 10\ \text{MHz}$，晶体管的 $Y_{\text{fe}} = 30\ \text{mA/V}$，回路电容 $C = 20\ \text{pF}$，有效 $Q_e = 60$，二极管检波器的电流通角 $\theta = 20°$，输入信号振幅为 $U_m = 20\ \text{mV}$。求：(1) 最大鉴频带宽 B_m；(2) 鉴频跨导 S_D。

7 - 17 已知某鉴频器的鉴频特性在鉴频带宽之内为正弦型，$B_m = 2\ \text{MHz}$，输入信号 $u_i(t) = U_i \sin(\omega_c t + m_f \cos 2\pi F t)\ (\text{V})$，求以下两种情况下的输出电压：(1) $F = 1\ \text{MHz}$，$m_f = 6.32$；(2) $F = 1\ \text{MHz}$，$m_f = 10$。

7 - 18 图示为一正交鉴频器电路。(1) 画出时延网络的 $\varphi \sim f$ 曲线；(2) 说明此电路的调频原理；(3) 求输出电压的表示式。

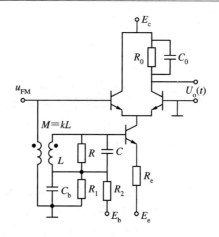

题 7 - 18 图

7-19　设互感耦合相位鉴频器的输入信号为 $u_1(t)=U_1\cos(\omega_c t+m_f\sin\Omega t)$（V），试画出下列波形示意图：(1) $u_1(t)$；(2) $u_1(t)$ 的调制信号 $u_\Omega(t)$；(3) 次级回路电压 $u_2(t)$；(4) 两个检波器的输入电压 $u_{d1}(t)$ 及 $u_{d2}(t)$；(5) 两个检波器的输出电压 $u_{o1}(t)$ 及 $u_{o2}(t)$；(6) 两个检波二极管上的电压 $u_{D1}(t)$ 及 $u_{D2}(t)$；(7) 鉴频器输出电压 $u_o(t)$。

7-20　图示为一相位鉴频器电路，其中 R_1、L_1、C_1 组成高 Q 谐振回路，相移网络的电压增益为 1，变压器和检波器均为理想。试求此鉴频器的鉴频跨导。

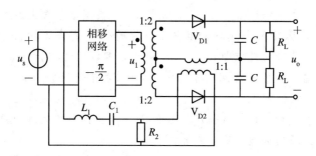

题 7 - 20 图

7-21　用矢量合成原理定性描绘出比例鉴频器的鉴频特性。

7-22　相位鉴频器使用久了，出现了以下现象，试分析产生的原因：

(1) 输入载波信号时，输出为一直流电压；

(2) 出现严重的非线性失真。

7-23　说明调频系统中的预加重电路、去加重电路及静噪电路的作用与原理。

7-24　试说明调频立体声广播和接收原理。

第8章　反馈控制电路

反馈控制是现代系统工程中的一种重要技术手段。在系统受到扰动的情况下,通过反馈控制作用,可使系统的某个参数达到所需的精度,或按照一定的规律变化。电子线路中也常常应用反馈控制技术。根据控制对象参量的不同,反馈控制电路可以分为以下三类:

1) 自动增益控制(Automatic Gain Control 简称 AGC),它主要用于接收机中,以维持整机输出恒定,几乎不随外来信号的强弱变化。

2) 自动频率控制(Automatic Frequency Control,简称 AFC),它用来维持电子设备中工作频率的稳定。

3) 自动相位控制(Automatic Phase Control,简称 APC),又称为锁相环路(Phase Locked Loop,简称 PLL),它用于锁定相位,能够实现许多功能,是应用最广的一种反馈控制电路。

反馈控制电路的组成如图 8-1 所示,由比较器、控制信号发生器、可控器件和反馈网络四部分组成一个负反馈闭合环路。其中比较器的作用是将参考信号 $u_r(t)$ 和反馈信号 $u_f(t)$ 进行比较,输出二者的差值即误差信号 $u_e(t)$,然后经过控制信号发生器送出控制信号 $u_c(t)$,对可控制器件的某一特性进行控制。对于可控制器件,或者是其输入输出特性受控制信号 $u_c(t)$ 的控制(如可控增益放大器),或者是在不加输入的情况下,本身输出信号的某一参量受控制信号 $u_c(t)$ 的控制(如压控振荡器)。而反馈网络的作用是在输出信号 $u_o(t)$ 中提取所需要进行比较的分量,并进行比较。

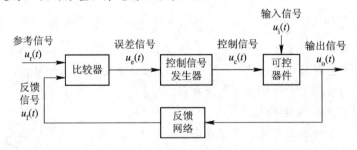

图 8-1　反馈控制系统的组成

根据输入比较信号参量的不同,图中的比较器可以是电压比较器、频率比较器(鉴频器)或相位比较器(鉴相器)三种,所以对应的 $u_r(t)$ 和 $u_f(t)$ 可以是电压、频率或相位参量。可控器件的可控制特性一般是增益、频率或相位,所以输出信号 $u_o(t)$ 的量纲是电压、频率或相位。

近年来,由于无线电通信技术的迅速发展,对振荡信号源的要求不断提高,不但要求它有高的频率稳定度和准确度,而且要求能方便地改换频率。石英晶体振荡器的频率稳定度和准确度是很高的，但改换频率不方便，只宜用于固定频率；LC 振荡器改换频率方便，但频率稳定性和准确度又不够高。能不能设法将这两种振荡器的特点结合起来，使信号源具有频率稳定度与准确度高，且改换频率方便的优点呢？近年来获得迅速发展的频率合成技术，就能满足上述要求。

　　本章主要介绍反馈控制电路和在此基础上发展起来的频率合成技术。

8.1　自动增益控制电路

　　在通信、导航、遥测遥控等无线电系统中，由于受发射功率大小、收发距离远近、电波传播衰落等各种因素的影响，接收机所接收的信号强弱变化范围很大，信号强度的变化可从几微伏至几毫伏，相差几十分贝。如果接收机增益不变，则信号太强时会造成接收机的饱和或阻塞，甚至使接收机损坏，而信号太弱时又可能被丢失。因此，在接收弱信号时，希望接收机有很高的增益，而在接收强信号时，接收机的增益应减小一些。这种要求靠人工增益控制(如接收机上的音量控制等)来实现是困难的，必须采用自动增益控制电路，使接收机的增益随输入信号强弱而自动变化。自动增益控制电路是接收机中不可缺少的辅助电路。图 8 - 2 是具有 AGC 电路的接收机组成框图。在发射机或其它电子设备中，自动增益电路也有广泛的应用。

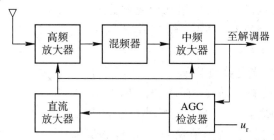

图 8 - 2　具有 AGC 电路的接收机组成框图

8.1.1　工作原理

　　自动增益控制电路的作用是，当输入信号电压变化很大时，保持接收机输出电压恒定或基本不变。具体地说，当输入信号很弱时，接收机的增益大，自动增益控制电路不起作用；而当输入信号很强时，自动增益控制电路进行控制，使接收机的增益减小。这样，当接收信号强度变化时，接收机的输出端的电压或功率基本不变或保持恒定。自动增益控制电路的组成如图 8 - 3 所示。

　　设输入信号振幅为 U_i，输出信号振幅为 U_o，可控增益放大器增益为 $K_v(u_c)$，它是控制电压 u_c 的函数，则有

$$U_o = K_v(u_c)U_i \tag{8-1}$$

　　在 AGC 电路中，比较参量是信号电平，所以采用电压比较器。反馈网络由电平检测器、低通滤波器和直流放大器组成，检测出输出信号振幅电平(平均电平或峰值电平)，滤除不需要的较高频率分量，进行适当放大后与恒定的参考电平 U_r 比较，产生一个误差信

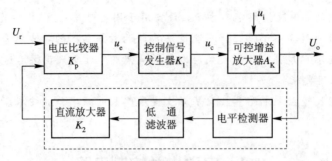

图 8-3 自动增益控制电路框图

号 u_e。这个误差信号 u_e 通过控制信号发生器去控制可控增益放大器的增益。当 U_i 减小而使输出 U_o 减小时，环路产生的控制信号 u_c 将使增益 K_v 增加，从而使 U_o 趋于增大；当 U_i 增大而使输出 U_o 增大时，环路产生的控制信号 u_c 将使增益 K_v 减小，从而使 U_o 趋于减小。无论何种情况，通过环路的不断地循环反馈，会使输出信号振幅 U_o 保持基本不变或仅在较小范围内变化。

8.1.2 自动增益控制电路

根据输入信号的类型、特点以及对控制的要求，AGC 电路主要有以下几种类型。

1. 简单 AGC 电路

在简单 AGC 电路里，参考电平 $U_r = 0$。这样，只要输入信号振幅 U_i 增加，AGC 的作用就会使增益 K_v 减小，从而使输出信号振幅 U_o 减小。图 8-4 为简单 AGC 的特性曲线。

简单 AGC 电路的优点是线路简单，在实用电路中不需要电压比较器；主要缺点是，一有外来信号，AGC 立即起作用，接收机的增益就受控制而减小。这对提高接收机的灵敏度是不利的，尤其在外来信号很微弱时。所以简单 AGC 电路适用于输入信号振幅较大的场合。

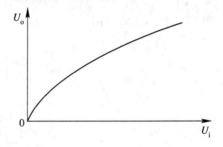

图 8-4 简单 AGC 特性曲线

设 m_o 是 AGC 电路限定的输出信号振幅最大值与最小值之比（输出动态范围），即

$$m_o = \frac{U_{omax}}{U_{omin}} \tag{8-2}$$

m_i 为 AGC 电路限定的输入信号振幅最大值与最小值之比（输入动态范围），即

$$m_i = \frac{U_{imax}}{U_{imin}} \tag{8-3}$$

则有

$$\frac{m_i}{m_o} = \frac{U_{imax}/U_{imin}}{U_{omax}/U_{omin}} = \frac{U_{omin}/U_{imin}}{U_{omax}/U_{imax}} = \frac{K_{vmax}}{K_{vmin}} = n_v \tag{8-4}$$

上式中，K_{vmax} 是输入信号振幅最小时可控增益放大器的增益，显然，这应是它的最大增益，K_{vmin} 是输入信号振幅最大时可控增益放大器的增益，这应是它的最小增益。比值 m_i/m_o 越大，表明 AGC 电路输入动态范围越大，而输出动态范围越小，则 AGC 性能越佳，这就要求可控增益放大器的增益控制倍数 n_v 尽可能大，n_v 也可称为增益动态范围，通常

用分贝数表示。

2. 延迟 AGC 电路

在延迟 AGC 电路里有一个起控门限，即比较器参考电压 U_r，它对应的输入信号振幅 U_{imin}，如图 8−5 所示。

当输入信号 U_i 小于 U_{imin} 时，反馈环路断开，AGC 不起作用，放大器 K_v 不变，输出信号 U_o 与输入信号 U_i 成线性关系。当 U_i 大于 U_{imin} 后，反馈环路接通，AGC 电路才开始产生误差信号和控制信号，使放大器增益 K_v 有所减小，保持输出信号 U_o 基本恒定或仅有微小变化。这种 AGC 电路由于需要延迟到 $U_i > U_{imin}$ 之后才开始起控制作用，故称为延迟 AGC。但应注意，这里"延迟"二字不是指时间上的延迟。图 8−6 是一延迟

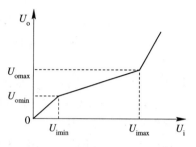

图 8−5 延迟 AGC 特性曲线

AGC 电路。二极管 V_D 和负载 $R_1 C_1$ 组成 AGC 检波器，检波后的电压经 RC 低通滤波器，供给 AGC 直流电压。另外，在二极管 V_D 上加有一负电压(由负电源分压获得)，称为延迟电压。当输入信号 U_i 很小时，AGC 检波器的输入电压也比较小，由于延迟电压的存在，AGC 检波器的二极管 V_D 一直不导通，没有 AGC 电压输出，因此没有 AGC 作用。只有当输入电压 U_i 大到一定程度($U_i > U_{imin}$)，使检波器输入电压的幅值大于延迟电压后，AGC 检波器才工作，产生 AGC 作用。调节延迟电压可改变 U_{imin} 的数值，以满足不同的要求。由于延迟电压的存在，信号检波器必然要与 AGC 检波器分开，否则延迟电压会加到信号检波器上，使外来小信号时不能检波，而信号大时又产生非线性失真。

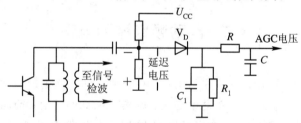

图 8−6 延迟 AGC 电路

3. 前置 AGC、后置 AGC 与基带 AGC

前置 AGC 是指 AGC 处于解调以前，由高频(或中频)信号中提取检测信号，通过检波和直流放大，控制高频(或中频)放大器的增益。前置 AGC 的动态范围与可变增益单元的级数、每级的增益和控制信号电平有关，通常可以做的很大。

后置 AGC 是从解调后提取检测信号来控制高频(或中频)放大器的增益。由于信号解调后信噪比较高，AGC 就可以对信号电平进行有效的控制。

基带 AGC 是整个 AGC 电路均在解调后的基带进行处理。基带 AGC 可以用数字处理的方法完成，这将成为 AGC 电路的一种发展方向。

除此之外，还有利用对数放大、限幅放大−带通滤波等方式完成系统的 AGC。

8.1.3 AGC 的性能指标

AGC 电路的主要性能指标有两个，一是动态范围，二是响应时间。

1. 动态范围

AGC 电路是利用电压误差信号去消除输出信号振幅与要求输出信号振幅之间电压误差的自动控制电路。所以当电路达到平衡状态后，仍会有电压误差存在。从对 AGC 电路的实际要求考虑，一方面希望输出信号振幅的变化越小越好，即要求输出电压振幅的误差越小越好；另一方面也希望允许输入信号振幅的变化范围越大越好。因此，AGC 的动态范围是在给定输出信号振幅变化范围内，允许输入信号振幅的变化范围。由此可见，AGC 电路的动态范围越大，性能越好。例如，收音机的 AGC 指标为：输入信号强度变化 26 dB 时，输出电压的变化不超过 5 dB。在高级通信机中，AGC 指标为输入信号强度变化 60 dB 时，输出电压的变化不超过 6 dB；输入信号在 10 μV 以下时，AGC 不起作用。

2. 响应时间

AGC 电路是通过对可控增益放大器增益的控制来实现对输出信号振幅变化的限制，而增益变化又取决于输入信号振幅的变化，所以要求 AGC 电路的反应既要能跟得上输入信号振幅的变化速度，又不会出现反调制现象，这就是响应时间特性。

对 AGC 电路的响应时间长短的要求，取决于输入信号的类型和特点。根据响应时间长短分别有慢速 AGC 和快速 AGC 之分。而响应时间的长短的调节由环路带宽决定，主要是低通滤波器的带宽。低通滤波器带宽越宽，则响应时间越短，但容易出现反调制现象。所谓的反调制是指当输入调幅信号时，调幅波的有用幅值变化被 AGC 电路的控制作用所抵消。

8.2 自动频率控制电路

频率源是通信和电子系统的心脏，频率源性能的好坏，直接影响到系统的性能。频率源的频率经常受各种因素的影响而发生变化，偏离了标称的数值。前面我们已经讨论了引起频率不稳定的各种因素及稳定频率的各种措施，本节我们讨论另一种稳定频率的方法——自动频率控制，用这种方法可以使频率源的频率自动锁定到近似等于预期的标准频率上。

8.2.1 工作原理

自动频率控制（AFC）电路由频率比较器、低通滤波器和可控频率器件三部分组成，如图 8 - 7 所示。

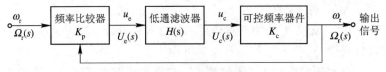

图 8 - 7　自动频率控制电路的组成

AFC 电路的被控参量是频率。AFC 电路输出的角频率 ω_y 与参考角频率 ω_r 在频率比较器中进行比较，频率比较器通常有两种，一种是鉴频器，另一种是混频—鉴频器。在鉴频器中的中心角频率 ω_0 就起参考信号角频率 ω_r 的作用，而在混频—鉴频器中，本振信号

角频率 ω_{L} 与输出信号 ω_{y} 混频，然后再进行鉴频，参考信号角频率 $\omega_{r} = \omega_{0} + \omega_{L}$。当 $\omega_{y} = \omega_{r}$ 时，频率比较器无输出，可控频率器件输出频率不变，环路锁定；当 $\omega_{y} \neq \omega_{r}$ 时，频率比较器输出误差电压 u_{e}，它正比于 $\omega_{y} - \omega_{r}$，将 u_{e} 送入低通滤波器后取出缓变控制信号 u_{c}。可控频率器件通常是压控振荡器(VCO)，其输出振荡角频率可写成

$$\omega_{y} = \omega_{y0} + K_{c}u_{c} \tag{8-5}$$

其中 ω_{y0} 是控制信号 $u_{c} = 0$ 时的振荡角频率，称为 VCO 的固有振荡角频率，K_{c} 是压控灵敏度。u_{c} 控制 VCO，调节 VCO 的振荡角频率，使之稳定在鉴频器中心角频率 ω_{0} 上。

由此可见，自动频率控制电路是利用误差信号的反馈作用来控制被稳定的振荡器频率，使之稳定。误差信号是由鉴频器产生的，它与两个比较频率源之间的频率差成正比。显然达到最后稳定状态时，两个频率不可能完全相等，必定存在剩余频差 $\Delta\omega = |\omega_{y} - \omega_{r}|$。

8.2.2 主要性能指标

对于 AFC 电路，其主要的性能指标是暂态和稳态响应以及跟踪特性。

1. 暂态和稳态特性

由图 8-7 可得 AFC 电路的闭环传递函数

$$T(s) = \frac{\Omega_{y}(s)}{\Omega_{r}(s)} = \frac{K_{p}K_{c}H(s)}{1 + K_{p}K_{c}H(s)} \tag{8-6}$$

由此可得到输出信号角频率的拉氏变换

$$\Omega_{y}(s) = \frac{K_{p}K_{c}H(s)}{1 + K_{p}K_{c}H(s)}\Omega_{r}(s) \tag{8-7}$$

对上式求拉氏反变换，即可得到 AFC 电路的时域响应，包括暂态响应和稳态响应。

2. 跟踪特性

由图 8-7 可求得 AFC 电路的误差传递函数 $T_{e}(s)$，它是误差角频率 $\Omega_{e}(s)$ 与参考角频率 $\Omega_{r}(s)$ 之比，其表达式为

$$T_{e}(s) = \frac{\Omega_{e}(s)}{\Omega_{r}(s)} = \frac{1}{1 + K_{p}K_{c}H(s)} \tag{8-8}$$

从而可得 AFC 电路中误差角频率 ω 的时域稳定误差值

$$\omega_{e\infty} = \lim_{s \to 0}s\Omega_{e}(s) = \lim_{s \to 0}\frac{s}{1 + K_{p}K_{c}H(s)}\Omega_{r}(s) \tag{8-9}$$

8.2.3 应用

自动频率控制电路广泛用作接收机和发射机中的自动频率微调电路、调频接收机中的解调电路等。

1. 自动频率微调电路(简称 AFC 电路)

图 8-8 是一个调频通信机的 AFC 系统的方框图。这里是以固定中频 f_{I} 作为鉴频器的中心频率，亦作为 AFC 系统的标准频率。当混频器输出差频 $f'_{I} = f_{0} - f_{s}$ 不等于 f_{I} 时，鉴频器即有误差电压输出，通过低通滤波器，只允许直流电压输出，用来控制本振(压控振荡器)，从而使 f_{0} 改变，直到 $|f'_{I} - f_{I}|$ 减小到等于剩余频差为止。这固定的剩余频差叫做剩余失谐，显然，剩余失谐越小越好。例如图 8-8 中，本振频率 f_{0} 为 46.5～56.5 MHz，

信号频率 f_s 为 45~55 MHz，固定中频 f_I 为 1.5 MHz，剩余失谐不超过 9 kHz。

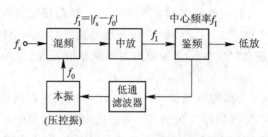

图 8 - 8 调频通信机的 AFC 系统方框图

2. 电视机中的自动微调(AFT)电路

AFT 电路完成将输入信号偏离标准中频(38 MHz)的频偏大小鉴别出来，并线性地转化成慢变化的直流误差电压，反送至调谐器本振回路的 AFT 变容二极管两端，以微调本振频率，从而保证中频准确、稳定。AFT 电路主要由限幅放大、移相网络、双差分乘法器等组成，其原理方框图如图 8 - 9 所示。

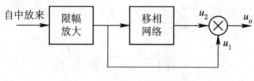

图 8 - 9 AFT 原理方框图

8.3 锁相环的基本原理

AFC 电路是以消除频率误差为目的反馈控制电路。由于它的基本原理是利用频率误差电压去消除频率误差，所以当电路达到平衡状态之后，必然会有剩余频率误差存在，即频率误差不可能为零，这是它固有的缺点。

锁相环也是一种以消除频率误差为目的的反馈控制电路。但它的基本原理是利用相位误差去消除频率误差，所以当电路达到平衡状态时，虽然有剩余相位误差存在，但频率误差可以降低到零，从而实现无频率误差的频率跟踪和相位跟踪。

锁相环可以实现被控振荡器相位对输入信号相位的跟踪。根据系统设计的不同，可以跟踪输入信号的瞬时相位，也可以跟踪其平均相位。同时，锁相环对噪声还有良好的过滤作用。锁相环具有优良的性能，主要包括锁定时无频差、良好的窄带跟踪特性、良好的调制跟踪特性、门限效应好、易于集成化等，因此被广泛应用于通信、雷达、制导、导航、仪器仪表和电机控制等领域。

8.3.1 工作原理

锁相环是一个相位负反馈控制系统。它由鉴相器(Phase Detector，缩写为 PD)、环路滤波器(Loop Filter，缩写为 LF)和电压控制振荡器(Voltage Controlled Oscillator，缩写为 VCO)三个基本部件组成，如图 8 - 10 所示。

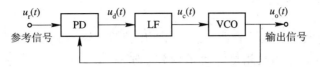

图 8 - 10 锁相环的基本构成

设参考信号为

$$u_r(t) = U_r \sin[\omega_r t + \theta_r(t)] \tag{8-10}$$

式中，U_r 为参考信号的振幅，ω_r 为参考信号的载波角频率，$\theta_r(t)$ 为参考信号以其载波相位 $\omega_r t$ 为参考时的瞬时相位。若参考信号是未调载波时，则 $\theta_r(t)=\theta_r=$ 常数。设输出信号为

$$u_o(t) = U_o \cos[\omega_0 t + \theta_0(t)] \tag{8-11}$$

式中，U_o 为输出信号振幅，ω_0 为压控振荡器的自由振荡角频率，$\theta_0(t)$ 为输出信号以其载波相位 $\omega_0 t$ 为参考的瞬时相位，在 VCO 未受控之前它是常数，受控后它是时间的函数。则两信号之间的瞬时相差为

$$\theta_e(t) = (\omega_r t + \theta_r) - (\omega_0 t + \theta_0(t)) = (\omega_r - \omega_0)t + \theta_r - \theta_0(t) \tag{8-12}$$

由频率和相位之间的关系可得两信号之间的瞬时频差为

$$\frac{d\theta_e(t)}{dt} = \omega_r - \omega_0 - \frac{d\theta_0(t)}{dt} \tag{8-13}$$

鉴相器是相位比较器，它把输出信号 $u_o(t)$ 和参考信号 $u_r(t)$ 的相位进行比较，产生对应于两信号相位差 $\theta_e(t)$ 的误差电压 $u_d(t)$。环路滤波器的作用是滤除误差电压 $u_d(t)$ 中的高频成分和噪声，以保证环路所要求的性能，提高系统的稳定性。压控振荡器受控制电压 $u_c(t)$ 的控制，$u_c(t)$ 使压控振荡器的频率向参考信号的频率靠近，于是两者频率之差越来越小，直至频差消除而被锁定。

因此，锁相环的工作原理可简述如下：首先鉴相器把输出信号 $u_o(t)$ 和参考信号 $u_r(t)$ 的相位进行比较，产生一个反映两信号相位差 $\theta_e(t)$ 大小的误差电压 $u_d(t)$，$u_d(t)$ 经过环路滤波器的过滤得到控制电压 $u_c(t)$。$u_c(t)$ 调整 VCO 的频率向参考信号的频率靠拢，直至最后两者频率相等而相位同步实现锁定。锁定后两信号之间的相位差表现为一固定的稳态值。即

$$\lim_{t \to \infty} \frac{d\theta_e(t)}{dt} = 0 \tag{8-14}$$

此时，输出信号的频率已偏离了原来的自由振荡频率 ω_0（控制电压 $u_c(t)=0$ 时的频率），其偏移量由式（8-13）和（8-14）得到为

$$\frac{d\theta_0(t)}{dt} = \omega_r - \omega_0 \tag{8-15}$$

这时输出信号的工作频率已变为

$$\frac{d}{dt}(\omega_0 t + \theta_0(t)) = \omega_0 + \frac{d\theta_0(t)}{dt} = \omega_r \tag{8-16}$$

由此可见，通过锁相环路的相位跟踪作用，最终可以实现输出信号与参考信号同步，两者之间不存在频差而只存在很小的稳态相差。

8.3.2 基本环路方程

为了建立锁相环路的数学模型，首先建立鉴相器、环路滤波器和压控振荡器的数学模型。

1. 鉴相器

鉴相器(PD)又称为相位比较器，它是用来比较两个输入信号之间的相位差 $\theta_e(t)$。鉴相器输出的误差信号 $u_d(t)$ 是相差 $\theta_e(t)$ 的函数，即

$$u_d(t) = f[\theta_e(t)] \qquad (8-17)$$

鉴相器的形式很多，按其鉴相特性分为正弦型、三角型和锯齿型等。作为原理分析，通常使用正弦型，较为典型的正弦鉴相器可用模拟乘法器与低通滤波器的串接构成，如图 8-11 所示。

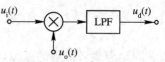

图 8-11 正弦鉴相器模型

若以压控振荡器的载波相位 $\omega_0 t$ 作为参考，将输出信号 $u_o(t)$ 与参考信号 $u_r(t)$ 变形，有：

$$u_o(t) = U_o \cos[\omega_0 t + \theta_2(t)] \qquad (8-18)$$

$$u_r(t) = U_r \sin[\omega_r t + \theta_r(t)] = U_r \sin[\omega_0 t + \theta_1(t)] \qquad (8-19)$$

式中，$\theta_2(t) = \theta_0(t)$，

$$\theta_1(t) = (\omega_r - \omega_0)t + \theta_r(t) = \Delta\omega_0 t + \theta_r(t) \qquad (8-20)$$

将 $u_o(t)$ 与 $u_r(t)$ 相乘，滤除 $2\omega_0$ 分量，可得

$$u_d(t) = U_d \sin[\theta_1(t) - \theta_2(t)] = U_d \sin\theta_e(t) \qquad (8-21)$$

式中，$U_d = K_m U_r U_o / 2$，K_m 为相乘器的相乘系数，单位为[1/V]。U_d 越大，在同样的 $\theta_e(t)$ 下，鉴相器的输出就越大。因此，U_d 在一定程度上反映了鉴相器的灵敏度。$\theta_e(t) = \theta_1(t) - \theta_2(t)$ 为相乘器输入电压的瞬时相位差。图 8-12 和图 8-13 是正弦鉴相器的数学模型和鉴相特性。

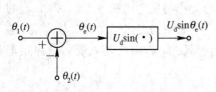

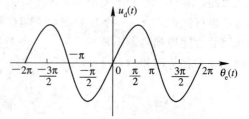

图 8-12 线性鉴相器的频域数学模型　　图 8-13 正弦鉴相器的鉴相特性

2. 环路滤波器

环路滤波器(LF)是一个线性低通滤波器，用来滤除误差电压 $u_d(t)$ 中的高频分量和噪声，更重要的是它对环路参数调整起到决定性的作用。环路滤波器由线性元件电阻、电容和运算放大器组成。因为它是一个线性系统，在频域分析中可用传递函数 $F(s)$ 表示，其中 $s = \sigma + j\Omega$ 是复频率。若用 $s = j\Omega$ 代入 $F(s)$ 就得到它的频率响应 $F(j\Omega)$，故环路滤波器的模型可以表示为图 8-14。

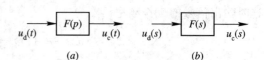

图 8-14 环路滤波器的模型
(a) 时域模型；(b) 频域模型

常用的环路滤波器有 RC 积分滤波器、无源比例积分滤波器和有源积分滤波器三种。

1) RC 积分滤波器

这是最简单的低通滤波器，电路如图 8 - 15(a)所示，其传递函数为

$$F(s) = \frac{U_c(s)}{U_d(s)} = \frac{1}{1 + s\tau_1} \qquad (8-22)$$

式中，$\tau_1 = RC$，是时间常数，它是这种滤波器惟一可调的参数。

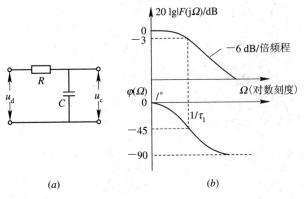

图 8 - 15　RC 积分滤波器的组成与频率特性

(a) 组成；(b) 频率特性

用 $s = j\Omega$ 代入，可得滤波器的频率响应，其对数频率特性如图 8 - 15(b)所示。由图可见，它具有低通特性，且相位滞后。当频率很高时，幅度趋于零，相位滞后接近 90°。

2) 无源比例积分滤波器

无源比例积分滤波器如图 8 - 16(a)所示。与 RC 积分滤波器相比，它附加了一个与电容 C 串联的电阻 R_2，这样就增加了一个可调参数。它的传递函数为

$$F(s) = \frac{U_c(s)}{U_d(s)} = \frac{1 + s\tau_2}{1 + s\tau_1} \qquad (8-23)$$

式中，$\tau_1 = (R_1 + R_2)C$，$\tau_2 = R_2C$，它们是两个独立的可调参数。其对数频率特性如图 8 - 16(b)所示。与 RC 积分滤波器不同的是，当频率很高时，$F(j\Omega)|_{\Omega \to \infty} = R_2/(R_1 + R_2)$ 是电阻的分压比，这就是滤波器的比例作用。从相频特性上看，当频率很高时有相位超前校正的作用，这是由相位超前校正因子 $1 + j\Omega\tau_2$ 引起的。这个相位超前作用对改善环路的稳定性是有好处的。

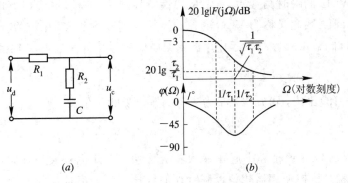

图 8 - 16　无源比例积分滤波器

(a) 组成；(b) 频率特性

3) 有源比例积分滤波器

有源比例积分滤波器由运算放大器组成,电路如图 8 - 17(a)所示。当运算放大器开环电压增益 A 为有限值时,它的传递函数为

$$F(s) = \frac{U_c(s)}{U_d(s)} = -A \frac{1 + s\tau_2}{1 + s\tau_1'} \tag{8 - 24}$$

式中, $\tau_1' = (R_1 + AR_1 + R_2)C$; $\tau_2 = R_2C$。若 A 很高,则

$$F(s) = -A \frac{1 + sR_2C}{1 + s(AR_1 + R_1 + R_2)C} \approx -A \frac{1 + sR_2C}{1 + sAR_1C}$$

$$\approx \frac{1 + sR_2C}{sR_1C} = -\frac{1 + s\tau_2}{s\tau_1} \tag{8 - 25}$$

式中, $\tau_1 = R_1C$,负号表示滤波器输出电压与输入电压反相。其频率特性如图 8 - 17(b)所示。由图可见,它也具有低通特性和比例作用,相频特性也有超前校正。

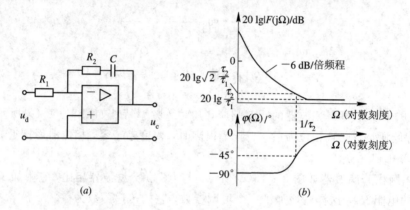

图 8 - 17　有源比例积分滤波器
(a) 电路;(b) 频率特性

3. 压控振荡器

压控振荡器(VCO)是一个电压-频率变换器,在环路中作为被控振荡器,它的振荡频率应随输入控制电压 $u_c(t)$ 线性地变化,即

$$\omega_v(t) = \omega_0 + K_0 u_c(t) \tag{8 - 26}$$

式中, $\omega_v(t)$ 是 VCO 的瞬时角频率, K_d 是线性特性斜率,表示单位控制电压,可使 VCO 角频率变化的数值。因此又称为 VCO 的控制灵敏度或增益系数,单位为[rad/V·s]。在锁相环路中,VCO 的输出对鉴相器起作用的不是瞬时角频率而是它的瞬时相位,即

$$\int_0^t \omega_v(t)\,\mathrm{d}t = \omega_0 t + K_0 \int_0^t u_c(\tau)\,\mathrm{d}\tau \tag{8 - 27}$$

将此式与式(8 - 18)比较,可知以 $\omega_0 t$ 为参考的输出瞬时相位为

$$\theta_2(t) = K_0 \int_0^t u_c(\tau)\,\mathrm{d}\tau \tag{8 - 28}$$

由此可见,VCO 在锁相环中起了一次积分作用,因此也称它为环路中的固有积分环节。式(8 - 28)就是压控振荡器相位控制特性的数学模型,若对式(8 - 28)进行拉氏变换,可得到在复频域的表示式为

$$\theta_2(s) = K_0 \frac{U_c(s)}{s} \qquad (8-29)$$

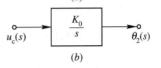

VCO 的传递函数为

$$\frac{\theta_2(s)}{U_c(s)} = \frac{K_0}{s} \qquad (8-30)$$

图 8-18 给出了 VCO 的复频域的数学模型。

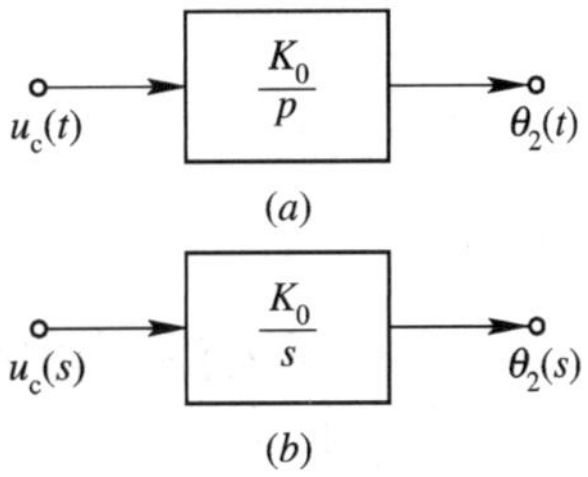

图 8-18　VCO 的复频域模型

4. 环路相位模型和基本方程

上面分别得到了鉴相器、环路滤波器和压控振荡器的模型，将三个模型连接起来，就可得到锁相环路的模型，如图 8-19 所示。复时域分析时可用一个传输算子 $F(p)$ 来表示，其中 $p(\equiv d/dt)$ 是微分算子。由图 8-19，我们可以得出锁相环路的基本方程

$$\theta_e(t) = \theta_1(t) - \theta_2(t) \qquad (8-31)$$

$$\theta_2(t) = U_d \sin\theta_e(t) F(p) \frac{K_0}{p} \qquad (8-32)$$

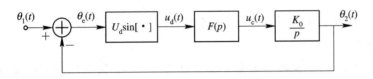

图 8-19　锁相环路的相位模型

将式(8-32)代入式(8-31)得

$$p\theta_e(t) = p\theta_1(t) - K_0 U_d \sin\theta_e(t) F(p) = p\theta_1(t) - K \sin\theta_e(t) F(p) \qquad (8-33)$$

式中，$K = K_0 U_d$ 为环路增益。U_d 是误差电压的最大值，U_d 的单位是[V]，它与 K_0 的乘积就是压控振荡器的最大频偏。故环路增益 K 具有频率的量纲，而单位取决于 K_0 所用的单位。若 K_0 的单位用[rad/s·V]，则 K 的单位为[rad/s]；若 K_0 的单位用[Hz/V]，则 K 的单位为[Hz]。下面我们来分析基本方程的物理含义。

设环路输入一个频率 ω_r 和相位 θ_r 均为常数的信号，即

$$u_r(t) = U_r \sin[\omega_r t + \theta_r] = U_r \sin[\omega_0 t + (\omega_r - \omega_0)t + \theta_r]$$

式中，ω_0 是控制电压 $u_c(t)=0$ 时 VCO 的固有振荡频率；θ_r 是参考输入信号的初相位。令

$$\theta_1(t) = (\omega_r - \omega_0)t + \theta_r$$

则

$$p\theta_1(t) = \omega_r - \omega_0 = \Delta\omega_0 \qquad (8-34)$$

将式(8-34)代入式(8-33)可得固定频率输入时的环路基本方程：

$$p\theta_e(t) = \Delta\omega_0 - K_0 U_d \sin\theta_e(t) F(p) \qquad (8-35)$$

等式左边 $p\theta_e(t)$ 项是瞬时相差 $\theta_e(t)$ 对时间的导数，称作瞬时频差$(\omega_r - \omega_v)$。等式右边第一项 $\Delta\omega_0$ 称为固有频差，它反映锁相环需要调整的频率量。右边第二项是闭环后 VCO 受控制电压 $u_c(t)$ 作用引起振荡频率 ω_v 相对于固有振荡频率 ω_0 的频差$(\omega_v - \omega_0)$，称为控制频差。由式(8-35)可见，在闭环之后的任何时刻存在如下关系：

$$瞬时频差 = 固有频差 - 控制频差$$

$$(\Delta\omega = \Delta\omega_0 - \Delta\omega_v) \tag{8-36}$$

即

$$\omega_r - \omega_v = (\omega_r - \omega_0) - (\omega_v - \omega_0)$$

8.3.3　锁相环工作过程的定性分析

　　式(8-35)是锁相环路的基本方程，求解此方程，就可以获得锁相环路的各种性能指标，如锁定、跟踪、捕获、失锁等。但要严格地求解基本方程式(8-35)往往是比较困难的。式中已认为压控振荡器的控制特性为线性，但因为鉴相特性的非线性，基本方程是非线性方程。又因为压控振荡器的固有积分作用，基本方程至少是一阶非线性微分方程。若再考虑环路滤波器的积分作用，方程可能是高阶的。前面介绍的三种常用滤波器都是一阶的，应用这些滤波器的环路，其基本方程都是二阶非线性微分方程，这是最常见的。若再进一步考虑噪声的影响，则基本方程一般的形式是高阶非线性随机微分方程，求解这类方程是极为困难的。工程实践中，总是根据不同的工作条件，作出合理近似，以便得到相应的环路性能指标。

　　下面对锁相环路的工作过程给出定性分析。

1. 锁定状态

　　当在环路的作用下，调整控制频差等于固有频差时，瞬时相差 $\theta_e(t)$ 趋向于一个固定值，并一直保持下去，即满足

$$\lim_{t\to\infty} p\theta_e(t) = 0 \tag{8-37}$$

那么，此时我们认为锁相环路进入锁定状态。环路对输入固定频率的信号锁定后，输入到鉴相器的两信号之间无频差，而只有一固定的稳态相差 $\theta_e(t)$。此时误差电压 $U_d \sin\theta_e(\infty)$ 为直流，它经过 $F(j0)$ 的过滤作用之后得到控制电压 $U_d F(j0) \sin\theta_e(\infty)$ 也是直流。因此，锁定时的环路方程为

$$K_0 U_d \sin\theta_e(\infty) F(j0) = \Delta\omega_0 \tag{8-38}$$

从中解得稳态相差

$$\theta_e(\infty) = \arcsin\frac{\Delta\omega_0}{K_0 U_d F(j0)} \tag{8-39}$$

可见，锁定正是在由稳态相差 $\theta_e(\infty)$ 产生的直流控制电压作用下，强制使 VCO 的振荡角频率 ω_v 相对于 ω_0 偏移了 $\Delta\omega_0$ 而与参考角频率 ω_r 相等的结果。即

$$\omega_v = \omega_0 + K_0 U_d \sin\theta_e(\infty) F(j0) = \omega_0 + \Delta\omega_0 = \omega_r \tag{8-40}$$

锁定后没有稳态频差是锁相环的一个重要特性。

2. 跟踪过程

　　跟踪是在锁定的前提下，输入的参考频率和相位在一定的范围内，以一定的速率发生变化时，输出信号的频率和相位以同样的规律跟随变化，这一过程称为环路的跟踪过程。例如当 ω_r 增大时，固有频差 $|\omega_r - \omega_0| = |\Delta\omega_0|$ 也增大，这使稳态相差 $\theta_e(\infty)$ 增大又使直流控制电压增大，这必使 VCO 产生的控制频差 $\Delta\omega_v$ 增大，当 $\Delta\omega_v$ 大得足以补偿固有频差 $\Delta\omega_0$ 时，环路维持锁定，因而有

$$\Delta\omega_0 = \Delta\omega_v = K_0 U_d \sin\theta_e(\infty) F(j0)$$

故

$$\Delta\omega_0 \mid_{max} = K_0 U_d F(j0)$$

如果继续增大 $\Delta\omega_0$，使 $|\Delta\omega_0| > K_0 U_d F(j0)$，则环路失锁($\omega_v \neq \omega_r$)。因此，我们把环路能够继续维持锁定状态的最大固有频差定义为环路的同步带：

$$\Delta\omega_H \overset{\triangle}{=} \Delta\omega_0 \mid_{max} = K_0 U_d F(j0) \qquad (8-41)$$

同步带 $\Delta\omega_H$ 的物理意义是：当参考信号频率 ω_r 在同步范围($2\Delta\omega_H$)内变化时，环路能够维持锁定；若超出此范围，环路将失锁。锁定与跟踪统称为同步，其中跟踪是锁相环路正常工作时最常见的情况。

3. 失锁状态

失锁状态就是瞬时频差($\omega_r - \omega_v$)总不为零的状态。这时，鉴相器输出电压 $u_d(t)$ 为一上下不对称的稳定差拍波，其平均分量为一恒定的直流。这一恒定的直流电压通过环路滤波器的作用使 VCO 的平均频率 ω_v 偏离 ω_0 向 ω_r 靠拢，这就是环路的频率牵引效应。也就是说，锁相环处于失锁差拍状态时，虽然 VCO 的瞬时角频率 $\omega_v(t)$ 始终不能等于参考信号频率 ω_r，即环路不能锁定。但平均频率 ω_v 已向 ω_r 方向牵引，这种牵引作用的大小显然与恒定的直流电压的大小有关，恒定的直流电压的大小又取决于差拍波 $u_d(t)$ 的上下不对称程度。

4. 捕获过程

前面的讨论是在假定环路已经锁定的前提下来讨论环路跟踪过程的。但在实际工作中，例如开机、换频或由开环到闭环，一开始环路总是失锁的。因此，环路需要经历一个由失锁进入锁定的过程，这一过程称为捕获过程。开机时，鉴相器输入端两信号之间存在着起始频差（即固有频差）$\Delta\omega_0$，其相位差 $\Delta\omega_0 t$。因此，鉴相器输出的是一个角频率等于频差 $\Delta\omega_0$ 的差拍信号，即

$$u_d(t) = U_d \sin(\Delta\omega_0 t) \qquad (8-42)$$

若 $\Delta\omega_0$ 很大，$u_d(t)$ 差拍信号的拍频很高，易受环路滤波器抑制，这样加到 VCO 输入端的控制电压 $u_c(t)$ 很小，控制频差建立不起来，$u_d(t)$ 仍是一个上下接近对称的稳定差拍波，环路不能入锁。

当 $\Delta\omega_0$ 减小到某一范围时，鉴相器输出的误差电压 $u_d(t)$ 是上下不对称的差拍波，其平均分量（即直流分量）不为零。通过环路滤波器的作用，使控制电压 $u_c(t)$ 中的直流分量增加，从而牵引着 VCO 的频率 ω_v 平均地向 ω_r 靠拢。这使得 $u_d(t)$ 的拍频($\omega_r - \omega_v$)减小，增大 $u_d(t)$ 差拍波的不对称性，即增大直流分量，这又将使 VCO 的频率进一步接近 ω_r。这样，差拍波上下不对称性不断加大，$u_c(t)$ 中的直流分量不断增加，VCO 的平均频率 ω_v 不断地向输入参考频率 ω_r 靠近。在一定条件下，经过一段时间之后，当平均频差减小到某一频率范围时，以上频率捕获过程即告结束。此后进入相位捕获过程，$\theta_e(t)$ 的变化不再超过 2π，最终趋于稳态值 $\theta_e(\infty)$。同时，$u_d(t)$、$u_c(t)$ 亦分别趋于它们的稳态值 $U_d \sin\theta_e(\infty)$、$U_c(\infty)$，压控振荡器的频率被锁定在参考信号频率 ω_r 上，使 $\lim_{t\to\infty} p\theta_e(t) = 0 (\omega_v = \omega_r)$，捕获全过程即告结束，环路锁定。捕获全过程的各点波形变化过程，如图 8-20 所示。

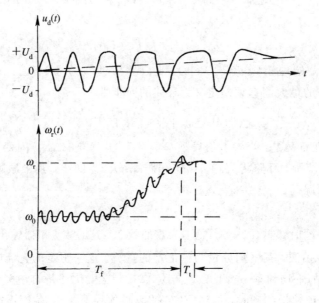

图 8-20 频率捕获锁定示意图

需要指出的是，环路能否发生捕获是与固有频差的 $\Delta\omega_0$ 大小有关。只有当 $|\Delta\omega_0|$ 小到某一频率范围时，环路才能捕获入锁，这一范围称为环路的捕获带 $\Delta\omega_p$。它定义为在失锁状态下能使环路经频率牵引，最终锁定的最大固有频差 $|\Delta\omega_0|_{max}$，即

$$\Delta\omega_p = |\Delta\omega_0|_{max} \tag{8-43}$$

若 $|\Delta\omega_0| > \Delta\omega_p$，环路不能捕获入锁。

8.3.4 锁相环路的线性分析

锁相环路线性分析的前提是环路同步，线性分析实际上是鉴相器的线性化。虽然压控振荡器也可能是非线性的，但只要恰当地设计与使用就可以做到控制特性线性化。鉴相器在具有三角波和锯齿波鉴相特性时具有较大的线性范围。而对于正弦型鉴相特性，当 $|\theta_e| \leqslant \pi/6$ 时，可把原点附近的特性曲线视为斜率为 K_d 的直线，如图 8-21 所示。因此，式(8-21)可写成

$$u_d(t) = K_d\theta_e(t) \tag{8-44}$$

相应的线性化鉴相器模型如图 8-22 所示。其中 K_d 为线性化鉴相器的鉴相增益或灵敏度，数值上等于正弦鉴相特性的输出最大电压值 U_d，单位为[V/rad]。

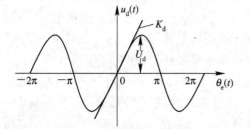

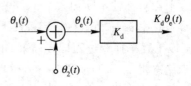

图 8-21 正弦鉴相器线性化特性曲线　　　图 8-22 线性化鉴相器的模型

用 $K_d\theta_e(t)$ 取代基本方程式(8 - 35)中的 $U_d\sin\theta_e(t)$ 可得到环路的线性基本方程

$$p\theta_e(t) = p\theta_1(t) - K_0K_dF(p)\theta_e(t) \tag{8-45}$$

或

$$p\theta_e(t) = p\theta_1(t) - KF(p)\theta_e(t) \tag{8-46}$$

式中，$K=K_0K_d$ 称为环路增益。K 的量纲为频率。式(8 - 46)相应的锁相环线性相位模型如图 8 - 23 所示。

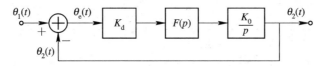

图 8 - 23　锁相环的线性相位模型(时域)

对式(8 - 46)两边取拉氏变换，就可以得到相应的复频域中的线性相位模型，如图 8 - 24 所示。

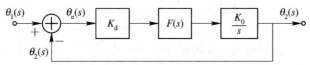

图 8 - 24　锁相环的线性相位模型(复频域)

环路的相位传递函数有三种，用于研究环路不同的响应函数。

(1) 开环传递函数研究开环($\theta_e(t)=\theta_1(t)$)时，由输入相位 $\theta_1(t)$ 所引起的输出相位 $\theta_2(t)$ 的响应，为

$$H_o(s) = \left.\frac{\theta_2(s)}{\theta_1(s)}\right|_{开环} = K\frac{F(s)}{s} \tag{8-47}$$

(2) 闭环传递函数研究闭环时，由 $\theta_1(t)$ 引起输出相位 $\theta_2(t)$ 的响应，为

$$H(s) = \frac{\theta_2(s)}{\theta_1(s)} = \frac{KF(s)}{s+KF(s)} \tag{8-48}$$

(3) 误差传递函数研究闭环时，由 $\theta_1(t)$ 所引起的误差响应 $\theta_e(t)$，为

$$H_e(s) = \frac{\theta_e(s)}{\theta_1(s)} = \frac{\theta_1(s)-\theta_2(s)}{\theta_1(s)} = \frac{s}{s+KF(s)} \tag{8-49}$$

$H_o(s)$、$H(s)$、$H_e(s)$ 是研究锁相环路同步性能最常用的三个传递函数，三者之间存在如下关系：

$$H(s) = \frac{H_o(s)}{1+H_o(s)} \tag{8-50}$$

$$H_e(s) = \frac{1}{1+H_o(s)} = 1-H(s) \tag{8-51}$$

式(8 - 47)～(8 - 49)是环路传递函数的一般形式。

不难看出，它们除了与 K 有关之外，还与环路滤波器的传递函数 $F(s)$ 有关，选用不同的环路滤波器，将会得到不同环路的实际传递函数。

表 8 - 1 列出了采用无源比例积分滤波器和理想积分滤波器(即 A 很高时的有源比例积分滤波器)的环路传递函数。

表 8-1　采用无源比例积分滤波器和理想积分滤波器的环路传递函数

	无源比例积分滤波器的二阶环	理 想 二 阶 环
$F(s)$	$\dfrac{1+s\tau_2}{1+s\tau_1}$	$\dfrac{1+s\tau_2}{s\tau_1}$
$H_o(s)$	$\dfrac{K\left(\dfrac{1}{\tau_1}+s\dfrac{\tau_2}{\tau_1}\right)}{s^2+\dfrac{s}{\tau_1}}$	$\dfrac{s\dfrac{K\tau_2}{\tau_1}+\dfrac{K}{\tau_1}}{s^2}$
$H_e(s)$	$\dfrac{s^2+\dfrac{s}{\tau_1}}{s^2+s\left(\dfrac{1}{\tau_1}+K\dfrac{\tau_2}{\tau_1}\right)+\dfrac{K}{\tau_1}}$	$\dfrac{s^2}{s^2+s\dfrac{K\tau_2}{\tau_1}+\dfrac{K}{\tau_1}}$
$H(s)$	$\dfrac{s\dfrac{K\tau_2}{\tau_1}+\dfrac{K}{\tau_1}}{s^2+s\left(\dfrac{1}{\tau_1}+K\dfrac{\tau_2}{\tau_1}\right)+\dfrac{K}{\tau_1}}$	$\dfrac{s\dfrac{K\tau_2}{\tau_1}+\dfrac{K}{\tau_1}}{s^2+s\dfrac{K\tau_2}{\tau_1}+\dfrac{K}{\tau_1}}$

　　因为锁相环是一个伺服系统，其响应在性质上可以是非谐振型的或振荡型的。因此习惯上引入 ω_n——无阻尼振荡频率［rad/s］和 ξ——阻尼系数［无量纲］这两个参数来描述系统的特性。表 8-2 列出了用 ξ、ω_n 表示的传递函数及系统参数 ξ、ω_n 与电路参数 K、τ_1 和 τ_2 的关系。

表 8-2　用 ξ、ω_n 表示的传递函数及系统参数 ξ、ω_n 与电路参数 K、τ_1 和 τ_2 的关系

	无源比例积分滤波器的二阶环	理 想 二 阶 环
$H_e(s)$	$\dfrac{s\left(s+\dfrac{\omega_n^2}{K}\right)}{s^2+2\xi\omega_n s+\omega_n^2}$	$\dfrac{s^2}{s^2+2\xi\omega_n s+\omega_n^2}$
$H(s)$	$\dfrac{s\omega_n\left(2\xi-\dfrac{\omega_n}{K}\right)+\omega_n^2}{s^2+2\xi\omega_n s+\omega_n^2}$	$\dfrac{2\xi\omega_n s+\omega_n^2}{s^2+2\xi\omega_n s+\omega_n^2}$
ω_n	$\sqrt{\dfrac{K}{\tau_1}}$	$\sqrt{\dfrac{K}{\tau_1}}$
ξ	$\dfrac{1}{2}\sqrt{\dfrac{K}{\tau_1}}\left(\tau_2+\dfrac{1}{K}\right)$	$\dfrac{\tau_2}{2}\sqrt{\dfrac{K}{\tau_1}}$

　　$H(s)$ 的分母多项式中 s 的最高幂次称为环路的"阶"数，因为 VCO 中的 $1/s$ 是环路的固有一阶因子，故环路的阶数等于环路滤波器的阶数加一；$H_o(s)$ 中的理想积分因子的个数称为"型"数。故无源比例积分滤波器的环路为二阶Ⅰ型环，理想积分滤波器的环路为二阶Ⅱ型环，又称为理想二阶环。

　　比较这两种环路的传递函数，可以看到，当环路增益很高（即 $K \gg \omega_n$ 时），采用无源比例积分滤波器的环路传递函数与理想二阶环的传递函数相似。故只要 $K \gg \omega_n$ 成立，这两种环路的性能是近似的。通常把 $K \gg \omega_n$ 的二阶锁相环称为高增益二阶环。

1. 跟踪特性

锁相环的一个重要特点是对输入信号相位的跟踪能力。衡量跟踪性能好坏的指标是跟踪相位误差，即相位误差函数 $\theta_e(t)$ 的暂态响应和稳态响应。其中暂态响应用来描述跟踪速度的快慢及跟踪过程中相位误差波动的大小。稳态响应是当 $t \to \infty$ 时的相位误差值，表征了系统的跟踪精度。

在给定锁相环路之后，根据式(8 - 49)可以计算出复频域中相位误差函数 $\theta_e(s)$，对其进行拉氏反变换，就可以得到时域误差函数 $\theta_e(t)$。

下面我们分析理想二阶环对于频率阶跃信号的暂态误差响应。

当输入参考信号的频率在 $t=0$ 时有一阶跃变化，即

$$\omega_0(t) = \begin{cases} 0 & t < 0 \\ \Delta\omega & t \geqslant 0 \end{cases} \tag{8 - 52}$$

其对应的输入相位

$$\theta_1(t) = \Delta\omega t \tag{8 - 53}$$

那么

$$\theta_1(s) = \frac{\Delta\omega}{s^2} \tag{8 - 54}$$

则

$$\theta_e(s) = \theta_1(s) H_e(s) = \frac{\Delta\omega}{s^2 + 2\xi\omega_n s + \omega_n^2} \tag{8 - 55}$$

进行拉氏反变换，得

当 $\xi > 1$ 时，

$$\theta_e(t) = \frac{\Delta\omega}{\omega_n} e^{-\xi\omega_n t} \frac{\sin\omega_n \sqrt{\xi^2 - 1}\, t}{\sqrt{\xi^2 - 1}} \tag{8 - 56a}$$

当 $\xi = 1$ 时，

$$\theta_e(t) = \frac{\Delta\omega}{\omega_n} e^{-\xi\omega_n t} \omega_n t \tag{8 - 56b}$$

当 $0 < \xi < 1$ 时，

$$\theta_e(t) = \frac{\Delta\omega}{\omega_n} e^{-\xi\omega_n t} \frac{\sin\omega_n \sqrt{1 - \xi^2}\, t}{\sqrt{1 - \xi^2}} \tag{8 - 56c}$$

式(8 - 56)相应的响应曲线如图 8 - 25 所示。由图可见：

(1) 暂态过程的性质由 ξ 决定。当 $\xi < 1$ 时，暂态过程是衰减振荡，环路处于欠阻尼状态；当 $\xi > 1$ 时，暂态过程按指数衰减，尽管可能有过冲，但不会在稳态值附近多次摆动，环路处于过阻尼状态；当 $\xi = 1$ 时，环路处于临界阻尼状态，其暂态过程没有振荡。因此阻尼系数的物理意义得到进一步明确。

(2) 当 $\xi < 1$ 时，暂态过程的振荡频率为 $(1 - \xi^2)^{1/2}\omega_n$。若 $\xi = 0$，则振荡频率等于 ω_n。所以 ω_n 作为无阻尼自由振荡角频率的物理意义很明确。

(3) 由图可见，二阶环的暂态过程有过冲现象，过冲量的大小与 ξ 值有关。ξ 越小，过冲量越大，环路相对稳定性越差。

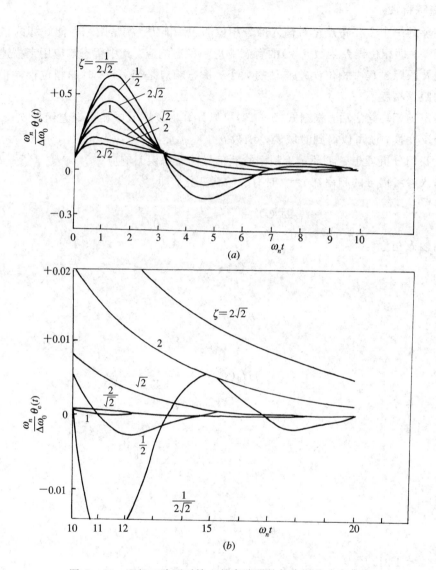

图 8 - 25　理想二阶环对输入频率阶跃的相位误差响应曲线

　　(4) 暂态过程是逐步衰减的，至于衰减到多少才认为暂态过程结束，完全取决于如何选择暂态结束的标准。选定之后，不难从式(8 - 56)中求出暂态时间。从相对稳定性和快速跟踪的角度考虑，工程上一般选择 $\xi = 0.707$。

　　稳态相位误差是用来描述环路最终能否跟踪输入信号的相位变化及跟踪精度与环路参数之间的关系。求解稳态相差 $\theta_e(\infty)$ 的方法有两种：

　　(1) 由前面求出的 $\theta_e(t)$，令 $t \to \infty$ 即可求出

$$\theta_e(\infty) = \lim_{t \to \infty} \theta_e(t)$$

　　(2) 利用拉氏变换的终值定理，直接从 $\theta_e(s)$ 求出

$$\theta_e(\infty) = \lim_{s \to 0} s \theta_e(s) \tag{8 - 57}$$

对于不同的环，在不同的输入信号的稳态相位误差，列于表 8 - 3。

表 8 - 3　不同的环在不同的输入信号时的稳态相位误差

环路差信号	一阶环 $F(s)=1$	二阶 I 型环 $F(s)=\dfrac{1+s\tau_2}{1+s\tau_1}$	二阶 II 型环 $F(s)=\dfrac{1+s\tau_2}{s\tau_1}$	三阶 III 型环 $F(s)=\left(\dfrac{1+s\tau_1}{s\tau_1}\right)^2$
相位阶跃 $\theta_1(t)=\Delta\theta\cdot 1(t)$	0	0	0	0
频率阶跃 $\theta_1(t)=\Delta\omega t\cdot 1(t)$	$\dfrac{\Delta\omega}{K}$	$\dfrac{\Delta\omega}{K}$	0	0
频率斜升 $\theta_1(t)=\dfrac{1}{2}Rt^2\cdot 1(t)$	∞	∞	$\dfrac{\tau_1 R}{K}=\dfrac{R}{\omega_n^2}$	0

由此可见：

（1）同环路对不同输入的跟踪能力不同，输入变化越快，跟踪性能越差，$\theta_e(\infty)=\infty$ 意味着环路不能跟踪。

（2）同一输入，采用不同环路滤波器的环路的跟踪性能不同。可见环路滤波器对改善环路跟踪性能的作用。

（3）同是二阶环，对同一信号的跟踪能力与环路的"型"有关（即环内理想积分因子 $1/s$ 的个数）。"型"越高跟踪精度越高；增加"型"数，可以跟踪更快变化的输入信号。

（4）理想二阶环（二阶 II 型）跟踪频率斜升信号的稳态相位误差与扫瞄速率 R 成正比。当 R 加大时，稳态相差随之加大，有可能进入非线性跟踪状态。

2. 频率响应

频率响应是决定锁相环对信号和噪声过滤性能好坏的重要特性，由此可以判断环路的稳定性，并进行校正。

采用 RC 积分滤波器，其传递函数如式（8 - 29）所示，则闭环传递函数为

$$H(s)=\frac{\omega_n^2}{s^2+2\xi\omega_n s+\omega_n^2} \tag{8 - 58}$$

相应的幅频特性为

$$H(\omega)=\frac{1}{\sqrt{\left(1-\dfrac{\omega^2}{\omega_n^2}\right)^2+\left(2\xi\dfrac{\omega}{\omega_n}\right)^2}} \tag{8 - 59}$$

阻尼系数 ξ 取不同值时画出的幅频特性曲线如图 8 - 26 所示，可见具有低通滤波特性。环路带宽 $BW_{0.7}$ 可令式（8 - 59）等于 0.707 后求得

$$BW_{0.7}=\frac{1}{2\pi}\omega_n\left[1-2\xi^2+\sqrt{4\xi^4-4\xi^2+2}\right]^{\frac{1}{2}} \tag{8 - 60}$$

调节阻尼系数 ξ 和自然谐振角频率 ω_n 可以改变带宽，调节 ξ 还可以改变曲线的形状。当 $\xi=0.707$ 时，曲线最平坦，相应的带宽为

$$BW_{0.7}=\frac{\omega_n}{2\pi}=\frac{1}{2\pi}\left(\frac{K_d K_0}{\tau_1}\right)^{\frac{1}{2}} \tag{8 - 61}$$

当 $\xi<0.707$ 时，特性曲线出现峰值。

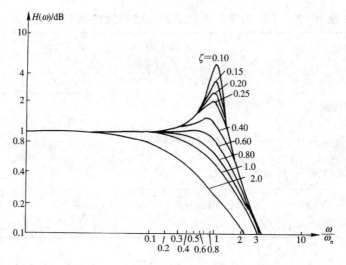

图 8 - 26　闭环幅频特性

8.3.5　锁相环路的应用

由以上的讨论已知,锁相环路具有以下几个重要特性:

(1) 环路锁定后,没有剩余频差。压控振荡器的输出频率严格等于输入信号的频率。

(2) 跟踪特性。环路锁定后,当输入信号频率 ω_i 稍有变化时,VCO 的频率立即发生相应的变化,最终使 VCO 输入频率 $\omega_r = \omega_i$。它跟踪输入信号载波与相位变化,环路输出信号就是需要提取的载波信号。这就是环路的载波跟踪特性。

只要让环路有适当的低频通带,压控振荡器输出信号的频率和相位就跟踪输入调频或调相信号的频率和相位变化,即得到输入角调制信号的复制品,这就是调制跟踪特性。利用环路的调制跟踪特性,可以制成角调制信号的调制器与解调器。

(3) 滤波特性。锁相环通过环路滤波器的作用,具有窄带滤波特性,能够将混进输入信号中的噪声和杂散干扰滤除。在设计良好时,这个通带能做到极窄。例如,可以在几十兆赫兹的频率上,实现几十赫兹甚至几赫兹的窄带滤波。这种窄带滤波特性是任何 LC、RC、石英晶体、陶瓷片等滤波器所难以达到的。

(4) 易于集成化。组成环路的基本部件都易于采用模拟集成电路。环路实现数字化后,更易于采用数字集成电路。环路集成化为减小体积、降低成本,提高可靠性与增多用途等提供了条件。

下面介绍锁相环的几种应用。

1. 锁相环路的调频与解调

用锁相环调频,能够得到中心频率高度稳定的调频信号,图 8 - 27 是这种方法的方框图。

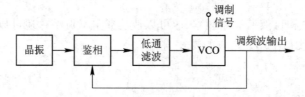

图 8 - 27　锁相环路调频器方框图

实现调制的条件是：调制信号的频谱要处于低通滤波器通频带之外，并且调频指数不能太大。这样，调制信号不能通过低通滤波器，因而在锁相环路内不能形成交流反馈，也就是说调制频率对锁相环路无影响。锁相环就只对 VCO 平均中心频率不稳定所引起的分量(处于低通滤波器通带之内)起作用，使它的中心频率锁定在晶振频率上。因此，输出调频波的中心频率稳定度很高。这样，用锁相环路调频器能克服直接调频的中心频率稳定度不高的缺点。若将调制信号经过微分电路送入压控振荡器，环路输出的就是调相信号。

调制跟踪锁相环本身就是一个调频解调器。它利用锁相环路良好的调制跟踪特性，使锁相环路跟踪输入调频信号瞬时相位的变化，从而使 VCO 控制端获得解调输出。锁相环鉴频器的组成如图 8 - 28 所示。

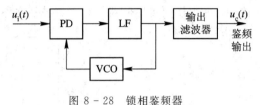

图 8 - 28　锁相鉴频器

设输入的调频信号为

$$u_i(t) = U_i \sin(\omega_i t + m_f \sin\Omega t) \tag{8-62}$$

其调制信号为 $u_\Omega(t) = U_\Omega \cos\Omega t$，$m_f$ 为调频指数。同时假设环路处于线性跟踪状态，且输入载频 ω_i 等于 VCO 自由振荡频率 ω_0，则可得到调频波的瞬时相位为

$$\theta_1(t) = m_f \sin\Omega t \tag{8-63}$$

现以 VCO 控制电压 $u_c(t)$ 作为解调输出，那么可先求出环路的输出相位 $\theta_2(t)$，再根据 VCO 控制特性 $\theta_2(t) = K_0 u_c(t)/p$，不难求得解调输出信号 $u_c(t)$。

设锁相环路的闭环频率响应为 $H(j\Omega)$，则输出相位为

$$\theta_2(t) = m_f \mid H(j\Omega) \mid \cos[\Omega t + \angle H(j\Omega)] \tag{8-64}$$

因而解调输出电压为

$$u_\Omega(t) = \frac{1}{K_0} \frac{d\theta_2(t)}{dt} = \frac{1}{K_0} m_f \Omega \mid H(j\Omega) \mid \cos[\Omega t + \angle H(j\Omega)]$$

$$= U_c \mid H(j\Omega) \mid \cos[\Omega t + \angle H(j\Omega)] \tag{8-65}$$

式中，$U_c = \frac{1}{K_0} m_f \Omega = \frac{\Delta\omega_m}{K_0}$，$\Delta\omega_m$ 为调频信号的最大频偏。对于设计良好的调制跟踪锁相环，在调制频率范围内 $\mid H(j\Omega) \mid \approx 1$，相移 $\angle H(j\Omega)$ 也很小。因此，$u_c(t)$ 确是良好的调频解调输出。各种通用锁相环集成电路都可以构成调频解调器。图 8 - 29 为用 NE562 集成锁相环构成的调频解调器。

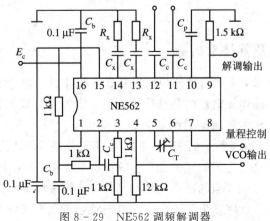

图 8 - 29　NE562 调频解调器

2. 同步检波器

如果锁相环路的输入电压是调幅波,只有幅度变化而无相位变化,则由于锁相环路只能跟踪输入信号的相位变化,所以环路输出得不到原调制信号,而只能得到等幅波。用锁相环对调幅信号进行解调,实际上是利用锁相环路提供一个稳定度高的载波信号电压,与调频波在非线性器件中乘积检波,输出的就是原调制信号。AM 信号频谱中,除包含调制信号的边带外,还含有较强的载波分量,使用载波跟踪环可将载波分量提取出来,再经 90°移相,可用作同步检波器的相干载波。这种同步检波器如图 8 - 30 所示。

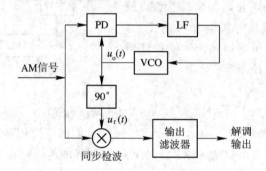

图 8 - 30　AM 信号同步检波器

设输入信号为

$$u_i(t) = U_i(1 + m \cos\Omega t)\cos\omega_i t \qquad (8-66)$$

输入信号中载波分量为 $U_i \cos\omega_i t$,用载波跟踪环提取后输出为 $u_o(t) = U_o \cos(\omega_i t + \theta_0)$,经 90°移相后,得到相干载波

$$u_r(t) = U_o \sin(\omega_i t + \theta_0)$$

将 $u_r(t)$ 与 $u_i(t)$ 相乘,滤除 $2\omega_i$ 分量,得到的输出信号就是恢复出来的调制信号。

锁相环路除了以上的应用外,还可广泛地应用于电视机彩色副载波提取、调频立体声解码、电机转速控制、微波频率源、锁相接收机、移相器、位同步以及各种调制方式的调制器和解调器、频率合成器等。

8.4　频率合成器

8.4.1　频率合成器及其技术指标

随着电子技术的发展,要求信号的频率越来越准确和越来越稳定,一般振荡器已不能满足系统设计的要求。晶体振荡器的高准确度和高稳定度早已被人们认识,成为各种电子系统的必选部件。但是晶体振荡器的频率变化范围很小,其频率值不高,很难满足通信、雷达、测控、仪器仪表等电子系统的需求,在这些应用领域,往往需要在一个频率范围内提供一系列高准确度和高稳定度的频率源,这就需要应用频率合成技术来满足这一需求。

频率合成是指以一个或少量的高准确度和高稳定的标准频率作为参考频率,由此导出多个或大量的输出频率,这些输出频率的准确度与稳定度与参考频率是一致的。用来产生这些频率的部件就称为频率合成器或频率综合器。频率合成器通过一个或多个标准频率产生大量的输出频率，它是通过对标准频率在频域进行加、减、乘、除来实现的，可以用混频、倍频和分频等电路来实现。

为了正确理解、使用与设计频率合成器，应对它提出合理的技术指标。频率合成器的使用场合不同，对它的要求也不尽相同。大体上讲，有如下几项主要技术指标：频率范围、频率间隔、准确度、频率稳定度、频谱纯度（杂散输出和相位噪声）、频率转换时间以及体积、重量、功能与成本等。指标提高，频率合成器的复杂程度和成本将增加。因此，如何选择合理经济的频率合成器方案来满足技术指标的要求，是十分重要的。下面仅介绍一些基本指标的含义。

1. 频率范围

频率范围是指频率合成器输出的最低频率 f_{omin} 和最高频率 f_{omax} 之间的变化范围，也可用覆盖系数 $k = f_{omax}/f_{omin}$ 表示（k 又称为波段系数）。如果覆盖系数 $k > 2 \sim 3$ 时，整个频段可以划分为几个分波段。在频率合成器中，分波段的覆盖系数一般取决于压控振荡器的特性。

要求频率合成器在指定的频率范围和离散频率点上均能正常工作，且均能满足其它性能指标。

2. 频率间隔（频率分辨率）

频率合成器的输出是不连续的。两个相邻频率之间的最小间隔，就是频率间隔。频率间隔又称为频率分辨率。不同用途的频率合成器，对频率间隔的要求是不相同的。对短波单边带通信来说，现在多取频率间隔为 100 Hz，有的甚至取 10 Hz、1 Hz 乃至 0.1 Hz。对超短波通信来说，频率间隔多取 50 kHz、25 kHz 等。在一些测量仪器中，其频率间隔可达兆赫兹量级。

3. 频率转换时间

频率转换时间是指频率合成器从某一个频率转换到另一个频率，并达到稳定所需要的时间。它与采用的频率合成方法有密切的关系。

4. 准确度与频率稳定度

频率准确度是指频率合成器工作频率偏离规定频率的数值，即频率误差。而频率稳定度是指在规定的时间间隔内，频率合成器频率偏离规定频率相对变化的大小。这是频率合成器的两个重要的指标，二者既有区别，又有联系。通常认为频率误差已包括在频率不稳定的偏差之内，因此一般只提频率稳定度。

5. 频谱纯度

影响频率合成器频谱纯度的因素主要有两个，一是相位噪声，二是寄生干扰。

相位噪声是瞬间频率稳定度的频域表示，在频谱上呈现为主谱两边的连续噪声，如图 8-31 所示。相位噪声的大小可用频率轴上距主谱 f_0 处的相位功率谱密度来表示。相位噪声是频率合成器质量的主要指标，锁相频率合成器相位噪声主要来源于参考振荡器和压控振荡器。此外，环路参数的设计对频率合成器的相位噪声也有重要的影响。

寄生（又称为杂散）干扰是非线性部件所产生的，其中最严重的是混频器，寄生干扰表现为一些离散的频谱，如图 8-31 所示。混频器中混频比的选择以及滤波器的性能对于寄生干扰的抑制是至关重要的。

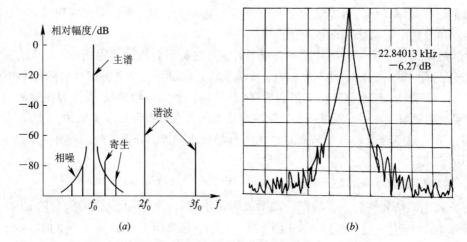

图 8 - 31 频率合成器的频谱

8.4.2 频率合成器的类型

频率合成器可分为直接式频率合成器、间接式（或锁相）频率合成器和直接式数字频率合成器。

1. 直接式频率合成器(DS)

直接式频率合成器是最先出现的一种合成器类型的频率信号源。这种频率合成器原理简单，易于实现。其合成方法大致可分为两种基本类型：一种是所谓非相关合成方法；另一种称为相关合成方法。这两种方法之间的主要区别是所使用的参考频率源数目不同。

非相关合成法使用多个晶体参考频率源，所需的各种频率分别由这些参考源提供。它的缺点在于制作具有相同频率稳定性和精度的多个晶体参考频率源既复杂又困难，而且成本很高。

相关合成法只使用一个晶体参考频率源，所需的各种频率都由它经过分频、混频和倍频后得到，因而合成器输出频率的准确度和稳定度与参考源一样，现在绝大多数直接式频率合成器都采用这种方法。

直接式频率合成器的显著特点是：分辨率高（10^{-2} Hz）、频率转换速度快（小于 $100~\mu s$）、工作稳定可靠、输出信号频谱纯度高等。最大的缺点是体积大、笨重、成本高。

2. 间接式频率合成器(IS)

间接式频率合成器又称为锁相频率合成器。锁相频率合成器是目前应用最广的频率合成器，也是本节主要介绍的内容。

直接式频率合成器中所固有的那些缺点，如体积大、成本高、输出端出现寄生频率等，在锁相频率合成器中就大大减少了。基本的锁相频率合成器如图 8 - 32 所示。当锁相环锁定后，相位检波器两输入端的频率是相同的，即

$$f_r = f_d \tag{8-67}$$

VCO 输出频率 f_o 经 N 分频得到

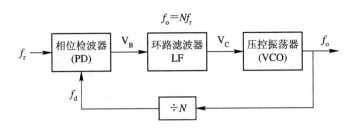

$$f_o = Nf_r$$

图 8 - 32　基本锁相频率合成器

$$f_d = \frac{f_o}{N} \tag{8-68}$$

所以输出频率是参考频率 f_r 的整数倍，即

$$f_o = Nf_r \tag{8-69}$$

　　这样，环中带有分频器的锁相环就提供了一种从单个参考频率获得大量频率的方法。如果用一可编程分频器来实现分频比 N，就很容易按增量 f_r 来改变输出频率。带有可编程分频器的锁相环为合成大量频率提供了一种方法，合成频率都是参考频率的整倍数。

　　这种基本的锁相频率合成器存在以下几个问题。首先，从式(8-69)可知，频率分辨率等于 f_r，即输出频率只能以参考频率 f_r 为增量来改变。为了提高频率合成器频率分辨率就必须将 f_r 减小，然而这与转换时间短是相矛盾的。因为转换时间取决于锁相环的非线性性能，精确的表达式目前还难以导出，工程上常用的经验公式为

$$t_s = \frac{25}{f_r} \tag{8-70}$$

转换时间大约等于 25 个参考频率的周期。分辨率与转换时间成反比。例如 $f_r = 10$ Hz，则 $f_s = 2.5$ s，这显然难以满足系统的要求。

　　基本锁相频率合成器的另一个问题是 VCO 输出是直接加到可变分频器上的，而这种可编程分频器的最高工作频率可能比所要求的合成器工作频率低得多，因此在很多应用场合基本频率合成器是不适用的。

　　固定分频器的工作频率明显高于可变分频比，超高速器件的上限频率可达千兆赫兹以上。若在可变分频器之前串接一固定分频器的前置分频器，则可大大提高 VCO 的工作频率，如图 8 - 33 所示。前置分频器的分频比为 M，则可得

$$f_o = N(Mf_r) \tag{8-71}$$

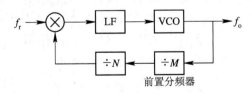

图 8 - 33　有前置分频器的锁相频率合成器

　　采用了前置分频器之后，允许合成器得到较高的工作频率，但是因为 M 是固定的，输出频率只能以 Mf_r 为增量变化，这样，合成器的分辨率就下降了。避免可编程分频器工作频率过高的另一个途径是，用一个本地振荡器通过混频将频率下移，如图 8 - 34 所示。

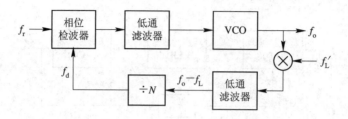

图 8 - 34 下变频锁相频率合成器

混频后用低通滤波器取出差频分量，分频器输出频率为

$$f_d = f_r = \frac{f_o - f_L}{N} \qquad (8 - 72)$$

因此

$$f_o = f_L + Nf_r \qquad (8 - 73)$$

总之，锁相频率合成器的频率分辨率取决于 f_r，为提高频率分辨率应取较低的 f_r；而转换时间 t_s 也取决于 f_r，为使转换时间短应取较高的 f_r，这两者是矛盾的。另外，可变分频器的频率上限与合成器的工作频率之间也是矛盾的。上述前置分频器和下变频的简单方法并不能从根本上解决这些矛盾。近年来出现的变模分频锁相频率合成器、小数分频锁相频率合成器以及多环锁相频率合成器等的性能比基本锁相频率合成器有了明显的改善，满足了各类应用的需求。

3. 直接数字式频率合成器（DDS）

直接数字式频率合成器是近年来发展非常迅速的一种器件，它采用全数字技术，具有分辨率高、频率转换时间短、相位噪声低等特点，并具有很强的调制功能和其它功能。

DDS 的基本思想是在存储器存入正弦波的 L 个均匀间隔样值，然后以均匀速度把这些样值输出到数模变换器，将其变换成模拟信号。最低输出频率的波形会有 L 个不同的点。同样的数据输出速率，但存储器中的值每隔一个值输出一个，就能产生二倍频率的波形。以同样的速率，每隔 k 个点输出就得到 k 倍频率的波形。频率分辨率与最低频率一样。其上限频率由 Nyquist 速率决定，与 DDS 所用的工作频率有关。DDS 的组成如图 8 - 35 所示，它由一相位累加器、只读存储器（ROM）、数/模转换器（DAC）和低通滤波器组成，图中 f_c 为时钟频率。相位累加器和 ROM 构成数控振荡器。相位累加器的长度为 N，用频率控制字 K 去控制相位累加器的次数。对一个定频 ω，$d\varphi/dt$ 为一常数，即定频率信号的相位变化与时间成线性关系，用相位累加器来实现这个线性关系。不同的 ω 值需要不同的 $d\varphi/dt$ 的输出，这就可用不同的值加到相位累加器来完成。当最低有效位为 1 加到相位累加器时，产生最低的频率，在时钟 f_c 的作用下，经过了 N 位累加器的 2^N 个状态，输出频率为 $f_c/2^N$。加任意的 M 值到累加器，则 DDS 的输出频率为

$$f_o = \frac{M}{2^N}f_c \qquad (8 - 74)$$

在时钟 f_c 的作用下，相位累加器通过 ROM（查表），得到对应于输出频率的量化振幅值，通过 D/A 变换，得到连续的量化振幅值，再经过低通滤波器滤波后，就可得到所需频率的模拟信号。改变 ROM 中的数据值，可以得到不同的波形，如正弦波、三角波、方波、锯齿波等周期性的波形。

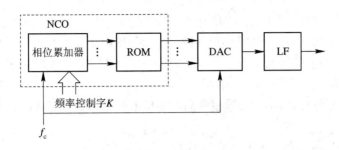

图 8 - 35 DDS 的组成框图

DDS 有如下特点：

（1）频率转换时间短，可达毫微秒级，这主要取决于累加器中数字电路的门延迟时间；

（2）分辨率高，可达到毫赫兹级，这取决于累加器的字长 N 和参考时钟 f_c。如 $N=32$，$f_c=20$ MHz，则分辨率 $\Delta F=f_c/2^N=2\times10^6/2^{32}=4.7\times10^{-3}$ Hz；

（3）频率变换时相位连续；

（4）有非常小的相位噪声。其相位噪声由参考时钟 f_c 的纯度确定，随 $20\lg(f_o/f_c)$ 改善，f_o 为输出频率，$f_o<f_c$；

（5）输出频带宽，一般其输出频率约为 f_c 的 40% 以内；

（6）具有很强的调制功能。

以上三种基本方法是现代频率合成的技术基础，在性能上各有其特点，相互补充。在实际应用中，可以根据系统要求，组合应用这些基本方法，从而得到性能更好的，能满足系统要求的频率合成器。

DDS 和 PLL 是两种频率合成技术，其频率合成的方式是不同的。DDS 是一种全数字开环系统，而 PLL 是一种模拟闭环系统。由于合成的方式不同，因而都具有其特有的优点和不足，从设计 DDS 和 PLL 需考虑的因素的比较就可以看出这两种频率合成技术的差异。

在 PLL 频率合成器中，设计时要考虑的因素有：

（1）频率分辨率及频率步长；

（2）建立时间；

（3）调谐范围（带宽）；

（4）相位噪声和杂散（谱纯度）；

（5）成本、复杂度和功能。

在 DDS 频率合成器中，设计时要考虑的因素有：

（1）时钟频率（带宽）；

（2）杂散（谱纯度）；

（3）成本、复杂度和功耗。

在 PLL 中，频率分辨率是不会很高的，其分辨率的高低还与其它的性能指标有关，而 DDS 的分辨率只取决于相位累加器长度 N 和时钟频率 f_c，可以做到毫赫兹。从建立时间看，DDS 是非常小的，可达纳秒级，而 PLL 由于闭环的原因建立时间较长，一般在毫秒级。在输出带宽上，DDS 与 f_c 有关，输出频率 $f_o\leqslant f_c/2$，而 PLL 输出频率 $f_o>f_c$。DDS

输出可认为是低通信号，而 PLL 输出可认为是带通信号。频率覆盖范围是这两种技术都要考虑的问题。在频率纯度上，DDS 由于 $f_\circ \leqslant f_c/2$，相对于参考频率源其相位噪声以 $20\ \lg(f_\circ/f_c)$ 改善，因此只考虑杂散信号的影响；而 PLL 要考虑相位噪声和杂散信号的影响，这两种影响谱纯度的因素与 PLL 的环路参数有关。复杂度、功耗和成本是这两种技术都必须考虑的问题。

DDS 的杂散主要是由 DAC 的误差和离散抽样值的量化近视引起的，改善 DDS 杂散的方法有：

（1）增加 DAC 的位数，DAC 的位数增加一位，杂散电平降低 6 dB；

（2）增加有效相位数，每增加一位，杂散电平降低 8 dB；

（3）设计性能良好的滤波器。

DDS 和 PLL 这两种频率合成方式不同，各有其独有的特点，不能相互代替，但可以相互补充。将这两种技术相结合，可以达到单一技术难以达到的结果。图 8-36 是 DDS 驱动 PLL 频率合成器，这种频率合成器由 DDS 产生分辨率高的低频信号，将 DDS 的输出送入一倍频—混频 PLL，其输出频率为

$$f_\circ = f_L + N f_{DDS} \tag{8-75}$$

其输出频率范围是 DDS 输出频率的 N 倍，因而输出带宽，分辨率高，可达 1 Hz 以下。这种频率合成器取决于 DDS 的分辨率和 PLL 的倍频次数。其转换时间快，是由于 PLL 是固定的倍频环，环路带宽可以较大，因而建立时间就快，可达微秒级；N 不大时，相位噪声和杂散都可以较低。

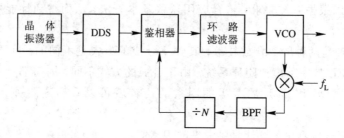

图 8-36　DDS 驱动 PLL 频率合成器

在 DDS 中，输出信号波形的三个参数：频率 ω、相位 φ 和振幅 A 都可以用数据字来定义。ω 的分辨率由相位累加器中比特数来确定，φ 的分辨率由 ROM 中的比特数确定，而 A 的分辨率由 DAC 中的分辨率确定。因此，在 DDS 中可以完成数字调制和模拟调制。频率调制可以用改变频率控制字来实现，相位调制可以用改变瞬时相位来实现，振幅调制可用在 ROM 和 DAC 之间加数字乘法器来实现。因此，许多厂商在生产 DDS 芯片时，就考虑了调制功能，可直接利用这些 DDS 芯片完成所需的调制功能，这无疑为实现各种调制方式增添了更多的选择。而且，用 DDS 完成调制带来的好处是以前许多相同调制的方法难以比拟的。图 8-37 是 AD 公司生产的 DDS 芯片 AD7008，其时钟频率有 20 MHz 和 50 MHz 两种，相位累加器长度 $N=32$。它不仅可以用于频率合成，而且具有很强的调制功能，可以完成各种数字和模拟调制功能，如 AM、PM、FM、ASK、PSK、FSK、MSK、QPSK、QAM 等调制方式。

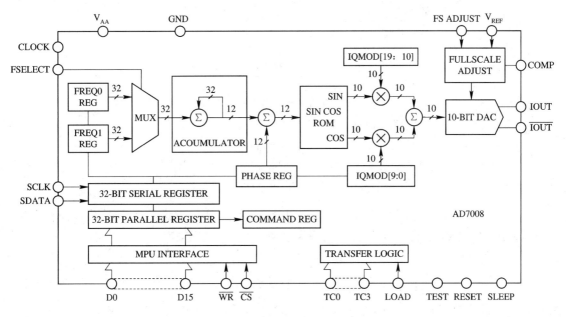

图 8 - 37 AD7008 框图

8.4.3 锁相频率合成器

在上面提到的频率合成器的三种基本模式中,直接式频率合成器和直接数字式频率合成器属于开环系统,因此具有频率转换时间短、分辨率较高等优点,而锁相频率合成器是一种闭环系统,其频率转换时间和分辨率均不如前两者好,但其结构简单、成本低是其优势,已成为当前频率合成的主要方式,被广泛应用于各种电子系统中。

锁相频率合成的基本方法是:锁相环路对高稳定度的参考振荡器锁定,环内串接可编程的程序分频器,通过编程改变程序分频器的分频比 N,从而就得到 N 倍参考频率的稳定输出。按上述方式构成的单环锁相频率合成器是锁相频率合成器的基本单元。这种基本的锁相频率合成器在性能上存在一些问题。为了解决合成器工作频率与可编程分频器最高工作频率之间的矛盾和合成器分辨率与转换速率之间的矛盾,需对基本的构成进行改进。

1. 单环锁相频率合成器

基本的单环锁相频率合成器的构成如图 8 - 32 所示。环中的 ÷N 分频器采用可编程的程序分频器,合成器输出频率为

$$f_v = Nf_r \tag{8-76}$$

式中 f_r 为参考频率,通常是用高稳定度的晶体振荡器产生,经过固定分频比的参考分频之后获得的。这种合成器的分辨率为 f_r。

设鉴相器的增益为 K_d,环路滤波器的传递函数为 $F(s)$,压控振荡器的增益系数为 K_0,则可得单环锁相频率合成器的线性相位模型,如图 8 - 38 所示。图中,

$$\theta_d(s) = \frac{\theta_2(s)}{N} \tag{8-77}$$

$$\theta_e(s) = \theta_1(s) - \theta_d(s) = \theta_1(s) - \frac{\theta_2(s)}{N} \tag{8-78}$$

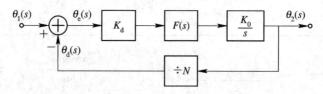

图 8 - 38　单环频率合成器线性相位模型

由输出相位 $\theta_2(s)$ 和输入相位 $\theta_1(s)$ 可得闭环传递函数是

$$H'(s) = \frac{\theta_2(s)}{\theta_1(s)} = \frac{\dfrac{K_d K_0 F(s)}{s}}{1 + \dfrac{K_d K_0 F(s)}{Ns}} = N\frac{K'F(s)}{s + K'F(s)} \tag{8-79}$$

式中 $K' = K_d K_0 / N$。因为相位是频率的时间积分，故同样的传递函数也可说明输入频率（即参考频率）$f_r(s)$ 和输出频率 $f_v(s)$ 之间的关系。

误差传递函数

$$H'_e(s) = \frac{\theta_e(s)}{\theta_1(s)} = \frac{1}{1 + \dfrac{K_d K_0 F(s)}{Ns}} = \frac{s}{s + K'F(s)} \tag{8-80}$$

将式(8-79)和式(8-80)与式(8-48)和式(8-49)相比较，单环锁相频率合成器的传递函数与线性锁相环的传递函数有如下关系：

$$H'(s) = NH(s)$$
$$H'_e(s) = H_e(s) \tag{8-81}$$

不同的只是 $H(s)$ 和 $H_e(s)$ 中的环路增益由原来的 K 变为 $K' = K_d K_0 / N = K/N$，K' 比 K 减小了 N 倍。从式(8-79)和式(8-80)不难看出，单环锁相频率合成器的线性性能、跟踪性能、噪声性能等与线性锁相环是一致的。只要将表 8-1 和表 8-2 中的环路增益 K 换成 K'，就可得到单环锁相频率合成器采用不同的 $F(s)$ 的传递函数及系统参数 ω_n、ξ 的表达式。

图 8-39(a) 是通用型单片集成锁相环 L562(NE562) 和国产 T216 可编程除 10 分频器构成的单环锁相环频率合成器，它可完成 10 以内的锁相倍频，即可得到 1～10 倍的输入信号频率输出，图 8-39(b) 为 L562 的内部结构图。

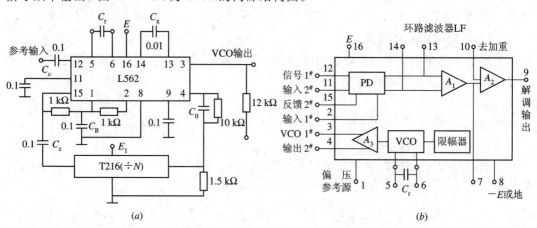

图 8 - 39　L562 的内部结构
(a) L562 频率合成器；(b) L562 内部框图

如果要合成更多的频率，可选择多级的可变分频器或程序分频器。频率合成器要求波段工作，频率数要多，频率间隔要小，因此对分频器的要求很高。目前已有专用的单片合成器，这种合成器将环路的主要部件鉴相器以及性能很好的分频器集成在一个芯片上，它可以与微机接口利于调整环路参数。

本节第三部分提到的有前置分频器的锁相环频率合成器和有下变频器的锁相环频率合成器均属于单环锁相频率合成器。

2. 变模分频锁相频率合成器

在基本的单环锁相频率合成器中，VCO 的输出频率是直接加到可编程分频器上的。目前可编程分频器还不能工作到很高的频率上，这就限制了这种合成器的应用。加前置分频器后固然能提高合成器的工作频率，但这是以降低频率分辨率为代价的。采用下变频方法可以在不改变频率分辨率和转换时间的条件下提高合成器的工作频率，但它增加了电路的复杂性且由混频产生寄生信号以及滤波器引起的延迟对环路性能都有不利的影响。因此上述两种电路并不能很好地解决基本单环锁相频率合成器的固有问题。

在不改变频率分辨率的同时提高频率合成器输出频率的有效方法之一是采用变模分频器也称吞脉冲技术。它的工作速度虽不如固定模数的前置分频器那么快，但比可编程分频器要快得多。图 8 - 40 为采用双模分频器的锁相频率合成器的组成框图。

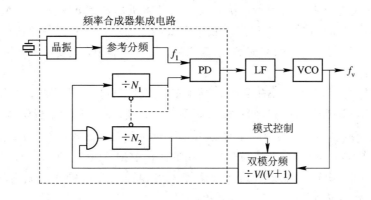

图 8 - 40 双模分频锁相频率合成器

双模分频器有两个分频模数，当模式控制为高电平时分频模数为 $V+1$，当模式控制为低电平时分频模式为 V。双模分频器的输出同时驱动两个可编程分频器，它们分别预置在 N_1 和 N_2，并进行减法计数。在除 N_1 分频计数器未计数到零时，模式控制为高电平，双模分频器的输出频率为 $f_v/(V+1)$。在输入 $N_2(V+1)$ 周期之后，除 N_2 分频器计数到零，将模式控制电平变为低电平，同时通过除 N_2 分频器还存有 N_1-N_2。由于受模式控制低电平的控制，双模分频器的分频模数变为 V，输出频率为 f_v/V。再经过 $(N_1-N_2)V$ 个周期，除 N_2 计数器也计数到零，输出低电平，将两计数器重新赋予它们的预置值 N_1 和 N_2，同时对相位检波器输出比相脉冲，并将模式控制信号恢复到高电平。在一个完整的周期中，输入的周期数为

$$N = (V+1)N_2 + (N_1-N_2)V = VN_1 + N_2 \qquad (8-82)$$

假若 $V=10$，则

$$N = 10N_1 + N_2 \tag{8-83}$$

从上面的原理说明中可知，N_1 必须大于 N_2。例如 N_2 从 0 到 9 变化，则 N_1 至少为 10。由此得到最小分频比为 $N_{min} = 100$。若 N_1 从 10 变化到 19，那么可得到的最大分频比为 $N_{max} = 199$。

其它的变模分频，例如 5/6、6/7、8/9、10/11、31/32、40/41、100/101 等也是常用的。

在采用变模分频器的方案中也要用可编程分频器，这时双模分频器的工作频率为合成器的工作频率 f_v，而两个可编程分频器的工作频率为 f_v/V 或 $f_v/(V+1)$。合成器的参考频率仍然为参考频率 f_r，这就在保证分辨率的条件下提高了合成器的工作频率，频率的转换时间也未受到影响。

8.4.4 集成锁相环频率合成器

集成锁相频率合成器是一种专用锁相电路。它是发展很快、采用新工艺多的专用集成电路。它将参考分频器、参考振荡器、数字鉴相器、各种逻辑控制电路等部件集成在一个或几个单元中，以构成集成频率合成器的电路系统。目前，集成锁相频率合成器按集成度可分为中规模(MSI)和大规模(LSI)两种，按电路速度可分为低速、中速和高速三种。随着频率合成技术和集成电路技术的迅速发展，单片集成频率合成器也正向性能更好、速度更高方向发展。有些集成频率合成器系统中还引入了微机部件，使得波道转换、频率和波段的显示实现了遥控和程控，从而使集成频率合成器逐渐取代分立元件组成的频率合成器，应用范围日益广泛。但目前 VCO 还没有集成到单片合成器中，主要原因是因为 VCO 的噪声指标不易做高。

目前，集成锁相频率合成器电路的产品很多，按频率置定方式不同，可分为并行码、4 位数据总线、串行码和 BCD 码等四种输入频率置定方式。每一种频率置定方式又可区分为单模频合或双(四)模频合。实现频率置定可采用机械开关、三极管阵列、EPROM 和微机等多种方式。这里重点介绍摩托罗拉公司出品的四位数据总线输入可编程的大规模单片集成锁相频率合成器 MC145146－1 和并行码输入可编程大规模单片集成锁相频率合成器 MC145151－1 及其应用。

1. MC145146－1

MC145146－1 是一块 20 脚陶瓷或塑料封装的，由四位总线输入、锁存器选通和地址线编程的大规模单片集成锁相双模频率合成器，图 8－41 给出了它的方框图。程序分频器为 10 位 $\div N$($N = 3 \sim 1023$)计数器和 7 位 $\div A$($A = 3 \sim 127$)计数器，组成吞脉冲程序分频器。14 脚为变模控制端 MOD，当 MOD＝1 时(高电平)，双模前置分频器按低模分频比工作；当 MOD＝0 时(低电平)，双模前置分频器按高模分频比工作。12 位可编程的参考分频器的分频比为 $R = 3 \sim 4095$，这样，鉴相器输入的参考频率 $f_R = f_0/R$，这里 f_0 为参考时钟源的频率，一般用高稳定度的石英晶振担当参考时钟源。

表 8－4 中，$D_0 \sim D_3$(2、1、20、10 端)为数据输入端。当 ST 是高电平时，这些输入端的信息，将传送到内部锁存器。$A_0 \sim A_2$(9～11 端)为地址输入端。用来确定由哪一个锁存器接收数据输入端的信息。这些地址与锁存器的关系如表 8－4 所示。

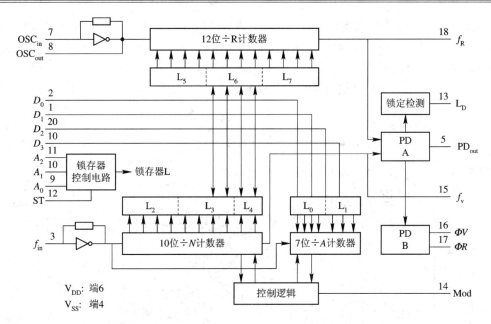

图 8 - 41　MC145146－1 方框

表 8 - 4　MC145146－1 地址码与锁存器的选通关系

A_2	A_1	A_0	被选锁存器	功能	D_0	D_1	D_2	D_3
0	0	0	0	$\div A$	0	1	2	3
0	0	1	1	$\div A$	4	5	6	—
0	1	0	2	$\div N$	0	1	2	3
0	1	1	3	$\div N$	4	5	6	7
1	0	0	4	$\div N$	8	9	—	—
1	0	1	5	$\div R$	0	1	2	3
1	1	0	6	$\div R$	4	5	6	7
1	1	1	7	$\div R$	8	9	10	11

表 8 - 4 中 $D_0 \sim D_3$ 栏的 0、1、2…表示相应数据输入端 $D_0 \sim D_3$ 上所输入二进制数的权值，如 $D_i(i=0\sim3)=3$，表示该位权值为 $2^3=8$；$D_i=8$ 表示该位权值为 $2^8=128$，依此类推。实际的参考分频比和可变分频比即等于所输入的二进制数。

ST(12 端)：数据选通控制端，当 ST 是高电平时，可以输入 $D_0 \sim D_3$ 输入端的信息，ST 是低电平时，则锁存这些信息。

PD_{out}(5 端)：鉴相器的三态单端输出。当频率 $f_v > f_r$ 或 f_v 相位超前时，PD_{out} 输出负脉冲；当相位滞后时，输出正脉冲；当 $f_v = f_r$ 且同相位时，输出端为高阻抗状态。

LD(13 端)：锁定检测器信号输出端。当环路锁定时(f_v 与 f_r 同频同相)，输出高电平，失锁时输出低电平。

ΦV、ΦR(16、17 端)：鉴相器的双端输出。可以在外部组合成环路误差信号，与单端输出 PD_{out} 作用相同，可按需要选用。

图 8 - 42 是一个微机控制的 UHF 移动电话信道的频率合成器，工作频率为 450 MHz。接收机中频为 10.7 MHz，具有双工功能，收发频差为 5 MHz，$f_r = 25$ kHz，可根据选定的参考振荡频率来确定 ÷R 值。环路总分频比 $N_T = N * P + A = 17\ 733 \sim 17\ 758$，其中 $P = 64$，$N = 277$，$A = 5 \sim 30$。则输出频率（VCO 输出）为 $N_T f_R = 443.325 \sim 443.950$ MHz，步进 25 KHz。

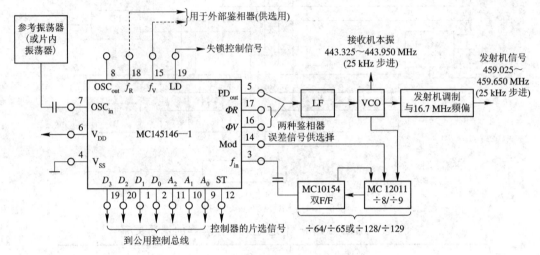

图 8 - 42 采用 MC145146—1 的 UHF 移动无线电话频率合成器

图 8 - 43 给出了一个 800 MHz 蜂窝状无线电系统用的 666 个信道、微机控制的移动无线电话频率合成器。接收机第一中频是 45 MHz，第二中频是 11.7 MHz，具有双工功能，收发频差 45 MHz。参考频率 $f_r = 7.5$ kHz，参考分频比 $R = 1480$。环路总分频比 $N_T = 32 * N + A = 27\ 501 \sim 28\ 188$，$N = 859 \sim 880$，$A = 0 \sim 31$，锁相环 VCO 输出频率 $f_v = N_T f_r = 206.2575 \sim 211.410$ MHz。

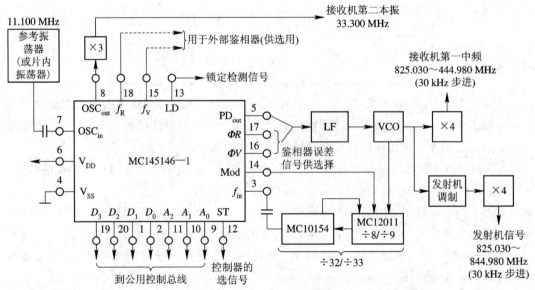

图 8 - 43 采用 MC145146—1 的 800 MHz 移动无线电话频率合成器

MC145145－1 与 MC145146－1 结构类似，不同点在于 MC145145－1 是单模锁相频率合成器，其可编程÷N 计数器为 14 位，则 $N＝3\sim16\ 388$。

2. MC145151－1

　　MC145151－1 是一块由 14 位并行码输入编程的的单模 CMOS、LSI 单片集成锁相频率合成器，其组成方框图如图 8－44 所示。整个电路包含参考振荡器、12 位÷R 计数器(有 8 种可选择的分频比)、12×8ROM 参考译码器、14 位÷N 计数器($N＝3\sim16383$)、发射频偏加法器、三态单端输入鉴相器、双端输出鉴相器和锁定指示器等几部分。本器件的特点是内部有控制收发频差的功能，可以很方便地组成单模或混频型频率合成器。

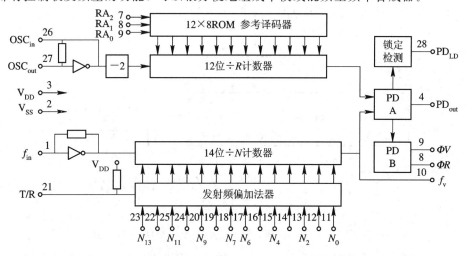

图 8－44 MCA145151－1 方框图

　　MC145151－1 是 28 脚陶瓷或塑料封装型电路，现将各引出端的作用说明如下：

　　OSC_{in}、OSC_{out}(26、27 端)：参考振荡器的输入和输出端。

　　RA_0、RA_1、RA_2(5、6、7 端)：参考地址输入端。12×8ROM 参考译码器通过地址码的控制，对 12 位÷R 计数器进行编程，使参考分频比有 8 种选择，参考地址码与参考分频比的关系列在表 8－5 中。

　　f_{in}(1 端)：÷N 计数器的输入端。信号通常来自 VCO，采用交流耦合，但对于振幅达到标准 CMOS 逻辑电平的输入信号，亦可采用直流耦合。

　　f_v(10 端)：÷N 计数器的输出端。有这个输出端可使÷N 计数器单独使用。

　　$N_0\sim N_{13}$(11～20 及 22～25 端)：÷N 计

**表 8－5 MC145151－1 参考地址码
与参考分频比的关系**

参考地址码			总参考
RA_2	RA_1	RA_0	分频比
0	0	0	8
0	0	1	128
0	1	0	256
0	1	1	512
1	0	0	1024
1	0	1	2048
1	1	0	2410
1	1	1	3192

数器的预置端。当÷N 计数器达到 0 计数时，这些输入端向÷N 计数器提供程序数据。N_0 是最低位，N_{13} 是最高位。输入端都有上拉电阻，以确保在开路时处于逻辑"1"，而只需一个单刀单掷开关就把数据改变到逻辑"0"状态。

T/R(21 端)：收/发控制端。这个输入端可控制向 N 输入端提供附加的数据，以产生收发频差，其数值一般等于收发信机的中频。当 T/R 端是低电平时，N 端的偏值固定在 856，T/R 端是高电平时，则不产生偏移。

PD_{out}(4 端)：PDA 三态输出端。

ΦR、ΦV(8、9 端)：PDB 两个输出端。

LD(28 端)：锁定检测输出端。当环路锁定时，LD 为高电平；失锁时，LD 为低电平。

图 8-45 是一个采用 MC145151-1 的单环本振电路。参考晶振频率 $f_c = 2.048$ MHz，因 $RA_0 = "1"$、$RA_1 = "0"$、$RA_2 = "1"$，故 $R = 2048$，所以鉴相频率 $f_r = 1$ kHz，亦即频道间隔 $\Delta f = 1$ kHz。VCO 的输出频率范围 $f_o = 5 \sim 5.5$ MHz。

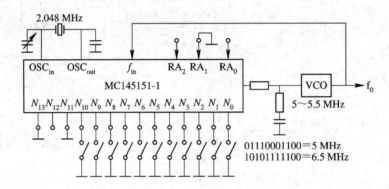

图 8-45　采用 MC145151-1 的 5～5.5 MHz 本振电路

图 8-46 为一个采用 MC145151-1 组成的 UHF 陆地移动电台频率合成器。采用单环混频环，参考晶振频率 $f_c = 10.0417$ MHz，因为 $RA_0 = "0"$、$RA_1 = "1"$、$RA_2 = "1"$，故 $R = 2410$，所以鉴相频率 $f_r = 4.1667$ kHz。程序分频器在接收状态时，分频比 $N = 2284 \sim 3484$，当转到发射状态，N 值应加上 865，即 $N = 3140 \sim 4340$。

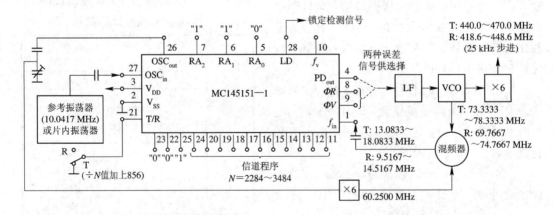

图 8-46　采用 MC145151-1 组成的 UHF 陆地移动电台频率合成器

与 MC145151-1 对应的是 MC145152-1，它是一块由 16 位并行码编程的双模 CMOS、LSI 单片锁相频率合成器，除程序分频器外与 MC145151-1 基本相同。MC145151-1 是单模工作的，而 MC145152-1 是双模工作的。

思考题与习题

8－1 有哪几类反馈控制电路，每一类反馈控制电路控制的参数是什么，要达到的目的是什么？

8－2 AGC 的作用是什么？主要的性能指标包括哪些？

8－3 已知接收机输入信号动态范围为 80 dB，要求输出电压在 0.8～1 V 范围内变化，则整机增益控制倍数应是多少？

8－4 图示是接收机三级 AGC 电路框图。已知可控增益放大器增益 $K_v(u_c) = 20/(1+2u_c)$。当输入信号振幅 $U_{imin}=125 \ \mu V$ 时，对应输出信号振幅 $U_{omin}=1 \ V$，当 $U_{imax}=250 \ mV$ 时，对应输出信号振幅 $U_{omax}=3 \ V$。试求直流放大器增益 K_1 和参考电压 U_R 的值。

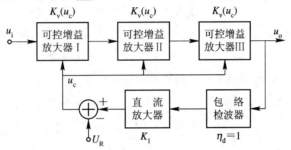

题 8－4 图

8－5 图示是调频接收机 AGC 电路的两种设计方案，试分析哪一种方案可行，并加以说明。

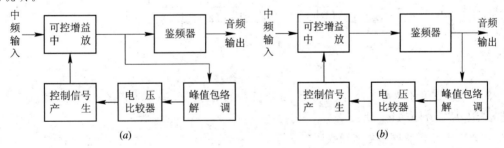

题 8－5 图

8－6 AFC 的组成包括哪几部分，其工作原理是什么？

8－7 图示为某调频接收机 AFC 方框图，它与一般调频接收机 AFC 系统比较有何差别？优点是什么？如果将低通滤波器去掉能否正常工作？能否将低通滤波器合并在其它环节里？

8－8 AFC 电路达到平衡时回路有频率误差存在，而 PLL 在电路达到平衡时频率误差为零，这是为什么？PLL 达到平衡时，存在什么误差？

8－9 PLL 的主要性能指标有哪些？其物理意义是什么？

8－10 已知一阶锁相环路鉴相器的 $U_d=2 \ V$，压控振荡器的 $K_0=10^4 \ Hz/V$（或 $2\pi \times 10^4 \ rad/s \cdot V$），自由振荡频率 $\omega_0 = 2\pi \times 10^6 \ rad/s$。问当输入信号频率 $\omega_i = 2\pi \times 1015 \times 10^3 \ rad/s$ 时，环路能否锁定？若能锁定，稳态相差等于多少？此时的控制电压等于多少？

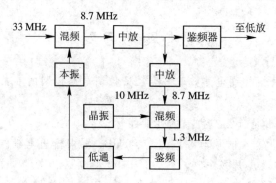

题 8 - 7 图

8 - 11 已知一阶锁相环路鉴相器的 $U_d = 2$ V，压控振荡器的 $K_0 = 15$ kHz/V，$\omega_0/2\pi = 2$ MHz。问当输入频率分别为 1.98 MHz 和 2.04 MHz 的载波信号时，环路能否锁定？稳定相差多大？

8 - 12 已知一阶锁相环路鉴相器的 $U_d = 0.63$ V，压控振荡器的 $K_0 = 20$ kHz/V，$f_0 = 2.5$ MHz，在输入载波信号作用下环路锁定，控制频差等于 10 kHz。问：输入信号频率 ω_i 为多大？环路控制电压 $u_0(t) = ?$ 稳定相差 $\theta_e(\infty) = ?$

8 - 13 图示为锁相环路频率特性测试电路，输入为音频电压 $u_\Omega(t)$，从 VCO 输入端输出电压 $u'_\Omega(t)$，环路滤波器采用 $F(s) = (1 + s\tau_2)/(1 + s\tau_1)$。要求：

(1) 画出电路的线性相位模型；

(2) 写出电路的传递函数：$H(s) = U'_\Omega(s)/U_\Omega(s)$；

(3) 指出环路为几阶几型。

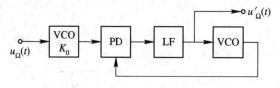

题 8 - 13 图

8 - 14 设一非理想二阶环，使用有直流反馈的有源滤波器作环路滤波器，如图所示。已知环路 $K_0 K_d = 5800$ Hz，试求：

(1) 确定环路滤波器传递函数 $F(s)$；

(2) 找出 τ_1、τ_2、ω_n 和 ξ；

(3) 写出闭环传递函数 $H(s)$ 的表达式。

8 - 15 采用 RC 积分滤波器的二阶环，其输入单位相位阶跃的响应如图所示。试求其开环传递函数。

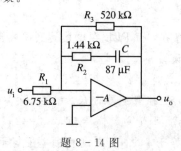

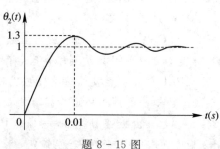

题 8 - 14 图   题 8 - 15 图

8 - 16　采用有源比例积分滤波器的二阶环，当输入频率斜升信号 $\Delta\omega(t) = 8 \times 10^6 t$ rad/s 时，要求环路稳定相差 $\theta_e(\infty) \leqslant 0.5$ rad。问环路参数 ξ、ω_n 应如何选择？

8 - 17　有几种类型的频率合成器，各类频率合成器的特点是什么？频率合成器的主要性能指标有哪些？

8 - 18　锁相频率合成器的鉴相频率为 1 kHz，参考时钟源频率为 10 MHz，输出频率范围为 9~10 MHz，频率间隔为 25 kHz，求可变分频器的变化范围。若用分频数为 10 的前置分频器，可变分频器的变化范围又如何？

第9章 高频电路的系统设计

本书第一章介绍了无线通信系统的组成，讨论了其中收发信机的系统结构，之后各章详细讨论了各种高频功能单元电路的原理与设计。本章再回到系统层面，从整机或系统的角度介绍高频电路的系统设计方法和过程，并以实例加以说明。

9.1 高频电路系统设计方法

无线通信系统设计就是根据无线电信号在信道中的传播特性，估算系统的传输损耗，按照系统性能要求与技术指标，进行系统链路预算（Link Budget）和系统指标设计及收发信机指标分配。

9.1.1 系统总传输损耗

点对点无线通信系统链路损耗如图 9-1 所示。其中，发送链路从发射机经馈线（损耗为 L_t）至发射天线，接收链路从接收天线经馈线（损耗为 L_r）至接收机。发送设备以一定频率、带宽和功率发射无线电信号（天线辐射功率为 P_{tt}），接收设备以一定频率、带宽和接收灵敏度（MDS）接收无线电信号（天线接收到的功率为 P_r，接收机接收到的功率为 P_{rr}），无线电信号经过信道会产生衰减和衰落，并会引入噪声与干扰。如果天线是无方向性（全向）天线，通常认为天线增益为 0 dBi，在系统设计时可以不考虑；如果天线是方向性天线，在系统设计时就要考虑天线的增益，一般假设发射和接收天线的增益分别为 G_t 和 G_r。综合考虑发送功率和天线增益联合效果的参数是有效全向辐射功率 EIRP（Effective Isotropic

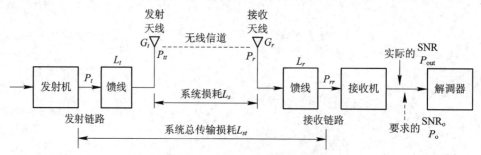

图 9-1 点对点无线通信系统链路损耗

Radiated Power)。

由第 1 章绪论可知，无线通信系统的主要要求是可靠性和有效性，对模拟通信来讲，分别用信噪比(SNR)和带宽来描述；对数字通信来讲，分别用误码率和数据速率来描述。对于确定的无线通信系统和链路，模拟通信与数字通信的可靠性和有效性指标存在确定的关系。以模拟通信为例，在对无线通信链路进行系统设计时，最重要的技术指标有工作频率 f(载波频率或频带的几何中心频率)、带宽(注意区分信号带宽、信道带宽和噪声带宽 3 种不同的带宽概念，通常信道带宽不小于信号带宽，在多级级联系统中，为了估算方便，一般认为三者相等)、传输距离 d、发射机的发射功率 P_t、接收设备的输出信噪比 SNR_o(解调器的输入信噪比)和信号电平(常用功率 P_o 表示)。

1. 系统损耗

无线信道产生的损耗为系统损耗 L_s，包括传输损耗和衰落。传输损耗也称路径损耗(L_p)，包括传播损耗(衰减)和媒质传输损耗 A。路径损耗代表大尺度传播特性，总体上表现为幂定律的传播特征。

1) 传输损耗

传播损耗主要指自由空间传播损耗 L_{bf}。自由空间是一个理想的空间，在自由空间中，电波按直线传播而不被吸收，也没有反射、折射、绕射和散射等现象，电波的能量只因距离的增加而自然扩散，这样引起的衰减称为自由空间的传播损耗。设辐射源的辐射功率为 P_t，当天线发射信号后，信号会向各个方向传播。在距离发射天线半径为 d 的球面上，信号强度密度等于发射的总信号强度除以球的面积，则接收功率 P_r 为

$$P_r = P_t G_t G_r \left(\frac{\lambda}{4\pi d}\right)^2 \tag{9-1}$$

式中，G_t 和 G_r 分别为从发射机到接收机方向上的发射天线增益和接收天线增益；d 为发射天线和接收天线之间的距离；载波波长为 $\lambda = c/f$，c 为自由空间中的光速，f 为无线载波频率。若把 $P_0 = P_t G_t G_r \left(\frac{\lambda}{4\pi}\right)^2$ 作为第一米($d=1$ m)的接收信号强度，则式(9-1)可写为

$$P_r = \frac{P_0}{d^2} \tag{9-2}$$

用分贝(dB)表示为

$$10\lg P_r = 10\lg P_0 - 20\lg d \tag{9-3}$$

对于理想的各向同性天线($G_t = G_r = 1$)，自由空间的衰耗称为自由空间的基本传输损耗 L_{bf}，用公式表示为

$$L_{bf} = \frac{P_t}{P_r} = \left(\frac{4\pi d}{\lambda}\right)^2 \tag{9-4}$$

或

$$L_{bf}(\text{dB}) = 32.45 + 20\lg f(\text{MHz}) + 20\lg d(\text{km}) \tag{9-5}$$

考虑实际媒质(如大气)各向同性天线的传输损耗称为基本传输损耗 L_b。

上面几个式子表明：在自由空间中，接收信号功率与距离的平方成反比，这里的次幂 2 称为距离功率斜率(Distance Power Gradient)、路径损耗斜率或路径损耗指数。作为距离函数的信号强度每 10 倍距离的损耗为 20 dB，或者每 2 倍频程的损耗为 6 dB。

需要说明的是，前面的关系式不能用于任意小的路径长度，因为接收天线必须位于发射天线的远场中。对于物理尺寸超过几个波长的天线，通用的远场准则是 $d \geqslant 2l^2/\lambda$，式中 l 为天线主尺寸。

媒质传输损耗指的是传输媒质及障碍物等对电磁波的吸收、反射、散射或绕射等作用而引起的衰减。由于传输情况不同，媒质传输损耗可能包括以下几部分：

（1）吸收损耗：由地面、大气气体分子或水汽凝结物吸收引起，与工作频段、传输距离等因素有关。

（2）反射影响或散射吸收：如由电离层内反射曲面的聚焦或散焦作用引起反射面的有效面积的边缘效应而引起，或由不均匀媒质对电波的散射作用引起等。

（3）极化耦合损耗：由传播过程中的极化面旋转引起。

（4）孔径-介质耦合损耗：由于电波传播的散射效应，因接收天线口面上非平面波而引起的附加损耗。

（5）波的干涉效应：由地面或障碍物产生的反射波与直射波的干涉作用而引起。

根据不同的传播方式，媒质传输损耗计算可能取上述诸项中的一项或几项，具体视情况而定。每项中 A 值的统计与预测模型非常复杂，详细情况请参考相关文献。

2）衰落

衰落是由阴影、多径或移动等引起的信号幅度的随机变化，这种信号幅度的随机变化可能在时间上、频率上和空间上表现出来，分别称为时间选择性衰落、频率选择性衰落和空间选择性衰落。

衰落是一种不确定的损耗或衰减，影响传输的可靠性和稳定性。对抗衰落的方法要根据衰落产生的原因和特性来确定，主要从改善线路的传播情况和提高系统的抗衰落能力着眼。在进行系统设计时，一方面要尽可能地减少衰落，如选择合适的工作频率、部署适当的设备位置等；另一方面要采取系列的技术措施以提高抗衰落能力，如针对快衰落可采用合适的调制解调方式、分集接收和自适应均衡等一种或多种措施，针对慢衰落和媒质传输损耗以及设备老化与损伤通常采用适当增加功率储备或衰落裕量 F_σ（Fade Margin）。衰落裕量是指在一定的时间内，为了确保通信的可靠性，链路预算中所需要考虑的发射功率、增益和接收机噪声系数的安全容限。一般 20 km 的数字微波链路要求衰落裕量为 $10\sim20$ dB，频率较高、链路较长时要求衰落裕量达到 30 dB。在衰落裕量为 20 dB、误码率为 10^{-8} 的条件下，要求数字系统一年内的可靠性为 99.99%。

2. 系统总传输损耗

从发送链路到接收链路的所有损耗称为系统总传输损耗 L_{st}，主要包括传播损耗 L_p 和两端收发信机至天线的馈线损耗（发射馈线损耗为 L_t，接收馈线损耗为 L_r）。在进行系统设计时，通常将衰落裕量 F_σ 也计入系统总传输损耗，即

$$L_{st}(\mathrm{dB}) = L_p(\mathrm{dB}) + L_t(\mathrm{dB}) + L_r(\mathrm{dB}) + F_\sigma(\mathrm{dB}) \qquad (9-6)$$

由以上分析可以看出，系统总传输损耗与工作频率、传输距离、传播方式、媒质特性和收发天线增益等因素有关，一般为几十至 200 dB 左右。

9.1.2 链路预算与系统设计

根据系统要求，在确定了工作频率、带宽、传输距离和调制解调方式等系统指标后，

在进行硬件设计之前，还必须进行链路预算分析。通过分析，可以预知或计算出在特定的误码率或信噪比下，为了达到系统设计要求，接收机所需要的噪声系数、增益和发射机的输出功率等参数以及接收机输出的信号强度和信噪比等技术指标。链路预算的过程实际上是反复计算和参数调整的过程。

实际中，工作频率、带宽、传输距离和调制解调方式等系统指标的确定也与链路预算有关，可能需要通过链路预算来修正这些系统指标。

需要注意的是，并不是所有的双工链路都在频率、带宽、功率、调制解调方式等方面对称，因此，在对双工(尤其是频分双工)系统进行链路预算时，要考虑两个方向的差异。

1. 链路预算

链路预算就是估算系统总增益能否补偿系统总损耗，或者接收机接收到的信号强度能否超过接收机灵敏度，以达到解调器输入端所需的信号电平 P_o 和信噪比 SNR_o 要求。如图 9 - 2 所示，链路预算的基本过程如下。

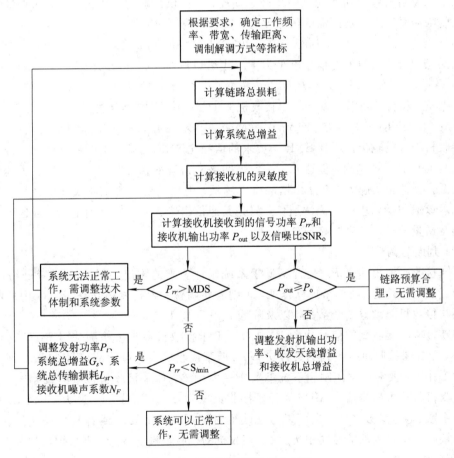

图 9 - 2 系统链路预算基本流程

(1) 计算链路总损耗 L_{st}。

根据系统要求给定的通信距离 d、工作频率 f 和工作环境，选择相应的路径损耗模型，计算相应的传输损耗(简单估算时常用自由空间传播损耗 L_{bf} 代替)，在考虑收发两端馈线损耗和衰落裕量后，按照式(9 - 6)计算链路总损耗。

(2) 计算系统总增益 G_s。

设接收机的总增益为 G_{RX}(dB)，则系统总增益 G_s 为

$$G_s(\text{dB}) = G_t(\text{dB}) + G_r(\text{dB}) + G_{RX}(\text{dB}) \tag{9-7}$$

(3) 计算接收机的灵敏度 MDS 和 $S_{i\min}$。

按照第 2 章中噪声系数与灵敏度的关系计算接收机的最小可检测信号 MDS 和接收机灵敏度 $S_{i\min}$。实际上，在不考虑解调器要求的信噪比（或要求的信噪比为 0 dB）时，最小可检测信号 MDS 和接收机灵敏度 $S_{i\min}$ 是相同的。为了使用方便，将第 2 章的公式重写于此：

$$\text{MDS(dBm)} = -171(\text{dBm}) + 10\lg B(\text{Hz}) + N_F(\text{dB}) \tag{9-8}$$

$$S_{i\min}(\text{dBm}) = \text{MDS} + \text{SNR}_o$$

$$= -171(\text{dBm}) + 10\lg B(\text{Hz}) + N_F(\text{dB}) + \text{SNR}_o(\text{dB}) \tag{9-9}$$

（4）计算接收机接收到的信号功率 P_{rr} 和接收机输出功率 P_{out} 及信噪比 SNR。

$$P_{rr}(\text{dBm}) = P_t(\text{dBm}) + G_t(\text{dB}) + G_r(\text{dB}) - L_{st}(\text{dB}) \tag{9-10}$$

在确保发射机输出功率能克服系统总损耗，并提供足够的衰落裕量，同时保证接收机具有低的噪声系数以满足所需的信噪比时，接收机输出功率为

$$P_{out}(\text{dBm}) = P_t(\text{dBm}) + G_s(\text{dB}) - L_{st}(\text{dB}) \tag{9-11}$$

如果已知接收天线上的信号电平为 P_s，也可以按照式(9-12)计算接收机输出功率

$$P_{out}(\text{dBm}) = P_s(\text{dBm}) + G_r(\text{dB}) - L_r(\text{dB}) + G_{RX}(\text{dB}) \tag{9-12}$$

根据 P_{out} 和噪声功率可以计算出接收机输出端的信噪比 SNR 为

$$\text{SNR(dB)} = P_{out}(\text{dBm}) - (\text{MDS(dBm)} + L_r(\text{dB}) + G_{RX}(\text{dB})) \tag{9-13}$$

接收机设计的输出信噪比 SNR 与要求的信噪比 SNR_o 之差称为链路裕量 M。链路裕量 M 为正值是所希望的结果，但这并不一定说明该链路就不会出现差错，而是表明其出错的概率较低。M 的正值越大，链路出错的概率越低，但付出的代价也越大。反之，M 为负值并不表示该通信链路就一定无法通信，只是其通信出错的概率较高而已。综合各种因素去推算链路裕量的过程就是链路预算。

（5）判断与调整。

判断接收机输出功率 P_{out} 是否不低于系统设计要求的输出功率 P_o，或者链路裕量 M 是否为正值。若满足，则链路预算合理，否则需要调整发射机输出功率 P_t、G_s 中的收发天线增益与接收机总增益 3 个参数，以及降低 L_{st} 中可降低的损耗。

判断接收机接收到的信号功率 P_{rr} 是否不低于接收机最小可检测信号 MDS 和接收灵敏度 $S_{i\min}$。如果接收机接收到的信号功率 P_{rr} 低于接收机最小可检测信号 MDS，则系统很难正常工作，需要对技术体制和系统参数作较大调整；如果接收机接收到的信号功率 P_{rr} 大于接收机最小可检测信号 MDS 而低于接收灵敏度 $S_{i\min}$，则除了调整 P_t、G_s、L_{st} 和接收机噪声系数 N_F 等参数之外，也可以考虑改变对解调性能的要求或者改变调制解调方式；若如果接收机接收到的信号功率 P_{rr} 大于接收机的接收灵敏度 $S_{i\min}$，则系统可以正常工作，不需调整。

2. 系统设计

系统设计就是根据系统要求（主要是工作频率、带宽、通信距离，可能还有调制解调方式）和链路预算情况，确定通信链路的系统结构和其中各单元的系统指标。

首先是确定发射机的发射功率 P_t、收发天线的增益、收发两端馈线的损耗和接收机的

总增益等功率和增益(损耗)指标；其次，根据最小可检测信号 MDS 和接收灵敏度 S_{imin} 计算接收机的噪声系数；最后，根据通信距离和环境的变化以及衰落储备的情况确定接收机的动态范围。

在系统设计时，如果发射机的 EIRP 或发射功率已定，为了达到接收机输出端所要求的误码率或信噪比，必须在发射机的输出功率或收发两端的馈线损耗、接收机的噪声系数、系统增益和互调失真之间进行调整与折中。

下面用一个实际例子来说明链路预算的过程。

在一个实际工程中，要求工作频率为 2.4 GHz，带宽为 1 MHz，通信距离为 20 km，接收端解调器输入信号电平不低于 0 dBm，信噪比不低于 12 dB，已确定发射机输出功率为 500 mW。现在来进行链路预算和系统设计。

参考图 9-1，工作于 2.4 GHz 微波频率上，传输距离比较远，路径损耗可按照自由空间估算，则

$$L_{bf} = 32.45 + 20\lg 2400 + 20\lg 20 = 126 \text{ (dB)}$$

假设收发两端馈线损耗相同，都为 2 dB，再考虑 20 dB 的衰落裕量，则系统总传输损耗

$$L_{st} = 126 + 2 + 2 + 20 = 150 \text{ (dB)}$$

为了远距离传输，在发射功率一定的情况下，要尽量提高天线的增益，降低馈线的损耗，考虑到发射端 EIRP 的限制，我们假设发射和接收天线增益分别为 12 dBi 和 24 dBi，则

$$P_{rr} = 27 + 12 + 24 - 150 = -87 \text{ (dBm)}$$

为了使解调器正常工作，其输入信号电平不能低于 0 dBm，由此可得接收机的总增益 $G_{RX} \geqslant 87$ dB。考虑到实际设计时还要对系统中因不理想等因素引起的附加损耗进行补偿，因此可将接收机总增益 G_{RX} 设计为 95 dB。这样，接收机输出端的信号电平 P_{out} 为 8 dBm，大于 0 dBm，满足要求。假设接收机的噪声系数 N_F 为 4 dB，则 MDS 为 -107 dBm，接收机灵敏度

$$S_{imin} = \text{MDS} + \text{SNR}_o = -95 \text{ (dBm)}$$

由于 MDS $\leqslant S_{imin} \leqslant P_{rr}$，接收机输出端的信噪比 SNR $= 8 - (-107 + 2 + 95) = 18$ dB，大于 12 dB(或者说链路裕量为 18-12=6 dB)，满足系统要求。因此以上链路预算合理，我们可以确定馈线损耗、收发天线的增益和接收机总增益及其噪声系数。

9.1.3　接收机设计与指标分配

接收机设计是无线通信系统设计中最复杂、最困难，也是最重要的环节。接收机设计的主要内容就是根据接收机的系统指标要求，选定合适的接收机结构，进行频率规划，确定合适的中频频率，并从实现的方便性等方面考虑将接收机的指标分配到各个模块。

设计方法可以用理论计算或仿真工具仿真，为了更清楚地说明设计过程，这里介绍理论计算的方法。

1. 接收机指标分析

1) 输入特性

接收机的输入特性主要是指输入阻抗，输入电路与天线的阻抗匹配和与噪声的匹配问

题是应优先考虑的问题,它影响接收机的接收信号强度和接收灵敏度。关于天线的匹配设计,通常是预先指定一种或几种天线阻抗,如 50 Ω、300 Ω 等进行天线设计,然后利用匹配网络实现阻抗或噪声匹配。

针对接收机的输入特性,在实际中要注意输入阻抗的测量(常用矢量网络分析仪)问题、平衡-不平衡问题、接地问题和抑制强干扰问题等。

2)增益

接收机增益是接收机中各单元电路增益的乘积,是系统增益的重要组成部分,用于克服各种损耗(衰减)和衰落。

由于接收机接收到的信号可能非常微弱,如−120 dBm 左右,而解调器解调需要的信号功率大多在 0 dBm 附近,再加上接收机内滤波器等各种损耗,接收机的增益通常很高,大多在 120 dB 左右。但是 120 dB 左右的增益很难通过一个放大器实现。由于在高频上工作,过高的增益容易产生自激振荡等不稳定现象,另外,高增益的放大器容易由于电路非线性的原因产生多种失真,因此,通常将接收机的总增益分配到各级单元电路中,甚至还要采取不同的工作频率和滤波器。但是考虑到有效传输和高频增益的稳定性等问题,需要在实际中注意各单元电路的级间匹配。

需要说明,再高的增益也无法克服接收机内部的噪声,但前端高增益可以减小整个接收机的噪声系数。

3)通频带与选择性

通频带是保证有用信号主要能量不失真且少衰减通过的频率范围,与调制体制、系统的性能要求甚至接收机的设计方法有关,在电路中由多级选频网络的幅频特性共同决定。对于多级选频网络的级联,级联后的通频带小于单级网络的通频带。在设计时要使单级网络的通频带大于接收机的通频带,在确保总通频带满足要求的条件下,尽量使各级网络的通频带相同(此时所需级数最少)。

接收机的选择性是衡量接收机抗拒接收相邻信道信号和其它无用信号以及寄生响应能力的重要指标。选择性的高低,取决于解调器之前电路频率响应的快慢,其通常分为射频、中频和基带三部分。对于一般的接收机,选择性主要取决于中频滤波器,但在抑制镜频干扰和中频干扰时,则受控于接收机输入端的高频调谐电路。对于中频滤波器,其选择性常用矩形系数表示,此值越小越好,接近于 1 时最佳;对于高频调谐电路,选择性一般用镜频抑制比和中频抑制比来表示,此值也是越大越好,通常镜频抑制比在 50 dB 上下,而中频抑制比为 80 dB 左右。

4)噪声系数

有关噪声系数的概念和计算在第 2 章中已有论述,这里主要讨论接收机的噪声系数及其指标分配方法。

接收机的噪声系数可认为是系统的噪声系数,可由天线、馈线和接收机等部分级联而成。在第 2 章中提出,级联网络噪声系数的计算可以认为是从后往前,即知道各个单元电路的噪声系数和增益,就可以计算出整个接收机的噪声系数。因此,为了降低接收机的噪声系数,可以采用减少接收天线馈线长度、提高天线增益等方法。

对于已经确定的接收机的噪声系数,将其分配到各个单元中,可采用从前往后的方法。如图 9−3 所示,设某级电路的噪声系数为 N_{Fi},功率增益为 K_{Pmi},其前端和后端(可简

单认为是输入和输出)噪声系数分别为 N_{Fin} 和 N_{Fout}，则按照级联网络噪声系数的计算公式可得

$$N_{Fin} = N_{Fi} + \frac{N_{Fout} - 1}{K_{Pmi}} \qquad (9-14)$$

由式(9-14)可推导出噪声系数分配公式如下：

$$N_{Fout} = K_{Pmi}(N_{Fin} - N_{Fi}) + 1 \qquad (9-15)$$

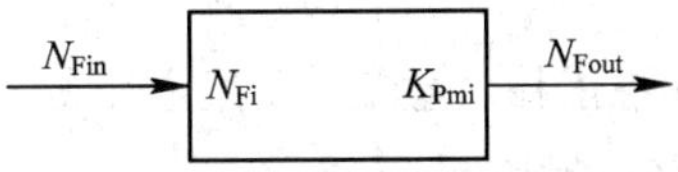

图 9-3 噪声系数分配方法

5) 灵敏度

由第 2 章可知，接收机灵敏度的定义有很多种，通常用两种方法表示，一种是最小可检测信号 MDS，表示解调器输入信噪比 $SNR_o=1$ 或 $S_o=N_o$ 时接收机可以检测到的信号功率；另一种就是接收机灵敏度 S_{imin}，它表示可以提供解调器正常解调所需信噪比 SNR_o 时接收机输入端的最小信号功率。

超外差接收机的灵敏度通常在 $-80\sim -120$ dBm 之间，接收机的增益一般为 $100\sim 140$ dBm，但是灵敏度与增益无关。

接收机灵敏度无论采用哪种定义，具体表示都使用两个参数，第一个参数是输入信号电平(功率、电压或场强)，第二个参数是测试条件(对于模拟解调器用信噪比(SNR)量度，对数字解调器则用误码率(BER)表示)，两参数间常用@隔开，-110 dBm @ 12 dB 或 -110 dBm @ 10^{-5}。

6) 动态范围 DR(Dynamic Range)

接收机动态范围 DR 是设计射频与接收机电路的重要依据之一。动态范围的定义也有多种，我们在设计过程时要具体情况具体分析。线性动态范围(LDR)没有提供任何由接收机产生的失真信息，一般只是在对比不同系统的性能时才会使用。在固定增益系统中，一般指的是无杂散(Spurious-Free)响应动态范围 SFDR。而在接收系统中，动态范围通常就是指增益受控动态范围。

由于信号的衰落或设备的移动，接收机所接收到的信号强度是变化的。接收机在正常工作状态下(能够检测到并解调)所能承受的信号变化范围称为动态范围 DR。动态范围决定通信系统的有效性，其下限是接收机的灵敏度或 MDS，而上限由最大可接受的非线性失真决定。

通常用三阶互调截点和 1 dB 压缩点表征系统的线性度和动态范围。把射频前端(不含 AGC)1 dB 压缩点的输入信号电平与灵敏度(或 MDS)之比定义为线性动态范围，用 dB 表示为

$$LDR(dB) = P_{1\,dB} - MDS \qquad (9-16)$$

线性动态范围常用于功率放大器中。

无杂散响应动态范围定义为在系统输入端外加等幅双音信号的情况下，接收机输入信号从超过基底噪声 3 dB 处到没有产生三阶互调杂散响应点处之间的功率动态范围。其下限是 MDS，而上限是指当接收机输入端所加的等幅双音信号在输出端产生的三阶互调分

量折合到输入端恰好等于最小可检测信号功率值时所对应的输入端的等幅双音信号的功率
值，用 dB 表示为

$$\text{SFDR(dB)} = \frac{2}{3}(\text{IIP}_3 - \text{MDS}) = \frac{2}{3}(\text{IIP}_3 + 171 - 10\lg B - N_F) \qquad (9-17)$$

可见 SFDR 直接正比于三阶互调截点电平 IIP_3，反比于噪声系数和中频带宽，也就是
说，噪声系数越低，中频带宽越窄，三阶互调截点电平越高，则接收机无杂散动态范围就
越大。

SFDR 由所用器件类型、电路拓扑、电流、直流电压等器件或系统参数决定，常用于低
噪声放大器(LNA)、混频器或整个接收机中。

多级非线性级联后三阶互调失真可用下式描述：

$$\frac{1}{\text{IIP}_3} \approx \frac{1}{(\text{IIP}_3)_1} + \frac{K_{P1}}{(\text{IIP}_3)_2} + \frac{K_{P1}K_{P2}}{(\text{IIP}_3)_3} + \cdots \qquad (9-18)$$

式中，$(\text{IIP}_3)_i$ 和 K_{Pi} 分别是各级的三阶互调截点输入功率和功率增益。

三阶互调截点越高(值越大)，则带内强信号互调产生的杂散响应对系统的影响就越
小。然而，高三阶互调截点与低噪声系数是一对矛盾，因此，在对接收机线性度和噪声系
数均有要求时，接收机设计必须在这两个指标间作折中考虑。

需要指出，关于三阶互调失真的问题，射频预选器(高频调谐器)无法解决，中频滤波
器也不能很好解决。因此，要在整个接收机中进行 RF - IF 链的设计，对电路结构的选择、
器件的选用、中频的选取、滤波器的设计以及本振电平的选用等方面要进行综合考虑，合
理优化。

2. 接收机频率规划

根据系统参数和链路预算结果选定接收机的结构以后，最重要且首先应该着手的工作
就是接收机内部的频率安排，即频率规划。

频率规划的目的是减小接收机的非线性，避免或抑制假响应和干扰，使其达到要求的
频谱特性。对于常用的超外差接收机结构，频率规划主要是确定频率变换的次数和位置，
合理选择射频 RF、中频 IF 和本振 LO 的频率及带宽。

中频的选择取决于对三个参数的折中：镜像干扰的数量、有用频带和镜像频带之间的
间隔以及镜像抑制滤波器的损耗。低中频接收机由于本振频率非常接近载波频率，因此如
果镜像频率上有强干扰信号的话是很难抑制的。高中频可以使镜频信号远离有用信号，有
利于提高中频的输出信噪比和接收机灵敏度。但同时，高中频可使具有相同 Q 值的中频滤
波器的带宽变宽，降低了对邻道干扰的抑制能力，也就降低了接收机的选择性。因此，中
频的选择需要在灵敏度和选择性之间进行折中考虑，可从以下三方面选择：

(1) 根据对镜频干扰的抑制要求选择。

设接收机要求镜频抑制比(杂散响应抑制度)为 60 dB，高频滤波器带宽为 $B_{3\,dB}$，高频
滤波器幅频特性相对衰减 60 dB 时的带宽为 $B_{60\,dB}$，对应的矩形系数为 $K_{r60\,dB}$，则中频按下
式选择：

$$f_{IF} \geqslant \frac{1}{4}B_{3\,dB}K_{r60\,dB} \qquad (9-19)$$

（2）根据对中频干扰的抑制要求选择。

设接收机要求中频抑制比（杂散响应抑制度）为 80 dB，高频滤波器带宽为 $B_{3\ dB}$，高频滤波器幅频特性相对衰减 80 dB 时的带宽为 $B_{80\ dB}$，对应的矩形系数为 $K_{r80\ dB}$，则中频按下式选择：

$$f_{RF} - f_{IF} \geqslant \frac{1}{2} B_{3\ dB} K_{r80\ dB} \qquad (9-20)$$

（3）根据中频滤波器的可实现性选择。

中频滤波器的 Q 值为 $f_{IF}/B_{3\ dB}$，根据 Q 值的可实现范围，检验并调整中频的数值。

在二次变频接收机中，第一中频要大于 RF 带宽，第二中频一般可选用 70 MHz 等这些通用中频值。

本振频率一般可根据组合（衍生）频率公式计算确定，或者根据混频器互调衍生信号图并结合混频器的技术资料分析而定，也可以利用相关设计软件仿真确定。

3. 关键指标分配

接收机最重要的性能指标是增益、灵敏度和动态范围，后两者通常用噪声系数 N_F 和互调三阶截点 IIP$_3$ 两个参数衡量。理想的接收机应该具有足够高的增益、0 dB 的噪声系数和较高的 IIP$_3$。实现理想接收机代价太大，实际中通常利用电平图（Level Diagram）的方法来对这些关键指标进行分配，以达到实现代价与所需指标的平衡。

应当说明，实际的指标分配过程像链路预算过程一样，也是一个不断修改的过程，每完成一次指标分配，都要将计算结果与设计指标进行比较，以判断是否达到最佳状态。下面只是举例讨论这三个关键指标的分配方法，并不包含反复修改过程。

电平图表示接收机从天线输入（或解调器输入）到基带输出的每一级电平状态，在每一级标出相应的功率增益 K_P（或损耗 L）、有源单元电路的噪声系数 N_F 和三阶互调截点 IIP$_3$ 以及功率电平。这些数据可根据设计准则或以往经验，也可以取自元器件或电路模块制造商的技术资料。

噪声系数的分配是从前往后，将接收机的总噪声系数按照图 9-3 和式（9-15）的方法，在考虑馈线、滤波器和混频器等插入损耗（相当于噪声系数）和各级电路增益的基础上逐级进行分配。将分配后的指标按照级联网络噪声系数的计算方法计算出累计噪声系数，并与设计总指标进行对比检验。如果计算出的累计噪声系数大于系统设计要求的噪声系数，则需要重新分配各级噪声系数，并适当调整前几级电路的增益，直到满足要求。在实际设计中，高频滤波器的带宽不能太窄，以降低其插入损耗对系统噪声系数的影响。

由于后级电路的输入功率较大，容易引起互调干扰，因此，三阶互调截点 IIP$_3$ 的计算一般是从后往前推算，从而确定进入接收系统的最大输入功率。对多级级联非线性系统而言，总的三阶互调截点 IIP$_3$ 按照式（9-18）来计算。

9.1.4 发射机设计与指标分配

无论采用何种发射机方案，发射机的主要功能均是将基带信号调制搬移到所需频段，按照要求的频谱模板以足够的功率发射。因此，其结构总是呈从调制器、上变频到功率放大和滤波的链状形式，主要技术指标有输出功率和载波频率稳定度、工作频率、带宽、杂散辐射等频谱指标。

发射机的设计比较简单,主要考虑以下几方面的问题。

1. 发射机结构选择

选择发射机结构是发射机设计时首先要考虑的问题。虽然发射机结构较为简单,但不同的结构具有不同的特点,设计时要根据系统的指标要求,结合实现所需的成本等条件来选择。

2. 频率选择、收发隔离与滤波器等设计

如果采用二次变频发射机结构,那么选择载波和本振信号频率非常重要。考虑到发射机具有多级功率放大器、倍频器等强非线性电路,容易产生许多寄生信号和杂散信号,合理选择载波和本振信号频率并配以合适的滤波器,可以较好地抑制这些不需要的信号。本振信号的频率稳定性对于降低频率调制和相位噪声十分重要。本振信号经过混频器泄漏到天线并经天线辐射到自由空间引起的干扰须低于无线电管理部门的规定。通常发射机的发射功率会远大于接收机的饱和信号电平,提高收发隔离度可以提高双工接收机的性能。针对非线性、噪声、杂散辐射等问题,滤波器的设计十分重要。

3. 功率放大器形式的选择

根据输出功率和线性度的指标要求,合理选择功率放大器的形式是发射机设计中的关键问题。功率放大器有 A、B、C、D、E、F 等多种类型,其主要差别在于功率和线性度。不同功率放大器的输入和输出功率不同。为了得到更高的输出功率,可能需要在放大链中配置缓冲放大器(Buffer Amplifier)、驱动放大器(Driver Amplifier)和末级放大器(Final Amplifier)等多级放大器,甚至配置倍频器或混频器等变频电路。缓冲放大器虽有功率增益,但主要用于隔离;驱动放大器主要为了提升末级功率放大器的输入功率。混频器或调制器的输出功率一般在 1 mW 以下。发射机输出功率在 100 mW 以下时,各级放大器多以 A 类形式设计,而发射机输出功率在 1 W 以上时,各级放大器应以 B 类以上形式设计。如果是宽带信号或特殊调制信号(如 OFDM,高阶 QAM 等),功放通常也采用线性形式。

4. 增益分配和输出功率设计

与接收机设计类似,在设计发射机时,需将整个放大链的总增益合理地分配至各级放大电路中,然后根据功放管子或模块的技术指标设计各级放大电路的增益与输出功率,注意要留出一定的增益和功率裕量,最后对增益和功率指标进行检验。

9.2　WLAN 射频电路系统设计

WLAN 是一种应用广泛的宽带无线通信网络,俗称 WiFi。其应用方式主要有局部覆盖模式(点对多点或有基础设施结构,其中心设备称为无线接入点,即 AP)和对等模式(点对点或 Ad Hoc 方式)。WLAN 标准规定其工作频段为 2.400～2.4835 GHz 和 5 GHz(各国不同),单信道带宽大多在 20 MHz 左右(实际为 22 MHz);等效全向发射功率(EIRP)各国家和地区的标准也不相同,也分为多个档次,大多采用最大发射功率 100 mW(20 dBm)的标准;不同的调制方式下,传输速率最低为 1 Mb/s,最高可达 54 Mb/s,通过各种聚合方式或分集与协作方式,使得传输速率达到几百 Mb/s(IEEE802.11ac 单信道达

500 Mb/s)甚至几 Gb/s(IEEE802.11ad 达 6.93 Gb/s)。下面举例说明 WLAN 射频电路的系统设计与实现。

9.2.1 WLAN 系统链路预算与指标分配

1. WLAN 系统链路预算

不论是覆盖模式还是对等模式,WLAN 系统的链路预算都与覆盖半径或传输距离密切相关,而在 WLAN 系统中,即使都采用最大发射功率,其传输距离也随传输速率(实际上是信道情况,如室内与室外、衰落和干扰等,不同的信道情况导致不同的传输速率)而变化,非常复杂。这里仅就一种较为简单的情况进行链路预算。

对于 2.4 GHz 和 5 GHz 的 WLAN,决定通信距离的有关参数分别见表 9-1 和表 9-2。在确定灵敏度时认为 IEEE802.11a 中的误包率(PER)与 IEEE802.11b 中的误帧率(FEP)大约相当(由 IEEE802.11 标准规定)。

表 9-1　IEEE802.11b 参数

	欧洲	美国	参考
发射功率 P_t	20 dBm	30 dBm	
发射天线增益 G_t	0 dBi	0 dBi	
接收天线增益 G_r	0 dBi	0 dBi	
接收灵敏度 P_r	-76 dBm -90 dBm	-76 dBm -90 dBm	11 Mb/s 1 Mb/s

表 9-2　IEEE802.11a 参数

	欧洲	美国	参考
发射功率 P_t	23 dBm	33 dBm	
发射天线增益 G_t	0 dBi	6 dBi	
接收天线增益 G_r	0 dBi	0 dBi	
接收灵敏度 P_r	-65 dBm -82 dBm	-65 dBm -82 dBm	54 Mb/s 6 Mb/s

下面以计算室内覆盖范围为例分析 WLAN 的传输距离。

假设发射功率为 15 dBm,收发两端均采用 0 dBi 的全向天线。在各种文献中有 7 种模型描述分析室内信号路径损耗的不同方面和途径,以及对室内覆盖范围的影响。线性路径衰减模型(LPAM)指 Keenan-Motley 或 Devasirvatham 模型,它是描述发射机和接收机位于同一层情况下的信号路径损耗模型。室内信号路径损耗为

$$L(d, f)(\mathrm{dB}) = L_{fs}(d, f) + ad \qquad (9-21)$$

式中，d 为距离(m)，f 为工作频率，L_{fs} 为自由空间路径损耗(dB)，a 为线性衰减系数，其典型值为 0.47 dB/m。

由无线链路方程

$$P_r(\text{dB}) = P_t(\text{dB}) + G_t(\text{dB}) - L(d, f)(\text{dB}) + G_r(\text{dB}) \qquad (9-22)$$

可以计算出室内传输距离，见表 9-3。式中，P_r 为满足 PER 或 FER 的最小接收功率(灵敏度)。由式(9-22)可知，增大发射功率或提高天线增益，均可扩大传输距离；如果室内有遮挡或穿墙，则会缩短传输距离。当然，调整传输速率和工作频率也会改变传输距离。

表 9-3　WLAN 室内覆盖范围(11 Mb/s 时)

	IEEE802.11b	IEEE802.11a
欧洲	47.6 m	47.4 m
美国	64 m	57 m

在 WLAN 系统中，由于发射功率、天线增益、接收灵敏度、工作频率等参数都是可调整的，因此，其链路预算通常只能在确定相关参数后做简单估算，然后实测确定。

2. WLAN 链路指标分配

对于发射机，不论基带或中频的指标如何分配，由于其总的发射功率不大，分配与单元电路设计相对简单，所以更重要的是考虑输出频谱模板要符合 WLAN 标准的要求，以免干扰其他信道或设备。

接收机的指标分配与接收机的结构有关，仅就表 9-1 的参数来看，以 −90 dBm 的接收灵敏度计算，接收机总的噪声系数在 7.7 dB 左右；系统总增益应在 100 dBm 以上；考虑到系统应具有 40 dB 的邻近信道抑制能力，因此，接收机的输入 1 dB 压缩点要达到至少 −30 dBm 左右。

图 9-4 所示为一个由多芯片组实现的 2.4 GHz WLAN 接收前端电路及其电平图，其中图 9-4(a)为 WLAN 接收前端电路，图 9-4(b)为带噪声的电平图，图 9-4(c)为带干扰的电平图。图中的接收机采用两次变频结构，其中一次中频为 374 MHz，中频增益达 46 dB，二次变频变到零中频，基带处理还有几十 dB 的增益。

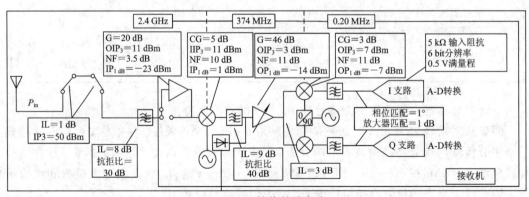

(a) WLAN 接收前端电路

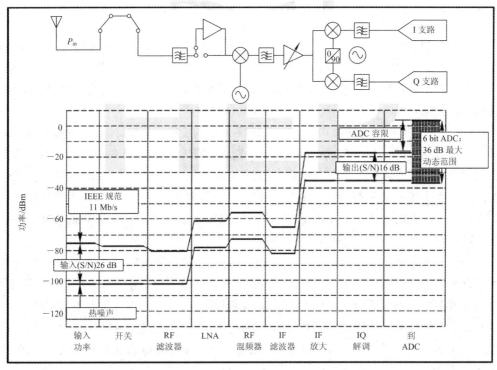

(b) 带噪声的电平图

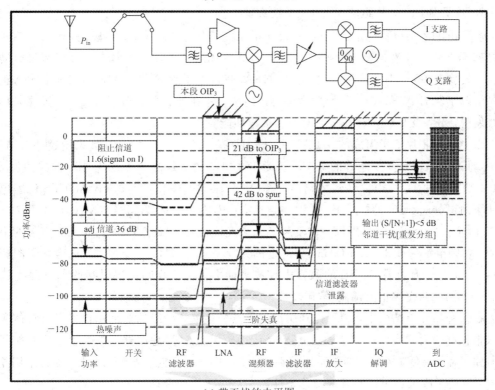

(c) 带干扰的电平图

图 9-4 WLAN 接收前端电路及其电平图

9.2.2　WLAN射频电路系统实现

一个基本的WLAN芯片解决方案必须包含射频前端、基带处理器(BBP)、媒体访问控制器(MAC)，以及内存、天线等其它外部零件。传统的WLAN设计是在射频收发器、中频与基带处理之间进行信号转换，但因为直接转换的零中频架构和超低中频(VLIF)架构有其独特的优点，所以在WLAN芯片组的设计中已被广泛采用。

WLAN系统的硬件实现经历了多次集成度提高的变化。WLAN首次硬件实现时，射频部分采用分立元件＋部分集成电路的形式。随着IEEE802.11系列标准的公布，几家科技公司先后推出了多款WLAN芯片组，从由低噪放、混频器、中放、基带处理、频合、功放与开关等多个单独芯片组成，到将各单独芯片逐步集成，最终成为WLAN单片集成电路，甚至在其中还集成了2.4 GHz和5.8 GHz双频段射频系统。为了降低功耗、缩小体积，特别是降低造价，芯片组通常采用BiCMOS工艺或SiGe工艺。

目前，主要有博通(Broadcom)、创锐讯(Atheros，被高通收购)、联发科(MTK)、雷凌(Ralink)和美满(Marvell)等几大WLAN芯片生产商，他们生产的WLAN芯片大同小异，大多为单片集成电路，功能非常强大，但其中的射频部分变化很少，基本上与早期WLAN芯片相似，主要是采用不同的工艺和结构(超外差、零中频或超低中频等)，将不同的功能集成到一个芯片上。因此，下面主要介绍能体现WLAN射频电路及其系统设计的WLAN系统实现方案。

1. 基于Prism芯片组的WLAN系统实现

最早由Harris(后来成为Intersil)公司推出的工作于2.4 GHz频段的WLAN芯片组(对应IEEE802.11标准草案，速率最高为4 Mb/s)由HFA3424(低噪放)、HFA3925(功放与收发转换开关)、HFA3524(双频合)、HFA3624(上下变频器)、HFA3727(中频与正交调制解调)和HFA3824(基带处理)六颗芯片组成，并在外部配有若干滤波器。天线采用单天线发射，分集接收，一定程度上改善了接收性能。

由Prism芯片组所组成的WLAN系统如图9-5所示，收发系统都采用超外差结构。其中，低噪放HFA3424芯片的噪声系数为1.9 dB，增益最高为14 dB，IP3的典型值为1 dBm；功放芯片HFA3925的最大输出功率(1 dB压缩电平)达24 dBm，从1 dB压缩电平处功率回退(back-off)约4 dB，线性增益达30 dB左右；HFA3524包含2.5 GHz和600 MHz两个频率合成器，分别供一次变频和二次变频使用；HFA3624完成一次变频的上下变频，射频范围为2.4~2.5 GHz，中频范围为10~400 MHz；HFA3727内含两级限幅放大器，具有增益最高达84 dB的限幅中频放大能力，在接收时可提供接收信号强度指示(RSSI)信号，并完成正交调制/解调功能。

在这种超外差结构中，为了得到所需的优点和性能，一般都要采用价格昂贵且体积和插入损耗都较大的表面声波(Surface acoustic wave，SAW)滤波器。在中频之前的射频前端电路，为了降低复杂度，通常采用单端方式；在中频级，包括限幅放大器，通常采用差分方式，以便于改善噪声抑制且提高稳定性。

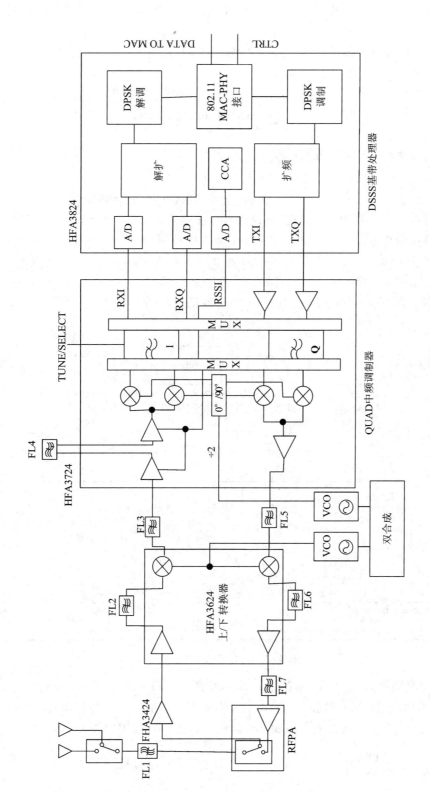

图9-5   由Prism芯片组所组成的WLAN系统

这是一款最基本也是最能说明 WLAN 射频系统的芯片组。这套芯片组的基本收发性能指标如下：

(1) 在误比特率 BER 为 10^{-5} 或误帧率 FER 为 8×10^{-2} 时的接收灵敏度为 $-93\ \mathrm{dBm}(1\ \mathrm{Mb/s})$ 或 $-90\ \mathrm{dBm}(2\ \mathrm{Mb/s})$；

(2) $\mathrm{IIP_3}$ 典型值为 $-17\ \mathrm{dBm}$；

(3) 镜频、中频和邻道抑制分别为 65 dB、80 dB 和 63 dB；

(4) 输出功率为 18 dBm；

(5) 在第一旁瓣处的发射频谱模板为 $-32\ \mathrm{dBc}$；

(6) AGC 建立时间和收发转换时间不超过 2 μs。

接收链路增益分配电平图如图 9-6 所示，整个接收机的电平图如图 9-7 所示，图 9-6 中 BWN 为噪声带宽，IL 为插入损耗。NF 和 $\mathrm{IIP_3}$ 按照式(9-15)和式(9-18)计算。由图可知，接收链路的总增益超过 90 dB，如果按照输入信号为 $-90\ \mathrm{dBm}$ 计算，经中频处理后，信号功率在 0 dBm 以上；而噪声带宽(由 RF 滤波器和 IF 滤波器确定)若为 20 MHz，射频前端输入的基底噪声(热噪声)为 $-101\ \mathrm{dBm}$，经链路后噪声功率为 $-10\ \mathrm{dBm}$ 左右。根据 IEEE802.11 协议，在解调时信噪比为 0 dB 以上即可正常解调。

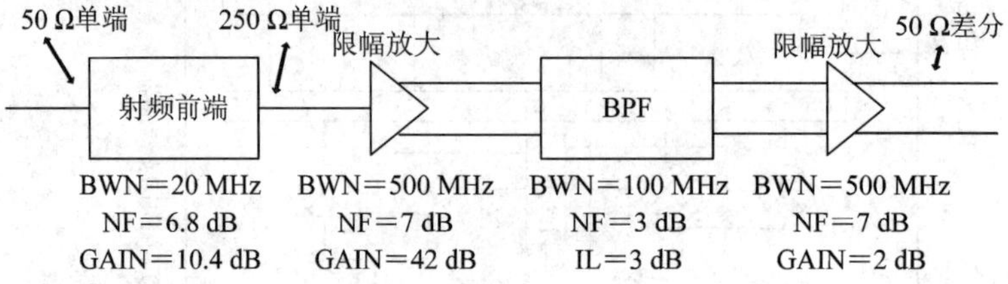

图中
```
50 Ω单端        250 Ω单端      限幅放大                          限幅放大     50 Ω差分
      [射频前端]         ▷              [BPF]                ▷
  BWN=20 MHz    BWN=500 MHz   BWN=100 MHz   BWN=500 MHz
  NF=6.8 dB     NF=7 dB       NF=3 dB       NF=7 dB
  GAIN=10.4 dB  GAIN=42 dB    IL=3 dB       GAIN=2 dB
```

图 9-6　接收链路增益分配电平图

输入功率	FL1 RF 滤波器 IL=2 dB	HFA3925 收发开关 IL=1.2 dB $\mathrm{OIP_3}$=34	HFA3424 G=13 dB NF=2 dB $\mathrm{OIP_3}$=11.1	匹配器 IL=5 dB	HFA3624 低噪放 G=15.6 dB NF=3.8 dB $\mathrm{OIP_3}$=15	FL2 RF 滤波器 IL=3 dB	HFA3624 混频器 G=3 dB NF=12 dB $\mathrm{OIP_3}$=4	FL3 IF 滤波器 IL=10 dB	HFA3724 IF 限幅放大 G=0 dB NF=7 dB
增益	−2 dB	−3.2 dB	9.8 dB	4.8 dB	20.4 dB	17.4 dB	20.4 dB	10.4 dB	10.4 dB
NF	2 dB	3.2 dB	5.2 dB	5.5 dB	6 dB	6 dB	6.3 dB	6.4 dB	6.8 dB
$\mathrm{IIP_3}$	−16.8 dBm	−18.8 dBm	−20 dBm	−6.9 dBm	−11.9 dBm	4 dBm	1 dBm	NA	NA
−90 dBm	−92 dBm	−93.2 dBm	−80.2 dBm	−85.2 dBm	−69.6 dBm	−72.6 dBm	−69.6 dBm	−79.6 dBm	−79.6 dBm

图 9-7　接收机的电平图

发射机电平图如图 9-8 所示。其中，$\mathrm{OP_{1\,dB}}$ 按照公式(9-23)计算。为了便于分析，假设可变衰减器(匹配器)插入损耗 IL 为 0 dB，调制器输出功率为 $-10.4\ \mathrm{dBm}$，而实际上调制器输出为 $200\ \mathrm{mV_{p-p}}$，远大于 $-10\ \mathrm{dBm}$，因此，衰减器的 IL 可以较大。

$$(\mathrm{OP_{1\,dB}})_{\text{总}} = \cfrac{G_{\text{总}}}{\cfrac{G_1}{(\mathrm{OP_{1\,dB}})_1} + \cfrac{G_1 G_2}{(\mathrm{OP_{1\,dB}})_2} + \cfrac{G_1 G_2 G_3}{(\mathrm{OP_{1\,dB}})_1} + \varLambda} \tag{9-23}$$

输出功率	FL1 RF滤波器 IL=2 dB	HFA3925 功放 G=28 dB P1 dB=24.5	FL7 RF滤波器 IL=2 dB	HFA3624 预放 G=12.3 dB NF=5.7 dB P1 dB=5.6	FL6 RF滤波器 IL=3 dB	HFA3624 混频器 G=2.1 dB NF=14.5 dB Zi=1 kΩ Zo=50 Ω	匹配器 IL=VAR	FL5 IF滤波器 IL=10 dB (Max)	HFA3724 调制输出 Zo=270Ω
增益	35.4 dB	37.4 dB	9.4 dB	11.4 dB	−0.9 dB	2.1 dB			
$OP_{1 dB}$	19.2 dBm	21.2 dBm	−4 dBm	−2 dBm	−13.5 dBm	−10.5 dBm			
P_{out}	18 dBm	20 dBm	−8 dBm	−6 dBm	−18.3 dBm	−15.3 dBm	−17.4 dBm	−17.4 dBm	−10.4 dBm

图 9-8 发射机的电平图

2. 基于 Prism2 芯片组的 WLAN 系统实现

Prism2 芯片组主要针对的是 IEEE802.11b 协议,仍然工作于 2.4 GHz 频段,射频参数没有变化,主要增加了 CCK(补码键控)调制方式,传输速率最高提高到 11 Mb/s。芯片组中的芯片型号有了变化(其功放、RF/IF、IF 与调制解调、基带分别为 HR983、HFA3683、HFA3783、HFA3861),但其中收发信机结构和射频电路的主要实现方法没有大的变化,用 Prism2 芯片组构成的 WLAN 系统如图 9-9 所示。

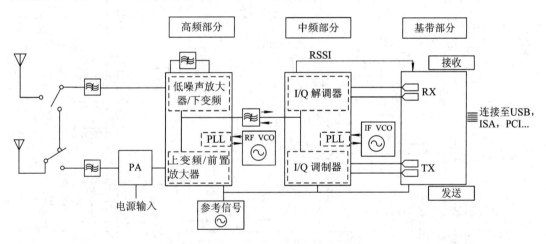

图 9-9 基于 Prism2 芯片组的 WLAN 系统框图

3. 用于 WLAN 射频系统的 MAX2830 芯片

IEEE802.11g 标准融合了 IEEE802.11a 和 IEEE802.11b 标准中的物理层(PHY)要求,调制方式在 IEEE802.11b 标准的基础上,又增加了正交频分复用(OFDM)方式,但工作频率仍然在 2.4 GHz 频段。这一标准目前仍被广泛采用。

MAX2830 兼容 IEEE802.11b 和 IEEE802.11g 标准,是一款集射频收发信机、功放、收发转换开关与天线分集开关于一体的单片集成电路,其中收发信机采用零中频结构,如图 9-10 所示。该芯片功能强大,各种指标都比较高,性能优越。

系统采用直接变换的零中频结构,其主要优点在于可以降低成本。这种架构能够降低离散滤波的要求,减少电路板面积、元器件数量和系统功耗,也为降低成本和加快产品上市指明了方向。另外,零中频在射频前端为镜像信号抑制和中频信道选择减少了昂贵的射频滤波器件,提高了系统的集成度。但是因为射频信号直接转换到基带,所以信号的增益

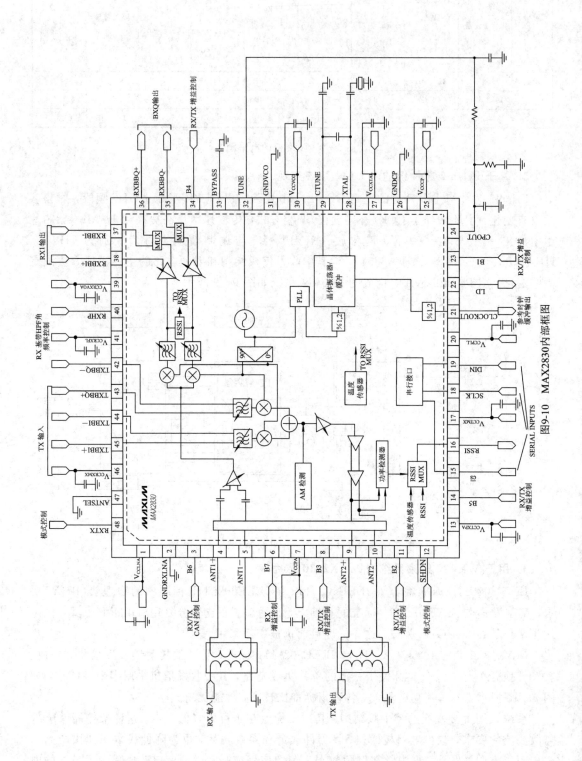

图9-10 MAX2830内部框图

放大和滤波在直流处就能实现。另外，由于本振与输入信号的频率相同，能在输入信号的直流分量中找到信号。在这个过程中，信号链路固有的直流偏移会无意中被放大，反过来会降低电路的动态范围。当然，在某些信道内的本振信号泄漏被送至混频器的射频前端、并紧接着被下变频时，也会产生直流偏移问题。为了防止信号受到这些直流偏移的影响，必须采取措施以确保信号频率的组成部分之间没有交迭。固有的直流偏移问题可通过精心的布局布线技术以及校准电路来解决。

需要说明，针对具有 OFDM 调制的高速 WLAN 系统（如 IEEE802.11g 的 54 Mb/s），采用超低中频架构更为有利，有以下几个方面原因：

（1）一个 54 Mb/s 的信号能通过带宽为 20 MHz 的信道发送出去，频谱利用率高；

（2）超低中频架构使得 OFDM 高速子信道滤波工作在数百个 KHz 级的窄频段执行，没有零中频架构的直流偏移问题；

（3）由正交下变频可抑制射频镜像信号；

（4）可降低对 A/D 转换器的动态范围要求；

（5）功耗普遍要低于零中频产生的功耗。

4. 单频多模多天线 WLAN 系统实现

在一个频段上实现多种 WLAN 物理层协议（多模）是经常被应用的系统实现方式，特别是在 2.4 GHz 频段，可以实现 IEEE802.11b/g/n 等多种模式，而其在 MAC 甚至 BBP 单元基本可以通用。图 9-11 为一款单频多模多天线 WLAN 芯片框图。

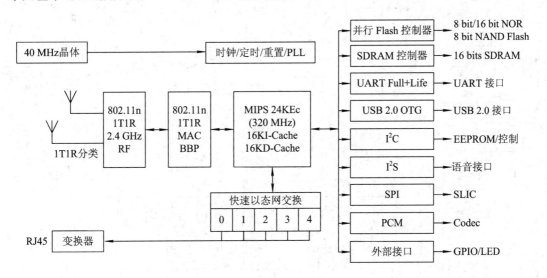

图 9-11　单频多模 WLAN 系统芯片框图

5. 单片双频 WLAN 射频系统实现

随着集成度的提高，将用于 WLAN 的 2.4 GHz 和 5 GHz 两个频段以及多种工作模式（IEEE802.11b/a/g/n/ac 等）的主要射频功能集成到单一芯片中已经成为可能，目前的 WLAN 芯片厂商大都能够做到。这种集成已经不是单元电路级的集成，电路结构已不会发生大的变化，而是系统级的集成。当然，有些芯片也将 BBP 和 MAC 的部分功能也集成进来。图 9-12 为一款单片双频 WLAN 射频系统芯片框图。

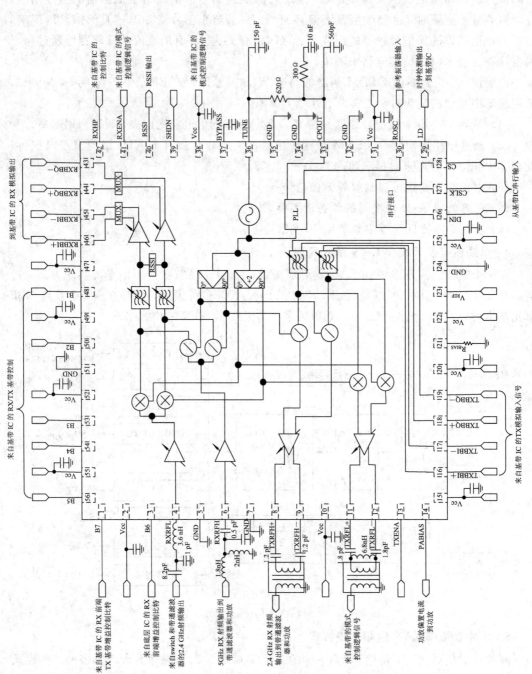

图9-12　单片双频WLAN射频系统芯片框图

9.2.3　WLAN 射频电路中的关键技术

1. 频率变换

WLAN 系统中的频率变换主要是上/下混频和正交调制/解调。对它们的要求是线性度高、动态范围大、隔离度大，对正交调制/解调还要求两支路的平衡性要好。理想的频率变换电路应该是一个乘法器，但由于馈通(Feedthrough)路径的存在以及其它因素影响，使得频率变换电路甚至放大器都产生非线性问题。这将严重影响系统的传输性能，应该引起足够的重视。对于 WLAN 的 RF 而言，一个很大的挑战就是干扰问题。微波炉和其它非扩频的窄带干扰、蓝牙系统与 IEEE802.11b 的干扰、无绳电话和 Home RF 的干扰等，都会对 WLAN 的前端电路特别是频率变换电路产生影响。

2. 自动增益控制(AGC)

信号在空间传播过程中，由于环境和通信距离的变化，接收机接收的信号电平也会出现起伏变化，从而引起解调性能的变化。如果接收信号太强，可能会导致接收机前端电路的饱和，产生阻塞；如果接收信号太弱，也会导致接收机解调器的信噪比恶化，甚至解调器不能工作。为了有效地恢复发送的信号，应使解调器的输入信号保持在一个相对固定的电平。这就需要借助于自动增益控制电路。AGC 电路由可变增益放大器或可变衰减器、检波器和AGC 控制电路三部分组成。其中，检波器用来检测接收信号电平的变化，AGC 控制电路产生AGC 控制电压或电流，用此控制电压或电流去控制可变增益放大器或可变衰减器的增益或衰减，使得可变增益放大器或可变衰减器的输出信号电平基本不随输入信号电平变化。

自动增益控制电路的主要性能指标为建立时间和动态范围，在 WLAN 等高速突发无线通信中，对自动增益控制电路的要求更为严格，其实现也更为困难。建立时间对于高速突发通信而言尤为重要，它与环路滤波器(低通)带宽和环路放大倍数有关。对于环路滤波器，既要保证能滤出有用信号，又要能保证有足够大的带宽，以缩短建立时间。也可以采用特殊的 AGC 电路，如对数放大器、高增益放大器和带通滤波器等。

3. 功率控制(Power Control)

无线局域网的发射功率一般为微功率或中小功率，覆盖的范围也较小，因此只需简单地设置发射功率的等级，可以不使用功率控制技术。但是，为了减小干扰、简化 AP 的接收机或者节省功率(节能管理)，通常只在一定程度上采用功率控制技术。在物理层上，功率控制主要完成对非工作模块的电源控制和增益控制。

4. 物理载波侦听(CS)

为了减小碰撞概率，WLAN 通常采用"载波侦听"类媒体访问控制协议，如载波侦听/冲突避免(CSMA/CA)。而载波侦听(CS)有物理层的物理载波侦听和 MAC 层的虚拟载波侦听两种机制。物理载波侦听机制由 PHY 提供，其状态信息需要传送给 MAC 层。

物理载波侦听的结果用空闲信道估计(CCA, Clear Channel Assessment)表示，而CCA 是对接收能量检测(ED)、接收信号强度指示(RSSI)和解调输出进行综合的评价。其中，ED 和 RSSI 都是从接收机的射频部分取得的。不管是所需信号还是干扰信号，ED 都认为是能量。RSSI 只反映了带内接收信号的大小。IEEE802.11 DSSS PHY 应提供以下三种之一的空闲信道估计：① 能量超过门限；② 载波检测；③ 能量超过门限及载波检测。

各章部分习题参考答案

第 2 章部分习题参考答

2 - 1　$L = 586 \ \mu H$，$Q_L = 58.1$，$R' = 237 \ \Omega$

2 - 2　$C_t = 19 \ pF$，$L = 317 \ \mu H$

2 - 3　$L = 317 \ \mu H$，$Q_L = 1.55$

2 - 5　$Q_q = 8.85 \times 10^7$，$f_q = 5 \ kHz$，$f_p = 50 \ kHz$

2 - 7　$B_n = 125 \ kHz$，$U_n^2 = 1.987 \times 10^{-11} \ V$

2 - 8　$B_n = 50 \ MHz$，$U_n^2 = 1.998 \times 10^{-11} \ V$

2 - 10　$N_F = 32 \ dB$

第 3 章部分习题参考答案

3 - 2　(1) $Q_L = 40.2$，$B_{0.7} = 11.6 \ kHz$　　(2) $K_V = -533$　　(3) $C_N = 1.62 \ pF$

3 - 4　$Q_L = 29.7$，$B_{0.7} = 15.7 \ kHz$

3 - 11　$\theta = 80°$，$P_0 = 17.2 \ W$　　$P_1 = 12.4 \ W$，$\eta = 72\%$，$R_L = 17.8 \ \Omega$

3 - 12　$\eta = 71\%$，$R_{Lcr} = 6.72 \ \Omega$

3 - 18　$L = 5.07 \ \mu H$，$p = 0.125$

3 - 24　$P_L' = 72.8 \ W$

第 4 章部分习题参考答案

4 - 6　$C_1 < 8.45 \ pF$，$C_2 > 12.6 \ pF$

4 - 7　$I_{eQ} = 1.14 \ mA$

4 - 8　$f_0 = 2.6 \ MHz$，$K = 3$

4 - 9　$g_m \geqslant 19.26 \ mS$，$I_{eQ} \geqslant 0.5 \ mA$

4 - 10　(2) (a) 9.6 MHz，(b) 2.25～2.91 MHz

4 - 13　0.12

第6章部分习题参考答案

6 - 2　$P_{av}=90$ mW，$P_c=80$ mW，$P_{边频}=10$ mW

6 - 9　$u_o(t)=(10+0.563\cos10^4 t)\cos10^7 t$

6 - 10　$u_o(t)=-0.75(1+0.5\cos10^3 t)\cos10^7 t$，$m=0.5$

6 - 14　$R_i=1.6$ kΩ，$K_d=0.81$

6 - 15　(1) $u_s(t)=(2\cos2\pi\times10^6 t)$ V，$u_o(t)=1.8$ V

　　　　(2) $u_o(t)=1.8(1+0.5\cos2\pi\times10^3 t)$ V

6 - 20　(1) $g_c=0$，(2) $g_c=\sqrt{3}a_0/2\pi$，(3) $g_c=a_0/\pi$，(4) $g_c=\sqrt{3}a_0/2\pi$

6 - 21　(1) $u_{L\,max}=1.5$ V，(2) $g_c=0.5$ mS，$K=1.88$

6 - 22　(1) $g_{mQ}=1$ mS，$g_c=0.45$ mS，(2) $I_S=1\ \mu A$，$I_L=1.8$ mA，$I_I=0.45\ \mu A$

第7章部分习题参考答案

7 - 1　$\Delta f_m=1$ kHz，$\Delta\varphi_m=10$ rad，$B_S=22$ kHz，$P=50$ W

7 - 2　$u_{FM}=5\cos(2\pi\times10^7 t+6\sin2\pi\times10^3 t+6\sin3\pi\times10^3 t)$

7 - 4　(1) 110 kHz，(2) 210 kHz，(3) 220 kHz，(4) 120 kHz

7 - 6　(1) $B_{AM}=2$ kHz，$B_{FM}=2.2$ kHz，(2) $B_{AM}=2$ kHz，$B_{FM}=42$ kHz

7 - 7　(1) 555 kHz/V，(2) 133.4 kHz

7 - 8　(1) $f_c=13.7$ MHz，(2) $\Delta f_c=159$ kHz，(3) $\Delta f_m=1.7$ MHz，

　　　　(4) $k_f=5.7\times10^5$ Hz/V，(5) $k_{f2}=0.094$ Hz/V

7 - 9　(2) $L=0.6\ \mu H$，(3) 1.4 MHz，7.5%

7 - 15　$u_o=(-50\cos2\pi\times10^3 t)$ mV

7 - 16　(1) $B_m=0.5$ MHz，(2) $S_D=0.538$ mV/Hz

第8章部分习题参考答案

8 - 3　78.06 dB

8 - 4　$K_1=2.03$，$U_R=2.03$ V

8 - 10　$f=1015$ kHz 时，$\theta(\infty)=26.74°$

8 - 11　$f=1.98$ MHz 时，$\theta(\infty)=-41.8°$

8 - 12　$f=2.51$ MHz，$u_o=0.5$ V，$\theta(\infty)=52.2°$

8 - 18　$360\sim400$，$900\sim1000$

参 考 文 献

[1] 曾兴雯，刘乃安，陈健编. 高频电子线路. 北京：高等教育出版社，2004

[2] REHZAD RAZAVI. 射频微电子. 北京：清华大学出版社，2003

[3] COTTER W SAYRE. 完整无线设计. 北京：清华大学出版社，2004

[4] ［美］THEODORE S. RAPPAPOT. Wireless Communications Principles and Practice. Prentice Hall Inc，1996

[5] H MEYR and R SUBRAMANIAN，Advanced Digital Receiver Principles and Technologies for PCS，IEEE Commun. Mag.，Jan. 1995，pp. 68 − 78

[6] ［日］吉田武著. 改订高周波回路设计ノゥハゥ. CQ 出版社，1994

[7] 陈邦媛编著. 射频通信线路. 北京：科学出版社，2002

[8] 张肃文主编. 高频电子线路（第二版），上册. 北京：高等教育出版社，1984

[9] 刘乃安. 射频电感及其测量.《电子测量技术》pp24 − 26. 1996

[10] 何丰主编. 通信电子线路. 北京：人民邮电出版社，2003

[11] ［日］北大路刚著. 抑制电子电路噪声的方法. 刘宗惠译，冯瑞荃等校. 北京：人民邮电出版社，1980

[12] ［美］THOMAS H LEE 著. CMOS 射频集成电路设计. 余志平，周润德等译. 北京：电子工业出版社，2004

[13] 弋稳编著. 雷达接收机技术. 北京：电子工业出版社，2005

[14] ［法］米切尔·麦迪圭安著. 电磁干扰排查及故障解决的电磁兼容技术. 刘萍，魏东兴等译. 北京：机械工业出版社，2003

[15] 谢嘉奎主编. 电子线路（非线性部分）. 2 版. 北京：高等教育出版社，1984

[16] 清华大学通信教研组. 高频电路，上册. 北京：人民邮电出版社，1979

[17] K K 克拉克，D T 希斯. 通信电路：分析与设计. 北京：人民教育出版社，1980

[18] 《实用电子电路手册（模拟电路分册）》编写组编：实用电子电路手册（模拟电路分册）. 北京：高等教育出版社，1991

[19] 沙济彰，陆曼如. 非线性电子线路. 西安：西安电子科技大学出版社，1993

[20] 武秀玲，沈伟慈编. 高频电子线路. 西安：西安电子科技大学出版社，1995

[21] 万心平，张厥盛，郑继禹. 通信工程中的锁相环路. 西安：西北电讯工程学院，1983

[22] 万心平，张厥盛. 集成锁相环路：原理、特性、应用. 北京：人民邮电出版社，1993

[23] 张冠百. 锁相与频率合成技术. 北京：电子工业出版社，1990

[24] ROLAND E BEST. 锁相环设计、仿真与应用. 北京：清华大学出版社，2003